KEITH FERRAZZI *UND TAHL RAZ*

GEH NIE ALLEINE ESSEN!

UND ANDERE
GEHEIMNISSE
RUND UM
NETWORKING
UND ERFOLG

AF178891

BOOKS4SUCCESS

Die Originalausgabe erschien unter dem Titel
„Never Eat Alone: And Other Secrets to Success, One Relationship at a Time (Expanded and Updated)“
This translation published by arrangement with Currency, an imprint of Random House, a division of Penguin Random House LLC.
ISBN 978-0-385-34665-8

Copyright der deutschen Ausgabe 2020:
© Börsenmedien AG, Kulmbach

2. Auflage 2024

Übersetzung: Egbert Neumüller, Philipp Seedorf
Gestaltung Cover: Johanna Wack
Satz: Manuel Schäfer
Lektorat: Sebastian Politz
Druck: GGP Media GmbH, Pößneck

ISBN 978-3-86470-710-0

Bibliografische Information der Deutschen Nationalbibliothek:
Die Deutsche Nationalbibliothek verzeichnet diese Publikation in der
Deutschen Nationalbibliografie; detaillierte bibliografische Daten
sind im Internet über <http://dnb.d-nb.de> abrufbar.

BÖRSEN MEDIEN
AKTIENGESELLSCHAFT

Postfach 1449 • 95305 Kulmbach
Tel: +49 9221 9051-0 • Fax: +49 9221 9051-4444
E-Mail: buecher@boersenmedien.de
www.books4success.de
www.facebook.com/plassenverlag

Für Mom und Dad

INHALT

Vorwort

Eine Stunde von Salt Lake City entfernt, in einer Stadt in Utah namens Eden, gibt es ein atemberaubendes Panorama aus Schnee, Bäumen und Himmel namens Powder Mountain. 2013 hat eine Gruppe bemerkenswerter Leute um die 20 einen Betrag von 40 Millionen Dollar aufgebracht, um das 40 Quadratkilometer große Stück Land zu kaufen. Darauf wollen sie eine ökologische Ferienanlage bauen und ein zweites (oder drittes, viertes oder fünftes) Zuhause für erfolgreiche Entrepreneure schaffen, die die Welt verbessern wollen.

Es ist eine kühne Vision. Die Geschichte, wie diese jungen Erfolgsmenschen es geschafft haben, ist eines der besten Beispiele dafür, wie man die Prinzipien, das Mindset und die praktischen Übungen in diesem Buch zum Leben erweckt.

2008 mühte sich Eliot Bisnow, damals 22 Jahre alt, erfolgreich als Anzeigenverkäufer für das kleine E-Mail-Newsletter-Business seines Vaters ab – so erfolgreich, dass das Unternehmen derart wuchs, dass sie es selbst nicht mehr managen oder weiter vergrößern konnten. Bisnow wusste, er verfügte nicht über das nötige Wissen, aber das Wort „Wirtschaftsstudium" fiel ihm nicht ein. Schließlich steckte er schon bis zum Hals in Schwierigkeiten, sodass er eher gestern als heute Antworten brauchte.

Er las damals *Geh nie alleine essen* und das brachte ihn dazu, das Problem aus einem neuen Blickwinkel zu betrachten. Was er wirklich brauchte, war Zugang zu einem Netzwerk, das ihm die Art von Mentoring und die Ratschläge bieten konnte, die er brauchte, um dem schnell wachsenden Unternehmen zu helfen. Es war kein Wissensproblem. Es war ein Problem, das mit Menschen zu tun hatte, mit einer Lösung, die auf Menschen beruhte.

Genau wie es das Buch vorschlug, schuf er einen Beziehungs-Aktions-Plan und listete alle seine Möglichkeiten auf – Top-Unternehmer, die ihn vielleicht an ihren Erfolgslektionen teilhaben ließen. Dann schnappte er sich das Telefon, rief aufs Geratewohl Leute an und machte ihnen ein Angebot, das so großzügig war, dass sie nicht widerstehen konnten: ein komplett bezahltes Skiwochenende (Bisnow belastete seine eigene Kreditkarte mit 15.000 Dollar, um das zu ermöglichen), bei dem sie auf Tuchfühlung mit anderen erfolgreichen Unternehmern gehen und vor allem jungen Aufsteigern als Mentoren dienen konnten, die nicht nur nach finanziellem Erfolg strebten, sondern auch auf sozialer Ebene etwas Positives bewirken wollten.

Ein kostenloses Skiwochenende und die Möglichkeit, die Welt zu verbessern? Ich hätte sicher Ja gesagt – ich hätte wahrscheinlich sogar bezahlt, um daran teilzunehmen. Wie sich herausstellte, war ich nicht der Einzige und *Bumm!* hatte Bisnow ein neues Unternehmen. Im Lauf weniger Jahre sind diese Klausurtagungen zu einem florierenden Event-Unternehmen namens Summit Series geworden, sowohl mit einem profitorientierten als auch einem Non-Profit-Zweig.

Summit Series dreht sich nicht nur darum, jungen Unternehmern und Entrepreneuren auf die Sprünge zu helfen. Es geht darum, eine Community zu schaffen, die wertvollste Form sozialen Kapitals – diejenigen vertraulichen, unterstützenden Beziehungen, die die Zusammenarbeit anspornen und gleichzeitig unser menschliches Bedürfnis nach Verbindung, Zugehörigkeit und Sinn befriedigen. Anders ausgedrückt „eine lebenslange Gemeinschaft von Kollegen, Kontakten, Freunden und Mentoren".

Was uns das letzte Jahrzehnt an Sozialforschung gelehrt hat, ist, dass die Befriedigung dieser Bedürfnisse im Bereich Beziehungen nicht nur eine schwammige Vorstellung vom „guten Leben" ist, sondern handfeste Voraussetzung für Kreativität, Innovation, Fortschritt – und, am Ende dieser Kette, Profit.

Nun bezieht Summer Series am Powder Mountain ein dauerhaftes Zuhause, wo langjährige Teilnehmer wie der bekannte Milliardär und Investor Peter Thiel zu denen gehören, die bis zu zwei Millionen Dollar für ein Grundstück bezahlt haben. Dieses Engagement ist nicht nur Beleg für die Langlebigkeit von Summer Series, sondern auch der Ideen, die ein Antrieb für den Erfolg dieses Unterfangens waren.

Bisnows Geschichte ist eine inspirierende Reise durch die Lektionen dieses Buches: vor allem Großzügigkeit in Beziehungen, Wagemut, die Pflege sozialer Kontakte, die Vermischung des Persönlichen mit dem Beruflichen, Verbindung durch gemeinsame Leidenschaften, etwas zurückgeben, Spaß haben.

Auch wenn ich es mir gern auf die Fahnen schriebe, bin ich nicht verantwortlich für die Summit Series. Ich bin nur ein glücklicher Teilhaber dessen, was Bisnow und seine Gruppe geschaffen haben. Aber ich kann mich ehrlicherweise damit brüsten, dass Bisnow selbst gesagt hat, *Geh nie alleine essen* sei das Handbuch gewesen, das ihm geholfen hat, seine Vision zu formen und umzusetzen. Und er ist einer von Tausenden, von denen ich gehört habe, dass sie nicht nur eine Karriere, sondern ganze Unternehmen auf die Philosophie und die Prinzipien dieses Buches aufgebaut haben.

Im Folgenden die informellen Leitlinien von Summit Series:

1. **Begeben Sie sich auf eine Lernsafari:** Jeder hat etwas zu lehren. Jeder hat etwas zu lernen. Begeben Sie sich auf eine intellektuelle, spirituelle und kreative Reise.

2. **Bauen Sie Freundschaften auf:** Bei Summit Series geht es nicht um Networking, es geht darum, lebenslange Freundschaften zu schließen. Die Menschen um Sie herum sind fantastisch. Lernen Sie sie kennen.

3. **Erfahren Sie die Gelegenheit gleichzeitigen Handelns:** Die unerwarteten Momente sind oft die bedeutungsvollsten. Heißen Sie sie willkommen.

4. **Zeigen Sie Liebe:** Summit Series dreht sich um den Charakter, nicht um den Lebenslauf. Zeigen Sie den Anfängern Ihre Zuneigung und werden Sie kein Fanboy der großen Tiere.

5. **Haben Sie Spaß:** Wenn es keinen Spaß macht, zählt es nicht.

Willkommen in der sozialen Ära

Was mir der Erfolg von Bisnow und seiner Community – und der von vielen Tausenden anderen, die mir geschrieben und ihre Erfolgsgeschichten erzählt haben – sagt, ist, dass *Geh nie alleine essen* sehr viel mehr war als nur meine eigene Geschichte. Was mir wie mein einzigartiger und ehrgeiziger Antrieb vorkam, als armer junger Mann in einer Stahl-arbeiterstadt in der Nähe von Pittsburgh Connections zu schuften, wur-de tatsächlich von Kräften beeinflusst, die viel mehr umfassten als nur die Leute auf dem örtlichen Golfplatz, wo ich als Caddie so viel lernte.

Die Welt veränderte sich und mich – oder vielleicht hatte ich einfach nur den richtigen genetischen Code, um in diesem neuen Ökosystem aufzublühen. Wie dem auch sei, dieses Buch hat sich zur Anleitung für eine ganze neue Businessära erwiesen.

Im Jahrzehnt darauf habe ich ein Unternehmen aufgebaut, um un-seren Klienten während dieses schnellen Wandels durch den Aufbau und den Einsatz besserer Beziehungen zum Erfolg zu verhelfen. Ge-meinsam haben wir uns umfassend dafür engagiert, Themen zu stu-dieren und zu verstehen, die lange in anderen Disziplinen beheimatet waren, wie Emotion, Intuition, Verhalten, Vertrauen, Einfluss, Macht, Gegenseitigkeit, Netzwerke und all die Dinge, die sich damit befassen, wie wir uns in Beziehung zu anderen Menschen sehen und wie wir mit ihnen zusammenarbeiten.

Zwei erstaunliche Dinge sind gleichzeitig geschehen:

1. „Networking", ein Begriff, der einst verschrien war, wurde zur Umgangssprache unserer Zeit, anerkannt als inhärent mensch-liches Streben – nicht abstoßend oder ausbeutend, sondern den Kräften der Gegenseitigkeit innewohnend, die die menschliche Entwicklung und eine Wirtschaft vorantreiben, die auf Zusam-menarbeit beruhen. Die wertvollste Währung ist heute das soziale Kapital, definiert als Informationen, Expertise, Vertrauen und Ge-samtwert, der in den Beziehungen besteht, die Sie pflegen, und in den sozialen Netzwerken, denen Sie angehören.

2. Die Wissenschaft hat die Gleichung bestätigt, die sich mir vor zehn Jahren als intuitive Eingebung aufgedrängt hat:

ERFOLG IM LEBEN = (DIE MENSCHEN, DIE SIE TREFFEN) +
(WAS SIE GEMEINSAM SCHAFFEN)

Ihr Netzwerk prägt Ihr Schicksal, das ist eine Realität, die von vielen Studien im sich herausbildenden neuen Feld des sozialen Networkings und der sozialen Ansteckungstheorie gestützt wird. Wir werden durch die Menschen definiert, mit denen wir interagieren. Unser Gehalt, unsere Stimmung, wie gesund unser Herz und wie umfangreich unser Bauch ist – all diese Dinge werden dadurch bestimmt, mit wem und wie wir uns zu interagieren entschließen.

Und indem Sie Ihre Beziehungen kontrollieren – was manchmal, wenn man es richtig macht, bedeutet, dass man die Kontrolle aufgibt, wie ich es über die Jahre gelernt habe, besonders, als ich Vater wurde –, übernehmen Sie auch die Kontrolle über Ihre Karriere und über Ihre Zukunft. Die Lektionen in diesem Buch waren noch nie einflussreicher und wichtiger.

Dieser Trend wird sich noch verstärken. Heute ersetzen Kinder ihre Nabelschnur durch das Internet und werden mit der ersten Ausprägung des eigenen Ichs durch das ständige Bewusstsein und die weltweite Interaktion geformt. Während sie, getrieben von den sozialen Medien, aufwachsen, werden sie zu Genies in einigen Bereichen der Beziehungspflege und zu Idioten in anderen Bereichen – und ich gehe davon aus, dass sie die nächsten Jahrzehnte damit zubringen, herauszufinden, welche Bereiche dies sind (gerade rechtzeitig für die nächste umfassende Revolution). Zum Glück für die jungen genauso wie die älteren Leser deckt das Buch nun auch diesen Bereich ab.

Als *Geh nicht alleine essen* das erste Mal veröffentlicht wurde, genügten ein paar Anspielungen an die *Cybernauten*, mein Palm Pilot und das „revolutionäre" Management-Tool für Kontakte namens Plaxo, um das Buch an die Spitze der technologischen und digitalen Beziehungspflege rücken zu lassen. Heute haben die sozialen Medien und mobile Geräte ohne Frage die Art, wie wir Beziehungen pflegen, Einfluss gewinnen und soziales Kapital aufbauen, entscheidend beeinflusst.

Während die Jahre vergingen, haben die Fans meines Buches beharrlich darauf gedrängt, dass es eine Überarbeitung brauchte, wenn es weiter seinen Ruf behalten sollte, die beste Allzweckanleitung für den Aufbau von Beziehungen zu sein.

Bei der Überarbeitung von *Geh nie alleine essen* habe ich mich bemüht, so viel originalen Inhalt wie möglich zu bewahren, denn ehrlich gesagt funktioniert er immer noch. Ich habe drei neue Kapitel hinzugefügt und den gesamten Text auf den neuesten Stand gebracht, um das Buch deutlicher und stärker auf die digitale Ära auszurichten.

Auch wenn die Technologie sich weiterentwickelt hat, sind die ursprünglichen Mindsets – Großzügigkeit, Authentizität und ein Glauben, dass jeder Großes leisten kann, unabhängig von wirtschaftlichem Hintergrund, Ethnie, Alter oder Geschlecht, solange man anderen stets etwas Wertvolles zu bieten hat – dankenswerterweise immer noch gültig. Der Motor der sozialen Medien wird immer noch von denselben kulturellen Werten angetrieben.

Wie man dieses Buch lesen sollte

Sie werden den größten Nutzen aus diesem Buch ziehen können, wenn Ihr Wunsch, etwas zu lernen, nur von Ihrer Bereitschaft, zu handeln, übertroffen wird.

Wenden Sie die Prinzipien und Taktiken an, sobald Sie sie gelesen haben. Mein operatives Mindset hat folgende Grundlage: Egal wie alt Sie sind oder in welcher Situation Sie sich wiederfinden, Ihr Pfad zu wahrer Größe beginnt in dem Moment, in dem Sie den Mut und die Risikobereitschaft aufbringen, anderen großzügig die Hand zu reichen.

Beziehungspflege und soziale Kompetenz erfordern aktives Lernen. Wenn Sie warten, bis Sie alles gemeistert haben, um sich voll zu engagieren, dann werden Sie Monate oder Jahre verschwenden, *falls* Sie überhaupt je vom Fleck kommen.

Hier sind nur ein paar Dinge, zu denen Sie dieses Buch befähigen wird:

1. Eine befriedigende, authentische, effektive Netzwerkstrategie zu schaffen, die ein Leben lang besteht.

2. Soziales Kapital aufzubauen und auszurichten, um noch ambitioniertere Ziele zu erreichen.

3. Strategie und glückliche Zufälle zu kombinieren, um ständig in Kontakt mit einem weitläufigen Netzwerk an Menschen zu bleiben.

4. Ihre Beziehungen zu filtern und zu priorisieren, um qualitativen Austausch zu begünstigen, der Ihre Ziele und Werte voranbringt.

5. Eine magnetische persönliche „Marke" zu entwickeln, die Menschen dazu bringt, Informationen mit Ihnen zu teilen, Ihnen die Türen zu öffnen und Ressourcen zur Verfügung zu stellen.

6. Diese Marke für die sozialen Medien zu übersetzen, um einen treuen Online-Stamm aufzubauen.

7. Ihren Wert für Ihr Netzwerk zu steigern – besonders für Ihr Unternehmen oder Ihre Kunden.

8. Innovativen Content zu schaffen, um einen Ruf als Experte aufzubauen und Ihren Online-Einfluss zu vergrößern.

9. „Entdeckt" zu werden und die besten Chancen geboten zu bekommen.

10. Das Leben zu erschaffen, das Sie sich wünschen, und ein Netzwerk, das Sie begeistert anfeuert.

Mehr als eine halbe Million Leser, von Highschool-Studenten bis zu gefeierten CEOs, haben Großes geleistet, indem sie durch *Geh nie alleine essen* die Kunst gelernt haben, mit anderen zusammenzuarbeiten. Werden Sie einer von ihnen.

Teil 1

Das Mindset

Werden Sie
Mitglied im Klub

„Beziehungen sind alles. Alles im Universum existiert nur, weil es in Beziehung zu allem anderen steht. Nichts existiert isoliert. Wir müssen aufhören so zu tun, als wären wir Individuen, die es alleine schaffen."

– Margaret Wheatley

„Wie in aller Welt bin ich eigentlich hierhergekommen?", fragte ich mich als überwältigter Student an der Harvard Business School (HBS) in meinem ersten Studienjahr immer wieder.

Ich hatte noch nie etwas mit Rechnungswesen oder Finanzwesen zu tun gehabt. Um mich herum sah ich gnadenlos zielstrebige junge Männer und Frauen, die wirtschaftswissenschaftliche Studienabschlüsse hatten. Sie hatten schon in den besten Häusern der Wall Street Zahlen durchgerechnet und Tabellenkalkulationen analysiert. Die meisten stammten aus wohlhabenden Familien, sie hatten Stammbäume und ihre Namen enthielten römische Ziffern. Ich war ganz schön eingeschüchtert.

Wie sollte ein Typ wie ich, der aus einer Arbeiterfamilie stammte, einen geisteswissenschaftlichen Abschluss hatte und ein paar Jahre in einer traditionellen Herstellerfirma gearbeitet hatte, mit den Vollblütern von McKinsey und Goldman Sachs mithalten, die aus meiner Sicht schon in der Wiege Unternehmensdaten berechnet hatten?

Das war ein entscheidender Moment in meiner Karriere und in meinem Leben.

Ich war ein Junge vom Lande, aus dem südwestlichen Pennsylvania, und wuchs in einer kleinen, von harter Arbeit geprägten Stahl- und Kohlestadt namens Youngstown in der Nähe von Latrobe auf. Unsere Wohnlage war so ländlich, dass man von der Veranda unseres bescheidenen Hauses aus keine anderen Häuser sah. Mein Vater arbeitete im örtlichen Stahlwerk und an den Wochenenden half er am Bau. Meine Mutter putzte in einem Städtchen in der Nähe die Wohnungen von Ärzten und Anwälten. Mein Bruder entkam dem Kleinstadtleben durch die Armee; meine Schwester heiratete während der Highschool und zog aus, als ich noch ein Kleinkind war.

Auf der HBS kam die ganze Unsicherheit aus meiner Jugendzeit wieder hoch. Wissen Sie, obwohl wir nicht viel Geld hatten, wollten meine Eltern mir unbedingt die Chancen bieten, die mein Bruder und meine Schwester (aus der ersten Ehe meiner Mutter) nie bekommen hatten. Meine Eltern förderten mich und opferten alles andere, damit ich eine Ausbildung bekam, wie sie sich in unserer Stadt sonst nur die gut situierten Kinder leisten konnten. Die Erinnerungen an jene Tage strömten auf mich ein, als mich meine Mutter immer mit unserem verbeulten, blauen Nova an der Bushaltestelle des privaten Kindergartens abholte, während die anderen Kinder in Limousinen und BMWs Platz nahmen. Ich wurde wegen unseres Autos, wegen meiner Polyesterkleidung und meiner nachgemachten Docksiders gnadenlos gehänselt – und dadurch täglich an meinen Rang in der Hierarchie des Lebens erinnert.

Diese Erfahrung war in vielfacher Hinsicht ein Segen, weil sie meine Willenskraft stärkte und meinen Erfolgsdrang befeuerte. Sie machte mir klar, dass es eine strikte Trennungslinie zwischen den Begüterten und den Habenichtsen gab. Meine Armut machte mich wütend. Ich fühlte mich von dem Netzwerk der anderen ausgeschlossen. Andererseits trieb mich das alles an, mich mehr anzustrengen als alle anderen.

Ich sagte mir, dass harte Arbeit einer der Wege war, auf dem ich gegen jede Wahrscheinlichkeit auf die HBS gekommen war. Da war aber noch etwas anderes, das mich von dem Rest meiner Klasse unterschied und mir einen Vorteil verschaffte. Anscheinend hatte ich lange vor meiner Ankunft in Cambridge schon etwas gelernt, das viele meiner Kommilitonen anscheinend nicht gelernt hatten.

In meiner Jugend arbeitete ich im örtlichen Country Club als Caddie für die Hausbesitzer aus dem wohlhabenden Nachbarstädtchen und ihre Kinder. Ich dachte oft intensiv über die Menschen nach, die Erfolg hatten, und über die Menschen, die keinen Erfolg hatten. Ich machte damals eine Beobachtung, die meine Weltsicht verändern sollte.

Auf den langen Wegen, auf denen ich ihre Taschen trug, beobachtete ich, wie diese Menschen – die berufliche Höhen erreicht hatten, die mein Vater und meine Mutter nicht kannten – sich gegenseitig halfen. Sie vermittelten einander Jobs, sie investierten Zeit und Geld in die Ideen der anderen und sie sorgten dafür, dass ihre Kinder in die besten Schulen kamen, die richtigen Praktikumsplätze und schließlich die besten Jobs erhielten.

Der Beweis stand mir deutlich vor Augen: Erfolg zeugt Erfolg und die Reichen werden *tatsächlich* immer reicher. Das Netz aus Freunden und Kollegen war der beste Golfschläger, den die Menschen, für die ich arbeitete, in der Tasche hatten. Mir wurde klar, dass Armut nicht nur der Mangel an finanziellen Mitteln war; sie war die Isolation von denjenigen, die einem helfen konnten, mehr aus sich zu machen.

Ich kam zu dem Schluss, dass das Leben in mancherlei, ganz konkreter Hinsicht ein Spiel wie Golf ist und dass die Menschen, die die Regeln gut kennen, dieses Spiel am besten und erfolgreichsten spielen. Die mächtigste Lebensregel von allen besagt, dass die Person, die aus den richtigen Gründen die richtigen Leute kennt und die Macht dieser Beziehungen ausnutzt, Mitglied im „Klub" werden kann, egal ob sie als Caddie angefangen hat oder nicht.

Diese Erkenntnis zog mehrere wichtige Folgerungen nach sich. Wenn man seine Ziele im Leben erreichen will, ist es gar nicht so wichtig, wie intelligent man ist oder welche angeborenen Begabungen man hat – und was mir am meisten die Augen öffnete: Es ist nicht einmal so wichtig, woher man kommt und womit man angefangen hat. Sicherlich ist das alles wichtig, aber das bringt alles wenig, wenn man nicht eines begriffen hat: Alleine schafft man das nicht. Alleine kommt man überhaupt nicht weit.

Zum Glück brannte ich darauf, etwas aus mir zu machen (und hatte ehrlich gesagt schreckliche Angst, dass ich es zu nichts bringen würde). Wenn das nicht so gewesen wäre, hätte ich vielleicht genauso wie meine Caddie-Kollegen nur danebengestanden und zugeschaut.

Zum ersten Mal lernte ich die unglaubliche Macht der Beziehungen durch Mrs. Pohland kennen. Caryl Pohlands Mann gehörte das große Holzlager in unserer Stadt. Ihr Sohn Brett war so alt wie ich und wir waren befreundet. Sie gingen in dieselbe Kirche wie wir. Ich glaube, ich wäre damals gern Brett gewesen (toller Sportler, reich, alle Mädchen liefen ihm nach).

Im Golfklub war ich Mrs. Pohlands Caddie. Ich war ironischerweise als Einziger darauf bedacht, ihre Zigaretten zu verstecken. Ich riss mir ein Bein aus, damit sie alle Turniere gewann. Am Morgen vor dem Turnier lief ich den Golf-Parcours ab, um zu sehen, wo die schwierigen Stellen waren, und prüfte, wie schnell man auf den Greens war. Mrs. Pohland sackte einen Sieg nach dem anderen ein. Ich machte meine

Arbeit an allen „Ladies' Days" so gut, dass sie bei ihren Freundinnen mit mir prahlte. Schon bald forderten auch andere mich an.

Als Caddie schaffte ich 36 Löcher am Tag, wenn ich so viel Arbeit bekam, und ich behandelte den Obercaddie, als wäre er ein König. In meinem ersten Jahr gewann ich den Preis als bester Caddie und bekam dadurch die Chance, für Arnold Palmer als Caddie zu arbeiten, als er einmal vorbeikam und auf dem Golfplatz seiner Heimatstadt spielte. Arnie hatte selbst als Caddie im Latrobe Country Club angefangen und später gehörte ihm der Klub. Ich sah in ihm ein Vorbild. Er war der lebende Beweis dafür, dass Erfolg im Golf und im Leben nichts mit der Gesellschaftsschicht zu tun hat, aus der man stammt, sondern vielmehr mit Zugangsmöglichkeiten (ja, und in seinem Fall natürlich mit Talent). Manche Menschen bekamen den Zugang durch Geld oder Geburt. Andere waren einfach fantastisch gut in dem, was sie taten – wie Arnold Palmer. Ich wusste, dass mir meine Initiative und mein Antrieb einen Vorteil verschafften. Arnie war der inspirierende Beweis dafür, dass die Vergangenheit nicht das Vorspiel zur Zukunft zu sein braucht.

Jahrelang gehörte ich de facto zur Familie Pohland; ich fuhr mit ihnen in Urlaub und war fast jeden Tag bei ihnen zu Hause. Brett und ich waren unzertrennlich und ich liebte diese Familie wie meine eigene. Mrs. Pohland sorgte dafür, dass ich im Klub jeden kennenlernte, der mir helfen konnte; und wenn ich trödelte, dann sagte sie es mir auch. Ich half ihr auf dem Golfplatz, und da sie meine Mühen und die Sorgfalt, die ich ihr angedeihen ließ, zu schätzen wusste, half sie mir in meinem Leben. Sie lehrte mich eine einfache, aber wichtige Lektion über die Macht der Großzügigkeit. Wenn man anderen hilft, helfen sie einem häufig auch. Das „Gegenseitigkeitsprinzip" – so nennen die Menschen dieses zeitlose Prinzip im späteren Verlauf ihres Lebens. Ich kannte nur das Wort „mögen". Wir mochten uns und gaben uns alle Mühe, uns gegenseitig Gutes zu tun.

Dank dieser Zeit und besonders dank dieser Lektion begriff ich im ersten Semester auf der HBS, dass die ganzen hyper-wettbewerbsorientierten und individualistischen Studenten einen großen Fehler machten. Auf allen Gebieten, aber ganz besonders in der Wirtschaft, stellt sich der Erfolg ein, wenn man nicht gegen die Menschen, sondern *mit* ihnen zusammenarbeitet. Gegen diese Tatsache kommen keine Tabellen, keine Dollars und keine Cents an: Das Geschäftsleben ist ein menschliches Unterfangen, es wird von Menschen betrieben und gesteuert.

Das zweite Semester war noch nicht weit fortgeschritten, da sagte ich schon scherzhaft zu mir selbst: „Wie in aller Welt sind eigentlich die *anderen* hierhergekommen?"

Ich stellte fest, dass vielen meiner Mitstudenten die Fähigkeiten und Strategien fehlten, die zum Aufbau und zur Erhaltung von Beziehungen gehören. In Amerika und vor allem in der Welt der Wirtschaft, wird man dazu erzogen, den Individualismus à la John Wayne hochzuhalten. Menschen, die anderen bewusst den Hof machen, damit sie an ihrem Leben teilhaben können, gelten als Schleimer, Arschkriecher und schmierige Speichellecker.

Im Laufe der Jahre lernte ich, dass die gewaltige Anzahl der Vorurteile, die das Bild der aktiven Beziehungsaufbauer verdüstern, nur noch von der Anzahl der Falschauffassungen darüber erreicht wird, wie der richtige Aufbau von Beziehungen funktioniert. Was ich auf dem Golfplatz erlebt hatte – dass Freunde ihren Freunden und Familien anderen Familien halfen, die ihnen etwas bedeuteten –, hatte nichts mit Manipulation oder mit Gegenleistungen zu tun. Nur selten wurde darauf geachtet, wer was für wen getan hatte, oder gab es eine Strategie, die man ausheckte, um etwas zurückzubekommen.

Nach und nach betrachtete ich das Zugehen auf Menschen als Möglichkeit, sowohl im Leben anderer Menschen etwas zu bewirken als auch mein eigenes Leben zu erforschen, daraus zu lernen und es zu bereichern; es wurde die bewusste Konstruktion meines Lebensweges. Als ich meine Networking-Bemühungen in diesem Licht betrachtete, gestattete ich mir, sie in allen Bereichen meines beruflichen und privaten Lebens hemmungslos fortzusetzen. Ich empfand das aber nicht als so kalt und unpersönlich, wie ich das Wort „Networking" verstand. Es war eher so, dass ich *Verbindungen* herstellte – ich teilte mein Wissen, meine Mittel, Zeit und Energie, Freunde und Kollegen, Einfühlungsvermögen und Mitgefühl in dem stetigen Bemühen, anderen Nutzen zu bieten, wobei ich gleichzeitig meinen eigenen Nutzen steigerte. Wenn man als „Connector" – als Bindeglied, als soziale Schaltstelle – fungiert, geht es genauso wie beim Geschäft an sich nicht um das Managen von Transaktionen, sondern um das Managen von Beziehungen.

Menschen, die instinktiv ein starkes Beziehungsnetz aufbauen, haben schon immer großartige Unternehmen geschaffen. Wenn man die Geschäftswelt auf das Wesentliche reduziert, geht es nach wie vor darum, dass Menschen anderen Menschen etwas verkaufen. In dem gewaltigen Brimborium, das die Geschäftswelt unaufhörlich um alles Mögliche macht, um Marken, um Technologie, um Design, um Preisüberlegungen und die endlose Suche nach dem ultimativen Wettbewerbsvorteil, geht der Grundgedanke leicht verloren. Aber fragen Sie einen beliebigen gestandenen CEO, Unternehmer oder sonstigen Geschäftsprofi, wie er seinen Erfolg erreicht hat; ich garantiere Ihnen, dass Sie kaum Geschäftsjargon zu hören bekommen. Vor allem werden ihnen diese von denjenigen Menschen erzählen, die ihnen den Weg geebnet haben – falls der Befragte ehrlich und nicht zu sehr von seinem eigenen Erfolg eingenommen ist.

Nachdem ich jahrzehntelang in meinem Leben und in meiner Karriere die Macht der Beziehungen mit Erfolg angewendet habe, bin ich zu der Überzeugung gelangt, dass „Connecting" zu den wichtigsten Fertigkeiten gehört, die man im Beruf – und im Leben – je lernen wird. Warum? Weil, ehrlich gesagt, Menschen einfach lieber Geschäfte mit jemandem machen, den sie kennen und mögen. Karrieren funktionieren – auf allen erdenklichen Feldern – auf die gleiche Weise. Und wie Bibliotheken füllende Forschungen bewiesen haben, werden selbst unser allgemeines Wohlbefinden und unser Glücksgefühl zum großen Teil von der Unterstützung, der Leitung und der Liebe diktiert, die wir von der Gemeinschaft empfangen, die wir uns aufbauen.

Es hat eine Weile gedauert, bis ich genau herausgefunden hatte, wie man Verbindungen zu anderen knüpft. Aber eines wusste ich mit Gewissheit: Egal ob ich Präsident der Vereinigten Staaten oder Präsident des Elternbeirats werden wollte, auf jeden Fall gab es viele andere Menschen, deren Hilfe ich auf dem Weg dorthin benötigen würde.

Selbsthilfe – eine falsche Bezeichnung

Wie macht man aus einem Bekannten einen Freund? Wie bringt man andere Menschen dazu, dass sie sich emotional für Ihr Fortkommen einsetzen? Warum gibt es Glückspilze, die nach einer Geschäftssitzung genug Verabredungen zum Essen für einen ganzen Monat und ein Dutzend potenzielle neue Mitarbeiter in der Tasche haben, während andere nur Bauchschmerzen haben? Wohin muss man gehen, damit man die Art von Menschen trifft, die das eigene Leben am stärksten beeinflussen können?

Von meiner frühesten Jugend in Latrobe an saugte ich aus allen erdenklichen Quellen Klugheit und Rat auf – von Freunden, aus Büchern, von Nachbarn, Lehrern und meiner Familie. Mein Durst nach mehr war unstillbar. Aber im Berufsleben geht meiner Erfahrung nach nichts über den Einfluss von Mentoren. In allen Stadien meiner Laufbahn suchte ich mir die erfolgreichsten Menschen in meiner Umgebung aus und bat sie um Hilfe und Leitung.

Was ein Mentor wert ist, lernte ich zuerst bei einem Rechtsanwalt namens George Love. Er und der Börsenmakler der Stadt, Walt Saling, nahmen mich unter ihre Fittiche. Ich war von ihren Geschichten über das Leben als Selbstständiger und von ihren klugen Sprüchen voller Know-how gefesselt. Mein Ehrgeiz fiel auf den fruchtbaren Boden von Georges und Walts ausufernden Geschäftseskapaden, und seither hielt ich immer Ausschau nach Menschen, die mir etwas beibringen oder mich inspirieren könnten. Im späteren Verlauf meines Lebens, als ich mit Unternehmenslenkern, Ladenbesitzern, Politikern und Entscheidungsträgern jeglicher Couleur verkehrte, bekam ich langsam ein Gefühl dafür, wie die erfolgreichsten Menschen unseres Landes auf andere zugehen und wie sie diese Menschen dazu einladen, ihnen beim Erreichen ihrer Ziele zu helfen.

Ich lernte, dass *echtes* Networking darin besteht, nach Möglichkeiten zu suchen, *anderen* Menschen zu mehr Erfolg zu verhelfen. Man muss sich bemühen, mehr zu *geben*, als man bekommt. Und ich gelangte zu der Überzeugung, dass es eine Litanei knallharter Prinzipien gibt, die diese weichherzige Philosophie erst ermöglichen.

Diese Prinzipien sollten mir schließlich helfen, Dinge zu erreichen, die ich mir eigentlich nicht zugetraut hatte. Sie sollten mir Chancen bescheren, die einem Menschen meiner Herkunft eigentlich verwehrt waren, und sie sollten mir zu Hilfe kommen, wenn ich gelegentlich wie jeder andere auch Fehler machte. Nie war diese Hilfe so bitter nötig wie bei meinem ersten Job nach der Business School bei Deloitte & Touche Consulting.

An den üblichen Anforderungen gemessen war ich ein fürchterlicher Consultant-Anfänger. Wenn man mich damals vor eine Tabellenkalkulation setzte, bekam ich einen glasigen Blick; und genau das passierte auch, als ich über meinem ersten Projekt saß und zusammen mit ein paar anderen Berufsanfängern in einem fensterlosen, vom Boden bis zur Decke mit Akten angefüllten Raum in irgendeiner Vorstadt über einem Meer von Zahlen brütete. Ich versuchte es; ich versuchte es wirklich. Aber ich konnte es einfach nicht. Meiner Überzeugung nach musste eine derart schlimme Langeweile tödlich sein.

Ich war auf dem besten Weg, gefeuert zu werden oder selbst zu kündigen.

Zum Glück hatte ich damals schon ein paar der Networking-Regeln angewendet, die ich gerade lernte. Wenn ich nach Feierabend nicht unter Schmerzen versuchte, irgendeine vor Zahlen überquellende Tabelle zu analysieren, nahm ich Kontakt zu ehemaligen Kommilitonen, Professoren, früheren Chefs und allen Menschen auf, denen Beziehungen zu Deloitte vielleicht etwas bringen könnten. An den Wochenenden hielt ich auf kleineren Konferenzen im ganzen Land Vorträge zu verschiedenen Themen, die ich in Harvard vor allem unter der Anleitung von Len Schlessinger gelernt hatte (dem ich bis heute meinen Redestil verdanke). Auf diese Weise rührte ich die Werbetrommel für meinen neuen Arbeitgeber. Ich hatte auf allen

Organisationsebenen Mentoren, unter anderem den CEO Pat Loconto.

Trotzdem bekam ich nach dem ersten Jahr eine verheerende Beurteilung. Ich bekam schlechte Noten, weil ich die mir übertragenen Aufgaben nicht mit der Begeisterung und Konzentration bearbeitete, die von mir erwartet wurden. Aber die für die Bewertung zuständigen Personen, zu denen ich bereits Beziehungen aufgenommen hatte und denen meine außerbetrieblichen Aktivitäten bekannt waren, hatten eine andere Idee. Gemeinsam erfanden wir eine Stellenbeschreibung zusammen, die es in dem Unternehmen vorher nicht gegeben hatte.

Meine Mentoren gaben mir ein Budget von 150.000 Dollar, mit dem ich genau das tun sollte, was ich ohnehin schon tat: das Geschäft ausbauen, das Unternehmen als Redner repräsentieren und mit der Presse und der Unternehmensszene Kontakte knüpfen, die Deloittes Marktpräsenz stärken würden. Der Glaube, den meine Vorgesetzten in mich gesetzt hatten, zahlte sich aus. Nach einem Jahr war der Bekanntheitsgrad des Unternehmens in dem Geschäftsbereich, in dem ich arbeitete (Umstrukturierungen) vom letzten Platz unter den Consultingfirmen auf einen der Spitzenplätze der Branche gestiegen und daraus resultierte eine Wachstumsrate, die das Unternehmen noch nicht erlebt hatte (obwohl das natürlich nicht alleine mein Werk war). Ich wurde dann zum Marketingdirektor des Unternehmens befördert und war der jüngste Angestellte, der je zum Partner gemacht wurde. Und ich hatte eine tolle Zeit – die Arbeit machte Spaß, sie war aufregend und interessant. Mehr kann man von einem Job nicht verlangen.

Meine Karriere lief auf Hochtouren und irgendwie schien alles ein glücklicher Zufall zu sein. Tatsächlich wusste ich jahrelang nicht, wohin mich die berufliche Laufbahn führen würde – nach Deloitte kam ein buntes Sortiment an Spitzenjobs, das ich mit der Gründung meines eigenen Unternehmens krönte. Erst wenn ich von heute aus zurückblicke, erscheint mir alles absolut logisch.

Nach Deloitte wurde ich bei Starwood Hotels & Resorts der jüngste Marketingdirektor eines Fortune-500-Unternehmens, dann wurde ich

CEO eines Videospielunternehmens, das von Knowledge Universe (Michael Milken) gegründet worden war, und schließlich gründete ich Ferrazzi Greenlight, eine Schulungs- und Beratungsgesellschaft für Vertrieb und Marketing, die mit Dutzenden weltberühmten Namen zusammenarbeitet und CEOs in aller Welt berät. Im Zickzackkurs gelangte ich nach oben. Jedes Mal, wenn ich über eine Veränderung nachdachte oder Rat brauchte, wandte ich mich immer an den Freundeskreis, den ich mir geschaffen hatte.

Anfangs versuchte ich, die Aufmerksamkeit von meinen „menschlichen" Fähigkeiten abzulenken, weil ich befürchtete, sie könnten irgendwie unter den sonstigen, „respektableren" geschäftlichen Fähigkeiten stehen. Aber als ich älter wurde, kamen alle möglichen Menschen – bekannte CEOs, Politiker, Collegestudenten und meine eigenen Mitarbeiter – zu mir und fragten mich, wie man denn all diese Dinge macht, die ich schon immer gern gemacht hatte. Die Zeitschrift *Crain's* führte mich als einen der 40 besten Unternehmensführer unter 40 und auf dem Weltwirtschaftsforum wurde ich als „Global Leader for Tomorrow" bezeichnet. Senatorin Hillary Clinton bat mich, meine Kontaktfähigkeiten dafür einzusetzen, Geld für ihre bevorzugte gemeinnützige Organisation, Save America's Treasures, zu beschaffen. Freunde und CEOs von Fortune-500-Unternehmen fragten mich, ob ich ihnen nicht dabei helfen könnte, eher intime Abendgesellschaften für Kunden und potenzielle Kunden in den wichtigsten Regionen des Landes zu organisieren. Ich bekam E-Mails von MBA-Studenten, die unbedingt die sozialen Kompetenzen lernen wollten, die auf der Business School nicht gelehrt wurden. Daraus entwickelten sich formelle Ausbildungskurse, die inzwischen Bestandteil der renommiertesten MBA-Programme Amerikas sind.

Ich lernte daraus, dass andere Menschen aus den „softeren" Fähigkeiten, mit deren Hilfe ich zum Erfolg gelangt war, Nutzen ziehen konnten.

Selbstverständlich reicht es für den Erfolg nicht aus, sich ein Netz von Beziehungen aufzubauen. Aber der Aufbau einer Karriere und eines Lebens mit der Hilfe und Unterstützung von Freunden, der Familie und von Kollegen hat unglaubliche Vorteile.

1. Es wird nie langweilig. Zeitraubend manchmal; anstrengend vielleicht. Aber fade niemals. Man erfährt immer etwas über sich selbst, über andere Menschen, über das Geschäft und über die Welt und es fühlt sich toll an.

2. Eine beziehungsgesteuerte Karriere ist gut für die Unternehmen, für die man arbeitet, denn alle profitieren von Ihren Fortschritten – die Menschen wollen nämlich wegen des Nutzens, den Sie bieten, mit Ihnen verbunden sein. Sie empfinden ein Gefühl der Befriedigung, wenn sowohl die Kollegen als auch das Unternehmen an Ihrem Fortkommen beteiligt sind.

3. „Connecting" – die Unterstützung, die Flexibilität und die persönlichen Entwicklungsmöglichkeiten, die es mit sich bringt – ist besonders in der heutigen neuen Arbeitswelt sinnvoll. Die Loyalität und die Sicherheit, die früher die Organisationen boten, kann man sich heute durch seine eigenen Netzwerke verschaffen. Die lebenslange Zugehörigkeit zu einem Unternehmen ist tot; heutzutage sind wir alle freie Mitarbeiter, die sich ihre eigene Karriere durch verschiedene Jobs und Unternehmen bahnen. Und da heutzutage die Information die wichtigste Währung ist, gehört ein weitreichendes Netzwerk zu den sichersten Möglichkeiten, zu einem führenden Denker auf dem jeweiligen Fachgebiet zu werden und es auch zu bleiben.

Heute habe ich die Kontakte von über 10.000 Menschen in meinem Smartphone, die mit mir sprechen, wenn ich sie anrufe. Sie bieten mir Fachwissen, Arbeit, Hilfe, Ermutigung, Unterstützung und – ja! – sogar Fürsorge und Liebe. Die äußerst erfolgreichen Menschen, die ich kenne, sind insgesamt betrachtet weder besonders begabt noch besonders gebildet oder besonders bezaubernd. Aber sie haben alle einen Kreis von vertrauenswürdigen, begabten und inspirierenden Menschen, auf die sie zurückgreifen können.

Das ist natürlich Arbeit. Man muss dafür eine Menge Schweiß investieren, so wie ich damals als Caddie. Es bedeutet, dass man nicht nur an sich selbst, sondern auch an andere Menschen denken muss. Wenn Sie sich einmal entschlossen haben, auf andere zuzugehen und um Hilfe zu bitten, damit Sie der Beste werden, was immer Sie auch tun, werden Sie genauso wie ich feststellen, mit welcher Macht das zum Erreichen Ihrer Ziele beitragen kann. Und was genauso wichtig ist: Es führt zu einem erfüllteren, reichhaltigeren Leben, umgeben von einem stetig wachsenden, pulsierenden Netz von Menschen, die sich um Sie kümmern und um die Sie sich kümmern.

Dieses Buch beschreibt die Erfolgsgeheimnisse vieler Menschen, die es weit gebracht haben; diese Geheimnisse werden von Business Schools, Karriereberatern und Therapeuten nur selten erkannt. Wenn Sie sich die Ideen zu eigen machen, die ich in diesem Buch behandle, können auch Sie zum Mittelpunkt eines Kreises von Beziehungen werden, der Ihnen lebenslang zum Erfolg verhelfen wird. Ich bin natürlich ein bisschen fanatisch, was das Knüpfen von Kontakten betrifft. Ich tue die Dinge, die ich Ihnen beibringen werde, mit einem gewissen … sagen wir Überschwang. Aber ich glaube, schon wenn Sie einfach auf andere zugehen und anerkennen, dass niemand es alleine schafft, werden Sie schnell erstaunliche Ergebnisse sehen.

Jeder hat das Zeug zum Connector. Wenn es ein Kind vom Lande aus Pennsylvania in den „Klub" schafft, schaffen Sie das auch.

Wir sehen uns dort.

Nicht aufrechnen

„So etwas wie einen ‚Selfmade'-Menschen gibt es nicht. Wir setzen uns aus Tausenden von anderen zusammen. Jeder, der uns je etwas Gutes getan oder uns Mut zugesprochen hat, hat sich in die Zusammensetzung unseres Charakters, unserer Gedanken und unseres Erfolgs eingefügt."

– George Burton Adams

Wenn ich vor College- oder Universitätsstudenten spreche, werde ich immer gefragt: Was sind die Geheimnisse des Erfolgs? Wie sehen die unausgesprochenen Regeln aus, mit denen man groß rauskommt? Am liebsten hätten sie meine Antwort in einem fest verschnürten Päckchen mit einer hübschen Schleife darauf. Warum auch nicht? Ich wollte das in ihrem Alter auch.

„Sie wollen also den großen Exklusivbericht?", antworte ich dann. „Das ist nur recht und billig. Ich fasse den Schlüssel zum Erfolg in einem Wort zusammen: Großzügigkeit."

Dann mache ich eine kurze Pause und sehe mir die Gesichter der jungen Menschen an, die mich fragend anschauen. Die Hälfte der Anwesenden meint, ich würde mir einen Scherz erlauben; die andere Hälfte meint, sie hätte lieber ein Bier trinken gehen sollen, anstatt meinen Vortrag zu hören.

Ich fahre fort, indem ich den Studenten erkläre, dass mein Vater Stahlarbeiter in Pennsylvania war und dass er für mich mehr wollte, als er jemals hatte. Er äußerte diesen Wunsch einem Mann gegenüber, dem er bislang noch nie begegnet war, und zwar dem CEO seines Arbeitgebers, Alex McKenna.

Mr. McKenna gefiel der Schneid meines Vaters und er verhalf mir zu einem Stipendium an einer der besten Privatschulen des Landes, in deren Kuratorium er saß.

Elsie Hillman, die Vorsitzende der Republikanischen Partei in Pennsylvania, die ich kennenlernte, nachdem sie in der *New York Times* gelesen hatte, dass ich mich während meines zweiten Studienjahres in Yale vergebens für das New Haven City Council beworben hatte, lieh mir Geld, gab mir Ratschläge und ermutigte mich, auf eine Business School zu gehen.

Ich sage den Studenten, dass ich damals in ihrem Alter war und dass ich so ziemlich die besten Bildungschancen der Welt bekam – fast ausschließlich dank der Großzügigkeit Dritter.

„Aber", so fahre ich dann fort, „jetzt kommt der schwierige Teil: Sie müssen mehr als nur bereit sein, Großzügigkeiten anzunehmen: Oft müssen Sie hinausgehen und sie verlangen."

Sofort sehe ich am Blick der Studenten, dass sie sich darin wiedererkennen. Fast jeder im Raum musste schon einmal jemanden wegen eines Bewerbungsgesprächs, eines Praktikums oder eines kostenlosen Rats um Hilfe bitten. Und die meisten haben das nur widerwillig getan. Aber solange man nicht genauso bereit ist, um Hilfe zu bitten, wie Hilfe zu gewähren, arbeitet man nur auf einer Seite der Gleichung.

Das meine ich mit „Connecting". Es ist ein stetiger Prozess des Gebens und Nehmens – um Hilfe bitten und Hilfe bieten. Wenn man Menschen miteinander in Kontakt bringt, wenn man seine Zeit und seine Kenntnisse freigebig teilt, wird der Kuchen für alle größer.

In den Ohren derjenigen, die in der Geschäftswelt zu Zynikern geworden sind, mag diese karmisch angehauchte Sichtweise der Dinge naiv klingen. In den heiligen Hallen der amerikanischen Unternehmenswelt wird die Macht der Großzügigkeit zwar weder vollständig gewürdigt noch angewendet, aber ihr Wert in der Welt des Networkings ist erwiesen.

Mir macht es zum Beispiel Spaß, Tipps und Ratschläge für Karrieren zu geben. Das ist fast schon ein Hobby. Ich habe das schon bei Hunderten jungen Menschen gemacht und es befriedigt mich außerordentlich, wenn ich später von ihnen höre, wie sich ihre Karriere entwickelt. Es gibt Momente, da kann ich im Leben eines jungen Menschen viel bewirken. Ich kann eine Tür öffnen, einen Anruf tätigen oder ein Praktikum organisieren – das sind die einfachen Dinge, die Schicksale verändern. Doch allzu oft wird mein Angebot zurückgewiesen.

Der Empfänger sagt zum Beispiel: „Tut mir leid, aber ich kann diesen Gefallen nicht annehmen, weil ich nicht weiß, ob ich ihn je zurückzahlen kann." oder: „Ich will niemandem verpflichtet sein, deshalb muss ich passen." Manchmal beharren die Menschen sofort und auf der Stelle darauf, den Gefallen irgendwie zu erwidern. Nichts macht mich wütender als eine solche Blindheit dafür, wie so etwas funktioniert. Und das ist auch keine – wie man ja annehmen könnte – Frage der Generation. Ich habe solche Reaktionen schon von Menschen aller Altersklassen und in allen Lebensbereichen erhalten.

Ein Netzwerk funktioniert genau deswegen, weil man gegenseitig anerkennt, dass man einander braucht. Es gibt ein stillschweigendes Einverständnis, dass die Investition von Zeit und Energie in persönliche Beziehungen mit den richtigen Menschen eine Dividende abwirft. Die meisten Angehörigen des „obersten einen Prozents" gehören deswegen zu dieser Schicht, weil sie diese Dynamik begreifen; sie haben nämlich selbst die Macht ihres Netzwerks aus Kontakten und Freunden benutzt, um dort hinzukommen, wo sie jetzt stehen.

Dafür muss man aber zunächst aufhören, alles aufzurechnen. Man kann kein Netz aus Verbindungen aufbauen, wenn man nicht mit gleichem Eifer Verbindungen zu anderen knüpft. Je mehr Menschen man hilft, desto mehr Hilfe bekommt man selbst und umso mehr Hilfe bekommt man, um anderen zu helfen. Das ist wie mit dem Internet. Je mehr Menschen dazu Zugang haben und je mehr Menschen es benutzen, umso nützlicher wird es. Ich weiß, dass ich eine kleine Armee aus ehemaligen Schützlingen habe, die in allen möglichen Branchen Erfolg haben und mir helfen können, als Mentor für die jungen Menschen zu fungieren, die heute zu mir kommen.

Das ist kein warmherziger Schnickschnack; es ist eine Erkenntnis, die starrköpfige Geschäftsleute lieber ernst nehmen sollten. Einen Wettbewerbsvorteil erlangte man im Industriezeitalter, indem man ständig Prozesse und Systeme weiterentwickelte. Heute gewinnt man ihn, indem man Beziehungen verbessert.

Informationen sind, anders als andere materielle Ressourcen, im Fluss: Sie können jederzeit erscheinen (entdeckt oder kommuniziert werden) oder verschwinden (veralten). Die besten Informationen in dem Moment zu haben, in dem man sie braucht, erfordert Höchstleistungen an Zusammenarbeit, Mitgestaltung und Kommunikation – das Schmieden von Beziehungen und die Netzwerke, die für sie bestimmte Aufgaben übernehmen.

Wir leben in einer Welt, in der wir voneinander abhängig sind. Flache Hierarchien streben bei jeder Gelegenheit Allianzen an. Immer mehr Freiberufler merken, dass sie mit anderen zusammenarbeiten müssen, um ihre Ziele zu erreichen. Nullsummenspiele, bei denen nur eine Partei gewinnt, bedeuten heute mehr denn je, dass auf lange Sicht beide Parteien verlieren. In der vernetzten Welt ist „Win-win" eine notwendige Realität. In einem hyper-vernetzten Markt läuft die Kooperation der Konkurrenz den Rang ab.

Das Spiel hat sich gewandelt.

William Whyte skizzierte im Jahre 1956 in seinem Bestseller *The Organization Man* den Archetyp des amerikanischen Arbeiters: Wir zogen den grauen Anzug an, arbeiteten in einem Großunternehmen und boten unsere Loyalität im Austausch gegen einen sicheren Arbeitsplatz an. Die vertraglich festgelegte Knechtschaft wurde glorifiziert, aber sie ließ kaum Spielraum und bot wenig Chancen. Heute bieten die Arbeitgeber nur noch wenig Loyalität und die Arbeitnehmer gar keine. Unsere Karrieren sind keine Wege mehr, sondern eher Landschaften, die wir durchqueren. Wir sind Freiberufler, Entrepreneure und Intrapreneure – jeder mit seiner eigenen Marke.

Viele Menschen haben sich an die neue Zeit angepasst und dabei den Glauben beibehalten, dass den letzten die Hunde beißen und der gemeinste und fieseste Hund in der Nachbarschaft gewinnt. Aber nichts könnte weiter von der Wahrheit entfernt sein.

Früher fand man als Arbeitnehmer Großzügigkeit und Loyalität im Unternehmen, heute müssen wir sie in unserem eigenen Beziehungsnetz finden. Dabei geht es aber nicht mehr um die blinde Loyalität und Großzügigkeit, die wir einst dem Arbeitgeber boten. Loyalität und Großzügigkeit sind heute eher persönlicher Natur und sie richten sich an die Kollegen, das Team, die Freunde und die Kunden.

Wir brauchen einander heute mehr als je zuvor. Und das ist keine Sentimentalität, es ist wissenschaftlicher Fakt.

In den letzten zehn Jahren haben Neurowissenschaftler, Psychologen und Wirtschaftswissenschaftler Quantensprünge bei unserem Verständnis gemacht, wieso einige ein glückliches, gesundes Leben führen und andere nicht. Es wurde dabei deutlich, dass wir nicht nur mit anderen *verbunden* sind. Wir sind das Produkt der Menschen und Netzwerke, mit denen wir verbunden sind. Wen Sie kennen bestimmt, wer Sie sind – wie Sie sich fühlen, wie Sie handeln und was sie erreichen.

Das Magazin *Wired* hat das 2010 in einer Titelstory verpackt: „Das Geheimnis für Gesundheit und Glück? Gesunde und glückliche Freunde … Ein halbes Jahrhundert medizinischer Daten [hat] die Ansteckungskraft sozialer Netzwerke erkannt."

Traurigerweise stecken viele Menschen den Kopf in den Sand und versuchen immer noch so durchzukommen, als schrieben wir das Jahr 1950. Wir neigen zu einem romantischen Bild von Unabhängigkeit und sehen Autonomie als eine Tugend. Meiner Erfahrung nach ist eine solche Ansicht ein Karrierekiller. Autonomie ist eine Rettungsweste, die aus Sand gemacht ist. Unabhängige Menschen, die nicht in der Lage sind, vernetzt zu denken und zu handeln, mögen zwar für sich genommen sehr produktiv sein, aber sie können weder als gute Führungskräfte noch als gute Teamarbeiter gelten. Über kurz oder lang gerät ihre Karriere ins Stocken und kommt schließlich zum Stillstand.

Lassen Sie mich ein Beispiel geben. Als ich bei Deloitte war, arbeitete ich an einem Projekt für Kaiser Permanente, die größte Krankenversicherung des Landes. Dabei war ich gezwungen, zwischen den Unternehmenssitzen in San Francisco und Los Angeles hin- und herzupendeln, und am Wochenende flog ich heim nach Chicago.

Ich hatte schon früh die Hoffnung, dass die Consultingbranche für mich das Tor zu einem anderen Bereich sein könnte. Da ich in Los Angeles arbeitete, fragte ich mich, wie ich einen Fuß in die Tür der Unterhaltungsindustrie bekommen könnte. Ich hatte nichts Konkretes vor; ich wusste nur, dass ich mich für diese Branche interessierte und nach Hollywood wollte, und nicht nur, um irgendeinem Agenten die Post zu bringen.

Ray Gallo, mein bester Freund aus dem Bachelorstudium, arbeitete als Anwalt in Los Angeles, also rief ich ihn an und fragte ihn um Rat.

„Hallo Ray, kennst du jemanden in der Unterhaltungsbranche, mit dem ich darüber sprechen könnte, wie ich da hineinkomme? Kennst du irgendjemanden, der mal kurz Zeit hätte, mit mir essen zu gehen?"

„Über gemeinsame Freunde kenne ich jemanden namens David, der auch auf der HBS war. Ruf ihn doch mal an."

David war ein schlauer Unternehmer, der einige kreative Geschäfte in Hollywood machte. Vor allen Dingen hatte er eine enge Verbindung zu einem gehobenen Manager in einem Filmstudio, der auch mit ihm studiert hatte. Ich hoffte, dass ich beide kennenlernen könnte.

Ich traf mich mit David in einem Straßencafé in Santa Monica. Er trug die in Los Angeles übliche elegante Freizeitkleidung. Ich war in Anzug und Krawatte, was zu dem zugeknöpften Consultant aus dem Mittelwesten passte, der ich damals war.

Nach einigem Hin und Her stellte ich David eine Frage:

„Ich denke darüber nach, irgendwann in die Unterhaltungsbranche zu wechseln. Kennen Sie jemanden, der mir nützliche Ratschläge geben könnte?" Ich war der gute Freund eines engen Freundes von ihm. Angesichts der Intensität unseres Treffens schien mir das eine harmlose Bitte.

„Ich kenne da schon jemanden", sagte er. „Sie ist bei Paramount im gehobenen Management."

„Super, ich würde sie gern kennenlernen", sagte ich begeistert. „Wäre es möglich, schnell ein Treffen zu arrangieren? Könnten Sie ihr vielleicht eine E-Mail schicken?"

„Kann ich nicht", sagte er kategorisch. Ich war schockiert und meinem Gesicht sah man das an. „Keith, das ist so: Wahrscheinlich brauche ich von dieser Person irgendwann irgendetwas, irgendeinen persönlichen Gefallen. Ich habe einfach keine Lust, das Kapital, das ich bei dieser Person habe, für Sie oder für jemand anderen einzusetzen. Das muss ich für mich selbst aufsparen. Tut mir leid. Ich hoffe, Sie verstehen das."

Aber ich verstand es nicht. Ich verstehe es immer noch nicht. Seine Aussage widersprach allem, was ich wusste. Er hielt Beziehungen für etwas Endliches, so wie ein Kuchen, aus dem man nur eine bestimmte Anzahl Stücke schneiden kann. Nimmt man ein Stück weg, bleibt weniger für einen selbst übrig. Ich wusste allerdings, dass Beziehungen eher wie Muskeln sind – je mehr man sie benutzt, desto stärker werden sie.

Wenn ich mir die Zeit nehme, mich mit jemandem zu treffen, will ich versuchen, dieser Person zum Erfolg zu verhelfen. Aber David rechnete auf. Er betrachtete jede Begegnung im Lichte der Ertragsminderung. In seinen Augen beinhaltete eine Beziehung nur eine bestimmte Menge an Goodwill, an Sicherheiten und an nutzbarem Kapital.

Er hatte nicht begriffen, dass die Nutzung des Kapitals das Kapital aufbaut. Dieses große Aha-Erlebnis hat David wohl nie gehabt.

Ich habe diese Lektion von Jack Pidgeon gelernt, dem ehemaligen Schulleiter der Kiski School im südwestlichen Pennsylvania, wo ich zur Schule gegangen bin. Er hatte eine ganze Institution darauf aufgebaut, dass er die Menschen nicht fragte: „Wie können Sie *mir* helfen?" Sondern indem er fragte: „Wie kann ich *Ihnen* helfen?"

Jack kam mir oft zu Hilfe, unter anderem einmal als ich in meinem zweiten College-Jahr war. Ich hatte mich für den Sommer von einer Frau engagieren lassen, die gegen einen jungen Kennedy als Kandidatin für den Kongress antrat. In Boston gegen einen Kennedy zu kandidieren und obendrein noch für den früheren Sitz von Jack Kennedy war in den Augen vieler Menschen ein aussichtsloses Unterfangen. Aber ich war jung, naiv und kampfbereit.

Leider hatten wir kaum Zeit gehabt, die Rüstung anzulegen, da mussten wir schon die weiße Fahne hissen und aufgeben. Einen Monat nach Beginn des Wahlkampfs ging uns das Geld aus. Acht andere College-Studenten und ich wurden aus einem Hotelzimmer, das als Wahlkampfzentrale herhalten musste, mitten in der Nacht von dem Geschäftsführer buchstäblich hinausgeworfen, weil wir ihn zu lange nicht bezahlt hatten.

Wir stopften unsere Reisetaschen in einen gemieteten Lieferwagen und da wir nicht wussten wohin, fuhren wir nach Washington, D.C. In unserer Unschuld dachten wir, wir könnten uns in einen anderen Wahlkampf einklinken. Was waren wir noch grün hinter den Ohren.

Irgendwann in der Nacht rief ich von einem Münzfernsprecher an irgendeiner Raststätte auf dem Weg nach Washington aus Mr. Pidgeon an. Als ich ihm unsere Lage schilderte, kicherte er. Und dann tat er, was er schon für Generationen von Kiski-Absolventen getan hat. Er klappte seine Rolodex-Rollkartei auf und begann zu telefonieren.

Unter anderem rief er Jim Moore an, ebenfalls ehemaliger Kiski-Schüler und früher stellvertretender Wirtschaftsminister der Reagan-

Administration. Bis unsere Karawane der verirrten Seelen in Washington ankam, hatten wir alle Übernachtungsplätze und waren auf dem besten Weg zu neuen Ferienjobs. Ich bin ziemlich sicher, dass Mr. Pidgeon seinerzeit für Jim ähnliche Anrufe getätigt hat.

Mr. Pidgeon wusste, was es wert war, Menschen miteinander bekannt zu machen, von Kiski-Schüler zu Kiski-Schüler. Er wusste nicht nur, wie sehr sich das auf das Leben der Einzelnen auswirken würde, sondern, dass sich die Loyalität, die dieses Handeln erzeugte, für die fast bankrotte, kleine, aus fünf Gebäuden bestehende Einrichtung in Südwest-Pennsylvania, die er aufzubauen versuchte, am Ende lohnen würde.

Und so war es auch. Jim und ich sitzen inzwischen im Verwaltungsrat unserer früheren Schule. Und wenn Sie die Schule aus der Zeit kennen würden, als Jack sie übernahm, würden Sie sie heute kaum wiedererkennen; die Skipisten, der Golfplatz, das Kunstzentrum und die technischen Einrichtungen lassen sie aussehen wie ein MIT des Mittleren Westens.

Ich will damit Folgendes sagen: Vertrauen festigt Beziehungen. Darauf werden Institutionen aufgebaut. Vertrauen gewinnt man nicht, indem man Menschen fragt, was sie für einen tun können, sondern – um einen früheren Kennedy zu zitieren – indem man fragt, was man für andere tun kann.

Anders gesagt ist die Währung des echten Networkings nicht Gier, sondern Großzügigkeit.

Wenn ich auf all die Menschen zurückblicke, denen ich unschätzbare Lehren über den Aufbau dauerhafter Beziehungen verdanke – meinen Vater, Elsie, meine Schützlinge und die College-Studenten, mit denen ich spreche, Ray, Mr. Pidgeon, die Menschen, mit denen ich arbeite –, komme ich zu mehreren grundlegenden Erkenntnissen und Beobachtungen:

1. Konjunkturzyklen kommen und gehen; Freunde und vertraute Kollegen bleiben. Es könnte durchaus der Tag kommen, an dem Sie am Nachmittag in das Büro Ihres Chefs gehen und zu hören bekommen: „Tut mir leid, Ihnen das sagen zu müssen, aber …" Das

ist garantiert ein schwerer Tag. Man kommt damit allerdings viel besser zurecht, wenn man nach ein paar Telefonaten in ein anderes Büro treten kann und dort zu hören bekommt: „Auf diesen Tag habe ich schon lange gewartet. Ich gratuliere …"

Sicherer Arbeitsplatz? In schweren Zeiten rettet Sie keine Erfahrung, kein Fleiß und keine Begabung. Wenn man Arbeit, Geld, Rat, Hilfe, Hoffnung oder eine Verkaufsmöglichkeit braucht, findet man sie nur an einem Ort mit unfehlbarer Sicherheit – im ausgedehnten Kreis der Freunde und Kollegen.

2. Man braucht sich keine Gedanken zu machen, wer die Zeche bezahlt. Es bringt nichts, über gewährte und angenommene Gefallen Buch zu führen. Wen interessiert das?

    Würde es Sie überraschen, wenn ich Ihnen sagen würde, dass es „Hollywood"-David jetzt gar nicht mehr so gut geht? Er hortete das Beziehungskapital solange, bis er feststellen musste, dass es nichts mehr zu horten gab. In den zehn Jahren nach unserer Begegnung in dem Café in Santa Monica habe ich nichts mehr von ihm gehört und auch niemand, den ich kenne, hat etwas von ihm gehört. Für die Unterhaltungsbranche gilt das Gleiche wie für viele andere Branchen auch: Die Welt ist klein.

    Bilanz: Geben ist seliger denn Nehmen. Und rechnen Sie niemals auf. Wenn Ihre Beziehungen von Großzügigkeit geprägt sind, werden Sie auch dafür belohnt.

3. Die Welt der Wirtschaft ist stets im Fluss und es herrscht immer Wettbewerb; der Assistent von gestern ist die Einflussperson von heute. Viele der jungen Menschen, die früher meine Anrufe entgegennahmen, lassen mich heute gern zu sich durchstellen. Vergessen Sie nicht, dass man im Leben besser vorankommt, wenn diejenigen auf einer niedrigeren Stufe der Karriereleiter Ihnen freudig beim Vorwärtskommen helfen und nicht Ihren Sturz herbeiwünschen. Heutzutage ist jeder seine eigene Marke. Vorbei die Zeit, als der Wert eines Angestellten an seiner Loyalität und seinen Dienstjahren

abzulesen war. Unternehmen benutzen Marken, um starke, dauerhafte Kundenbeziehungen aufzubauen. In der fließenden Wirtschaft von heute müssen Sie in Ihrem *persönlichen* Netzwerk das Gleiche tun.

Ich bin der Meinung, dass Ihre Beziehungen zu anderen Menschen der höchste, glaubwürdigste Ausdruck dessen sind, was Sie sind und was Sie bieten können. Es gibt nichts Besseres. Nichts lässt sich damit vergleichen.

4. Bringen Sie sich ein. Das ist der Wunderdünger für Ihr Netzwerk. Schenken Sie der wachsenden Gemeinde der Freunde Ihre Zeit, Ihr Geld und Ihr Wissen.

5. Wenn ich daran denke, was Jack Pidgeon für mich und unzählige andere getan hat, und wenn ich an das Vermächtnis denke, das er dadurch hinterlässt, gelange ich mehr denn je zu der Überzeugung, dass die großartigste Möglichkeit, meinem ehemaligen Schuldirektor für die Lehren über das Zugehen auf andere Menschen zu danken, in der Weitergabe dieser Lehren besteht. Noch einmal vielen Dank, Mr. Pidgeon.

Wie lautet
Ihre Mission?

„ ‚Könntest du mir bitte sagen, welchen Weg ich
von hier aus nehmen soll?'
‚Das kommt ganz darauf an, wohin du gehen
willst', sagte die Katze.
‚Wohin ist mir ziemlich egal', sagte Alice.
‚Dann ist es auch egal, welchen Weg du nimmst',
sagte die Katze."

– „Alice im Wunderland" von Lewis Carroll

Wollen Sie CEO oder Senator werden? Wollen Sie an die Spitze Ihres Berufsstands oder an die Spitze des Elternbeirats der Schule Ihres Kindes aufsteigen? Wollen Sie mehr Geld und mehr Freunde haben?

Je genauer Sie wissen, was Sie wollen, umso leichter können Sie eine Strategie dafür entwickeln. Natürlich gehört es zu dieser Strategie, Beziehungen zu Menschen in Ihrem Umkreis aufzubauen, die Ihnen helfen können, dorthin zu kommen, wo Sie hinwollen.

Alle erfolgreichen Menschen, die ich kenne, haben sich mit einem gewissen Eifer Ziele gesetzt. Erfolgreiche Sportler, CEOs, charismatische Führungspersönlichkeiten, erfolgreiche Verkäufer und erfahrene Manager – sie alle wissen, was sie vom Leben wollen, und sie verfolgen dieses Ziel.

Wie mein Vater zu sagen pflegte: Niemand wird durch Zufall Astronaut.

Ich habe schon früh damit angefangen, mir Ziele zu setzen. Als ich in Yale studierte, wollte ich Politiker und Gouverneur von Pennsylvania werden (ich war wirklich so speziell und so naiv). Aber ich lernte auch, dass man ein Ziel umso leichter anstreben kann, je konkreter es ist. Im zweiten Jahr wurde ich Vorsitzender der Yale Political Union (YPU), in der sich schon viele Ehemalige die ersten Sporen für eine politische Laufbahn verdient hatten. Als ich in eine Studentenverbindung eintreten wollte, nahm ich nicht einfach die erstbeste, die sich bot. Ich recherchierte, aus welcher Verbindung die meisten Politiker hervorgegangen waren. Sigma Chi hatte eine reiche Tradition und eine lange Liste Ehemaliger, die beeindruckende politische Führer geworden waren. Allerdings war sie zu dieser Zeit in Yale nicht vertreten. Also gründeten wir einen neuen Ableger.

Schließlich kandidierte ich für den Stadtrat von New Haven. Ich verlor die Wahl, aber im Zuge der Kandidatur lernte ich alle möglichen Menschen kennen, von William F. Buckley über Dick Thornburg, den Gouverneur von Pennsylvania, bis hin zu Bart Giamatti, den Präsidenten der Yale University. Ich besuchte Bart bis zu seinem Tod regelmäßig; er war für mich buchstäblich ein Orakel der Ratschläge und Kontakte. Schon damals wurde mir klar, dass mich etwas so Schlichtes wie ein klar definiertes Ziel von all denen unterschied, die sich einfach durch die Studienzeit treiben ließen und darauf warteten, dass etwas passieren würde. Später wandte ich diese Erkenntnis noch energischer an.

Zum Beispiel hob ich mich unter anderem dadurch bei Deloitte & Touche von den anderen Consultants ab, die frisch von der Uni kamen. Ich wusste, dass ich einen Schwerpunkt brauchte, eine Richtung, in die ich meine Energien lenken konnte. Diesen Schwerpunkt lieferte mir ein Artikel von Michael Hammer, den ich in der Business School gelesen hatte. Hammer war Co-Autor von *Business Reengineering. Die Radikalkur für das Unternehmen*; seine Ideen eroberten die Unternehmenswelt im Sturm und standen im Begriff, ein neues Segment für Beratungsdienste zu schaffen.

Hier bot sich die Chance, ein Experte für ein relativ neues Wissens- und Forschungsgebiet zu werden, das schnell sehr gefragt war. Ich las alle Fallstudien und besuchte alle Vorträge und Vorlesungen, die ich schaffte. Wo Michael Hammer war, da war auch ich. Mit der Zeit betrachtete er mich zum Glück weniger als Stalker, sondern als Schüler und Freund. Dank meines Zugangs zu Michael Hammer und meiner wachsenden Kenntnisse auf seinem Fachgebiet konnte ich eine stärkere Beziehung zwischen meinem Arbeitgeber und einem der einflussreichsten und geachtetsten Köpfe der Wirtschaftswelt organisieren. Daraus, dass Deloitte an vorderster Front der Reengineering-Bewegung stand, resultierten Publicity und Gewinn. Mit diesem Erfolg begann der Aufstieg meiner Karriere, die einst auf wackeligen Füßen gestanden hatte.

In den letzten Jahrzehnten wurden unzählige Bücher über das Setzen von Zielen geschrieben. Und ja, das *ist* wirklich extrem wichtig. Ich habe meinen eigenen Zielsetzungsprozess mit der Zeit zu einem dreistufigen Verfahren entwickelt. Aber die Hauptsache ist, dass man es sich zur Gewohnheit macht, sich Ziele zu setzen. Wenn Sie das tun, wird das Setzen von Zielen zum festen Bestandteil Ihres Lebens. Wenn nicht, wird es verkümmern und eingehen.

Erster Schritt: Finden Sie Ihre Leidenschaft

Die beste Definition von „Ziel", die ich je gehört habe, stammt von einer außerordentlich erfolgreichen Vertriebsfrau, die mir auf einer Tagung einmal sagte: „Ein Ziel ist ein Traum mit einer Frist." Diese wunderbare Definition betont alle wichtigen Punkte. Bevor Sie anfangen, Ziele aufzuschreiben, sollten Sie wissen, worin Ihr Traum besteht. Andernfalls könnten Sie in eine Richtung steuern, in die Sie eigentlich gar nicht gehen wollten.

Studien haben ergeben, dass deutlich über 50 Prozent der Amerikaner mit ihrer Arbeit unzufrieden sind. Viele dieser Menschen verdienen ganz gut, aber sie verdienen ihr Geld mit etwas, das ihnen keinen Spaß macht. Wie wir uns in solche Situationen bringen, ist nicht schwer zu verstehen. Die Menschen sind von den Entscheidungen hinsichtlich ihrer Arbeit, ihrer Familie, ihrer Geschäfte und ihrer Zukunft überfordert. Anscheinend gibt es zu viele Wahlmöglichkeiten. Am Ende konzentrieren wir uns auf Begabungen, die wir gar nicht haben, und auf Karrieren, die nicht recht passen. Viele von uns reagieren darauf, indem sie einfach auf das springen, was ihnen über den Weg läuft, ohne sich ein paar sehr wichtige Fragen zu stellen.

Haben Sie sich schon einmal hingesetzt und ernsthaft darüber nachgedacht, was Sie wirklich lieben? Worin Sie gut sind? Was Sie im Leben erreichen wollen? Welche Hürden Sie daran hindern? Die meisten Menschen tun das nicht. Sie akzeptieren, was sie tun „sollten", und nehmen sich nicht die Zeit, herauszufinden, was sie eigentlich tun wollen.

Wir alle haben unsere Vorlieben, Unsicherheiten, Stärken, Schwächen und einzigartigen Fähigkeiten. Wenn wir herausfinden wollen, wo sich unsere Begabungen und unsere Wünsche überschneiden, müssen wir das berücksichtigen. Diese Schnittmenge bezeichne ich als „blaue Flamme" – wo Leidenschaft und Können zusammentreffen. Wenn die blaue Flamme in einer Person entzündet ist, wird sie zu einer mächtigen Kraft, die einen an den gewünschten Ort bringt.

Ich verstehe die blaue Flamme als Treffpunkt von Mission und Passion, gegründet auf eine realistische Selbsteinschätzung der eigenen

Fähigkeiten. Mit ihrer Hilfe kann man den Lebenszweck bestimmen – sich um ältere Menschen kümmern, Mutter werden, Spitzeningenieur, Schriftsteller oder Musiker werden … Ich glaube, dass jeder Mensch eine Mission in sich trägt, die ihn inspirieren kann.

Joseph Campbell, der Anfang der 1990er-Jahre den Satz „Follow Your Bliss" [wörtlich etwa „Folge deinem Glück"] prägte, hat an der Columbia University studiert. Er beschloss, dass seine blaue Flamme das Studium der griechischen Mythologie sei.

Als er erfuhr, dass es dafür keinen passenden Studiengang gibt, machte er sich seinen eigenen Plan. Nach dem Studium wohnte er in einer Hütte in Woodstock im Staat New York und tat fünf Jahre lang nichts anderes, als von neun Uhr morgens bis sechs oder sieben Uhr abends zu lesen. Für Liebhaber griechischer Mythen gibt es eben keine vorgezeichnete Laufbahn. Danach kam Campbell als äußerst gebildeter Mann aus dem Wald heraus, aber er hatte immer noch keine Ahnung, was er mit seinem Leben anfangen wollte. Auf jeden Fall folgte er hartnäckig seiner Liebe zur Mythologie.

Die Menschen, die damals mit ihm zu tun hatten, waren von seinem Wissen und seiner Leidenschaft erstaunt. Schließlich wurde er für eine Vorlesung an das Sarah Lawrence College eingeladen. Eine Vorlesung führte zur anderen und als Lawrence sich 28 Jahre später umsah, war er ein berühmter Autor und Professor für Mythologie; er tat das, was er liebte, und zwar an der gleichen Schule, die ihm als erstes Sprungbrett gedient hatte. „Wenn man sich von seinem persönlichen Glück leiten lässt, begibt man sich auf einen Weg, der schon die ganze Zeit da war und auf einen gewartet hat; und das Leben, das man führen sollte, ist das Leben, das man führt."

Und wie findet man sein Glück?

Campbell glaubte, dass jeder Mensch in sich das intuitive Wissen trägt, was er oder sie im Leben am meisten will. Wir müssen nur danach suchen.

Ich stimme Dr. Campbell zu. Nach meiner Überzeugung beruhen alle guten Entscheidungen auf guten Informationen. Das ist bei der Bestimmung der Leidenschaft, dem persönlichen Lebensglück und der blauen Flamme nicht anders. Gute Informationen bekommt man aus zwei Quellen. Ein Teil kommt aus Ihrem Inneren und der andere Teil von Ihren Mitmenschen.

1. Der Blick nach innen

Es gibt viele Möglichkeiten, eine Selbsteinschätzung seiner Ziele und Träume vorzunehmen. Manche Menschen beten. Andere meditieren oder lesen. Manche treiben Sport. Einige ziehen sich längere Zeit in die Einsamkeit zurück.

Das Wichtigste bei der inneren Prüfung ist, dass man sie ohne die Beschränkungen, ohne die Zweifel, Ängste und Erwartungen durchführt, die damit zusammenhängen, was man tun „sollte". Sie müssen es schaffen, die Hindernisse Zeit, Geld und Verpflichtungen aus dem Weg zu räumen.

Wenn ich in der richtigen geistigen Verfassung bin, fange ich an, eine Liste meiner Träume und Ziele aufzustellen. Manche sind absurd und manche sind überaus pragmatisch. Ich versuche nicht, die Liste zu zensieren oder zu verändern – ich schreibe einfach alles ungefiltert auf. Nach dieser ersten Liste schreibe ich in eine zweite Spalte alles, was mir Spaß und Freude macht: Errungenschaften, Menschen und Dinge, die mich bewegen. Anhaltspunkte dafür findet man in seinen Hobbys, in den Zeitschriften und Büchern, die man liest, und in den Filmen, die einem gefallen. Welche Aktivitäten begeistern Sie so sehr, dass Sie nicht merken, wie die Stunden verfliegen?

Wenn ich fertig bin, verknüpfe ich die beiden Listen miteinander; ich suche nach Schnittpunkten, die auf eine Richtung oder einen Zweck verweisen. Das ist eine einfache Übung, aber sie kann tiefgreifende Ergebnisse bringen.

2. Der Blick nach außen

Als Nächstes fragen Sie die Menschen, die Sie am besten kennen, was sie für Ihre größten Stärken und Schwächen halten. Fragen Sie sie, was sie an Ihnen bewundern und in welchen Bereichen Sie Hilfe gebrauchen könnten.

Die Informationen aus Ihrer Innenschau und aus dem Input, den Sie von anderen bekommen, werden Ihnen schon nach kurzer Zeit sehr konkrete Hinweise darauf geben, was Ihre Mission oder Ihre Richtung sein sollte.

Einige der hartgesottensten CEOs und Unternehmer der Welt sind große Anhänger der blauen Flamme – auch wenn sie das wahrscheinlich nicht so nennen.

James Champy, ein gefeierter Unternehmensberater und Co-Autor von *Business Reengineering. Die Radikalkur für das Unternehmen*, behauptet, Erfolg sei in allererster Linie eine Sache unserer Träume. In seinem Buch *The Arc of Ambition* kommt Champy zu dem Schluss, der Erfolg von großen Führungspersönlichkeiten wie Ted Turner, Michael Dell und Jack Welch beruhe weniger auf ihren Fähigkeiten als auf der Tatsache, dass sie eine klar definierte Mission haben, die sie in all ihrem Tun antreibt.

Als Champy Michael Dell fragte, wo er den Ehrgeiz fand, Dell-Computer zu bauen, redete der CEO zuerst über Konjunkturzyklen und Technologie. Dann hielt er inne.

„Wissen Sie, woher dieser Traum wahrscheinlich wirklich kommt?", fragte er. Dann beschrieb er, wie er durch die Vororte von Houston zur Schule fuhr und die Bürogebäude mit ihren großen Fahnenmasten bewunderte. Dell wollte auch einen Fahnenmast. Er wollte diese Art Präsenz haben. Das war für ihn das Sinnbild für Erfolg und deshalb visierte er die Gründung seines eigenen Unternehmens schon an, bevor er legal einen Drink bestellen durfte. Heute hat er drei Fahnenmasten.

Ambitionen sind wie japanische Kois. Sie wachsen entsprechend der Größe ihrer Umgebung. Unsere Leistungen wachsen mit der Größe unserer Träume und mit dem Grad, zu dem wir uns an unsere Mission halten.

Ziele zu bestimmen, sie auf den neuesten Stand zu bringen und im Auge zu behalten, wie nahe wir ihnen schon gekommen sind, ist meiner Meinung nach weniger wichtig als der emotionale Prozess der Entscheidung, was man eigentlich machen will.

Soll das heißen, dass ein hoffnungsloser Träumer General Electric genauso gut hätte leiten können wie Neutronen-Jack? Selbstverständlich nicht. Die Verwandlung eines Traums in Wirklichkeit erfordert harte Arbeit und Disziplin.

„Welch hat vielleicht etwas dagegen, wenn ich sage: ,Jack, du bist ein Träumer' ", schreibt Champy, „aber er ist eben ein disziplinierter Träumer. Er ist so fähig und intelligent, dass er die Chancen in verschiedenen Branchen wahrnimmt."

Alle disziplinierten Träumer haben etwas gemeinsam: eine Mission. Die Mission ist häufig riskant, unkonventionell und wahrscheinlich höllisch schwer zu erfüllen. Aber sie ist möglich. Die Form von Disziplin, die einen Traum in eine Mission und eine Mission in Wirklichkeit verwandelt, besteht tatsächlich einfach in dem Verfahren der Zielsetzung.

Zweiter Schritt: Ziele zu Papier bringen

Eine Mission wird nicht „einfach so" zur Realität. Sie wird wie jedes andere Kunstwerk oder jede Art von Handelstätigkeit aus dem Nichts aufgebaut. Zuerst muss man sie sich vorstellen. Dann muss man die nötigen Fähigkeiten, Werkzeuge und Materialien besorgen. Das benötigt Zeit. Dafür braucht man Überlegung, Entschlossenheit, Durchhaltevermögen und Glauben.

Das Werkzeug, das ich dafür benutze, bezeichne ich als Beziehungs-Aktions-Plan oder BAP.

Dieser Plan besteht aus drei deutlich unterschiedenen Teilen: Der erste Teil ist die Entwicklung der Ziele, die einem die Erfüllung der Mission ermöglichen. Der zweite Teil ist die Verknüpfung dieser Ziele mit den Menschen, Orten und Dingen, die einem bei der Erledigung helfen. Und der dritte Teil sagt einem, wie man am besten an die Menschen herantritt, die einem helfen, diese Ziele zu erreichen. Das bedeutet, dass man ein Medium wählen muss, um diese Connections herzustellen, aber vor allem bedeutet es, man muss eine Möglichkeit finden, mit einer großzügigen Geste die Umsetzung der eigenen Pläne einzuleiten.

Das ist eine auf ein Minimum reduzierte, geradlinige Arbeitsgrundlage, die allerdings mir, meinen Vertriebsleuten und vielen meiner Freunde außerordentlich hilft.

Im ersten Abschnitt schreibe ich auf, was ich heute in drei Jahren erreicht haben will. Dann arbeite ich in Schritten von drei Monaten und von einem Jahr rückwärts und komme so zu mittel- und kurzfristigen Zielen, die mir helfen, meine Mission zu erfüllen. Unter jeden Zeitrahmen schreibe ich ein A-Ziel und ein B-Ziel, die auf sinnvolle Weise dazu beitragen, mein 3-Jahres-Ziel zu erreichen.

Eine gute Freundin von mir namens Jamie liefert ein gutes Beispiel dafür, wie das funktioniert. Jamie versuchte krampfhaft, ihrem Leben eine Richtung zu geben. Sie hatte in Harvard ihren Doktor in Geschichte gemacht und eigentlich gedacht, sie würde Professorin werden. Aber dann war ihr die akademische Welt zu langweilig. Sie zog eine Laufbahn in der Wirtschaft in Erwägung, fand aber die Geschäftswelt nicht lohnenswert. Also lebte Jamie ein paar Monate in Manhattan und dachte darüber nach, was sie mit ihrem Leben anfangen wollte; dann kam sie darauf, was sie wirklich machen wollte: Sie wollte Kinder unterrichten.

Ich bat sie, es mit meinem BAP zu versuchen. Sie war zuerst skeptisch. „Das mag für MBA-Typen etwas taugen, aber ich bin nicht sicher, ob das für Menschen wie mich funktioniert", meinte sie. Trotzdem war sie mit einem Versuch einverstanden.

Also machte sie sich daran, das Arbeitsblatt auszufüllen. Ihr A-Ziel war es, in drei Jahren Lehrerin zu sein, ihr B-Ziel, in drei Jahren in einem angesehenen Schulbezirk in einer Gegend zu arbeiten, in der sie gern wohnen würde. Dann füllte sie die kurzfristigen A- und B-Ziele aus.

In 90 Tagen wollte sie auf dem Weg zur staatlich anerkannten Highschool-Lehrerin sein; sie wollte an einem Ausbildungsprogramm teilnehmen, das den Wechsel in das Bildungswesen ermöglicht. Nach einem Jahr wollte sie in Vollzeit unterrichten. Dann stellte sie eine Liste der besten Highschools in Manhattan zusammen, an denen ihr die Arbeit Spaß machen könnte.

Im zweiten Teil des Plans, der in die gleichen Zeitabschnitte aufgeteilt war, musste sie nun für jedes A- und B-Ziel Personen benennen, die sie ihrer Meinung nach der Verwirklichung ihres Ziels ein Stück näherbringen könnten.

Sie fing mit den Recherchen an und fand eine Kontaktperson für ein Programm, das Akademikern den Einstieg in den Lehrerberuf ermöglichte. Außerdem ermittelte sie die Namen der Personen, die an den von ihr ausgewählten besten Highschools für die Einstellung von Lehrpersonal zuständig waren. Und schließlich fand sie die Telefonnummer einer Organisation heraus, die Zertifizierungskurse für Lehrkräfte anbot.

Nach wenigen Wochen war Jamie auf dem besten Weg zu ihrem Ziel. Sie erkannte die symbiotische Beziehung zwischen Zielsetzung und der Kontaktaufnahme zu Menschen, die einem helfen können, diese Ziele zu erreichen. Je weiter sie kam, desto größer wurde ihr Netzwerk, und je größer das Netzwerk wurde, desto näher kam sie ihren 3-Jahres-Zielen.

Jamie ist mittlerweile Highschool-Lehrerin mit Festanstellung an einer der besten Highschools des Landes in Beverly Hills/ Kalifornien, und sie liebt den Job.

Die dritte Stufe hilft letztlich bei der Entscheidung, welche der Strategien, die ich in den folgenden Kapiteln noch darlegen werde, am ehesten Erfolg verspricht. Bei einigen Leuten muss man vermutlich einen Kaltakquise-Anruf durchführen (dazu später mehr). An andere kommt man über Bekannte von Bekannten heran und wieder andere lernt man am besten bei einer Dinnerparty oder einer Konferenz kennen. Ich werde Ihnen noch beibringen, wie man diese und andere Methoden anwendet.

Aber der wichtigere Aspekt der dritten Stufe besteht darin, eine Möglichkeit zu finden, sich gegenüber jeder Person, an die man sich wendet, als großzügig zu erweisen. Ein Thema, das ich in späteren Kapiteln dieses Buches noch ausführlich behandeln werde.

Dieses Verfahren kann fast jeder benutzen, unabhängig von der beruflichen Laufbahn. Wenn man das Arbeitsblatt ausgefüllt hat, hat man eine Mission. Man hat die Namen von Menschen aus Fleisch und Blut, die einem bei dem nächsten Schritt der Mission helfen können. Und man hat eine oder mehrere Möglichkeiten, an sie heranzutreten.

Diese Übung soll zeigen, dass der Aufbau eines Beziehungsnetzes ein *Prozess* ist, ein System, wenn Sie so wollen. Das ist keine Zauberei und es ist nicht einigen wenigen Auserwählten vorbehalten, die mit der Gabe der Kontaktfähigkeit gesegnet sind. Wenn man Verbindungen zu anderen knüpfen will, muss man nur einen Plan festlegen und diesen umsetzen; dabei ist es ganz egal, ob man Geschichtslehrer für die neunte Klasse werden oder eine eigene Firma gründen will.

Überdies kann man das Arbeitsblatt auf alle Lebensbereiche anwenden: Man kann seinen Freundeskreis erweitern, sich fortbilden, einen Partner fürs Leben finden oder geistige Führung suchen.

Wenn Sie den Plan haben, hängen Sie ihn an einen Ort oder mehrere Orte, wo Sie ihn immer wieder sehen. Teilen Sie Ihre Ziele anderen mit. Das ist nämlich einer der wirkungsvollsten und vermutlich lohnenswertesten Aspekte klar festgelegter Ziele – wenn Sie jedem mitteilen, was Sie wollen, bekommen Sie Zugang zu versteckten Gelegenheiten, die nur darauf warten, genutzt zu werden.

Machen Sie jetzt Ihren persönlichen Plan und lesen Sie erst danach das nächste Kapitel. Ich trage gern eine abgewandelte Form meines Plans in meinem Smartphone mit mir herum, damit ich immer wieder daran erinnert werde, was ich erreichen und an wen ich mich dafür wenden muss. Bis vor ein paar Jahren hatte ich immer eine laminierte Miniversion des Plans in der Brieftasche.

Aber auf jeden Fall müssen Sie Ihre Ziele *schriftlich niederlegen*. Seien Sie davon überzeugt, Ihre Absichten zu Papier zu bringen. Ein ungeschriebener Wunsch ist nur ein Traum. Geschrieben ist er eine Verpflichtung, ein Ziel.

Nun noch ein paar zusätzliche Kriterien, die Sie beim Ausfüllen Ihres BAP beachten sollten:

- Ihre Ziele müssen spezifisch sein. Vage, umfangreiche Ziele sind als Handlungsgrundlage zu weit gefasst, als dass man danach handeln könnte. Sie müssen konkret und detailliert sein. Sie müssen wissen, welche Schritte Sie unternehmen müssen, um Ihr Ziel zu erreichen; und Sie müssen wissen, woran Sie messen können, ob Sie ein Ziel erreicht haben oder nicht. Ich sage meinen Vertriebsleuten immer, dass eine Zielsetzung wie „Ich werde mein bestes Quartal aller Zeiten abliefern" nicht reicht. Sollen es 100.000 Dollar oder 500.000 Dollar sein?

- Ihre Ziele müssen glaubhaft sein. Wenn Sie nicht *glauben*, dass Sie sie erreichen können, erreichen Sie sie auch nicht. Wenn Ihr Ziel darin besteht, den Umsatz Ihres Unternehmens auf fünf Millionen Dollar im Jahr zu erhöhen, und Sie haben im vergangenen Jahr nur eine Million Umsatz erzielt, dann verurteilen Sie sich selbst zum Scheitern. Nehmen Sie sich lieber anderthalb Millionen vor – und geben Sie alles!

- Ihre Ziele müssen eine anspruchsvolle Herausforderung darstellen. Gehen Sie über Ihren Wohlfühlbereich hinaus; setzen Sie Ziele, die Risiken und Unsicherheiten beinhalten. Und wenn Sie ein Ziel erreicht haben, setzen Sie sich das nächste. Einer der besten Verkäufer, den ich je getroffen habe, war ein Bekannter meines Vaters namens Lyle, der an der Haustür Bücher verkaufte. Er setzte sich jährliche Umsatzziele, schrieb sie auf und platzierte sie an möglichst vielen Orten: in seiner Brieftasche, am Kühlschrank, auf dem Schreibtisch. Immer wieder erreichte er das Ziel mehrere Monate zu früh. Dann schrieb er einfach ein neues Ziel. Dieser Mann war niemals zufrieden. Lyle sagte immer, was zählt, ist, sich Ziele zu setzen, nicht, Ziele zu erreichen. Er war vielleicht der einzige Haus-zu-Haus-Buchverkäufer in ganz Pennsylvania – oder überhaupt –, der als reicher Mann starb.

Und dann schreiten Sie zur *Tat*! Der Plan heißt nicht umsonst Beziehungs-*Aktions*-Plan. Wenn man sich auf einen Marathonlauf vorbereitet, muss man jeden Tag hinausgehen und joggen. Wenn Sie einen Plan haben, liegt es an Ihnen, Kontakte zu knüpfen. Und zwar jeden Tag!

Dritter Schritt: Der persönliche „Beraterstab"

Wie alles andere, über das ich in diesem Buch schreibe, kann man auch Ziele nicht alleine erreichen. Wenn man einen Plan gemacht hat, braucht man Bestärkung, damit man bei der Stange bleibt. Wie in jedem Unternehmen profitieren selbst die am besten konzipierten Pläne von einer externen Überprüfung.

Es ist gut, wenn man einen verständigen Berater oder zwei oder drei Personen hat, die einen sowohl anfeuern als auch mit Argusaugen überwachen und zur Rechenschaft ziehen. Ich bezeichne diese Gruppe von Menschen als meinen persönlichen Beraterstab. Er kann zum Beispiel aus Familienmitgliedern bestehen, ein Mentor kann dazu gehören, oder ein oder zwei gute Freunde.

Mir hat der Beraterstab einmal sehr geholfen, als ich an einem kritischen Punkt in meiner Karriere angelangt war. Ich hatte gerade Starwood Hotels and Resorts verlassen – die Gesellschaft, zu der so bekannte Marken wie W Hotel und Westin gehören. Ich war hilflos. Zum ersten Mal in meinem Leben hatte ich weder Titel noch Arbeit. Ich musste meine Mission neu überdenken.

Von Deloitte war ich zu Starwood gewechselt, um ein unwiderstehliche Angebot anzunehmen: Ich wurde der jüngste Generaldirektor der Marketingabteilung eines Fortune-500-Unternehmens (ein Ziel, das ich mir drei Jahre zuvor gesteckt hatte) und konnte den Marketingansatz einer ganzen Branche neu erfinden.

Aber mein neuer Job lief nicht so ganz nach Plan.

Jürgen Bartels, der Präsident von Starwood, der mich eingestellt hatte, versprach mir, dass er mein Mentor sein und mir den Weg in die Führungsspitze ebnen würde. Meine Ziele für Starwood waren groß und erforderten die Änderung der Denkweise des gesamten Unternehmens.

Bis zu diesem Zeitpunkt war Marketing in der Hotelbranche eine regionale Angelegenheit gewesen, die häufig den einzelnen Hotels überlassen blieb. Diese Regelung ging jedoch auf Kosten der unternehmensweiten Einheitlichkeit der Marke. Wir hatten nun vor, die Marketingaktivitäten unter einem global orientierten Dach zu konsolidieren. Anstatt jede Weltregion ihre eigene Marketingstrategie fahren zu lassen, wollte ich das Marketing mehr zentralisieren, damit eine deutlichere Botschaft geschaffen werden konnte und wir mit einer einheitlichen Marke eine größere Wirkung auf den Markt erzielen konnten. Schließlich waren ja unsere Hauptkunden – Geschäftsreisende – zunehmend global orientiert und sie erwarteten Konsistenz.

Allerdings verließ Jürgen Bartels das Unternehmen kurz nach meiner Einstellung. Wie alle Bürokratien wehren sich auch Unternehmen tendenziell gegen Veränderungen, vor allem, wenn das Topmanagement nicht hinter den Veränderungen steht. Nach meinem ersten Jahr in dem Unternehmen war klar, dass ich mir unter dem neuen Präsidenten auf keinen Fall die Unterstützung innerhalb des Unternehmens verschaffen konnte, die ich für eine derart radikale Neuorganisation gebraucht hätte.

Der neue Präsident stellte klar, dass er unseren Plan zur Reorganisation der Marketingabteilung nicht fortführen wollte. Die Tage des Plans und damit die meinigen waren gezählt. Ohne das Okay für die gewagten Entscheidungen, die meiner Meinung nach für den Erfolg des Unternehmens und meinen persönlichen Aufstieg nötig waren, konnte ich meine Ziele in dem Unternehmen nicht erreichen, so viel wusste ich.

Ich war geschockt. Ich hörte an jenem Tag früher auf zu arbeiten und joggte eine Meile nach der anderen über die schönen Wege des New Yorker Central Parks. Sportliche Betätigung war für mich schon immer eine Zuflucht und dabei kann ich am besten denken. Aber gut zehn Meilen später stand ich immer noch unter Schock.

Als ich am nächsten Morgen mein Büro betrat, wusste ich, dass meine Zukunft anderswo lag. Die ganzen Annehmlichkeiten, die das Leben als Topmanager mit sich bringt – das große, bequeme Büro, die Mahagonimöbel, der Firmenjet, der hübsche Titel an der Bürotür –, waren nichts wert, wenn ich nicht die Ideen einbringen konnte, die Spaß, Kreativität und Begeisterung bedeuteten. Ich kündigte kurz danach offiziell und wenn ich es nicht getan hätte, weiß ich, dass ich sowieso nicht lange in dem Unternehmen geblieben wäre.

Es war Zeit für mich, ein neues Ziel festzulegen. Sollte ich anderswo eine Stellung als Marketingchef suchen und mich dadurch beweisen, dass ich größere, bessere Marken aufbaute, nach mehr Umsatz (und Gewinn) strebte und zu der Verwandlung eines Unternehmens in eine Markenikone beitrug? Oder sollte ich noch höher greifen? Mein letztes Ziel war eine Position als CEO. Aber dorthin gelangt man selten über das Marketing. Ich hatte zwar einen großen Teil meiner Karriere damit verbracht, die Führungsmannschaft davon zu überzeugen, dass Marketing sämtliche betrieblichen Aktivitäten beeinflussen könnte und sollte, aber ich war trotzdem nicht für alle diese Aktivitäten verantwortlich.

Die ultimative Marketingposition, um eine Marke zu definieren, war der CEO-Posten. Falls ich mich für diese Richtung entscheiden sollte, was musste ich noch lernen, um CEO zu werden? Welche Chancen hatte ich, eine solche Position zu finden? Welche Opfer und Risiken waren damit verbunden?

Ehrlich gesagt war ich mir über diese Fragen damals nicht im Klaren. Nachdem es bei mir jahrelang immer fröhlich aufwärtsgegangen war, fühlte ich mich nach dieser Enttäuschung richtig verloren. Ich musste wieder völlig neu herausfinden, was ich werden wollte.

Und ich hatte Angst. Zum ersten Mal seit Urzeiten hatte ich kein Unternehmen, das ich mit meinem Namen verbinden konnte. Ich hasste die Vorstellung, Menschen kennenzulernen, denen ich nicht klar sagen konnte, was ich beruflich machte.

Im Laufe der nächsten Monate führte ich Hunderte von Gesprächen mit den Menschen, denen ich vertraue. Ich machte einen Kurs in Vipassana-Meditation, wo ich zehn Tage lang jeden Tag zehn Stunden lang schweigend sitzen musste. Für einen Menschen wie mich, der den Mund nicht halten kann, war das eine Tortur. Ich fragte mich, ob die viele Zeit des Nachdenkens nicht vergeudet war und ob ich nicht nach Pennsylvania zurückkehren und ein kleiner Fisch in einem kleinen Teich bleiben sollte.

In dieser Zeit schrieb ich ein 12-seitiges Mission Statement, in dem ich mir unter anderem folgende Fragen stellte: Was sind meine Stärken?

Was sind meine Schwächen? Welche Branchen stehen mir offen? Ich notierte die Wagniskapitalgeber, mit denen ich sprechen wollte, die CEOs, die ich kannte, die Leader, die ich um Rat fragen konnte, und die Unternehmen, die ich bewunderte. Ich ließ alle Möglichkeiten offen: Lehrer, Minister, Politiker, CEO. Für jede mögliche Richtung füllte ich einen eigenen BAP aus.

Als ich alles ausformuliert hatte, wandte ich mich an meinen privaten Beraterstab. Ich war nicht qualifiziert, CEO eines Großunternehmens zu werden, aber wenn ich in mich hineinsah, war das genau das, was ich wollte.

Tad Smith, Manager im Verlagswesen und einer meiner besten Freunde und Berater, sagte mir in einem Gespräch, ich müsste den Ehrgeiz ablegen, für ein Fortune-500-Unternehmen arbeiten zu wollen. Wenn ich CEO werden wollte, müsste ich ein Unternehmen finden, mit dem ich wachsen könnte.

Das war genau der Rat, den ich gebraucht hatte. Ich hatte mich zu sehr auf Großunternehmen versteift. Der Dotcom-Crash ließ zwar den Eintritt in die digitale Welt lange nicht mehr so verlockend wie vorher erscheinen, aber es gab immer noch ein paar sehr gute Unternehmen, die ein unternehmerisches Fundament brauchten. Jetzt wusste ich, wo ich suchen musste, und ich verfeinerte meinen BAP.

Von diesem Tag an verfolgte ich mit Anrufen und mit dem Besuch von Tagungen und Vorträgen den Zweck, das richtige Kleinunternehmen zu finden, das meine Heimat werden könnte. Nach drei Monaten hatte ich fünf Stellenangebote.

Ich hatte mich unter anderem an Sandy Climan gewandt, einen bekannten Geschäftsmann aus Hollywood, der früher bei Creative Artists Agency die rechte Hand von Michael Ovitz gewesen war und der inzwischen in Los Angeles eine Venturecapital-Gesellschaft namens Entertainment Media Ventures betrieb. Ich hatte Sandy kennengelernt, als ich noch bei Deloitte war und nach Wegen in die Welt der Unterhaltungsbranche suchte. Sandy machte mich mit den Mitarbeitern eines Unternehmens namens YaYa bekannt, in das seine Firma investiert hatte.

YaYa war ein Marketingunternehmen und ein Pionier auf dem Gebiet der Werbung über Onlinespiele. Das Unternehmen hatte ein gutes Konzept und konnte als Stärke engagierte Mitarbeiter und Gründer verbuchen. Es brauchte allerdings eine größere Vision, damit der Markt aufmerksam wurde, irgendeinen Aufhänger für das bislang noch unbekannte Produkt und jemanden, der all das nutzen konnte, um zu verkaufen, verkaufen, verkaufen.

Als mir YaYa im November 2000 den Posten als CEO anbot, wusste ich, dass alles stimmte. Das Unternehmen hatte seinen Sitz in Los Angeles, es eröffnete genau den unkonventionellen Weg in die Welt der Unterhaltung, den ich gesucht hatte, und es bot mir die Möglichkeit, meine Marketingerfahrung in den CEO-Job einzubringen.

Wenn Virginia das kann, kannst du das auch

Vor ein paar Monaten erzählte mir ein Freund von einer Frau namens Virginia Feigles, die in der Nähe des Ortes lebte, in dem ich aufgewachsen war. Die Geschichte ihres Triumphs hatte ihn fasziniert. Als ich ihre Geschichte hörte, ging es mir genauso.

Feigles hatte mit 44 Jahren beschlossen, dass sie nicht mehr Friseurin sein wollte. Sie wollte Ingenieurin werden. Von Anfang an gab es Bremser, die hartnäckig behaupteten, das sei unmöglich. Aber deren Negativität goss nur noch mehr Öl in ihr Feuer.

„Ich habe bei dieser ganzen Sache viele Freunde verloren", so Feigles. „Die Menschen werden neidisch, wenn man sich zu etwas entschließt, von dem niemand gedacht hatte, dass man es tun würde oder könnte. Da muss man sich einfach durchboxen."

Ihr Abenteuer liest sich wie ein Karriereberatungsbuch, in dem eine kühne Mission und die Bereitschaft, sich an andere

Menschen zu wenden, Chancen schaffen, die einem High-
school-Absolventen vorher nicht offenstanden. Sie vermittelt
aber auch eine ernüchternde Dosis Realismus: Veränderung
ist hart. Man kann Freunde verlieren, auf scheinbar unüber-
windliche Hindernisse stoßen und vor der problematischsten
Hürde von allen stehen – dem eigenen Selbstzweifel.

Feigles wollte eigentlich schon immer aufs College gehen.
Ihre Mutter hatte sie in der Kleinstadt Milton in Pennsylvania
alleine aufgezogen, sodass sie kaum Möglichkeiten hatte.
Sie heiratete mit 17 und war ein Jahr danach schwanger. Sie
arbeitete im Friseursalon ihres Mannes in Vollzeit und zog
ihren einzigen Sohn auf. Zwanzig Jahre vergingen. Nach der
zweiten Scheidung überdachte Feigles ihr Leben. Wachstum,
so überlegte sie, kommt nur durch Veränderung. Und Veränderung kommt nur durch neue Ziele.

Sie arbeitete als Teilzeitsekretärin in der Handelskammer, aber
sie begriff bald, dass das Leben noch mehr zu bieten hatte.

„Ich dachte mir nur: ‚Das ist doch dämlich. Warum sitze ich am
falschen Ende? Nicht jeder, der einen Doktor in Physik hat, ist
gleich Albert Einstein.‘ "

Es stimmt zwar, dass nicht jeder Ingenieur ein Genie ist, aber
alle Ingenieure beherrschen die Algebra – was Feigles nicht
von sich behaupten konnte. Deshalb klemmte sie sich dahinter und lernte es innerhalb weniger Monate.

Nach einem Sommerkurs am örtlichen College beschloss sie,
sich an einer der besten Ingenieurschulen des Landes, der
Bucknell University, zu bewerben. Die stellvertretende
Fakultätsleiterin Trudy Cunningham beschönigte die Situation
keineswegs.

„Als sie herkam, sagte ich ihr, dass sie es schwer haben würde.
Sie war erwachsen, hatte ein Leben, eine Wohnung, ein Auto
und sie musste mit jungen Leuten konkurrieren, die im
Wohnheim wohnten und denen das Essen gekocht wurde."

Zum Glück war Feigles ihr Leben lang als „Connector" aktiv

gewesen. Sie war Mitglied in mehreren Organisationen, sie gehörte dem Vorstand des YMCA, der Handelskammer von Milton und des Parks and Recreation Committee an. Zeitweise war sie auch Mitglied im Gartenbauverein und in der Milton Business Association. Sie hatte überall Freunde und Ratgeber, die sie unterstützten.

Die anderen Studenten feierten nach den Lehrveranstaltungen Partys und gingen zu Footballspielen. Feigles arbeite abends im Friseursalon und hatte danach noch ein anstrengendes Lernpensum vor sich. Sie kann sich an keinen Tag erinnern, an dem sie nicht daran dachte, aufzugeben.

Sie erinnert sich an die Rückgabe der ersten Physikklausur. Sie war durchgefallen.

„Eine andere Studentin dachte, das wäre der Weltuntergang. Ich sagte ihr, sie solle sich keine Sorgen machen, ich würde mich schon nicht umbringen", erinnert sie sich mit der Abgeklärtheit derjenigen, die das alles hinter sich haben. Am Ende bekam sie die Note 3.

Viele schlaflose Nächte und einige 3er-Benotungen später fand sich Feigles im Jahre 1999 unter 137 anderen Ingenieurabsolventen wieder. Niemand staunte darüber mehr als die Absolventin selber: „Ich dachte die ganze Zeit: ‚Was habe ich da bloß gemacht?' Und dann sagte ich mir immer wieder: ‚Ich habe es geschafft, ich habe es tatsächlich geschafft!' "

Nachdem sie ihre Ziele erreicht hatte, wuchs ihr Netzwerk weiter – und zwar nicht nur was Freundschaften und Geschäftskontakte angeht. Inzwischen ist sie nämlich wiederverheiratet – mit ihrem früheren Chef aus der Handelskammer – und hat eine berufliche Laufbahn im Verkehrsministerium von Pennsylvania begonnen. Seit Kurzem ist sie Vorsitzende des Planungsausschusses, für den sie früher als Sekretärin Notizen machte.

Die eigenen Ziele zu erreichen kann schwierig sein. Aber wenn Sie erst einmal Ziele haben, einen realisierbaren Plan, diese zu

erreichen, und eine Reihe vertrauenswürdiger Freunde, die
Ihnen dabei helfen können, dann können Sie so ziemlich alles
schaffen – sogar mit über vierzig noch Ingenieur werden.

Bill Clinton

„Erkenne deine Lebensaufgabe."

Im Jahre 1968 lernte William Jefferson Clinton, der mit einem Rhodes-Stipendium an der Oxford University studierte, auf einer Party einen Studenten namens Jeffrey Stamps kennen. Clinton zog prompt ein schwarzes Adressbuch aus der Tasche und fragte: „Was machst du hier in Oxford, Jeff?"

„Ich bin mit einem Fulbright-Stipendium in Pembroke", antwortete Jeff. Clinton notierte „Pembroke" und fragte Stamps, wo er vorher studiert hatte und was sein jetziges Hauptfach war. „Bill, warum schreibst du dir das auf?", fragte Stamps.

„Ich gehe in die Politik; ich will Gouverneur von Arkansas werden und notiere mir alle Menschen, die ich kennenlerne", sagte darauf Clinton.

Diese Geschichte, an die sich Stamps erinnerte, ist ein prägnantes Beispiel dafür, dass Bill Clinton schon damals direkt auf andere Menschen zuging und sie in seine Mission einbezog. Schon damals wusste er, dass er für ein öffentliches Amt kandidieren wollte, und seine Zielstrebigkeit bestärkte ihn in seinen Bemühungen, dies sowohl mit Leidenschaft als auch mit Ernsthaftigkeit zu erreichen. Der 42. Präsident der Vereinigten Staaten hatte sich schon während seines Erststudiums in Georgetown angewöhnt, jeden Abend die Namen aller Menschen, die er an diesem Tag getroffen hatte, auf Karteikarten zu notieren.

Sein politischer Ehrgeiz und seine Fähigkeit, auf andere zuzugehen, gingen während seiner gesamten politischen Laufbahn Hand in Hand. Als er im Jahre 1984 Gouverneur von Arkansas war, besuchte er zum ersten Mal eine Veranstaltung über landesweites Networking und geistige Führung – das Renaissance Weekend in Hilton Head in South Carolina. Clinton hatte die Einladung von seinem Freund Richard Riley bekommen, der damals Gouverneur von South Carolina war. Für einen Menschen wie Clinton, der keine Gelegenheit verstreichen ließ, Freundschaften zu schließen und neue Menschen kennenzulernen, war das Renaissance Weekend wie ein Besuch im Spielzeugladen. Die *Washington Post* beschrieb Clintons Teilnahme an der Veranstaltung in einem Artikel im Dezember 1992 so:

„Viele Teilnehmer erinnern sich bei dem Gedanken an Clintons Anwesenheit eher an Bilder als an Worte: wie er von einer Diskussion zur nächsten ging, wie er sich einen Platz am Rand des Saals suchte und sich entspannt an die Wand lehnte; dass er jeden zu kennen schien, und zwar nicht nur die Namen der Personen, weil jeder ein Schildchen trug, sondern auch was sie beruflich machten und wofür sie sich interessierten. ,Er umarmt einen', erzählt Max Heller, ehemaliger Bürgermeister von Greenville. ,Er umarmt einen nicht nur körperlich, sondern mit seinem gesamten Wesen.' "

Heller bezieht sich damit auf Clintons einmalige Fähigkeit, mit jedem beliebigen Gesprächspartner fast augenblicklich eine intime Atmosphäre zu erzeugen. Clinton erinnert sich nicht einfach nur an persönliche Details; er benutzt diese Informationen vielmehr, um ein Band mit dem Gesprächspartner zu knüpfen.

Man kann von Clinton zwei Dinge lernen: Erstens, je konkreter man weiß, wohin man im Leben kommen will, desto leichter kann man eine passende Networking-Strategie entwickeln, um dieses Ziel zu erreichen.

Zweitens, seien Sie sensibel und stellen Sie bei Ihren Interaktionen mit anderen Menschen echte Verbindungen her. Normalerweise rechnen wir ja schon damit, dass Menschen, die reich oder mächtig werden, andere von oben herab behandeln. Clinton beweist, wie charmant und beliebt man werden und bleiben kann, wenn man jeden ernst nimmt, den man kennenlernt.

Bauen Sie es auf, bevor Sie es brauchen

„Bauen Sie eine kleine Gemeinschaft von Menschen auf, die Sie lieben und von denen Sie geliebt werden."

– Mitch Albom

Vergessen Sie die Bilder, die wir alle im Kopf haben: verzweifelte arbeitslose Menschen, die jede sichtbare Visitenkarte einstecken, während sie mit Feuereifer Geschäftskongresse und Jobmessen besuchen. Der große Mythos des „Networking" besagt, dass man sich erst dann an andere Menschen wendet, wenn man zum Beispiel einen Job braucht. Die Menschen, die die meisten Kontakte, Mentoren und Freunde haben, wissen allerdings, dass man auf Menschen zugehen muss, lange bevor man überhaupt etwas braucht.

Nehmen wir einmal George, einen intelligenten jungen Mann in den Zwanzigern, den mir ein gemeinsamer Freund vorstellte. George arbeitete in New York im Werbegeschäft und wollte seine eigene Werbeagentur gründen. Er fragte mich, ob ich einmal mit ihm essen gehen würde, weil er Rat und Ermunterung suchte.

Zehn Minuten nachdem wir uns hingesetzt hatten, wusste ich, dass er auf dem falschen Dampfer war.

„Haben Sie schon versucht, mit potenziellen Kunden in Kontakt zu treten?", fragte ich ihn.

„Nein", sagte er, „ich gehe Schritt für Schritt vor. Ich habe vor, mich in meinem jetzigen Unternehmen bis zu dem Punkt hochzuarbeiten, wo ich es mir leisten kann, zu gehen. Dann gründe ich eine Gesellschaft, miete ein Büro und mache mich auf die Suche nach ersten Kunden. Ich will keine Termine mit potenziellen Kunden machen, bevor ich mich als glaubwürdiger Werbefachmann mit eigener Firma präsentieren kann."

„Sie machen das völlig verkehrt", sagt ich zu ihm. „Sie verurteilen sich zum Scheitern."

Ich riet ihm, künftige Kunden schon heute zu suchen. Hatte er sich schon überlegt, auf welche Branche er sich spezialisieren wollte? Hatte er sich gefragt, wo sich die Spitzenleute dieser Branche aufhalten? Wenn er diese Fragen beantwortet hätte, wäre der nächste Schritt gewesen, sich in diesem neuen Kreis von Menschen zu bewegen.

„Das Wichtigste ist, dass man diese Menschen als Freunde und nicht als potenzielle Kunden kennenlernt", sagte ich. „Mit einem haben Sie allerdings recht: Egal wie freundlich Sie sind, wenn die Menschen, an die Sie herantreten, auf ihrem Gebiet gut sind, engagieren sie Sie nicht vom Fleck weg für ihre Öffentlichkeitsarbeit. Deshalb sollten Sie Ihre Dienste kostenlos anbieten – jedenfalls am Anfang. Sie könnten zum Beispiel ehrenamtlich für eine gemeinnützige Organisation arbeiten, mit der Sie zu tun haben, oder Sie könnten die Werbetrommel zur Geldbeschaffung für eine Schule rühren, in die Ihre Kinder gehen."

„Aber wird sich mein Arbeitgeber nicht ärgern, wenn ich so viel Energie auf andere Dinge verwende?", fragte George.

„Bei Ihrem Arbeitgeber gute Arbeit abzuliefern kommt an erster Stelle", sagte ich ihm. „Es liegt in Ihrer Verantwortung, Zeit für Ihre sonstigen Aktivitäten zu finden. Konzentrieren Sie sich auf eine Branche, die Ihr derzeitiger Arbeitgeber nicht bedient. Denken Sie daran, dass Sie im Nullkommanichts wieder in Ihrem alten Job landen, wenn Sie bis zu dem Tag, an dem Sie beschließen, Ihre eigene Firma zu eröffnen, nicht die nötige Vorarbeit geleistet haben."

„Ich soll also *umsonst* für diese Leute arbeiten?"

„Absolut", sagte ich. „Bis jetzt haben Sie sich noch nicht die Sporen verdient und es ist schwer, da hineinzukommen. Aber irgendwann haben Sie einen wachsenden Kreis von Menschen, die Ihre Arbeit gesehen haben und die an Sie glauben. Man muss sich solche Connections beschaffen, wenn man ein Unternehmen eröffnen, die Stelle wechseln oder eine andere Laufbahn einschlagen will.

Versuchen Sie irgendwann, während Sie noch für Ihre jetzige Firma arbeiten, aus einem Ihrer Kontakte einen echten, zahlenden Kunden zu machen. Wenn Sie einmal einen festen Kunden haben, der Referenzen und Mundpropaganda liefert, haben Sie schon die halbe Miete. Dann – wirklich erst dann – können Sie mit Ihrer Firma reden und fragen, ob Sie nicht auf Teilzeitbasis weiterarbeiten könnten oder, was noch besser ist, sie zu Ihrem zweiten zahlenden Kunden machen könnten. Wenn Sie an diesem Punkt kündigen, haben Sie sich abgesichert. Sie haben dann eine Gruppe von Menschen, die Ihnen beim Übergang in eine neue Karriere helfen."

Die letzte halbe Stunde unseres gemeinsamen Essens verbrachten wir damit, über Menschen aus seinem jetzigen Bekanntenkreis nachzudenken, die ihm am Anfang helfen könnten. Ich bot ihm den einen oder anderen Namen aus meinem eigenen Netz an und schon wuchs Georges Selbstbewusstsein. Ich bin zuversichtlich, dass seine Versuche, mit anderen Menschen Kontakt aufzunehmen, jetzt nicht mehr von Hoffnungslosigkeit verdüstert werden. Er wird jetzt nach Möglichkeiten suchen, anderen zu helfen, und davon kann jeder ein kleines bisschen profitieren.

Die Gedanken, die man sich bei einer Unternehmensgründung machen muss, unterscheiden sich nicht von den Gedanken, die man sich machen muss, wenn man in seinem Unternehmen zum Überflieger werden will – von neuen Jobchancen und der Sicherung des Arbeitsplatzes ganz zu schweigen. Ich weiß, angesichts des aktuellen wirtschaftlichen Umfelds ist das schwer zu glauben. Auch wenn die Arbeitslosigkeit seit ihrem letzten Höhepunkt 2010 zurückgegangen ist, ist sie immer noch hart, besonders, wenn man noch sehr jung ist oder sich dem Ende des Erwerbslebens nähert. Frischgebackene Absolventen werden feststellen, dass viele Einstiegspositionen von unbezahlten oder gering bezahlten Praktikanten übernommen wurden. Die Arbeitssuchenden von heute müssen schon mehr tun, als Stellenanzeigen zu lesen oder Bewerbungen zu verschicken, um ihre nächste Stelle zu ergattern.

Nur allzu oft verrennen wir uns, weil wir im Endeffekt ineffiziente Dinge tun und uns ausschließlich auf die Arbeit konzentrieren, die uns über Wasser hält. Es geht ja nicht darum, sich gleich morgen ein anderes Umfeld zu suchen – sei es ein neuer Job oder ein neuer Wirtschaftszweig –, sondern beständig das Umfeld und die Gemeinschaft zu schaffen, die man haben will, komme, was wolle.

Die Schaffung einer solchen Gemeinschaft ist allerdings keine kurzfristige Lösung und keine einmalige Aktion, die man nur bei Bedarf durchführt. Der Aufbau einer Beziehung verläuft notwendigerweise in kleinen Schritten. Man kann das Vertrauen und das Engagement eines Menschen nur mit der Zeit und Stück für Stück erwerben.

Es gibt unzählige Möglichkeiten, wie Sie genau jetzt anfangen können, die Art von Gemeinschaft zu schaffen, die Ihre Karriere fördert.

Sie können erstens mit dem Segen Ihres Arbeitgebers ein Projekt starten, das Sie zum Erwerb neuer Fähigkeiten zwingt und Sie innerhalb Ihres Unternehmens mit neuen Menschen zusammenbringt. Sie können zweitens im Rahmen Ihrer Hobbys und bei sonstigen Organisationen, die Sie interessieren, Führungspositionen übernehmen. Sie können drittens in eine örtliche Organisation ehemaliger Studenten eintreten und Zeit mit den Menschen verbringen, die genau die Jobs haben, die Sie gern hätten. Sie können viertens an ihrer Volkshochschule einen Kurs belegen, der mit Ihrem jetzigen Job oder mit Ihrem gewünschten künftigen Job zu tun hat.

Alle genannten Vorschläge helfen Ihnen, Menschen kennenzulernen. Und nach den Gesetzen der Wahrscheinlichkeit laufen Ihnen umso mehr Gelegenheiten über den Weg und Sie bekommen an entscheidenden Punkten Ihrer Karriere mehr Hilfe, je mehr Menschen Sie kennen.

Während meines ersten Jahrs auf der Business School fing ich an, zusammen mit meinem Freund Tad Smith Beraterjobs zu machen. Wir hatten nicht vor, eine dauerhafte Beraterfirma zu gründen, die wir nach dem Studium betreiben wollten. Stattdessen wollten wir unser Wissen und unser Arbeitsethos kleinen Firmen zu Spottpreisen zur Verfügung stellen. Im Gegenzug würden wir etwas über neue Branchen erfahren, praktische Fertigkeiten erwerben, bis zu unserem Abschluss eine Liste von Referenzen und Kontakten haben und dazu noch bares Geld verdienen.

In was für einer Welt leben Sie im Moment? Machen Sie das Beste aus den Beziehungen, die Sie schon haben?

Stellen Sie sich einmal vor, Ihre Familie, Ihre Freunde und Ihre Kollegen wären Teile eines Gartens. Machen Sie einen Spaziergang durch diesen Beziehungsgarten. Was sehen Sie?

Wenn Sie so sind wie die meisten Menschen, sehen Sie ein winziges, sauber gemähtes Rasenstück, das aus den üblichen Verdächtigen besteht – den 20 oder 30 Menschen, die sich im oberen Bereich Ihres E-Mail-Posteingangs tummeln. Das sind Ihre unmittelbaren Freunde, Mitarbeiter und Geschäftspartner: diejenigen, die einem sofort einfallen.

Ihr tatsächliches Netzwerk ist aber ein wuchernder Dschungel mit unendlich vielen vernachlässigten Plätzchen und Winkeln.

Ihr Verbindungspotenzial ist jetzt in diesem Augenblick weitaus größer, als Sie sich vorstellen können. Überall um Sie herum gibt es vielversprechende Gelegenheiten, Beziehungen zu Menschen, die Sie schon kennen, weiterzuentwickeln; diese kennen Menschen, die Sie nicht kennen, und die wiederum kennen noch mehr Menschen.

Sie können mehrere Dinge tun, um Ihr bereits existierendes Netzwerk zu nutzen. Sind Sie schon den Freunden und Bekannten Ihrer Eltern nachgegangen? Was ist mit Ihren Geschwistern? Mit Ihren Freunden vom College und von der Uni? Was ist mit der Kirche, dem Kegelklub, dem Fitnessstudio? Wie sieht es mit Ihrem Arzt, Ihrem Anwalt, Ihrem Immobilienmakler oder Ihrem Broker aus?

Unter Geschäftsleuten sagt man immer, die besten Kunden sind die jetzigen Kunden. Das heißt, die meisten erfolgreichen Geschäftsanbahnungen resultieren aus dem bereits erfolgten Umsatz. Die größten Erträge kommen nicht aus dem Neugeschäft; sie kommen zu dem etablierten Kundenstamm hinzu. Am einfachsten kommt man an Menschen heran, die zumindest am Rande zu Ihrem Netzwerk gehören.

Die größten Hürden beim Networking tauchen bei der Kaltakquise, beim Kennenlernen und bei allen Aktivitäten auf, die mit der Aktivierung Unbekannter zu tun haben. Aber der erste Schritt hat gar nichts mit Fremden zu tun; Sie sollten als Erstes mit Menschen Kontakt aufnehmen, die Sie schon *kennen*.

Konzentrieren Sie sich auf Ihr unmittelbares Netzwerk: Freunde von Freunden, Bekannte aus der Schulzeit, die Familie. Ich vermute, Sie haben noch nie Ihre Cousins und Cousinen, Ihre Brüder oder Schwäger gefragt, ob Sie jemanden kennen, mit dem sie Sie bekannt machen könnten, und die Ihnen beim Erreichen Ihrer Ziele helfen könnten.

Jedermann, von Ihrer Verwandtschaft bis hin zum Postboten, ist das Tor zu einer ganz neuen Gruppe von Menschen.

Gehen Sie also nicht erst dann auf andere zu, wenn Sie Ihren Job verloren haben oder auf sich alleine gestellt sind. Sie müssen eine Gemeinschaft von Kollegen und Freunden schaffen, bevor Sie sie brauchen. Die Menschen in Ihrer Umgebung helfen Ihnen mit größerer Wahrscheinlichkeit, wenn sie Sie schon kennen und Sie mögen. Fangen Sie jetzt an zu gärtnern. Sie werden es nicht glauben, welche Schätze Sie hinter Ihrem eigenen Haus finden können.

Das Genie der Kühnheit

„Ergreife den Augenblick! Was Du tun kannst oder glaubst zu können, fang nur an! Kühnheit hat Genie, Macht und Zauberkraft."

– Johann Wolfgang von Goethe

Mein Vater Pete Ferrazzi war Amerikaner in der ersten Generation. Im Zweiten Weltkrieg war er Matrose bei der Handelsmarine gewesen und danach ein ungelernter Stahlarbeiter, dessen Welt aus harter Arbeit und niedrigem Lohn bestand. Er wollte, dass es mir, seinem Sohn, einmal besser geht. In meiner Jugend waren wir unzertrennlich (seine Freunde nannten mich „re-Pete" [Wortspiel, gleichklingend mit „repeat" – „wiederholen/noch einmal"], weil er mich überallhin mitnahm). Er wusste, dass ich ein besseres Leben haben würde, wenn er für mich einen Weg aus der Arbeiterklasse finden würde, aus der wir stammten.

Aber mein Dad kannte die Ausgänge nicht. Er hatte nie ein College besucht. Von Country Clubs und Privatschulen hatte er keine Ahnung. Er kannte nur einen einzigen Mann, der die Macht haben könnte, mir zu helfen: seinen Boss. Genau genommen den Chef des Chefs des Chefs seines Chefs – Alex McKenna, den CEO von Kennametal, in dessen Fabrik mein Vater arbeitete.

Die beiden Männer waren sich nie begegnet. Aber Dad hatte einen klaren Blick dafür, wie die Welt funktioniert. Er hatte selbst von der Fabrikhalle aus die Beobachtung gemacht, dass Wagemut häufig das Einzige war, was zwei gleichermaßen begabte Menschen und ihre Berufsbezeichnungen voneinander unterschied. Also fragte er, ob er McKenna sprechen könne. McKenna war von dieser Anfrage derart verblüfft, dass er einen Termin ausmachte. Nach dem Gespräch war er bereit, mit mir zu sprechen – aber mehr nicht.

Es ergab sich, dass McKenna mich mochte – zum Teil wegen der Art, wie er auf mich aufmerksam gemacht wurde. Er gehörte dem Kuratorium einer privaten Grundschule in unserer Gegend namens Valley School of Ligonier an, wohin alle wohlhabenden Familien ihre Kinder hinschickten. Sie hatte den Ruf, eine der besten Schulen des Landes zu sein. Nachdem er ein paar Fäden gezogen hatte, verschaffte uns Mr. McKenna einen Termin bei Peter Messer, dem Rektor der Schule.

An dem Tag, an dem ich mich einem Stipendium an der Valley School einschrieb, wurde, betrat ich eine neue Welt, die mich auf einen ganz neuen Kurs brachte, und zwar genau wie mein Vater gehofft hatte. Ich bekam eine der besten Ausbildungen, die man in Amerika bekommen kann, erst an der Valley School, dann an der Kiski School, an der Yale University und schließlich an der HBS. Das wäre nie passiert, wenn sich mein Vater nicht gedacht hätte, dass Fragen nichts kostet.

Wenn ich auf meine Karriere zurückblicke, war diese Ausbildung das Wichtigste in meinem Leben. Außerdem hat die Lektion, die ich aus dem Handeln meines Vaters gelernt habe, alles beeinflusst, was ich seither getan habe.

Wenn es darum ging, die Bedürfnisse seiner Familie zu erfüllen, war meinem Vater einfach überhaupt nichts peinlich. Ich erinnere mich, dass wir einmal mit dem Auto nach Hause unterwegs waren und Dad im Sperrmüll vor einem Haus ein kaputtes Big-Wheel-Dreirad erspähte. Er hielt an, nahm es und klopfte an die Tür des Hauses, vor dem das weggeworfene Spielzeug darauf gewartet hatte, abgeholt zu werden.

„Ich habe in Ihrem Müll dieses Big Wheel gesehen", sagte er zu der Besitzerin. „Haben Sie etwas dagegen, wenn ich es mitnehme? Ich glaube, ich kann es reparieren. Ich fände es wunderbar, wenn ich meinem Sohn so etwas schenken könnte."

Was für ein Mut! Können Sie sich diesen stolzen Arbeiter vorstellen, wie er diese Frau anspricht und im Prinzip zugibt, so arm zu sein, dass er gern ihren Müll haben möchte?

Aber das ist ja noch nicht alles. Stellen Sie sich vor, wie sich diese Frau gefühlt hat, weil sie die Gelegenheit bekam, jemandem ein solches Geschenk zu machen. Das hat ihr auf jeden Fall den Tag versüßt.

„Selbstverständlich", sagte sie überschwänglich. Sie erklärte, dass ihre Kinder schon groß waren und das Spielzeug seit Jahren nicht mehr benutzt worden war.

„Sie können gern auch noch das Fahrrad haben. Zum Wegwerfen war es mir einfach zu schade …"

Dann fuhren wir weiter. Ich hatte ein „neues" Big Wheel, auf dem ich fahren konnte, und ein Fahrrad, in das ich hineinwachsen konnte.

Sie hatte ein Lächeln und ein Herzklopfen, das nur Güte hervorbringt. Und Dad lehrte mich, dass Kühnheit etwas mit Genie und sogar mit Freundlichkeit zu tun hat.

Jedes Mal, wenn ich mir selbst Grenzen setze, was ich schaffen kann und was nicht, oder wenn sich Angst in mein Denken einschleicht, erinnere ich mich an das Big-Wheel-Dreirad. Ich erinnere mich selbst daran, dass Menschen mit geringer Risikotoleranz, deren Verhalten von Furcht geleitet wird, kaum einen Hang zum Erfolg haben.

Die Erinnerungen aus jener Zeit sind haften geblieben. Mein Vater brachte mir bei, dass das Schlimmste, was jemand sagen kann, höchsten ein „Nein" ist. Wenn einem jemand nicht seine Zeit oder seine Hilfe gibt, ist das sein Pech.

Mir hat in meinem Leben nichts so viele Gelegenheiten gebracht wie die Bereitschaft, zu fragen, egal in welcher Situation. Als ich einmal als namenloser Besucher auf dem Weltwirtschaftsforum in der Schweiz in den Bus zum Hotel stieg, sah ich Phil Knight, den Gründer von Nike. Knight war für mich so etwas wie ein Rockstar, weil er so außerordentlich erfolgreich mit der Gründung und dem Aufbau von Nike war und weil er im Laufe der Zeit so viele Marketing-Innovationen eingeführt hatte. Ob ich nervös war? Darauf können Sie Gift nehmen. Aber ich ergriff die Gelegenheit, mit ihm zu sprechen, beim Schopf und machte mich auf den Weg zum Platz neben ihm. Später wurde er der erste Bluechip-Kunde von YaYa. Ich mache so etwas ständig, egal in welcher Situation.

Manchmal klappt das nicht. Die Liste der Menschen, mit denen ich mich anfreunden wollte und die an meinen Annäherungsversuchen nicht interessiert waren, ist genauso lang. Beim Networking hält der Wagemut die gleichen Fallstricke und Ängste bereit wie beim Dating – und darin bin ich nicht annähernd so gut wie im Knüpfen geschäftlicher Bekanntschaften.

Es ist verlockend, sich an die Menschen zu halten, die man schon kennt. Aber im Gegensatz zu gewissen Formen des Datings ist der Networker nicht auf der Suche nach einem einzigen erfolgreichen Bund. Wenn man einen bereichernden Kreis vertrauter Beziehungen schaffen will, muss man die ganze Zeit *draußen* sein und sich unter die Menschen mischen. Wenn ich jemanden anrufe oder treffe, den ich nicht kenne, habe ich bis heute Angst vor der Zurückweisung. Dann rufe ich mir das Big Wheel ins Gedächtnis, das mein Vater für mich besorgte, und mache trotzdem weiter.

Für die meisten von uns ist Networking kein bisschen instinktiv oder natürlich, auch wenn es selbstverständlich Menschen gibt, die dank ihres angeborenen Selbstvertrauens und dank ihrer sozialen Kompetenz leicht Anschluss finden.

Daneben gibt es noch uns, die anderen.

In der Anfangszeit bei YaYa machte ich mir Sorgen um das Überleben des Unternehmens. Zum ersten Mal in meiner beruflichen Laufbahn musste ich mich an viele mir unbekannte Menschen wenden; ich repräsentierte ein unbekanntes Unternehmen und pries ein Produkt an, das sich am Markt noch nicht bewährt hatte. Ich wollte nicht einfach Manager bei BMW oder bei Mastercard anrufen und ihnen meine Ware aufschwatzen. Aber wissen Sie was? Da die Alternative hieß, einen Teil der Belegschaft zu entlassen oder in den Augen des Vorstands und der Investoren zu versagen, fiel es mir nicht mehr schwer, auf BMW zuzugehen.

Die Kühnheit, mit Menschen zu sprechen, die mich nicht kennen, lässt sich häufig einfach dadurch mobilisieren, dass ich die Angst vor der Peinlichkeit gegen die Angst vor dem Scheitern und seinen Folgen abwäge. Bei meinem Vater war es so, dass er entweder fragte oder seine Familie nichts bekam. Ich musste entweder fragen oder ich hatte keinen Erfolg. Diese Angst überwindet immer meine Furcht, abgewiesen zu werden oder in peinliche Situationen zu geraten.

Letztendlich muss sich jeder selbst fragen, wie das Scheitern aussieht. Das passiert uns schließlich allen einmal und deshalb müssen wir das aus dem Weg räumen. Es geht nicht um die Wahl zwischen Erfolg und Misserfolg. Es geht darum, sich für das Risiko zu entscheiden und nach Größe zu streben – oder nichts zu riskieren und sich der Mittelmäßigkeit sicher zu sein.

Bei vielen Menschen ist die Angst vor der Begegnung mit anderen Menschen mit der Angst verbunden, vor Publikum zu sprechen (einer

Angst, die regelmäßig die Todesangst als größte Angst übertrifft). Einige der größten Redner der Welt gestehen, dass sie solche Ängste empfinden. Mark Twain hat einmal gesagt: „Es gibt zwei Arten von Rednern: die, die nervös sind, und die, die lügen."

Man bewältigt diese Angst am besten, wenn man zuerst anerkennt, dass sie völlig normal ist. Sie sind damit nicht alleine. Als Zweites muss man anerkennen, dass die Überwindung dieser Angst über den Erfolg entscheidet. Und drittens muss man sich vornehmen, sich zu bessern.

Ich sage Ihnen jetzt ein paar Dinge, die Sie sofort tun können, damit das wirklich besser wird und Sie sich daran gewöhnen, in gesellschaftlichen Situationen mutiger zu sein:

• Finden Sie ein Rollenmodell

Wir neigen dazu, Menschen zu suchen, die uns ähneln – schüchterne Menschen tun sich gern mit schüchternen Menschen zusammen und extrovertierte Menschen tun sich gern mit extrovertierten Menschen zusammen –, weil sie unser eigenes Verhalten unbewusst bestätigen. Aber jedermann kennt jemanden in seinem Freundes- und Bekanntenkreis, der anscheinend ohne Angst oder mit wenig Angst auf andere Menschen zugeht. Wenn Sie sich nicht trauen, den großen Sprung zu wagen und von sich aus fremde Menschen anzusprechen, lassen Sie sich von solchen Menschen helfen und den Weg zeigen. Nehmen Sie sie nach Möglichkeit zu gesellschaftlichen Anlässen mit und beobachten Sie ihre Verhaltensweisen. Achten Sie auf ihre Handlungen. Mit der Zeit übernehmen Sie einen Teil ihrer Methoden und langsam bauen Sie den Mut auf, selbst auf andere zuzugehen.

• Lernen Sie, zu sprechen

Viele Unternehmen haben auf die zahllosen Menschen, die erkannt haben, dass sie bessere Redner werden müssen, reagiert. Diesen Bildungsorganisationen ist klar, dass Sie nicht vorhaben, vor einer Zuhörerschaft von tausend Menschen zu sprechen (jedenfalls nicht am Anfang). Die meisten Menschen, die bei solchen Unternehmen Hilfe suchen, wollen mehr Selbstvertrauen gewinnen und Methoden lernen, mit denen sie ihre Schüchternheit überwinden können. Diese Unternehmen bieten nicht ein oder zwei Allheilmittel an. Sie bieten vielmehr die Möglichkeit an, in einem nicht einschüchternden Umfeld zu üben, und zwar unter Anleitung eines Lehrers, der einen auch antreiben kann. Es gibt Hunderte von Trainern und Schulen, die sich dieser Ausbildung widmen. Zu den bekanntesten gehört der Toastmasters Club. Ganz sicher gibt es eine Abteilung in Ihrer Nähe. Diese gut geführte Organisation hat schon Millionen von Menschen geholfen, ihre Redefähigkeit zu verbessern und ihre Ängste zu überwinden.

• Machen Sie mit

Man fühlt sich am wohlsten, wenn man etwas tut, an dem man sich mit anderen freuen kann, die die Begeisterung mit einem teilen. Man kann jedes Hobby gemeinsam mit anderen betreiben: Briefmarken sammeln, Singen, Sport, Literatur. Für alle diese Interessen gibt es Vereine. Machen Sie mit, werden Sie aktives Mitglied. Wenn Sie sich der Aufgabe gewachsen fühlen, werden Sie einer der Leiter dieser Gruppe. Dieser letzte Schritt ist entscheidend. Um Führungsaufgaben zu übernehmen, braucht man Übung – also üben Sie! Dabei ergeben sich immer neue Möglichkeiten, neue Kontakte zu knüpfen und auf andere zuzugehen.

• Machen Sie eine Therapie

Ich weiß, ich weiß, Sie werden jetzt denken: „Der will mich in eine Therapie schicken, damit ich besser zu Menschen sprechen kann?" Lassen Sie mich das bitte erklären. Erstens halte ich es schon für sehr wichtig, dass man den Wunsch hat, besser zu werden, als man momentan ist. Zweitens haben viele sehr erfolgreiche Menschen, die ich kenne, irgendwann in ihrem Leben eine Therapie gemacht. Ich behaupte nicht, dass eine Therapie Ihren Umgang mit Menschen verbessert, aber vielleicht hilft sie Ihnen, mit Ihren Ängsten und sozialen Befürchtungen produktiver umzugehen. Zahlreiche Studien, die von dem National Institute of Mental Health finanziert wurden, belegen eine hohe Erfolgsquote von Therapien zur Behandlung der Ursachen von Schüchternheit.

• Einfach machen

Setzen Sie sich das Ziel, jede Woche einen neuen Menschen kennenzulernen. Dabei ist es ganz egal, wo Sie wen kennenlernen. Stellen Sie
sich im Bus jemandem vor. Setzen Sie sich an der Theke neben jemanden und sagen Sie Hallo. Sprechen Sie am Wasserspender einen
Kollegen an, mit dem Sie noch nie gesprochen haben. Sie werden merken, dass das umso leichter geht, je mehr Übung Sie darin haben. Und
das Beste ist, dass Sie sich dabei mit dem Gedanken der Abweisung
anfreunden. Von diesem Standpunkt aus wird sogar das Scheitern zu
einem Schritt nach vorn. Nehmen Sie das als Lerneffekt. Der Drama-
tiker Samuel Beckett hat einmal geschrieben: „Scheitere. Versuch es
wieder. Scheitere erneut. Scheitere besser."

Furcht macht schwach. Wenn Sie erst einmal begriffen haben, dass
Zurückhaltung keine Vorteile bringt, wird jede Situation und jede Person – egal wie unerreichbar sie scheinen mag – zu einer Erfolgschance.

Lady Tatkraft

Was die Verbesserung der Redefähigkeit angeht, gibt es
niemand Besseren als DeAnne Rosenberg. Sie ist seit 32 Jahren
Karriereberaterin und Inhaberin der Managementberatung
DeAnne Rosenberg Inc.; sie ist „Lady Tatkraft", und das aus
gutem Grund.

Im Jahre 1969 las sie im *Wall Street Journal* einen Artikel, in dem
auf das Fehlen einer weiblichen Stimme in der American
Management Association (A.M.A.) hingewiesen wurde.
Rosenberg erinnert sich: „Damals wurde der Präsident der
A.M.A. interviewt und mit den Worten zitiert: ,Wir haben keine
Frau gefunden, die in der Öffentlichkeit selbstbewusst über
Management sprechen kann.' "

Sie schnitt den Artikel aus und teilte der A.M.A. in einem Brief
mit, sie brauche nicht mehr zu suchen. Nach zwei Wochen
hatte sie immer noch keine Antwort.

„So ging das einfach nicht", regt sie sich auf. „Ich schrieb noch einen Brief, direkt an den Präsidenten, und sagte darin mehr oder weniger, er solle Taten folgen lassen oder den Mund halten."

Nach zwei Tagen rief sie der Verbandspräsident an und sagte ihr, sie hätten sie für einen Vortrag eingeplant. DeAnne wurde die erste Frau, die für die A.M.A. sprach.

Sie hat sich die Lektion aus diesen schicksalhaften Ereignissen gemerkt: Das Erfolgsrezept ist ein Mischmasch aus Selbstsicherheit, sturer Hartnäckigkeit und Unverfrorenheit respektive Wagemut. DeAnne lernte, dass wagemutige Begegnungen das Fundament erfolgreicher Karrieren sind. In den vielen Jahren, in denen sie anderen Menschen beigebracht hat, ihre Ängste zu überwinden, hat sie ein bewährtes „Drehbuch" zusammengestellt, das jeder benutzen kann, wenn er jemandem zum ersten Mal begegnet.

Ich fand dieses Skript hilfreich. Ich glaube, dass es auch vielen Lesern helfen kann und stelle es Ihnen hier dankbar vor:

1. Beschreiben Sie die Situation. „Legen Sie direkt los und sagen Sie, wie Sie die Sache bei Tageslicht betrachtet sehen, ohne dabei zu hetzen oder zu dramatisieren", so Rosenberg. Sie machte der A.M.A. klar, dass es a) falsch war, keine weiblichen Redner zu haben, und dass es b) ein Schritt in die richtige Richtung wäre, sie zu engagieren. Es ist logisch, dass man zuerst wissen muss, wo man steht, bevor man überzeugend sprechen kann – das heißt, bevor man leidenschaftlich und auf der Basis persönlicher Erfahrung sprechen kann.

2. Teilen Sie Ihre Gefühle mit. Wir spielen die Auswirkung von Emotionen in unseren alltäglichen Kontakten, insbesondere im Berufsleben, herunter. Man sagt uns, Verletzlichkeit sei schlecht und wir sollten unsere Gefühle

sorgsam verbergen. Aber wenn wir uns daran gewöhnen, im Gespräch mit anderen zu sagen „Ich habe das Gefühl, dass ...", gewinnen unsere Begegnungen Tiefe und Ernsthaftigkeit. Mit Ihren Gefühlen zeigen Sie Ihren Zuhörern, dass Sie sie respektieren und sie Ihnen wichtig sind.

3. Sagen Sie, was Sache ist. Dies ist der Moment der Wahrheit, in dem Sie mit voller Deutlichkeit sagen, was Sie wollen. Wenn Sie Ihren Hals riskieren, sollten Sie wenigstens wissen, wofür. Die Wahrheit ist der schnellste Weg zur Lösung, aber bleiben Sie realistisch. Ich wusste, dass Phil Knight von Nike auf ein fünfminütiges Gespräch in einem Bus in Davos hin nichts kaufen würde, aber ich sicherte mir seine E-Mail-Adresse und sagte ihm, dass ich wieder auf ihn zukommen würde. Und das tat ich dann auch.

4. Formulieren Sie eine Frage mit offener Antwort. Wenn Sie eine Frage so formulieren, dass man sie nicht mit Ja oder Nein beantworten kann, wirkt sie weniger bedrohlich. Was halten Sie davon? Wie können wir dieses Problem lösen? Das Thema ist angesprochen, die Gefühle sind geäußert und die Wünsche formuliert. Mit einem offenen Vorschlag oder einer offenen Frage laden Sie den anderen dazu ein, mit Ihnen an einer Lösung zu arbeiten. Ich verlangte von Phil keinen bestimmten Termin, an dem wir miteinander essen gehen würden. Ich ließ diese Frage offen, um unsere erste Begegnung nicht mit Verpflichtungen unnötig zu belasten.

Die Networking-
Nervensäge

„Ehrgeiz kann kriechen oder fliegen."

– Edmund Burke

Da steht ein Mann oder eine Frau, den Martini in der einen Hand, die Visitenkarten in der anderen, und die auswendig gelernte Werbemasche stets bei der Hand. Er oder sie ist ein Meister im Einschleimen und bei jeder Veranstaltung mit gehetztem Blick auf der Suche nach einem noch dickeren Fisch, den man an Land ziehen kann. Er oder sie ist der unaufrichtige, skrupellos ehrgeizige und jeden überschwänglich begrüßende Typ, der Sie nicht werden wollen.

Vielen Menschen drängt sich bei dem Wort „Networking" das Bild einer solchen Nervensäge auf. Aber meiner Meinung nach entgehen dieser Sorte von hyperaktiven Kontaktknüpfern und Visitenkartenzählern die Feinheiten des authentischen Kontakts. Ihre Masche funktioniert nicht, weil sie keine Ahnung haben, wie man bedeutsame Beziehungen knüpft.

Ich musste das auf die harte Tour lernen.

Wenn Sie mich als jungen Mann gekannt hätten, hätten Sie mich vielleicht nicht gemocht. Ich bin nicht einmal sicher, ob ich mich selbst mochte. Ich beging alle klassischen Fehler der Jugend und der Unsicherheit. Es ging mir meistens um mich. Mir stand der unersättliche Ehrgeiz ins Gesicht geschrieben. Ich befreundete mich mit Höherstehenden und ignorierte meinesgleichen. Allzu oft zeigen die Menschen ihren Untergebenen ein bestimmtes Gesicht, ihrem Chef ein anderes und ihren Freunden wieder ein anderes.

Als ich bei Deloitte für das Marketing verantwortlich wurde, waren mir plötzlich viele Leute unterstellt. Ich hatte Großes vor – Dinge, die in der Beraterszene auf dem Gebiet des Marketings noch nie gemacht worden waren. Und jetzt hatte ich endlich eine Mannschaft, mit der ich dies umsetzen konnte. Aber anstatt meine Mitarbeiter als Partner zu sehen, die ich umwerben musste, damit meine und ihre langfristigen Ziele erreicht wurden, sah ich sie als ausführende Organe für meine Aufgaben.

Bedenkt man dazu noch meine relative Jugend (ich war 20 Jahre jünger als alle anderen Topmanager), wird einem klar, wieso der Widerstand meines Teams uns alle ausbremste. Aufgaben, die meiner Meinung nach innerhalb von Stunden hätten erledigt sein können, dauerten mehrere Tage. Ich wusste, dass ich etwas tun musste, und wandte mich deshalb an die Management-Trainerin Nancy Badore, die schon als Coach für hochrangige CEOs arbeitete, als es den Begriff „Coaching" dafür noch gar nicht gab.

Als wir uns zum ersten Mal in meinem Büro trafen, hatten wir kaum die ersten Höflichkeiten ausgetauscht, als ich mit der Frage herausplatzte: „Was muss ich tun, um eine gute Führungskraft zu werden?"

Sie sah sich eine Weile wortlos in meinem Büro um. Als sie schließlich etwas sagte, traf es mich bis ins Mark: „Keith, sehen Sie sich einmal die ganzen Bilder an der Wand an. Sie reden davon, eine tolle Führungskraft zu werden, und in Ihrem ganzen Büro gibt es kein einziges Bild, auf dem Sie nicht zu sehen sind: Sie mit anderen berühmten Menschen, Sie an berühmten Orten, Sie als Gewinner von Preisen. Hier hängt kein einziges Bild von Ihrem Team oder irgendetwas, das auf die Leistungen Ihres Teams hindeutet oder das jemandem wie mir sagen würde, dass Ihnen diese Menschen so wichtig sind wie Sie selbst. Ist Ihnen klar, dass die Leistungen Ihres Teams und alles, was es Ihretwegen tut – nicht was es für Sie tut –, Sie als guten Leader ausweisen?"

Diese Frage machte mich sprachlos. Sie hatte absolut recht. Hatte ich gezeigt, dass ich echtes Interesse an dem Leben hatte, das meine Mitarbeiter außerhalb der Arbeit führten? Warum hatte ich mich nicht bemüht, sie an der Führung zu beteiligen? Mit meinen Vorgesetzten hatte ich das vom ersten Tag an getan. Damals begriff ich, dass mein langfristiger Erfolg von allen Menschen in meiner Umgebung abhing; davon, dass ich genauso für sie arbeitete, wie sie für mich arbeiteten!

Die Politiker haben das viel besser begriffen als die meisten Führungskräfte: Wir wählen diejenigen Menschen, die wir mögen und respektieren. Großartige Unternehmen werden von CEOs aufgebaut, die Zuneigung und Bewunderung erwecken. In der heutigen Welt erreichen die bösen Jungs als letzte das Ziel.

Von dem befreundeten Buchautor Tim Sanders habe ich gelernt, dass das Zeitalter der Gemeinheiten im Geschäftsleben aus zwei Gründen vorüber ist. Erstens leben wir in einem neuen „Überfluss der geschäftlichen Wahlmöglichkeiten", und zwar sowohl im Hinblick auf

Produkte als auch im Hinblick auf berufliche Laufbahnen. Wahlmöglichkeiten sind für schwierige Kollegen und Vorgesetzte das Todesurteil. „In einer Zeit, in der mehr von uns mehr Möglichkeiten denn je haben, gibt es keinen Grund mehr, sich mit einem Produkt oder einer Dienstleistung abzufinden, die nicht halten, was sie versprechen, mit einem Unternehmen, das man nicht mag oder mit einem Chef, den man nicht respektiert", schreibt Sanders. Der zweite Grund ist das, was er den „neuen Telegrafen" nennt. „Ein übles Produkt, ein schädliches Unternehmen oder eine miese Person können die traurige Realität kaum noch verheimlichen. Die Menschen vertreten heute nachdrücklich ihre Meinung, sind gut informiert und mit allen Möglichkeiten des Internets gewappnet.

Unterm Strich bedeutet dies, dass man Menschen, die man nicht mag, leichter entgehen kann als je zuvor. Wenn Ihnen die Interessen anderer nichts bedeuten, finden die Menschen das heute eher früher als später heraus. Unsere Kultur verlangt heutzutage mehr von uns. Sie verlangt, dass wir einander respektvoll behandeln. Sie verlangt, dass wir bei jeder Beziehung den gegenseitigen Nutzen beachten müssen.

Wenn man auf ein Leben und auf eine Karriere zurückblickt, in deren Verlauf man anderen Menschen begegnet ist, will man ein Netz aus Freundschaften sehen, in das man sich fallen lassen kann – und nicht einen Scherbenhaufen gescheiterter Beziehungen. Hier nun ein paar Regeln, die ich aus eigener Erfahrung empfehlen kann und die verhindern, dass Sie jemals zur Networking-Nervensäge werden:

1. Nicht schleimen

Haben Sie etwas zu sagen und sagen Sie es mit Leidenschaft! Achten Sie darauf, dass Sie etwas zu bieten haben, wenn Sie etwas sagen, und bieten Sie es ernsthaft an. Die meisten Menschen überlegen sich nicht, dass es besser ist, mit weniger Menschen mehr Zeit zu verbringen; dass es besser ist, sich eine Stunde zusammenzusetzen und ein oder zwei bedeutsame Gespräche zu führen, als ständig nach etwas Besserem Ausschau zu halten und den Respekt der meisten Menschen zu verlieren, denen man begegnet. Ich bekomme dauernd E-Mails, in denen es heißt: „Lieber Keith, wie ich höre, sind Sie ein guter Networker. Ich auch. Treffen wir uns doch für eine Viertelstunde auf eine Tasse Kaffee." „Warum?", frage ich mich da. Wieso in aller Welt erwarten die Menschen, dass ich auf eine solche Anfrage antworte? Sprechen sie mich emotional an? Sagen sie, dass sie mir helfen können? Haben sie irgendeine ansatzweise Gemeinsamkeit zwischen uns gesucht? Tut mir leid, aber Networking ist kein Geheimbund mit einem verklausulierten Händedruck, der schon von selbst einen Wert besitzt. Der Wert muss schon von uns kommen.

2. Nehmen Sie Gerüchte nicht für bare Münze

Selbstverständlich tut man sich mit Gerüchten leichter. Die meisten Menschen saugen solche Informationen begierig auf. Aber langfristig bringt das nichts. Irgendwann versiegen die Informationen, weil immer mehr Menschen begreifen, dass man Ihnen nicht trauen kann.

3. Kommen Sie nicht mit leeren Händen zur Party

Wer sind die Stars der heutigen digitalen Welt? Die Schreiber, Blogger und Online-Gurus, die am besten darin sind, einer Community von Gleichgesinnten Informationen zu bieten, kreativen Content, nützliche Links oder einfach nur Mitgefühl. Viele tun das kostenlos und werden dafür häufig durch eine treue Gefolgschaft von Menschen belohnt, die ihrerseits genauso viel geben wie sie nehmen. Das ist ein Kreislauf. Beim Connecting, egal ob online oder offline, ist man nur so gut wie das, was man hergibt.

4. Behandeln Sie Personen, die unter Ihnen stehen, nicht schlecht

Einige von ihnen werden früher oder später zu „Oberen". In der Berufs- und Geschäftswelt ist die Nahrungskette vergänglich. Man muss die Menschen auf der Leiter über sich und unter sich respektvoll behandeln. Der legendäre Hollywood-Superagent Michael Ovitz galt als meisterhafter Networker. *Vanity Fair* brachte 2002 ein vernichtendes Porträt von ihm, in dem Dutzende anonymer und weniger anonymer

Quellen ihn unter Beschuss nahmen – Ausdruck einer glänzenden Karriere, die irgendwie fürchterlich schiefgelaufen ist. Die Menschen fragten sich, was passiert war. Ovitz kann hervorragend mit Menschen umgehen, aber er hat seine Fähigkeiten nicht aufrichtig eingesetzt. Menschen, die er nicht mehr brauchte, behandelte er gleichgültig oder noch schlimmer. Ehemalige Freunde sagten, man konnte ihm nicht trauen und dass seine Beziehungen stets einseitig waren. Es überrascht nicht, dass sich diese Menschen seinen Fall nicht nur genossen, sondern wohl auch dazu beigetragen haben.

5. Seien Sie transparent

„Ich bin, wie ich bin", sagte die Comicfigur Popeye immer. Im Informationszeitalter wird Offenheit – im Hinblick auf Ihre Absichten, auf die Informationen, die Sie bieten oder auf Ihre Bewunderung – zu einer zunehmend wertvollen und gesuchten Eigenschaft. Die Menschen reagieren mit Vertrauen, wenn sie wissen, dass Sie anständig mit ihnen umgehen. Wenn ich bei einer Veranstaltung jemandem begegne, den ich unbedingt einmal treffen wollte, verberge ich meine Begeisterung nicht. „Ich freue mich, dass ich Sie endlich einmal kennenlerne. Aus der Ferne bewundere ich Ihre Arbeit schon sehr lange und ich habe mir immer gedacht, wie schön es wäre, wenn wir uns einmal persönlich begegnen würden." Es mag angehen, dass man an der Bar den Schüchternen spielt, aber nicht, wenn man eine tiefere, bedeutsame Verbindung aufbauen will.

6. Seien Sie nicht zu effizient

Nichts wirkt unaufrichtiger als eine Massen-E-Mail mit einer langen Liste von Empfängern. Beim Kontakt zu anderen geht es nicht um Zahlen. Ziel ist es, echte Verbindungen zu Menschen aufzubauen, auf die man zählen kann.

Es ist mir peinlich, wie ich diese Lektion gelernt habe. Ich hatte immer gehört, es sei eine gute Sache, Weihnachts- und Neujahrsgrüße zu versenden. Als ich das Studium in Yale abschloss, gewöhnte ich mir daher an, allen Menschen in meiner Kontaktdatenbank Weihnachtskarten zu schicken. Als ich bei Deloitte anfing, umfasste die Liste Tausende von Menschen und ich stellte eine Teilzeitkraft ein, die die Karten adressierte und sogar unterschrieb. Sie können sich wohl denken, was passierte. Die Sache erschien mir gut, bis ein Mitbewohner aus der Collegezeit spöttisch bemerkte, wie sehr er sich freue, dass er in diesem Jahr gleich *drei* Karten bekommen hatte ... jede mit einer anderen Unterschrift. Es geht nicht um Masse, sondern um echte Verbindungen.

Wenn Sie sich mit der Kontaktaufnahme keine Freunde machen, sollten Sie sich am besten damit abfinden, dass Sie es dann mit Menschen zu tun haben, denen es egal ist, was mit Ihnen passiert. Abneigung erstickt die Kontaktbemühungen, bevor man recht begonnen hat. Zuneigung hingegen kann zu der mächtigsten konstruktiven Kraft werden, mit der man geschäftliche Dinge erledigt.

Katharine Graham (1917-2001)

„Kultivieren Sie das Vertrauen in jeden."

Eine Tragödie machte Katharine Graham über Nacht von der Ehefrau zur Verlagsleiterin. Sie übernahm im Jahre 1963 nach dem Tode ihres Mannes Philip Graham die *Washington Post*. Ihre schüchterne, ruhige Art schien für die Anforderungen, die eine der bedeutendsten Zeitungen des Landes stellte, ungeeignet. Aber Mrs. Graham belehrte alle eines Besseren. Sie trug zum Aufbau einer der besten Zeitungen und eines der erfolgreichsten Unternehmen Amerikas bei. In ihrer Zeit veröffentlichte die *Post* die Pentagon-Papiere, konfrontierte Richard Nixon frontal mit Watergate und beherrschte die Washingtoner Politik- und Medienszene mit ihrem eigenen unnachahmlichen Stil.

Dieser Stil ist Grahams dauerhaftestes Vermächtnis. Sie leitete die *Post* voller Mitgefühl, Freundlichkeit und Ernsthaftigkeit und wurde so zu einer mächtigen Figur. Grahams Einfluss verlieh ihr die Fähigkeit, andere Menschen – von den höchsten Rängen der Gesellschaft bis zu den niedrigsten – zu einem Gefühl der Würde und des Respekts zu befähigen.

Richard Cohen, Redakteur der *Washington Post*, schrieb wenige Tage nach Grahams Beerdigung:

„Vor ein paar Jahren kehrte ich an einem brütend heißen Julisonntag vom Strand nach Washington zurück und fuhr mit dem Taxi zu dem

Parkplatz gegenüber der *Washington Post*, wo ich mein Auto abgestellt hatte. Auf dem Parkplatz der *Post* war ein Zelt aufgestellt worden. Der Anlass war ein Fest für die Menschen, deren Namen man nie erfährt – die nicht als Verfasser genannt werden, die nicht im Fernsehen auftreten, die Anzeigen annehmen oder die Zeitung ausliefern oder einfach das Gebäude reinigen. Ich sah, wie sich Katharine Graham in der Hitze in Richtung Party schleppte.

Sie war damals schon alt und das Gehen fiel ihr schwer. Sie bahnte sich mühsam den Weg auf die Bühne hinauf. Sie hatte eine Farm in Virginia, ein Haus in Georgetown, eine Wohnung in New York und – was an diesem furchtbar heißen Tag am interessantesten war – ein Anwesen am Wasser in Martha's Vineyard. Und doch war sie hier – was ich unglaublich fand – und machte das, was in anderen Unternehmen zum Lächeln abgestellte Vizepräsidenten machen."

Wenn man Katharine Grahams Leben analysiert, taucht unweigerlich ein bestimmtes Thema auf: Obwohl sie ihr Leben lang keine finanziellen Sorgen hatte und ihr gesellschaftlicher Status sie fast zu einer Art Königin machte, befreundete sie sich mit jedermann und nicht nur mit jenen, die ihrer Zeitung von Nutzen sein oder ihre Stellung innerhalb einflussreicher Kreise verbessern konnten.

In den meisten Berichten über ihre Beerdigung wurden berühmte Namen wie Henry Kissinger, Bill Clinton, Bill Gates, Warren Buffett und Tom Brokaw erwähnt. Man braucht sich allerdings kaum anzustrengen, um eine ausgedehnte Liste „unberühmter" Besucher aufzustellen. Hier eine Auswahl:

- Irvin Kalugdan, Sonderschullehrer aus Fairfax County, der mit einer Spende der *Washington Post* über 350 Dollar mit seinen Schülern ein Breakdance-Team zusammenstellte.

- Rosalind Styles vom Frederick Douglass Early Childhood and Family Support Center, für das Graham Geld beschafft hatte.

- Henrietta Barbier aus Bethesda, eine Rentnerin, die früher im diplomatischen Dienst gearbeitet hatte, gehörte einer wöchentlichen Bridgerunde von rund 60 Frauen im Chevy Chase Women's Club an. Sie sagte, Graham habe nie einen Abend versäumt: „Sie spielte glänzend, sie nahm Unterricht und sie nahm das ernst."

Das alles enthüllt eine tiefe Wahrheit über den Kontakt zu anderen Menschen: Diejenigen, die am besten darin sind, betreiben kein Networking, sondern schließen Freundschaften. Dass sie Bewunderer finden und Vertrauen gewinnen, beruht gerade darauf, dass sich ihre Freundschaftsangebote auf alle erstrecken. Der immer größere Einflusskreis ist ein unbeabsichtigtes Ergebnis, kein kalkuliertes Ziel.

Mehr als irgendetwas anderes wirft Grahams Verhältnis zu dem ehemaligen Außenminister Henry Kissinger ein Licht auf ihr Gespür für Freundschaft um der Freundschaft willen im Gegensatz zu Freundschaft mit Hintergedanken.

Oberflächlich betrachtet schienen die beiden die unähnlichsten Freunde zu sein: Schließlich waren die entscheidenden Momente in Grahams Laufbahn heftige Schläge für Kissingers Karriere. Im Jahre 1971 entschied sich Graham für die Veröffentlichung der Pentagon-Papiere, vertraulicher Dokumente über die Beteiligung der Vereinigten Staaten am Vietnamkrieg. Ein Jahr später begann die *Post* auf Grahams Betreiben mit den Watergate-Ermittlungen. Beides brachte die Nixon-Administration, zu der Kissinger gehörte, in große Verlegenheit.

Und doch war es Kissinger, der auf Grahams Beerdigung die erste Trauerrede hielt. Er und Graham waren oft miteinander ins Kino gegangen.

Wie bildete Graham eine solche Allianz, eine solche Freundschaft? Wie knüpfte sie Verbindungen zu jedermann vom anonymen Lehrer bis hin zu den Berühmten und Mächtigen dieser Welt? Indem sie ihre Grenzen kannte und das Vertrauen in andere kultivierte; indem sie diskret war; durch die Ernsthaftigkeit ihrer Absichten; indem sie den anderen wissen ließ, dass sie das Beste für ihn wollte.

In einem *CNN*-Interview bemerkte Kissinger: „Unser Verhältnis war insofern seltsam, als ihre Zeitung sehr oft das Gegenteil meiner Ansichten vertrat, aber sie versuchte nie, unsere Freundschaft zugunsten ihrer Zeitung auszunutzen. Sie bat mich nie um spezielle Interviews oder etwas in dieser Art."

Teil 2

Das Skill-Set

Machen Sie
Ihre Hausaufgaben

*„Einer spektakulären Leistung geht immer
eine spektakuläre Vorbereitung voraus."*

– Robert H. Schuller

Man sollte es nicht dem Zufall überlassen, wen man kennenlernt, wie man die Menschen kennenlernt und was sie nach der Begegnung von einem halten. Winston Churchill würde uns sagen, dass Vorbereitung vielleicht nicht gerade der Schlüssel zur Genialität ist, aber auf jeden Fall der Schlüssel dazu, sich wie ein Genie anzuhören.

Bevor ich Menschen treffe, denen ich mich vorstellen will, erkundige ich mich, wer sie sind und was sie tun. Ich finde heraus, was ihnen wichtig ist: Hobbys, Probleme, Ziele – innerhalb und außerhalb des Berufs. Vor dem Treffen stelle ich – oder mein Assistent – normalerweise auf einer Seite einen Überblick über die Person zusammen, mit der ich mich bald treffe. Für die Aufnahme von Informationen gibt es nur ein Kriterium: Ich will wissen, wie diese Person als Mensch ist, was ihr wichtig ist und auf welche Leistungen sie am meisten stolz ist.

Natürlich sollten Sie auch wissen, was momentan in dem Unternehmen der Person passiert, zu der sie eine Beziehung aufbauen wollen. War das Quartal gut oder schlecht? Hat das Unternehmen ein neues Produkt? Glauben Sie mir, *alle* Menschen interessieren sich im Allgemeinen und vor allem anderen für das, was *sie* tun. Wenn Sie gut genug informiert sind, um in ihre Welt einzutreten und mit ihnen zu sprechen wie jemand, der sich auskennt, werden Sie spüren, dass die anderen das zu schätzen wissen. William James hat einmal geschrieben: „Das tiefgehendste Prinzip der menschlichen Natur ist der Hunger nach Anerkennung."

Heutzutage sind solche Recherchen leicht zu bewerkstelligen – und trotzdem würden Sie sich wundern, wie wenig Menschen sich die Zeit dafür nehmen. Hier ein paar Tipps, nicht so sehr, wo man suchen muss, sondern wie:

- Google. Jemanden zu treffen, ohne ihn vorher gegoogelt zu haben, ist inakzeptabel. Abgesehen davon, Ihnen relevante Informationen zu liefern, bietet eine schnelle Suche noch etwas weniger Offensichtliches – ein Gefühl dafür, wie aktiv jemand online ist und wie viel Informationen er online mit anderen teilt.

- LinkedIn. Werfen Sie einen Blick darauf, wie gut jemand vernetzt ist und welchen Gruppen er sich angeschlossen hat. Lesen Sie aufmerksam seine Arbeitshistorie und den Lebenslauf. Der Lebenslauf wird oft zeigen, worauf er beruflich am meisten stolz ist und vielleicht, auf welche Ziele er hinarbeitet. Sehen Sie sich auch seine letzten Aktivitäten auf der Website an.

- Twitter. Sehen Sie nach, ob er einen Account hat und wie er ihn nutzt. Suchen Sie auch nach Ihrem Unternehmens-Account und nutzen Sie search.twitter.com, um zu sehen, ob es irgendwelche aktuellen Unterhaltungen gibt.

- Publikationen der Abteilung für Öffentlichkeitsarbeit des Unternehmens. Normalerweise wird das Meiste davon auf der Website des Unternehmens verfügbar sein, die Sie zuerst aufsuchen sollten. Aber es kann nicht schaden, anzurufen und zu erklären, dass Sie einen Termin haben und ein paar Hintergrundinformationen haben möchten.

- Jahresberichte. Sie vermitteln einen guten Eindruck davon, wo das Unternehmen hinsteuert, welche Herausforderungen und Chancen vor ihm liegen.

Sie haben sicher bemerkt, dass ich Facebook nicht aufgeführt habe, obwohl es vielleicht eine potenzielle Schatzkiste voller sehr persönlicher Informationen ist. Bei der Vorbereitung sollten Sie natürlich mal einen Blick darauf werfen. Aber bedenken Sie, dass unsere sorgfältig gepflegten Facebook-Persönlichkeiten oft unsere leidenschaftlichsten oder dringlichsten Angelegenheiten vernachlässigen.

Ironischerweise wurden zwar die Dinge, die wir „sharen", immer detaillierter – ich muss zugeben, dass ich einmal ein Foto von mir geshart habe, auf dem ich oben ohne an einem Flughafen meine Zähne putze –, aber gleichzeitig hat sich unsere Bereitschaft, unsere persönlichen Herausforderungen – die Dinge, die wirklich wichtig sind – öffentlich mitzuteilen, eigentlich nicht sehr verändert.

Wenn man sich anschickt, jemanden kennenzulernen, muss man unweigerlich auch die Probleme und Bedürfnisse der Person verstehen. Dabei gibt es immer noch keinen Ersatz dafür, Fragen zu stellen und aufmerksam zuzuhören. Beruflich gesehen kann die Herausforderung die Produktlinie sein. Aber wenn Sie mit der Person sprechen, finden Sie vielleicht auch heraus, dass ihre Kinder Praktikumsstellen suchen, sie selbst gesundheitliche Probleme hat oder einfach nur ihr Golfspiel verbessern will.

Der Punkt ist, sobald Sie Ihr Möglichstes getan haben, um sich vorzubereiten, müssen Sie immer noch über diese merkwürdige Sammlung von Datenpunkten hinausgehen, die unsere öffentliche Identität darstellen, und zu einer Person als Individuum durchdringen. Werden Sie zu einem Teil der Dinge, welche die Person am meisten interessiert, und Sie haben einen Zugang zu ihrem Leben gefunden.

Ich habe einmal an einer Diskussion am runden Tisch im Rahmen der Global Conference des Milken Institute teilgenommen, einem jährlich in Los Angeles stattfindenden dreitägigen Kongress, bei dem die besten Köpfe und CEOs der Welt zusammenkommen und über globale Probleme sprechen. Es gab 15 Teilnehmer und alle leiteten Unternehmen, die weit größer sind als meins.

In vielen Situationen hätte ich wohl kaum mit ihnen persönlich zu tun bekommen, aber da ich an der Organisation der Konferenz beteiligt war (immer ein Vorteil), wurde ich eingeladen, teilzunehmen.

Bei der Planung wurde der knappe Zeitplan von CEOs berücksichtigt. Vor der eigentlichen Veranstaltung gab es ein kurzes Beisammensein, damit die Teilnehmer einander kennenlernen konnten. Dann folgte eine Podiumsdiskussion über die Zukunft des Marketings im Licht der Herausforderungen, vor denen die großen Marken stehen. Danach gab es ein kurzes Essen.

Das heißt, es blieben nur drei Stunden, in denen ich die Chance hatte, das Fundament für eine oder zwei Beziehungen zu legen.

Der Zeitplan einer erfolgreichen Konferenz ist immer so gestaltet, dass die Teilnehmer das meiste aus ihrer Zeit machen können. Mein persönliches Ziel bei solchen Konferenzen ist die optimale Nutzung der kurzen Zeiträume, in denen ich die Chance habe, mich interessanten Menschen zu nähern, die ich noch nie getroffen habe.

Ich finde, dass Essen die Unterhaltung auf einmalige Weise erleichtert. Normalerweise sind die Menschen beim Essen bereit und sogar begierig, sich zu amüsieren. Mahlzeiten auf Kongressen sind allerdings problematisch. Das sind eilige, hektische Angelegenheiten, die einen angenehmen, aber unaufdringlichen Small Talk erfordern. Man weiß nie im Voraus, wo man sitzt. Und wenn man einander fremd ist, kommt man für gewöhnlich nur mit den Leuten direkt links oder rechts von einem ins Gespräch.

Und während der Podiumsdiskussion konzentrieren sich die Menschen auf ihre eigenen Präsentationen.

Blieb also nur noch das lockere Beisammensein. Ich halte mich bei solchen Gelegenheiten gern in der Nähe der Bar auf. Irgendwann holt sich schließlich jeder ein Getränk. Außerdem hatte ich im Laufe des Tages ausgekundschaftet, in welchen Räumen die Menschen Hof halten würden, die ich kennenlernen wollte, und ich hatte es so eingerichtet, dass ich dort war, wenn sie hinein- oder hinausgingen. Das klingt etwas nach Manipulation, aber eigentlich geht es nur darum, zur richtigen Zeit am richtigen Ort zu sein.

Das Problem in solchen Situationen besteht wie bei allen Unterhaltungen darin, über die Banalitäten der höflichen Plauderei hinauszukommen. In den vorangegangenen Monaten hatte ich den leitenden Organisator der Veranstaltung kennengelernt und aus gelegentlichen Gesprächen wusste ich ungefähr, wer kommen würde – keine privilegierten Informationen, aber für meine Vorbereitungen sehr nützlich. Mein Büro stellte Kurzbiografien der VIPs für den Fall zusammen, dass ich ihnen begegnen oder neben ihnen sitzen würde. Zu den ein oder zwei Personen, die ich besonders gern kennenlernen wollte, stellte mein Assistent auf einer Seite ein paar Informationen zusammen.

Das gehört alles zu dem, was ich als „die Hausaufgaben machen" bezeichne. Aber das alleine reicht nicht. Am besten findet man eine Gemeinsamkeit, die tiefer und umfangreicher ist als die Dinge, die bei einer glücklichen Begegnung zur Sprache kommen. Wenn man mit

Wissen über die Leidenschaften, Bedürfnisse und Interessen einer Person gerüstet ist, kann man mehr tun, als nur Kontakt aufnehmen; dann hat man nämlich die Chance, eine echte Verbindung zu knüpfen und *Eindruck* zu machen.

Der meisterhafte Politiker Winston Churchill plante Begegnungen in der Öffentlichkeit auf die gleiche Art. Churchill gilt heute als genialer Redner und als Meister der Schlagfertigkeit – ein fantastischer Dinner-Gast, der die ungeteilte Aufmerksamkeit aller auf sich zog. Weniger bekannt, aber von Churchill in seinen Schriften offengelegt, ist, wie viel Blut, Schweiß und Tränen in die Vorbereitung einer einzigen Sentenz oder eines schlauen Witzes geflossen sind. Churchill wusste, welche Macht es einem verleiht, wenn man sein Publikum kennt und weiß, wie man bei ihm eine Reaktion hervorruft.

Und wie erging es mir wohl?

Ich stellte fest, einer der CEOs, John Pepper, hatte ebenfalls in Yale studiert. Ich hatte ihn schon während meines Grundstudiums bewundert und ihn auf dem Campus sprechen hören. Der ehemalige CEO von Procter & Gamble engagierte sich jetzt für die Menschenrechte und dafür, dass die Geschichte der Underground Railroad in einem Museum bewahrt wurde, das er in Cincinnati gründete. Pepper war für seine Führungsstärke und für die Marketing-Innovationen bekannt, die er bei Procter & Gamble eingeführt hatte. Und auch jetzt, nach seinem Rücktritt, übte er im Vorstand von P & G sowie in den Vorständen mehrerer anderer Unternehmen großen Einfluss aus.

Da er in Yale studiert hatte, wusste ich, dass auf der Website der Yale University eine Biografie zu finden sein musste. Ich zapfte mein Ehemaligen-Netzwerk an, um weitere Informationen zu erhalten und stieß auf eine Goldgrube an alten College-Beziehungen und Interessen. Es stellte sich heraus, dass wir in Yale beide auf dem Berkeley College gewesen waren. Daher musste er Robin Winks gekannt haben, einen aufrichtig bewunderten und respektierten Professor, für den ich im College gearbeitet hatte. Als ich unsere vielen gemeinsamen Erfahrungen zur Sprache gebracht hatte, war das Eis gebrochen.

Bis zum Ende unseres Gesprächs gab mir John kluge Ratschläge und Kontakte für mein junges Unternehmen (damals YaYa). Er schlug vor, in den nächsten Jahren in Kontakt zu bleiben. Ich hoffte, dass sich unsere Wege mit der Zeit noch viele Male kreuzen würden, und so kam es dann auch. Als Professor Winks – Robin – eine Woche später verstarb, schwelgten wir gemeinsam in Erinnerungen an ihn. Ein paar Monate später lernte ich einen erfolgreichen Geschäftsmann aus Cincinnati kennen, der von dem Museum für die Underground Railroad schwärmte; zum Zweck des Fundraisings musste ich ihn unbedingt mit John Pepper in Kontakt bringen. Im vergangenen Jahr habe ich John zwei oder drei potenzielle Spender vorgestellt.

Mit der anderen CEO, die ich kennenlernen wollte, hatte ich keine Beziehungen oder Organisationen gemeinsam. Glücklicherweise ergab eine Google-Suche allerdings, dass sie im Jahr zuvor beim New York City Marathon mitgelaufen war. Ich wusste aus erster Hand, wie viel Engagement und Opfer es erfordert, um Tag für Tag zu laufen und einen vollständigen Marathon zu absolvieren. Ich hatte es versucht – und versagt. Ich hatte einmal angefangen, auf einen Marathon zu trainieren, der im selben Jahr stattfinden sollte, aber zu meiner Enttäuschung machten meine Knie nicht mit. Übrigens bin ich immer noch auf der Suche nach einem guten Rat, wie ich eines Tages doch noch einen Marathonlauf machen kann.

Als ich auf die CEO stieß, sagte ich: „Wissen Sie, ich weiß nicht, wie man das schafft. Ich habe immer gedacht, ich wäre gut in Form, aber das Marathontraining brachte mich um. Ich musste aufhören."

Natürlich war sie überrascht. „Woher in aller Welt wissen Sie, dass ich einen Marathon gelaufen bin?", fragte sie gut gelaunt. Man muss bedenken, dass das noch zu einer Zeit war, als nicht jeder sein Trainingstagebuch, seine Pläne für kommende Läufe und seine Zieleinlauffotos überall online postete.

Ich scheue mich nie, meine Recherchen zu erwähnen. „Ich gebe mir immer besondere Mühe, mich über die Menschen zu erkundigen, die ich kennenlernen möchte." Da fühlt sich jeder unweigerlich geschmeichelt. Würde es Ihnen etwa nicht so gehen? Die andere Person weiß dann sofort, dass sie keine anstrengende halbe Stunde mit einem Fremden ertragen muss, sondern dass sie mit jemandem eine Verbindung knüpfen kann, mit dem sie ein Interesse gemeinsam hat, mit jemandem, der sich bemüht hat, sie besser kennenzulernen.

Zufällig hatte ich am Tag davor in „Barry's Boot Camp" trainiert, einem knallharten, aber sehr anregenden Trainingsprogramm, das in West Hollywood, unweit der Konferenz, stattfand. Ich sagte: „Wenn Sie einmal ein erstaunliches und wirklich besonderes Training haben wollen, gehen Sie doch einmal ins Boot Camp." Im Gegenzug erhielt ich einige willkommene Ratschläge für die Ausweitung meines Lauftrainings. Später probierte sie mit mir das Boot Camp aus und es gefiel ihr sehr gut.

Bis heute reden wir bei jeder Begegnung über Barry's Boot Camp und ich erzähle ihr von meinen Fortschritten auf dem Weg zum Marathon. Ich habe übrigens festgestellt, dass alle Menschen, die ich zu meinem Boot Camp Training bekehrt habe, bei Besuchen in L.A. vielleicht keine Zeit haben mögen, sich mit anderen zum Essen zu treffen, aber trotzdem einen außergeschäftlichen Umweg machen – und wir dann gemeinsam ein Hardcore-Training absolvieren.

Erneut besteht Ihr Ziel in einem solchen Umfeld darin, eine eigentlich bald wieder vergessene Begegnung in eine blühende Freundschaft zu verwandeln. In meinem System gibt es durchaus Arbeitserleichterungen, aber dies ist keine davon. Ich wäre an diese Menschen nicht herangekommen, wenn ich nicht meine Hausaufgaben gemacht hätte.

Namen
sammeln

Wenn Sie sich erst einmal die Zeit genommen haben, herauszufinden, worin Ihre Mission besteht und wohin Sie gelangen wollen, besteht der nächste Schritt darin, Menschen zu identifizieren, die Ihnen dabei helfen können.

Es ist unabdingbar, dass man die Informationen, die die Kontakte gedeihen lassen, erfolgreich organisiert und verwaltet. Wenn man über die Menschen Buch führt, die man kennt, und über diejenigen, die man kennenlernen will, und wenn man die ganze Arbeit erledigt, die man für die Entwicklung intensiver Beziehungen braucht, kann das schnell eine wahre Informationsflut verursachen. Wie schafft man das dennoch?

Jemandem nachzuspüren ist heute keine Herausforderung mehr – so gut wie alles, was wir tun, wird getrackt. Selbst wenn wir die Informationen gar nicht wollen, so will sie doch irgendwer da draußen haben. Clay Shirky brachte es 2008 auf den Punkt und es stimmt immer noch: „Das Problem ist nicht die Informationsschwemme, sondern das Versagen der Filter." Unsere Herausforderung besteht heute darin, herauszufinden welche Kontakte aus der Masse, die wir gesammelt haben, wirklich zählen. Die Menschen, die soziale Plattformen aufbauen, wissen das und werden immer besser darin, Ihnen zu helfen, das Hintergrundrauschen herauszufiltern. Aber ihre Algorithmen werden niemals so genau wie Sie selbst wissen, was Ihnen wirklich wichtig ist.

Man braucht nicht einmal die neueste Technologie, um das alles zu verarbeiten. Was man braucht, sind Konzentration und Zielstrebigkeit. Um in Ihrem ausufernden Sozialleben die wichtigsten Prioritäten im Blick zu behalten, sind Tinte und Papier vollkommen ausreichend. Ich bin ein Listenfreak, und Sie sollten auch einer werden.

Meine Erfahrungen bei YaYa sind ein gutes Beispiel dafür, dass Listen zur Erreichung Ihrer Ziele beitragen. An meinem letzten Arbeitstag bei Starwood tätigte ich mehr als 40 Telefonanrufe. Unter anderem rief ich Sandy Climan an. Das Interessante an diesem und Dutzenden anderer Anrufe jenes Tages ist die Tatsache, dass mich viele dieser Menschen zwar noch nicht kannten, aber ich sie schon seit Jahren auf einer meiner vielen Listen stehen hatte.

Sandy stellte mich schließlich bei YaYa ein. Es schadete natürlich nicht, dass Knowledge Universe zu den Investoren gehörte, die Anteile an YaYa besaßen, und dass dahinter der berühmte Finanzier Michael Milken stand, der schließlich einer meiner Mentoren wurde. Wir trafen uns, weil wir ein gemeinsames Interesse an einer Non-Profit-Veranstaltung hatten.

Im November 2000 ernannte mich der Vorstand von YaYa zum CEO und setzte mir zwei Ziele: ein tragfähiges Geschäftsmodell zu etablieren und entweder einen Großinvestor zu finden oder das Unternehmen an einen gut betuchten strategischen Käufer zu verkaufen. YaYa hatte damals die nötige Technologie, mithilfe von Onlinespielen Kunden anzuziehen und zu schulen, aber das Unternehmen hatte noch keine Kunden – und keine Einnahmen.

Als Erstes setzte ich mich hin und stellte einen BAP mit 90-Tage-Zielen, Jahreszielen und 3-Jahres-Zielen auf. Für jedes Ziel musste ich mit verschiedenen Teilen meines Netzwerks Verbindung aufnehmen und die Beziehungen weiterentwickeln.

Innerhalb von 90 Tagen musste ich im Vorstand glaubwürdig werden, das Vertrauen der Mitarbeiter gewinnen und dem Unternehmen eine klare Richtung vorgeben.

Nach einem Jahr wollte ich genügend Bluechip-Kunden haben, damit wir uns der Gewinnzone näherten und das Unternehmen für eine potenzielle Übernahme interessant wurde. Vor allen Dingen musste ich der Außenwelt beweisen, dass YaYa etwas produzierte, das sein Geld wert war. Das Wort „Advergaming" gab es damals noch gar nicht und das Konzept galt noch nicht als funktionsfähiges Segment des Anzeigenmarktes. Die interaktiven Anzeigen waren hoffnungslos ineffektiv und Banneranzeigen auf Internetseiten wurden inzwischen als Branchenscherz betrachtet. Wir mussten uns davon abheben.

Nach drei Jahren wollte ich ein Geschäftsmodell implementiert haben, das auch ohne mich funktionieren, meinen Investoren Liquidität bescheren und dem Unternehmen das Image eines Vorreiters auf dem Feld des Onlinemarketings sichern konnte.

Damit es möglich wurde, diese Ziele zu erreichen, notierte ich die wichtigsten Player der Online- und der Spiele-Industrie, von CEOs und Journalisten bis zu Programmierern und Wissenschaftlern. Ich setzte mir das Ziel, sie alle innerhalb eines Jahres kennenzulernen.

Um Begeisterung für unser Produkt zu wecken, machte ich eine Liste von Personen, die ich als „Influencer" bezeichnete: die Early Adopter, Journalisten und Branchenanalysten, die zur Ausbreitung der ersten Begeisterung für ein Produkt oder eine Dienstleistung beitragen. Als Nächstes stellte ich eine Liste potenzieller Kunden, potenzieller Käufer und von Menschen zusammen, die irgendwann daran interessiert sein könnten, uns zu finanzieren (achten Sie bei der Bildung eigener Kategorien darauf, dass alle Kategorien Ihren Zielen entsprechen).

Wenn Sie solche Listen erstellen, müssen Sie unbedingt die tatsächlichen Entscheidungsträger notieren und nicht nur das Unternehmen. Entscheidend ist, dass man eine schnell greifbare und konkrete Liste mit Namen hat.

Konzentrieren Sie sich am Anfang auf Menschen, die schon zu Ihrem Netzwerk gehören. Ich wette, Sie haben keine Ahnung, wie groß und ausgedehnt es in Wirklichkeit ist. Wie schon im letzten Kapitel angedeutet, nehmen Sie sich die Zeit, folgende Personengruppen aufzuschreiben:

- Verwandte
- Freunde von Verwandten
- Alle Verwandten und Bekannten Ihres Ehepartners
- Derzeitige Kollegen
- Mitglieder von beruflichen und sozialen Organisationen
- Aktuelle und frühere Kunden
- Die Eltern der Freunde Ihrer Kinder
- Frühere und heutige Nachbarn
- Menschen, mit denen Sie zur Schule gegangen sind
- Menschen, mit denen Sie früher zusammengearbeitet haben
- Menschen in Ihrer Glaubensgemeinschaft

- Frühere Lehrer und Arbeitgeber
- Menschen, mit denen Sie privat zu tun haben
- Menschen, die Ihnen Dienstleistungen erbringen
- Andere Online-Connections in den sozialen Medien oder anderen Gemeinschaften

Als Nächstes gebe ich die gesammelten Namen in eine Datenbank ein. Lassen Sie mich anmerken, dass LinkedIn einem mittlerweile erlaubt, die eigenen Kontakte zu sammeln, ob sie Mitglieder bei Linked-In sind oder nicht. Dann können Sie ihre Konversationen mit ihnen auf allen wichtigen Plattformen nachverfolgen. Sehr nützlich.

Dann erstelle ich Kontaktblätter nach Region, in die ich die Namen der Menschen aufnehme, die ich schon kenne, und derjenigen, die ich kennenlernen möchte. Eine Vielzahl von Hilfsmitteln zum Sammeln von Kontakten macht es einfacher, Ihre Listen zu sortieren. Wenn ich in einer bestimmten Stadt bin, versuche ich, so viele Menschen wie möglich anzurufen.

Diese Listen habe ich immer dabei. Sie dienen dazu, meine Pläne abzustimmen, wenn ich zwischen zwei Meetings in einem Taxi sitze. So habe ich etwas Greifbares, das mich ermuntert, Kontakt aufzunehmen. Wenn Papier nichts für Sie ist, können Sie dasselbe mit einer beliebigen Anzahl mobiler Apps tun. Manche Ihrer Listen werden auf dem Aktionsplan basieren, andere dienen eher der allgemeinen Kontaktpflege. Die Organisation der Listen kann fließend sein. Ich habe Listen, die nach geografischer Lage gegliedert sind, nach Branchen, nach Freizeitaktivitäten (zum Beispiel andere Läufer oder Menschen, die gern ausgehen), ob die Person ein Bekannter ist oder ein Freund, und nach anderen Kriterien.

Wenn man die Liste um neue Namen ergänzen will, braucht man nur an den richtigen Stellen zu suchen. Als ich bei YaYa anfing, las ich alle Fachblätter, die mit Anzeigen und Spielen zu tun haben. Wenn ich dabei auf jemanden stieß, der in eine meiner Kategorien passte, setzte ich ihn auf die Liste und versuchte herauszufinden, wie ich mit ihm in Kontakt treten konnte.

Menschen, an die Sie herantreten können, finden Sie überall.

Eine großartige Informationsquelle für die Zusammenstellung von Listen sind – auch wenn es absurd klingen mag – die Listen anderer Menschen. Zeitungen und Zeitschriften bringen andauernd derartige Ranglisten.

Ich hatte beispielsweise schon seit Jahren immer die „40 Under 40"-Liste von *Crain's* herausgerissen und aufgehoben, bevor ich selbst in diese Liste aufgenommen wurde. Ich schneide Listen der besten CEOs, der meistbewunderten Marketingexperten und der fortschrittlichsten Unternehmer aus – diese Listen werden in lokalen und landesweiten Publikationen veröffentlicht und in allen Branchen gibt es etwas Vergleichbares.

Sie wollen natürlich nicht nur wissen, wer die Player auf Ihrem Feld sind, sondern Sie wollen irgendwann selbst einer dieser Player sein. Die Menschen, die in *Crain's* „40 Under 40" aufgenommen werden, sind nicht unbedingt die 40 besten Geschäftsleute. Aber vielleicht sind sie die 40 mit den meisten Kontakten. Und wahrscheinlich haben alle irgendwann schon einmal miteinander zu Mittag gegessen. Wenn man diese Menschen und die Menschen kennenlernt, die sie kennen (einschließlich der *Crain's*-Redakteure, die für „40 Under 40" zuständig sind), ist es sehr viel wahrscheinlicher, dass man beim nächsten Mal in die Liste aufgenommen wird.

Wenn Sie also Namen auf Ihre Listen schreiben, sollten Sie sich keine Sorgen machen, ob Sie sofort einen Kontakt zu diesen herstellen können oder nicht. Mit der Kartierung der Landkarte fangen Sie an.

Das Internet ermöglicht einem unglaublich detaillierte Suchen in Millionen an Kontakten – aber man muss immer noch wissen, wie man sie eingrenzt. Die Medien bieten dabei einen Filter. Daneben ist LinkedIn noch sehr nützlich. Ein junger Freund von mir beschwerte sich, dass die Website ihm nicht bei seiner Jobsuche geholfen habe. Er fand das Getue darum sei ein einziger Hype. Also fragte ich ihn, wie er die Website nutzte. „Oh, ich habe Dutzende Lebensläufe als Reaktion auf Stellenanzeigen verschickt und zu einigen Recruitern Kontakt aufgenommen. Aber es hat sich nichts daraus ergeben."

Mein Freund hat das wahrhaft Geniale an LinkedIn übersehen: Die Möglichkeit, nicht nur sein eigenes Netzwerk umfassend zu kartografieren, sondern auch die Netzwerke von gesamten Branchen. Man muss dabei langfristig denken. Durchsuchen Sie die mehr als 200 Millionen User mithilfe eines beliebigen Keywords. Jedes Profil, das Sie sich ansehen, zeigt „Personen mit Ähnlichkeiten zu [Kontakt]" und eine praktische Darstellung des Netzwerks dieser Person, die man nach Unternehmen, Region und so weiter ordnen kann. Und die Seite sagt einem sofort, ob man gemeinsame Kontakte mit einer beliebigen Person teilt.

Das ist der Heilige Gral des Networkings! Wenn Sie in letzter Zeit keine Zeit hatten, sich mit Menschen auf LinkedIn zu verbinden, dann sollten Sie diese Woche zwei Stunden im Kalender reservieren, um personalisierte Einladungen an so viele Menschen in ihrem Netzwerk wie möglich zu verschicken. Sie wären überrascht, wie viele neue Unterhaltungen sich durch ein paar simple LinkedIn-Anfragen ergeben.

Und dann gibt es noch eine Kategorie, die Sie vielleicht auch einführen wollen und die ich als „ehrgeizige Kontakte" bezeichne. Das sind extrem hochrangige Personen, die nichts mit meinen derzeitigen Geschäften zu tun haben, aber die, nun ja, die einfach nur interessant oder erfolgreich oder beides sind. Das können Staatschefs, Medienmoguln, Schauspieler oder sonstige Menschen sein, von denen andere mit Wertschätzung sprechen. Ich setze diese Menschen auch auf eine Liste.

Wenn Sie jetzt mein Adressbuch sehen könnten, würde ich Ihnen die Kontaktinformationen für Richard Branson zeigen, den Vorsitzenden des Virgin-Imperiums. Ich kenne Richard Branson nicht … noch nicht. Aber ich will ihn kennenlernen. Wenn Sie ein bisschen scrollen, finden Sie Howard Stringer, den CEO von Sony Corp. of America. Er stand früher auf meiner Ehrgeiz-Liste. Mittlerweile kenne ich Howard.

Manche Menschen belächeln das, aber der Erfolg spricht für sich.

Vergessen Sie nicht: Wenn Sie organisiert und konzentriert sind und fleißig Namen sammeln, ist niemand unerreichbar.

Irgendwann gingen meine drei Jahre bei YaYa zu Ende. Im Jahre 2002 berichtete *Forbes* über unseren außerordentlichen Erfolg als Start-up-Unternehmen, das mit einem vollkommen neuen Konzept aus dem Nichts gekommen war. Das Konzept des „Advergaming" wurde zu einer Art digitaler Währung auf dem Markt und der Begriff wird heute von CEOs und Journalisten gleichermaßen benutzt. Gerade gestern hörte ich zufällig, wie ein CEO, der nicht wusste, dass wir dieses Wort erfunden hatten, begeistert von einem innovativen Instrument namens „Advergaming" sprach, das den Umsatz und die Anerkennung seines Produkts messbar gesteigert habe. YaYa wurde schließlich wie geplant an eine Aktiengesellschaft verkauft. Dadurch bekamen die Investoren das gewünschte digitale Kapital und YaYa bekam das Betriebskapital, das es benötigte. Dabei ist ganz klar, dass YaYa ohne meinen Listenstapel nicht einmal das erste Betriebsjahr überstanden hätte.

Das Erwärmen
der Kaltakquise

Kaltakquise macht aus den kompetentesten Persönlichkeiten chaotische Neurotiker. Ich kenne Menschen, die bekommen schon bei dem Gedanken Krämpfe, dass sie eine unbekannte Person anrufen sollen.

Wie schafft man also einen Kaltakquise-Anruf?

Erstens geht es nur um die Einstellung. Um Ihre Einstellung. Man ist nie vollständig darauf vorbereitet, neue Menschen kennenzulernen; den perfekten Moment gibt es nicht. Ihre Ängste werden nie ganz zerstreut werden, denn es ist wenig verlockend, eine Abfuhr zu riskieren. Es gibt Hunderte von Gründen, den Moment zu verschieben. Der Trick ist, einfach ins kalte Wasser zu springen. Denken Sie daran, wenn Sie nicht glauben, dass Ihnen der Anruf das Gewünschte bringt, dann bekommen Sie es wahrscheinlich wirklich nicht. Um es mit den Worten von *Caddyshack* zu sagen: „Seien Sie der Ball." Wenn Sie gewinnen wollen, müssen Sie sich vorstellen, dass Sie gewinnen.

Sie müssen das Kennenlernen neuer Menschen als Herausforderung und als Chance betrachten. Der Gedanke daran sollte Ihren Wettbewerbseifer entzünden und das Mauerblümchen in uns allen zum Schweigen bringen, das vor sozialen Abenteuern zurückschreckt.

Zweitens sind Kaltakquise-Anrufe etwas für Idioten. So etwas mache ich nicht – niemals.

Ich habe Strategien entwickelt, dank deren jeder meiner Anrufe eine Warmakquise ist.

Dafür gebe ich Ihnen ein Beispiel. Jeff Arnold, der Gründer von WebMD, ist ein Freund von mir. Er hatte vor Jahren die Rechte und Patente auf eine Technologie erworben, mit der man digitalen Content auf Einweg-Mini-DVDs brennen kann. Heute ist das natürlich völlig veraltet, aber damals war es eine interessante neue Form, digitalen Content unter die Leute zu bringen.

Im Gespräch mit Jeff und seinem Partner Thomas Tull erfuhr ich, dass sie gerade mit einer Kinogesellschaft einen Vertrag geschlossen hatten, wonach ihre DVDs zusammen mit Getränken in den Kinos verkauft werden sollten. Jeff und Thomas dachten sich, dass ein Unternehmen wie Sony Electronics aufgrund der demografischen Zusammensetzung des Kinopublikums aus diesem neuen Vertriebskanal Nutzen ziehen könnte. Sie wussten allerdings nicht, wen sie bei Sony kontaktieren sollten, und fragten mich, ob ich eine Idee hätte.

Ich war Sir Howard Stringer, dem CEO von Sony, schon mehrmals begegnet, also rief ich sein Büro an. Aber anstatt nur abzuwarten, bis Howard sich bei mir meldete, wollte ich noch andere Wege finden. Mir fiel damals kein Angehöriger meines Kontaktnetzwerks ein, der mich mit dem richtigen Entscheidungsträger bei Sony zusammenbringen konnte. Als auf meine Anrufe und E-Mails niemand reagierte, suchte ich bei den Werbeagenturen, die für Sony arbeiteten, und ich fand heraus, dass Brand Buzz, eine Werbeagentur unter dem Dach des Anzeigen-Riesen Young & Rubicam, Sony zu seinen Topkunden zählte.

Darüber hinaus ist John Partilla, damals CEO von Brand Buzz, ist ein enger Freund von mir.

Also rief ich ihn an. „Hey John, zwei Dinge. Erstens möchte ich, dass du einen Kumpel von mir namens Jeff Arnold kennenlernst. Er ist brillant und kreativ und du solltest ihn kennen. Er ist der Mann, der WebMD gegründet hat, und jetzt hat er ein Unternehmen namens Convex Group gegründet, das in Zukunft vielleicht eure Dienste gebrauchen kann. Und zweitens bringt Convex eine unglaubliche Technologie heraus, mit der man digitalen Content auf neuen Wegen vertreiben kann. Ich glaube, Sony würde es gefallen, wenn es davon wüsste."

Durch diese Art der Kontaktaufnahme bot ich John gewissermaßen zwei Chancen: Er konnte zum einen durch Jeff jemand Wichtigen und Interessanten, vielleicht für neue Geschäfte, kennenlernen. Zum anderen erhielt er die Chance, vor dem bereits bestehenden Geschäftspartner Sony gut dazustehen, indem er neue Geschäftsmöglichkeiten vermittelte.

John stellte mit Freuden eine Verbindung her. Er kannte den perfekten Ansprechpartner bei Sony, nämlich Serge Del Grosso, den neuen Leiter der Abteilung Media & Internet Strategies. Ich bat John, meinem Anruf eine kurze E-Mail vorauszuschicken, in der er mich vorstellte. Ich bat ihn außerdem, eine Kopie an mich zu schicken, sodass ich mich bei der nachfolgenden Korrespondenz mit Serge immer auf John berufen und damit unserem Treffen eine gewisse Dringlichkeit geben konnte. Also warteten John und ich beide auf ein Treffen mit Serge.

Wie so oft in geschäftlichen Dingen war das alleine noch nicht genug. Serge war beschäftigt und auch nach mehreren E-Mails hörte ich weder von ihm noch von seiner Sekretärin etwas. Das ist nichts Ungewöhnliches. Es kommt häufig vor, dass sich jemand nicht bei einem meldet. Dann muss man sein Ego beiseiteschieben und beharrlich weiter anrufen oder schreiben. Und wenn der Kontakt dann irgendwann zustande kommt, sabotieren Sie Ihre Bemühungen nicht durch Bemerkungen, wie sehr Sie sich geärgert haben, dass sich die betreffende Person nicht so schnell bei Ihnen gerührt hat wie Sie das gewünscht hätten. Genauso wenig sollten Sie sich für Ihre Hartnäckigkeit entschuldigen. Benehmen Sie sich einfach so, als hätten Sie die Person gleich beim ersten Anruf erreicht. Machen Sie es für alle Beteiligten angenehm.

Um solche Termine zu machen, braucht man Zeit. Es ist an Ihnen, die Initiative zu ergreifen. Manchmal müssen Sie dabei aggressiv vorgehen. Nach ein paar Wochen ohne Antwort rief ich einfach bei Sony an und bekam Serges Durchwahl. Wenn ich jemanden direkt anrufe, mit dem ich noch nie gesprochen habe, versuche ich, zu einer unüblichen Zeit anzurufen. Jemand, der viel beschäftigt ist, geht morgens um acht oder abends um halb sieben eher ans Telefon als sonst. Außerdem sind die Menschen dann wahrscheinlich weniger gestresst, weil sie nicht mitten im normalen Arbeitstag stecken.

Ich rief am frühen Morgen an, erreichte aber nur Serges Mailbox. Ich hinterließ eine Nachricht: „Ich möchte noch einmal betonen, wie sehr ich mich darauf freue, Sie kennenzulernen. John hat noch nie so schmeichelhaft von einem Geschäftspartner gesprochen. Bis jetzt habe ich von Ihrer Sekretärin noch nichts gehört, aber ich bin sicher, das klappt. Bis bald." Die Interaktion sollte zu keinem Zeitpunkt getrübt werden. Es gehört zu diesem Tanz, ein optimistisches Gefühl und sanften Druck um den Termin herum aufzubauen.

Da ich danach immer noch nichts von Serges Büro hörte, wählte ich Serges Durchwahl nach der üblichen Arbeitszeit, etwa um sechs Uhr abends. Diesmal ging er selbst ans Telefon und ich legte los.

„Hallo Serge. Hier spricht Keith Ferrazzi. John hat schon öfter in den höchsten Tönen von Ihnen gesprochen und jetzt habe ich endlich einen Vorwand, Sie einmal anzurufen. Ich rufe im Auftrag meines Freundes Jeff Arnold, des Gründers von WebMD an. Er hat eine neue, sehr wirkungsvolle Möglichkeit, digitalen Content zu verbreiten. Angesichts der neuen Produkte, die Sie dieses Quartal rausbringen, könnte das die perfekte Partnerschaft sein. Ich bin nächste Woche in New York. Wir könnten uns doch einmal treffen. Aber wenn es bei dieser Gelegenheit nicht passt, mache ich einen Termin frei, wann immer es Ihnen passt."

In 15 Sekunden wendete ich meine vier Regeln für die Warmakquise an: 1) Ich machte mich glaubwürdig, indem ich eine bekannte Person oder Institution erwähnte – in diesem Fall John, Jeff und WebMD. 2) Ich bot einen Nutzen an: Jeffs neues Produkt könnte Serge beim Verkauf seiner neuen Produkte helfen. 3) Ich vermittelte eine gewisse Dringlichkeit und Entgegenkommen, indem ich bereit war, jederzeit alles Mögliche zu tun, um die andere Person zu deren Bedingungen zu treffen. 4) Ich war bereit, einen Kompromiss einzugehen, der mindestens ein weiteres Gespräch beinhalten würde.

Das Ergebnis? Eine Woche später saß ich in Serges Büro. Zwar ließen seine Budgets keine kurzfristige Einführung des Produkts zu, aber er verstand, wie wirkungsvoll er mit diesem Medium sein Publikum erreichen konnte. Im Nachhinein, wer weiß? Vielleicht hatte er die künftige technologische Entwicklung besser im Blick. Gute Entscheidung, Serge!

Hier nun ein paar meiner Regeln in ausführlicher Fassung:

1. Eine Referenz angeben

Der Grund, warum Kaltakquise-Anrufe so grausam sind, wurde vor etwa 50 Jahren in einer Anzeige lebhaft dargestellt, an die Harvey Mackay in seinem Buch *Schwimm mit den Haien* erinnert. Sie zeigt einen missmutigen Unternehmer, der den Leser anblickt, welcher die Rolle des Verkäufers übernimmt. Der Griesgram sagt:

> Ich weiß nicht, wer Sie sind.
> Ich kenne Ihr Unternehmen nicht.
> Ich weiß nicht, wofür Ihr Unternehmen steht.
> Ich kenne die Kunden Ihres Unternehmens nicht.
> Ich kenne die Produkte Ihres Unternehmens nicht.
> Ich kenne den Ruf Ihres Unternehmens nicht.
> Nun – was wollten Sie mir noch mal verkaufen?

Sie sehen, wie vollkommen unglaubwürdig man ist, wenn man Kaltakquise betreibt. Glaubwürdigkeit ist das Erste, was man bei einer Interaktion aufbauen muss; schließlich kauft einem niemand etwas ab, wenn kein Vertrauen aufgebaut wurde. Wenn man einen gemeinsamen Freund oder Bekannten hat, setzt man sich sofort von den anderen anonymen Personen ab, die um ein Stückchen von jemandes Zeit wetteifern.

Was ich damit sagen will? Wenn man im Auftrag des Präsidenten anruft, hört sich Herr Griesgram am anderen Ende der Leitung garantiert an, was Sie zu sagen haben. Sich konkret auf Dritte, die bereits ein gewisses Standing oder eine etablierte Marke haben, zu beziehen – egal ob auf Personen oder Organisationen –, ist eine gute Taktik zur Überwindung des anfänglichen Widerwillens.

Aber die meisten von uns arbeiten weder bei Microsoft noch kennen sie den Präsidenten der Organisation, an die wir herankommen wollen. Deshalb müssen wir unser Netzwerk aus Freunden, Verwandten, Klienten, Nachbarn, Klassenkameraden, Kollegen und Kirchenmitgliedern nutzen, um einen Weg zu der Person zu finden, die wir erreichen wollen. Wenn Sie jemanden erwähnen, den Sie beide kennen, ist die angerufene Person plötzlich nicht mehr nur Ihnen, sondern auch dem Freund oder Kollegen verpflichtet, den Sie genannt haben.

Heutzutage ist es leichter, einen Weg ins Büro einer bestimmten Person zu finden, als zu der Zeit, in der ich angefangen habe.

Auch bei dieser Prozedur sind Google und die großen sozialen Plattformen von nahezu unschätzbarem Wert. LinkedIn wird Ihnen sofort zeigen, wen Sie beide kennen. Wenn Sie nach einem Namen suchen lassen, finden Sie wahrscheinlich heraus, wo die Person zur Schule gegangen ist, welche Interessen sie hat, in welchen Vorständen sie sitzt – Sie bekommen ein Bild von dem Leben der Person, das Sie auf Ideen bringt, wo Sie einen gemeinsamen Bekannten finden könnten. Welchen Sport treibt die Person? Für welche gemeinnützigen Zwecke interessiert sie sich? Kennen Sie andere Menschen, die sich für ähnliche Dinge engagieren?

Es heißt, dass man über sechs Zwischenstationen mit jedem auf der Welt bekannt ist. Eine Studie von 2011, die 720 Millionen Facebook-User umfasste, fand heraus, dass die wirkliche magische Zahl 4,74 beträgt. LinkedIns System kennt drei Zwischenstufen. Wie man es auch einteilt, wir sind alle nur ein paar Mausklicks voneinander entfernt.

2. Geben Sie Ihren Wert an

Eine persönliche oder institutionelle Referenz ist nur ein Ausgangspunkt. Das hilft Ihnen, einen Fuß in die Tür zu bekommen. Wenn Sie jemanden erst einmal so weit gebracht haben, dass er Ihnen 30 Sekunden lang zuhört, müssen Sie einen wertvollen Vorschlag parat haben. Sie haben sehr wenig Zeit, um zu äußern, warum die andere Person nicht versuchen sollte, so schnell wie möglich vom Telefon wegzukommen. Denken Sie daran, es geht um Ihr Gegenüber. Was können Sie für andere tun?

Wenn Sie Verbindungen zu den Menschen suchen, die Sie kennenlernen möchten, ziehen Sie zuerst Erkundigungen über das Unternehmen und die Branche ein, in denen diese Menschen tätig sind. Verkaufen bedeutet im Prinzip, die Probleme einer anderen Person zu lösen. Und das kann man nur, wenn man weiß, worin diese Probleme bestehen. Als ich schließlich die Chance bekam, mit Serge zu sprechen, wusste ich beispielsweise schon, dass er im nächsten Quartal ein paar neue Produkte herausbringen wollte und in der geschäftigen Weihnachtssaison etwas brauchte, das wirklich hervorstach. Ich wusste außerdem, dass seine Zielgruppe eine hohe Überschneidung mit Theaterbesuchern hatte.

Ich kann aus dem Hintergrundrauschen der vielen anderen Kaltakquise-Anrufe hervorstechen, indem ich meinen Anruf mithilfe spezifischer Informationen persönlich gestalte. Das verdeutlicht der angerufenen Person, dass ich mich für ihren Erfolg so sehr interessiere, dass ich dafür einige Hausaufgaben gemacht habe.

3. Wenig reden, viel sagen – schnell, angenehm und definitiv

Sie wollen gleichzeitig ein Gefühl der Dringlichkeit vermitteln und es dem Gegenüber so angenehm wie möglich machen. Ich sage am Schluss nicht: „Wir sollten uns demnächst einmal treffen." Ich schließe lieber mit: „Ich bin nächste Woche in der Stadt. Wie wär's mit einem Essen am Dienstag? Ich weiß, dass das für uns beide wichtig ist, deshalb nehme ich mir auf jeden Fall Zeit."

Natürlich müssen Sie über den Nutzen, den Sie bieten, so viel Informationen preisgeben, dass die betreffende Person gern Zeit dafür aufbringt, mit Ihnen zu sprechen. Aber reden Sie andererseits auch nicht zu viel. Wenn Sie anfangen, Ihr Angebot ausführlich anzupreisen, ohne herauszufinden, was die andere Person davon hält, verschrecken Sie Ihr Gegenüber vielleicht sofort. Es geht um einen Dialog und nicht um einen vorgefertigten Monolog. Selbst meine 15 Sekunden lange Einleitung ließ dem anderen genug Zeit für das übliche „aha, ja" oder „hm". Halten Sie keine Vorträge. Geben Sie dem Gegenüber Zeit, Ihnen zu folgen.

Vergessen Sie nicht, das einzige Ziel eines Kaltakquise-Anrufs besteht normalerweise darin, einen Termin auszumachen, bei dem Sie den Vorschlag ausführlicher besprechen können; es geht nicht darum, das Geschäft abzuschließen. Nach meiner Erfahrung werden Geschäfte genauso wie Freundschaften nur von Angesicht zu Angesicht geschlossen. Halten Sie diesen Anruf so kurz wie möglich und sorgen Sie dafür, dass das nächste Gespräch im Büro stattfindet, oder besser noch bei Linguine und einem Glas Wein.

4. Bieten Sie einen Kompromiss an

Fangen Sie bei informellen Verhandlungen immer groß an; lassen Sie Raum für Kompromisse und die Möglichkeit, ein paar Stufen herunterzufahren, damit leichter etwas zustande kommt. Ich beschloss mein Angebot an Serge mit der Aussage, dass ich mich auch dann sehr gern einmal mit ihm treffen würde, wenn er von digitalem Content nichts wissen wollte, und zwar wegen der Bewunderung und des Respekts unseres gemeinsamen Freundes.

Robert B. Cialdini zeigt in seinem Buch *Die Psychologie des Überzeugens*, dass Kompromisse in zwischenmenschlichen Beziehungen große Macht haben. Ein gängiges Beispiel für diesen Gedanken sind die Pfadfinder, die häufig abgewiesen werden, wenn sie Lose für eine Tombola verkaufen wollen. Es ist statistisch belegt, dass die potenziellen Kunden dann auf das Angebot der Pfadfinder hin aber Süßigkeiten kaufen, die weniger kosten als ein Los, obwohl sie eigentlich gar keine haben wollen. Dieses Zugeständnis gibt den Menschen das Gefühl, dass sie ihrer gesellschaftlichen Verpflichtung anderen gegenüber nachgekommen sind. Also vergessen Sie nicht, es erst groß zu versuchen – dann können Sie sich leichter auf das einigen, was Sie wirklich brauchen.

Virtuelle Kaltakquise wärmer gestalten

Heute ist es oft statt eines unangemeldeten Anrufs eine E-Mail ins Blaue hinein, oder? Ich kenne viele Leute, die das Telefon ganz vermeiden, besonders dann, wenn man mit jemandem interagiert, den man noch nicht kennt. Sie behaupten, es wäre effizienter. Das stimmt natürlich nicht wirklich – sie *glauben* es nur, weil die Zeitverschwendung mit den E-Mails bereits Teil des gewöhnlichen Arbeitspensums ist.

Aber genug der Gardinenpredigt, die erste Regel der Interaktion mit jemandem, den man noch nicht kennt, ist, ihm weitestgehend entgegenzukommen, und zwar so weit, dass derjenige einem wahrscheinlich zuhört. Wenn Ihr Gegenüber lieber eine E-Mail will, schicken Sie ihm eine E-Mail.

Im Folgenden einige Tipps, zusätzlich zu denen, die ich bereits genannt habe. So können Sie eine Kaltakquise per E-Mail ein wenig „wärmer" gestalten.

- **Der Betreff der E-Mail entscheidet über Gedeih und Verderb.** Wenn Sie dem keine Beachtung schenken, wird Ihre E-Mail vielleicht nie gelesen. Konzentrieren Sie sich auf Ihr stärkstes Argument, entweder auf den Kontakt, den Sie beide gemeinsam haben oder den besonderen Wert, den Sie bieten können. Machen Sie die Menschen neugierig.

- **Achten Sie auf das Timing.** Es wird viel darüber debattiert, wann die beste Zeit ist, eine E-Mail zu schreiben, aber ich persönlich lege gern los, wenn ich davon ausgehe, dass die Person gerade um diese Zeit mit ihren E-Mails beschäftigt ist. Am Morgen, Mittag oder gegen Ende des Arbeitstages ist typisch.

- **Fassen Sie sich kurz.** Sobald Sie einen Entwurf geschrieben haben, ist die „beste" Version normalerweise um die Hälfte kürzer. Ja, wir sind nur halb so interessant, wie wir glauben! Ihre E-Mail sollte auf dem Bildschirm ohne Scrollen zu lesen sein. Wenn ich scrollen muss, um zum Punkt zu kommen, habe ich bereits das Interesse verloren.

- **Machen Sie klare Handlungsvorgaben.** Was soll die Person für Sie tun? Formulieren Sie Ihre erste Anfrage so deutlich und einfach wie möglich. Bitten Sie um 15 Minuten am Telefon, nicht nur um einen vagen Anruf. Schlagen Sie ein Datum und eine Zeit vor, nicht nur ein „Treffen irgendwann". Kürzen Sie den Prozess so weit wie möglich ab und lassen Sie Ihr Gegenüber nicht raten, was Sie von ihm wollen.

- **Lesen Sie die E-Mail laut vor.** Ich hatte eine Assistentin, die das bei jeder E-Mail tat, die sie geschrieben hatte, und ich musste immer lachen, wenn ich sie dabei ertappte. Aber sie war schlau. Sich selbst zuzuhören stellte sicher, dass sie deutlich und im Tonfall einer Unterhaltung formulierte. Sie stoppte auch die Zeit und setzte ein Limit von 45 Sekunden.

- **Rechtschreibprüfung.** Es gibt keine Entschuldigung für schlechte Rechtschreibung und Grammatik in einer E-Mail. Ich habe zwei Bücher geschrieben und eine URL mit meinem Namen und ich bekomme immer noch E-Mails von Leuten, die mich als „Keith Ferazzi" mit einem „r" ansprechen. Ich weiß, das können Sie besser.

10

Der geschickte Umgang mit dem Torwächter

Eines ist klar: Eine Liste mit Namen von Personen, die man geschäftlich erreichen will und ein Plan, was Sie ihnen sagen wollen, wenn Sie sie am Telefon haben, bringen nicht viel, wenn Sie die Personen gar nicht ans Telefon bekommen. Die größte Schwierigkeit bei der Kontaktaufnahme besteht darin, überhaupt an jemanden heranzukommen. Noch schwieriger ist das, wenn dieser Jemand eine große Nummer und von einem Dickicht schützender Mailboxen, Blindkopie-E-Mail-Adressen und abwehrender Assistenzkräfte umgeben ist, die ihn oder sie abschirmen.

Wie bekommt man die Tür auf?

Machen Sie sich den Torwächter lieber zum Verbündeten als zum Feind. Und verderben Sie es sich nie – *niemals* – mit ihm oder ihr. Viele Chefsekretärinnen sind die Juniorpartner ihrer Vorgesetzten. Betrachten Sie sie nicht als „Sekretärinnen" oder „Assistentinnen". In Wirklichkeit sind sie Geschäftspartner und lebenswichtige Rettungsanker.

In den Fällen, in denen ich versucht habe, gegen eine Assistenzkraft der Geschäftsleitung anzutreten, habe ich verloren. Das ist wie bei dem Kinderspiel „Stein, Papier, Schere". Mary Abdo hat mich gelehrt, dass in diesem Spiel der „Teilhaber" immer sticht.

Mary war die Assistentin von Pat Loconto, des früheren CEOs von Deloitte. Am Anfang kamen wir sehr gut miteinander aus. Ich erinnere mich noch an ein Essen mit Pat und Mary. Mary musste früher gehen und ich begleitete sie hinaus zum Taxi. Am nächsten Tag rief ich sie an und bedankte mich dafür, dass sie einen so schönen Abend organisiert hatte.

Offenbar bedankten sich die Menschen selten bei Mary für ihre Organisationsarbeit und sie freute sich sehr. Am nächsten Morgen erzählte sie sogar Pat, wie sehr sie mich mochte.

Mary war eine Stimmungskanone: Sie war lustig, voller Energie und lustiger Geschichten. Wenn ich in meiner Anfangszeit bei Deloitte zu Pat wollte, plauderte ich immer zuerst ein paar Minuten mit Mary. „Mary, mit Ihnen zu reden macht Riesenspaß." Rückblickend war mein Verhältnis zu Mary einer der Hauptgründe, weshalb ich so leicht Zugang zu Pat bekam. Und mein Verhältnis zu Pat war eine der wichtigsten Beziehungen in meinem Berufsleben.

Aber dann kam eine Zeit, in der sich zwischen Mary und mir alles änderte. Ich war gerade Marketingchef geworden.

Ich bekam eine eigene Vollzeitsekretärin, die ich hier Jennifer nennen möchte. Ich fand, Jennifer hatte alles, was man sich bei einer Sekretärin wünschen kann: Sie war klug, organisiert und effizient. Wir verstanden uns prächtig. Das einzige Problem war, dass sie nicht mit Mary auskam – und zwar überhaupt nicht.

Mary managte alle Verwaltungsgehilfen der Chefetage. Jennifer und Mary gerieten fast sofort über Kreuz. Jennifer stellte sich auf die Hinterbeine und ließ nicht locker. Ich dachte, sie würden das irgendwann hinter sich bringen.

„Das ist nur ein Machtspiel. Sie vergeudet meine Zeit", beklagte sich Jennifer.

Ich wollte sie unterstützen. Jennifers Klagen und Bedenken erschienen mir vernünftig, allerdings hörte ich nur die eine Seite der Geschichte. Ich ermunterte Jennifer, sich noch mehr um ein gutes Verhältnis zu bemühen. Und dann eines Tages, als ich gerade wieder eine Kraftprobe zwischen den beiden erlebt hatte, fragte ich Mary, ob sie sich nicht noch mehr bemühen wolle, mit Jennifer auszukommen.

Dieser Vorschlag kam bei Mary nicht besonders gut an. Schon bald wurde es schwerer, einen Termin bei Pat zu bekommen. Die Umgehung des Dienstweges, die bislang ein Kinderspiel gewesen war, wurde jetzt unmöglich. Meine Ausgaben wurden mit der Lupe kontrolliert, was meine Zeit in Anspruch nahm, und der Druck auf Jennifer war größer denn je, worauf sie noch schlimmer reagierte.

Mir reichte es. Ich ging in Pats Büro und sagte ganz einfach: „Hör zu, Mary, das muss aufhören."

Wenn ich gedacht hatte, Mary wäre vorher wütend gewesen, tja, im Vergleich zu ihrem jetzigen Zorn war das noch gar nichts.

Eine Zeit lang war das Büroleben ein einziger Albtraum.

Irgendwann nahm mich Pat beiseite. „Keith", sagte er zu mir. „Du packst das ganz falsch an. Jetzt machen die ganzen Querelen schon *mir* das Leben schwer. Überleg mal: Ich bekomme das Ganze von Mary und von deiner Sekretärin zu hören und ich habe wirklich keine Lust, mich damit zu beschäftigen. Zweitens bist du ganz schön dumm. Mary mag dich, das war schon immer so. Tu dir selbst einen Gefallen und tu mir einen Gefallen. Vertrag dich wieder mit Mary, koste es, was es wolle. In solchen Dingen ist sie der Chef."

Persönlich hatte mir Mary schon immer am Herzen gelegen und ich hatte sie respektiert, aber jetzt lernte ich noch etwas – eine Sekretärin wie Mary hat eine immense Macht. Sekretärinnen und Assistentinnen sind mehr als nur hilfreiche Mitarbeiter ihrer Chefs. Wenn sie gut sind, werden sie zu vertrauten Freunden und Anwälten, zu integralen Bestandteilen ihres Berufslebens und sogar ihres Privatlebens.

Jennifer, die mir gegenüber genauso loyal war wie Mary Pat gegenüber, kam eines Tages zu mir und bot mir ihre Kündigung an. „Hör zu, ich fühle mich elend dabei und wenn das nicht in Ordnung kommt, schadet es deiner Karriere", sagte sie zu mir. Das war eine außerordentlich großzügige Geste und gleichzeitig eine Möglichkeit, wieder Frieden in ihr Leben zu bringen. Ich versprach Jennifer, ihr bei der Suche nach einem neuen Job zu helfen (sie fand schnell einen), und wir sind bis zum heutigen Tag gute Freunde.

Bei der Einstellung meiner nächsten Assistentin tat ich zwei Dinge. Erstens bat ich Mary, alle Bewerberinnen vorab durchzusehen und nach ihren Vorlieben zu sortieren. Ich nahm ihre erste Wahl. Außerdem sagte ich meiner neuen Verwaltungsassistentin, sie solle sich an alle Anweisungen von Mary halten. Es dauerte nicht lange, da klappte es auch zwischen mir und Mary wieder. Pat hatte recht gehabt: Mary mochte mich *wirklich* und ich musste nur ihre Rolle besser begreifen. Pat bekam jetzt wieder meine Nachrichten und wir hatten alle ein viel leichteres Leben.

Torwächter sind schon innerhalb einer Organisation wichtig, aber noch viel wichtiger sind sie, wenn man außerhalb arbeitet.

Etwa zur gleichen Zeit klopfte Kent Blosil, ein Anzeigenverkäufer der Zeitschrift *Newsweek*, zusammen mit 20 anderen an meine Tür, die mir etwas verkaufen wollten. Ich bezahlte allerdings einen Media-Einkäufer bei einer Agentur dafür, dass er diese Termine für mich übernahm, und ich traf mich grundsätzlich nicht mit Anzeigenvertretern.

Aber Kent war anders. Er wusste, welche Macht der Torwächter in den Händen hält.

Kent rief einmal pro Woche bei Jennifer an. Er war ehrerbietig und von überwältigender Freundlichkeit. Ab und zu überraschte er sie mit Pralinen, einem Blumenstrauß oder Ähnlichem. Aber trotz der Empfehlungen meiner Sekretärin sah ich keine Veranlassung, einen Termin zu machen.

Jennifer blieb jedoch hartnäckig und trug Kent bestimmt zehnmal ohne mein Wissen in meinen Terminkalender ein. Ich strich ihn jedes Mal. Aber sie steckte ihren guten Freund immer wieder in meinen Zeitplan, weil sie fand, dass er anders war und einen innovativeren Ansatz hatte als die anderen.

Irgendwann sagte ich ihr schließlich: „Mach ihm einen Termin mit meinem Einkäufer."

„Nein, du triffst dich mit ihm. Fünf Minuten am Tag kannst du entbehren. Er ist sehr nett und kreativ und er ist fünf Minuten wert." Also gab ich mich geschlagen.

Kent war tatsächlich nett, aber er hatte sich auch auf unser Treffen vorbereitet; er verstand mein Unternehmen und er hatte wirklich etwas zu bieten. So ziemlich das Erste, was er bei unserem Meeting sagte, war: „Falls Sie nichts dagegen haben, mache ich Sie mit den drei obersten Chefredakteuren von *Newsweek* bekannt. Haben Sie daran Interesse?" Da ich wollte, dass die Medien über das geistige Eigentum von Deloitte berichteten, war das ein bedeutsames Angebot.

„Natürlich", sagte ich.

„Übrigens veranstalten wir in Palm Springs eine Konferenz, bei der noch einige andere Marketingdirektoren mit unseren Redakteuren und Reportern zusammentreffen. Das wird wirklich interessant, es geht um Medienstrategien in der New Economy. Darf ich Sie auf die Gästeliste setzen?" Er bot mir damit einen unmittelbaren geschäftlichen Nutzen an, denn viele der anderen Marketingchefs würden auch Kunden von Deloitte sein. Das wäre eine gute Gelegenheit zum persönlichen Networking unter Kollegen.

„Ja, da würde ich gern hingehen."

„Ich weiß auch, dass Ihr Medienbeauftragter ein Angebot bearbeitet hat, das wir vor ein paar Monaten eingereicht haben. Ich will jetzt nicht Ihre Zeit mit Einzelheiten verschwenden. Ich möchte nur, dass Sie wissen, dass es toll wäre, wenn wir irgendwann miteinander ins Geschäft kämen." Das war alles. Das war Kents fünfminütiges Verkaufsgespräch – für mich ein Mehrwert von 98 Prozent und 2 Prozent Verkaufsgespräch von ihm.

Als Kent gegangen war, rief ich unseren Medienmann an. „Nehmen Sie *Newsweek*", sagte ich ihm. „Machen Sie einen fairen Preis in Anlehnung an das, was wir bei anderen Zeitschriften bezahlen würden, und geben Sie *Newsweek* das Geschäft in diesem Segment. Sorgen Sie dafür, dass das klappt." Und als Kent zu einer anderen Zeitschrift wechselte, da wechselte auch mein Geschäft.

Was ich damit sagen will? Respektieren Sie immer die Macht des Torwächters. Behandeln Sie die Menschen in dieser Position mit der Würde, die sie verdienen. Wenn Sie das tun, öffnen sich die Türen der mächtigsten Entscheidungsträger. Mit Würde behandeln, was heißt das? Würdigen Sie ihre Hilfe. Danken Sie ihnen mit einem Anruf, mit Blumen, mit einer Nachricht.

Und natürlich gibt es gelegentlich Situationen, die mehr als Freundlichkeiten und nette Geschenke erfordern. Manchmal muss man sich besonders schlau anstellen, um einen Termin zu bekommen.

Im vergangenen Sommer traf ich auf einem Flug nach New York eine ehemalige Disney-Managerin. Im Laufe des Gesprächs erwähnte ich, dass ich noch ziemlich neu in Los Angeles war und dass ich immer auf der Suche nach netten, klugen Menschen war, die ich kennenlernen könnte. Sie sagte, ich könnte vielleicht einen aufstrebenden Manager namens Michael Johnson kennenlernen, den Präsidenten von Walt Disney International.

Zu diesem Zeitpunkt war nicht ersichtlich, was Johnson für mich oder meine Firma tun konnte, aber ich hatte das Gefühl, dass ich ihn kennenlernen sollte. Ich leitete eine Firma für Computerspiele, und wer konnte schon sagen, ob Disney nicht eines Tages Interesse an der

Videospielbranche haben würde? Das Problem war nur, wie ich an Johnsons Torwächter vorbeikam; in Riesenunternehmen wie Disney ist das oft ein großes Problem.

Als ich nach meinen Reisen zurückgekehrt war, rief ich Michael Johnson an und erhielt, nicht überraschend, einen neutralen bis kühlen Empfang.

„Tut mir leid, Mr. Johnson ist auf Reisen, und zwar den ganzen Monat", sagte mir seine Sekretärin.

„Ist in Ordnung", entgegnete ich. „Können Sie ihm sagen, dass ein Freund von Jane Pemberton angerufen hat? Sagen Sie ihm bitte, er soll mich zurückrufen, wenn er Zeit hat."

Beim ersten Anruf will man nicht aggressiv ankommen. Vergessen Sie nicht, dass man den Torwächter niemals verärgern darf.

Beim zweiten Anruf machte ich genauso weiter: Ich festigte meine Präsenz und stellte klar, dass ich nicht verschwinden würde.

„Hallo, hier ist Keith Ferrazzi. Ich rufe noch einmal an, weil ich noch nichts von Michael gehört habe." Es geht darum, dass man ohne zu sehr zu drängen die Annahme schafft, der Rückruf werde bald erwartet. Johnsons Torwächterin nahm meine Nachricht höflich entgegen und dankte mir für den Anruf. Ich fragte nach seiner E-Mail-Adresse, aber zwecks Schutz der Privatsphäre bekam ich sie nicht.

Beim dritten Anlauf war sie schon weniger höflich. „Hören Sie", sagte sie mit einer gewissen Schärfe in der Stimme, „Mr. Johnson ist sehr beschäftigt und ich weiß nicht, wer Sie sind." Jetzt konnte ich entweder im gleichen Ton antworten und die Abwärtsspirale auslösen oder …

„Oh, das tut mir wirklich leid. Ich bin ein persönlicher Freund einer Freundin von ihm. Ich bin gerade erst in die Stadt gezogen; Jane hat mir vorgeschlagen, mich mit Michael zu treffen, und ehrlich gesagt weiß ich nicht einmal, warum, abgesehen davon, dass Jane eine gute Freundin von Michael ist. Vielleicht haben Sie recht. Vielleicht stimmt das ja so nicht. Vielleicht kennt Michael Jane gar nicht so gut und würde mich gar nicht kennenlernen wollen. Falls das so ist, entschuldige ich mich."

Indem ich so aufrichtig und sogar verwundbar bin, versetze ich die Sekretärin in Alarmbereitschaft. Sie befürchtet jetzt, dass sie dem Freund einer Freundin ihres Chefs gegenüber vielleicht zu schroff war und sich möglicherweise unpassend verhalten hat. Schließlich befolge ich nur den Rat einer Freundin. Wahrscheinlich gibt sie nach, weil sie befürchtet, dass sie das Tor zu streng bewacht hat. Dann mache ich einen Vorschlag: „Könnte ich Michael nicht einfach eine E-Mail schicken?" An diesem Punkt denkt sie: „Ich will da nicht hineingeraten." Also bekomme ich endlich seine E-Mail-Adresse.

Die E-Mail, die ich schickte, war einfach gehalten: „Lieber Michael, ich bin ein Freund von Jane und sie hat mir vorgeschlagen, dass ich mit Ihnen spreche … Jane meint, wir sollten einander kennenlernen." Wenn ich etwas Bestimmtes hätte besprechen wollen, hätte ich das gleich am Anfang geschrieben, aber das Beste, was ich zu bieten hatte, war die gemeinsame Freundin, die der Meinung war, dass es für uns beide eine Win-win-Situation sei.

Manchmal ist es sinnvoll, verschiedene Kommunikationsmittel zu verwenden, wenn man einen wichtigen neuen Kontakt erreichen will. Häufig landen eine E-Mail, ein Brief, ein Fax oder eine Postkarte mit größerer Wahrscheinlichkeit direkt bei der Person, die man erreichen will.

Johnson antwortete kurz und herzlich: „Bei passender Gelegenheit können wir uns gern treffen."

Also wandte ich mich wieder an seine Sekretärin; ich sagte ihr, Michael würde sich gern mit mir treffen und ich riefe nur an, um einen Termin auszumachen. Und schließlich trafen wir uns tatsächlich.

Situationen, in denen man derart lavieren muss, sind leider gar nicht so selten. Das ist richtige Arbeit und die Raffinesse, die man dafür braucht, erwirbt man nur durch Übung, Übung und noch mehr Übung. Aber wenn man einmal die Bedeutsamkeit der Torwächter begriffen hat und sie mittels Respekt, Humor und Mitgefühl zu Verbündeten macht, gibt es nur wenige Tore, die einem nicht offenstehen.

11

Geh nie
alleine essen

Die Dynamik eines Netzwerks ähnelt der eines Möchtegern-Hollywoodstars: Nicht bemerkt werden ist schlimmer als scheitern. Das bedeutet, man muss immer in Kontakt mit anderen stehen – beim Frühstück, beim Mittagessen, und so weiter. Es bedeutet, wenn ein Treffen mal nicht so gut läuft, hat man noch sechs andere über die Woche verteilt.

Vergessen Sie beim Aufbau eines Netzwerks vor allem eines nicht: Verschwinden Sie nie – niemals!

Machen Sie Ihren Terminkalender – privat, geschäftlich, Veranstaltungen – immer voll. Wenn man richtig durchstarten will, muss man daran arbeiten, in dem stetig wachsenden Netzwerk aus Freunden und Bekannten immer sichtbar und aktiv zu bleiben.

Um zu verdeutlichen, was ich damit meine, gebe ich Ihnen ein Beispiel: Vor einigen Jahren hatte ich die Gelegenheit, mit der damaligen First Lady Hillary Clinton in einem C-130-Truppentransporter kreuz und quer durch den Südwesten der Vereinigten Staaten von einer Veranstaltung zu nächsten zu fliegen. Um fünf Uhr stand sie auf, frühstückte und führte Telefonate mit der heimatlichen Ostküste. Sie hielt mindestens vier oder fünf Reden, ging auf mehrere Cocktailpartys, wo sie mit zig Menschen sprach, und besuchte mehrere Menschen zu Hause. Sie muss alleine an einem Tag 2.000 Menschen die Hand geschüttelt haben. Am späten Abend, als der größte Teil des Gefolges versuchte, wieder zurück in die Air Force One zu kommen, scharte sie ihr Team um sich, setzte sich im Schneidersitz hin und scherzte und plauderte über die Ereignisse des Tages. Nach rund einer Stunde lockeren Beisammenseins ging Mrs. Clinton zur Planung des nächsten Tages über. Eine derartige Zielstrebigkeit und ein derartiges Arbeitsethos verdienen unabhängig von der politischen Einstellung Respekt. Ich war überrascht, wie viele Personen sie sich auf dieser Reise mit Namen merkte. Ich hatte schon genug damit zu tun, mir die Namen aller Teammitglieder zu merken.

Solche Beispiele für Hartnäckigkeit und Entschlossenheit sehe ich immer wieder. Aufgrund meiner eigenen Herkunft sind meine besonderen Helden Menschen, die aus bescheidenen Verhältnissen stammen.

Ein CEO, mit dem ich befreundet bin, stammt aus einer Arbeiterfamilie aus dem Mittleren Westen – sein Vater hat genau wie meiner über 40 Jahre lang geschuftet. Er sagt einem gern, dass er nicht der klügste Kerl im Raum ist, nicht den Elite-Stammbaum seiner Kollegen hat und den Weg nach oben nicht mit der Unterstützung seiner Familie erklommen hat. Aber heute ist er einer der meistrespektierten CEOs seiner Branche.

Seine Erfolgsformel ist nicht kompliziert, aber konsequent. Er spricht jeden Tag mit mindestens 50 Menschen. Jede Woche läuft er stundenlang durch das Werk seines Unternehmens und spricht mit Beschäftigten auf jeder Stufe der Hierarchie. Wenn man ihm oder seiner Sekretärin eine E-Mail schickt, bekommt man garantiert innerhalb von Stunden eine Antwort. Er schreibt seinen Erfolg der Arbeitsmoral und dem Feingefühl zu – den Werten, mit denen ihn sein Vater erzog. Über seine Schlipsträger-Kollegen sagte er mir einmal, dass er zwar alles gelernt habe, was sie wüssten, aber sie niemals die Chance haben würden, zu lernen, was er wisse.

Man muss zwar *hart* arbeiten, um erfolgreich auf andere zuzugehen, aber das heißt nicht, dass man dafür lange arbeiten muss. Das ist nämlich ein Unterschied. Manche Menschen meinen, wenn man sich ein Netzwerk aufbauen will, müsste man sich 18 Stunden am Tag durch Besprechungen und Telefonate quälen. Aber wenn ich mich quäle oder wenn es mir auch nur so vorkommt, als würde ich mich quälen, dann mache ich nicht meinen Job – jedenfalls mache ich ihn dann nicht richtig. Oder vielleicht habe ich dann den falschen Job. Wenn man ein Netz aus Freunden und Kollegen aufbaut, knüpft man Beziehungen und Freundschaften. Das sollte Spaß machen, nicht Zeit rauben. Wenn Ihr Netz festgelegt ist und Ihre Ziele aufgeschrieben sind, finden Sie täglich mehr als genug Zeit, um das Nötige zu tun.

Wie kann ich jede Woche alle Menschen treffen, die ich treffen will? Jemand hat einmal zynisch angemerkt: „Wenn ich die Termine machen wollte, die Sie machen, müsste ich mich klonen."

„Ah, da liegen Sie nicht ganz falsch", sagte ich darauf. „Ich klone mich allerdings nicht selbst, sondern ich klone das Ereignis."

Damit meine ich Folgendes: Vor ein paar Monaten flog ich für zwei Tage geschäftlich nach New York. Ich wollte mich mit mehreren Menschen treffen: mit einem alten Kunden und Freund von mir, der früher Präsident von Lego war und jetzt herausfinden wollte, was er mit dem Rest seines Lebens anfangen wollte; mit dem COO von Broadway Video, mit dem ich über eine neuartige TV-Unterhaltungsshow für einen meiner Klienten sprechen wollte; und mit einem alten Freund, den ich schon zu lange nicht mehr gesehen hatte.

Ich hatte zwei Tage, wollte mich mit drei Menschen treffen und hatte nur einen Zeitpunkt dafür frei. Wie geht man mit einer solchen Situation um?

Ich „klonte" das Essen und lud alle drei dazu ein. Jeder konnte von der Bekanntschaft mit den anderen profitieren, ich konnte mich mit allen unterhalten und vielleicht bekam ich sogar kreative Vorschläge für die neue Fernsehsendung. Meinem Freund, der einen fantastischen Sinn für Humor hat, würde die Gruppe gefallen und er würde dem ansonsten womöglich etwas schwerfälligen Geschäftsessen eine gewisse Leichtigkeit verleihen.

Ich bat meinen Freund, eine halbe Stunde vorher in mein Hotel zu kommen, damit wir etwas Zeit für uns alleine hatten. Und wenn es im Hinblick auf das Projekt, das ich mit dem COO besprechen wollte, vertrauliche Details gab, wollte ich mit ihm gegebenenfalls nach dem Essen noch kurz unter vier Augen sprechen.

Der springende Punkt ist, dass ich versuche, andere Menschen in alles einzubeziehen, was ich tue. Das ist gut für sie und gut für mich und alle können dadurch ihren Freundeskreis erweitern. Manchmal lade ich potenzielle neue Mitarbeiter zum Training ein und führe das Bewerbungsgespräch beim Joggen. Zur behelfsmäßigen Teambesprechung bitte ich manchmal ein paar Mitarbeiter, mit mir im Auto zum Flughafen zu fahren. Ich suche nach Möglichkeiten, meinen Arbeitstag durch solches Multitasking zu verdreifachen. Und im Zuge dessen trete ich mit Menschen aus verschiedenen Teilen meiner „Community" in Kontakt.

Je mehr neue Verbindungen man aufbaut, desto mehr Gelegenheiten für weitere neue Verbindungen ergeben sich. Robert Metcalfe, der Erfinder des Ethernets, sagt dazu: Der Wert eines Netzwerks wächst mit dem Quadrat der Anzahl seiner Nutzer. Im Falle des Internets erweitert jeder Computer, jeder Server und jeder Nutzer, der hinzukommt, die Möglichkeiten aller, die bereits daran beteiligt sind. Das gleiche Prinzip gilt bei der Vergrößerung des Beziehungsnetzes. Je größer es wird, umso attraktiver wird es und umso schneller wächst es. Deshalb sage ich gern, dass ein Netzwerk wie ein Muskel ist – je mehr man es benutzt, umso größer wird es.

Diese Art des Klonens ist außerdem eine gute Möglichkeit, zu garantieren, dass sich eine Besprechung wirklich lohnt. Wenn ich mich mit jemandem treffe, den ich nicht wirklich gut kenne, lade ich eventuell noch jemanden ein, den ich schon kenne, damit das Treffen garantiert keine Zeitverschwendung ist. Meine Schützlinge sind zum Beispiel begeistert, wenn sie bei solchen Besprechungen dabei sein können – und sie können dabei viel lernen. Außerdem verbringen sie dadurch Zeit mit mir, sie haben die Chance, Geschäftliches live zu erleben und ich stelle sicher, dass die Besprechung ihren Zweck erfüllt. In den meisten Fällen tragen sie letztlich auch etwas zu der Besprechung bei. Unterschätzen Sie nie die Fähigkeit junger Menschen, neue kreative Erkenntnisse zu finden.

Wenn Sie so etwas ausprobieren wollen, achten Sie besonders darauf, ob die Chemie zwischen den Menschen stimmt. Haben Sie ein Gefühl dafür, wer mit wem auskommt? Dabei kommt es nicht darauf an, dass alle den gleichen Hintergrund und die gleiche Einstellung haben müssen. Tatsächlich kann eine schöne Mischung aus verschiedenen Berufen und Persönlichkeiten das perfekte Rezept für ein tolles Treffen sein. Vertrauen Sie Ihrem Instinkt. Für mich ist der entscheidende Test häufig die Frage, ob ich glaube, dass mir das Spaß macht. Wenn ich das bejahen kann, ist das normalerweise ein gutes Zeichen dafür, dass die Dynamik funktionieren wird.

Haben Sie in letzter Zeit einen Kollegen zum Essen eingeladen? Warum laden Sie nicht heute einen ein – und dazu noch ein paar andere Menschen aus verschiedenen Teilen Ihres Unternehmens oder aus Ihrem beruflichen Netzwerk?

Eine der häufigsten Fragen, die mir über die Jahre gestellt wurde, ist, wie man „sichtbar" bleiben soll, wenn das Geschäft größtenteils im virtuellen Raum abläuft. Ob man nun in Kansas oder Kuala Lumpur sitzt, als Teil eines virtuellen Teams muss man besonders darauf achten, seine Kontakte zu pflegen. Die sozialen Medien sind dabei Ihr bester Freund, sicher, aber es ist nicht das Gleiche, wie mit Menschen an einem Tisch zu sitzen, sich zu unterhalten und auf den neuesten Stand bringen zu lassen. Je größer unsere virtuellen Communitys werden, desto mehr Menschen sehen den persönlichen, realen Kontakt als eine Art Filter für wirkliche Relevanz. Ich lege Ihnen dringend ans Herz, Zeit und Geld für Konferenzen einzuplanen und für den Besuch von Städten, in denen Sie ein paar Tage oder auch nur über Nacht bleiben können, um eine Cocktailparty zu veranstalten oder ein paar Meetings zu besuchen.

Aber wo wir schon dabei sind, die Technologie hat sich weiterentwickelt. Gruppenbesprechungen und Einzelgespräche über Tools wie Google Hangouts, WebEx oder Skype können sich beinahe so anfühlen, als würden Sie zusammen in einem Raum sitzen, sobald Sie sich daran gewöhnt haben. Veranstalten Sie einmal im Monat eine „virtuelle Happy Hour" und organisieren Sie diese zu einem bestimmten Diskussionsthema. Oder richten Sie eine wöchentliche „Verantwortungsgruppe" aus drei oder vier Leuten ein, die sich gemeinsam Ziele setzen und sich dann persönlich und beruflich darüber auf dem neuesten Stand halten. Sorgen Sie dafür, dass sich jeder dabei drei Monate lang engagiert und formieren Sie dann eine neue Gruppe, an der jedes Quartal immer wieder neue Leute teilnehmen. Einmal im Monat können Sie die Gruppenmitglieder bitten, einen Freund neu in die Gruppe mitzubringen.

Bald werden Sie ein stets wachsendes Netz an Freunden und Kontakten haben.

Lernen Sie aus Rückschlägen

Trotz seines legendären Erfolges und seiner großartigen Präsidentschaft versagte Abraham Lincoln ständig. Lincoln erlitt im Laufe seines Lebens zahlreiche geschäftliche, politische und persönliche Rückschläge. Aber er ließ sich durch seine Fehlschläge nicht davon abhalten, seine Ziele zu verfolgen.

Lincoln versagte als Geschäftsmann. Er versagte als Farmer. Er versagte als Kandidat für das Parlament des Bundesstaats. Er hatte einen Nervenzusammenbruch. Er wurde als Leiter des Grundbuchamts abgelehnt. Als er schließlich doch ins Parlament gewählt wurde, verlor er die Wahl zum Sprecher. Er kandidierte für den Kongress und verlor. Er kandidierte für einen Sitz im US-Senat und verlor. Er kandidierte als Vizepräsident und verlor. Er kandidierte für den Senat und verlor wieder. Und als er endlich zum Präsidenten gewählt wurde, brach die Nation, die ihn gewählt hatte, in Stücke. Doch zu diesem Zeitpunkt trugen alle Aktivitäten, Erfahrungen und alle Menschen, die er in der gesamten Zeit kennengelernt hatte, dazu bei, dass er diesem Land eine Richtung geben konnte, die als großartiges Vermächtnis Amerikas gilt.

Ich will damit sagen, dass hinter jedem erfolgreichen Menschen eine lange Reihe von Fehlschlägen steht. Aber mit der Hartnäckigkeit und Zähigkeit eines Abraham Lincoln kommt man über diese Rückschläge hinweg. Lincoln wusste, der einzige Weg, vorwärtszukommen, Boden zu gewinnen und seine Ziele zu verwirklichen, bestand darin, aus seinen Rückschlägen zu lernen, engagiert zu bleiben und weiterzumachen!

12

Teile deine Leidenschaften mit anderen

Ich muss ein Geständnis ablegen. Ich habe noch nie in meinem Leben ein sogenanntes „Networking Event" besucht.

Wenn solche Zusammenkünfte richtig organisiert sind, *können* Sie theoretisch funktionieren. Die meisten sind allerdings Veranstaltungen für Verzweifelte und Uninformierte. Der Durchschnittsteilnehmer ist häufig arbeitslos und allzu schnell bereit, jedem, der eine Hand freihat, seinen Lebenslauf zu geben – normalerweise jemandem, der ebenfalls keine Arbeit hat und seinen *eigenen* Lebenslauf loswerden will. Stellen Sie sich einmal eine Ansammlung von Menschen vor, die nichts miteinander gemeinsam haben außer ihrer Arbeitslosigkeit. Das ist nicht unbedingt das beste Rezept, um solide Beziehungen zu knüpfen.

Wenn man Menschen trifft, kommt es nicht nur darauf an, wen man kennenlernt, sondern auch wie und wo man sie kennenlernt.

Nehmen Sie zum Beispiel die erste Klasse in einem Flugzeug. Die meisten Menschen können es sich nicht leisten, erster Klasse zu fliegen, aber auf diesen vorderen Sitzen herrscht eine Art Kameradschaft, die man auf den hinteren Plätzen nicht findet. Zunächst einmal befindet sich dort immer eine gewisse Anzahl Menschen, die etwas zu sagen haben, mehrere Stunden eng beieinander. Und da sie einen absurd hohen Aufpreis hingeblättert haben, um ein paar Sekunden früher aussteigen zu dürfen als die übrigen Passagiere, gehen die anderen Erste-Klasse-Fluggäste davon aus, dass auch Sie wichtig sind; häufig versuchen sie ihre Neugier zu bezähmen, wer Sie sind und warum Sie genauso dumm sind wie sie, denn Sie haben ja auch diesen überzogenen Preis bezahlt. Ich kann gar nicht sagen, wie viele wertvolle Kunden und Kontakte ich durch Unterhaltungen gefunden habe, die während einer Mahlzeit in der Luft begonnen wurden (übrigens ist das der einzige akzeptable Zeitpunkt, zu dem Sie Ihren Sitznachbarn belästigen dürfen).

Bei sogenannten „Networking Events" funktioniert die Dynamik genau umgekehrt. Die Menschen gehen davon aus, dass Sie im gleichen Boot sitzen wie sie – in der Hoffnungslosigkeit. Da ist es schwer, glaubwürdig zu wirken. Wenn man keine Arbeit hat, sollte man sich da sinnvollerweise nicht lieber mit Jobgebern als mit Jobsuchern umgeben?

Man kann seine Zeit auf bessere Art und an besseren Orten verbringen.

Der Grundbaustein jeder Beziehung ist ein gemeinsames Interesse. Rasse, Religion, Geschlecht, sexuelle Orientierung, ethnische Zugehörigkeit, geschäftliche, berufliche und persönliche Interessen sind der Klebstoff einer Beziehung. Es macht also Sinn, dass Veranstaltungen und Aktivitäten, bei denen Sie sich voll einbringen können, Events sind, die sich um die Interessen drehen, die Ihnen am meisten am Herzen liegen.

Freundschaft entsteht aus der *Qualität* der Zeit, die zwei Menschen miteinander verbringen, und nicht aus der Quantität. Es ist eine irrige Meinung, zwei Menschen müssten viel Zeit miteinander verbringen, um eine Bindung aufzubauen. Das stimmt nämlich überhaupt nicht. Die Menschen, die Sie im Laufe eines Monats abgesehen von Ihrer Familie und Ihrer Arbeit häufig sehen, können Sie wahrscheinlich an zehn Fingern abzählen. Trotzdem haben Sie bestimmt mehr als zehn Freunde. Es kommt eben darauf an, was man miteinander macht, und nicht darauf, wie oft man sich trifft. Deshalb müssen Sie besonders darauf achten, wo Sie sich am wohlsten fühlen und welche Aktivitäten Ihnen am meisten Spaß machen.

Meistens bringt man die größte Leidenschaft für Ereignisse und Aktivitäten auf, in denen man sehr gut ist. Deshalb sollte man sinnvollerweise den Schwerpunkt seiner Bemühungen auf solche Dinge legen. Bei mir hat die Liebe zum Essen und zum Sport zu den erstaunlichsten Begegnungen geführt. Andere Menschen kommen vielleicht durch Briefmarken, Baseballkarten, Politik oder Fallschirmspringen zusammen.

In den letzten Jahren lag es mir zunehmend am Herzen, etwas zurückzugeben und ich kann Ihnen sagen, dass die Beziehungen, die man schmiedet, während man anderen hilft, in der Tat etwas Besonderes sind. Einmal jährlich reise ich nun mit Familie, Freunden, Kollegen und Klienten nach Antigua in Guatemala, wo wir mit mehreren Dörfern zusammenarbeiten, die wir gewissermaßen „adoptiert" haben. Davor, währenddessen und danach teilen wir die Geschichten und Fotos auf meiner Website und in den sozialen Medien und bitten um Spenden, damit nicht nur wir von dieser Erfahrung profitieren. Ich glaube fest, dass sich die Wirkung dieser Reisen nicht nur daran messen lässt, dass wir die Lebensbedingungen von Kindern verbessern, auch wenn das alleine schon genug wäre. Sie besteht auch darin, dass wir wirklich etwas bewirken können, wenn wir als bessere Führungskräfte, Kollegen und Eltern nach Hause kommen und noch das das ganze Jahr über von der gesteigerten Produktivität und der Befriedigung profitieren können.

Mit welcher Macht gemeinsame Leidenschaften Menschen zusammenbringen können, erkennt man heutzutage am besten an der Explosion von Crowdfunding-Kampagnen und den Plattformen, die diese ermöglichen. Nehmen wir einmal Kickstarter als Beispiel, die bekannteste Website. Kickstarter konzentriert sich darauf, bestimmte Projekte zu launchen, nicht nur auf allgemeines Fundraising. In den ersten vier Jahren im Geschäft haben 3,7 Millionen Menschen gemeinsam mehr als 545 Millionen Dollar für Projekte aufgebracht, die, wie sie glaubten, eine Chance verdient hatten. Aufgrund von Mundpropaganda, die größtenteils durch die sozialen Medien verbreitet wurde, haben Enthusiasten Geld für alles Mögliche investiert, von Do-it-yourself-3D-Druckern bis zu Punkmusik-Alben.

Wenn wir uns wirklich leidenschaftlich für etwas begeistern, dann ist das ansteckend. Unsere Leidenschaft lenkt die Aufmerksamkeit anderer Menschen darauf, wer wir sind und was uns wirklich wichtig ist. Andere reagieren, indem sie *sich* öffnen. Deswegen ist es so wichtig, im Geschäftsleben seine Leidenschaften mit anderen zu teilen.

Ich erfahre mehr darüber, wie jemand vermutlich in einer geschäftlichen Situation reagieren wird, wenn ich mit demjenigen ein intimes Abendessen oder ein anstrengendes Training verbracht habe, als bei unzähligen Besprechungen im Büro. Außerhalb des Büros werden wir einfach von ganz allein lockerer. Oder vielleicht ist es der Begegnungsort selbst – nicht zu vergessen, der Wein beim Abendessen. Es ist erstaunlich, wie viel man über jemanden erfährt, wenn man zusammen etwas macht, das beide genießen.

Ein Freund von mir ist stellvertretender Generaldirektor einer großen Bank in Charlotte. Sein Networking-Lieblingsplatz ist der YMCA. Er hat mir erzählt, dass dieser Ort zwischen fünf und sechs Uhr morgens von Fitnessfanatikern wie ihm nur so wimmelt, die trainieren, bevor sie ins Büro gehen. Er späht diesen Ort nach Unternehmern, nach Kunden und potenziellen Kunden aus. Und dann beantwortet er ihre Fragen zu Geldanlagen und Darlehen, während er auf dem Stair-Master schnauft und schwitzt.

Abgesehen von gemeinsamem Essen und Training gehe ich manchmal mit Menschen auch in die Kirche. Ja genau, in die Kirche. Ich gehe in eine katholische Kirche in Los Angeles namens St. Agatha's, die überwiegend von Afroamerikanern und spanischsprachigen Amerikanern besucht wird. Sie ist wunderbar „unorthodox". Anstatt durch gegenseitiges Händeschütteln „den Segen weiterzugeben", singt in dieser Kirche ein Gospelchor erhebende Melodien, während die Kirchgänger zehn Minuten lang in der ganzen Kirche umhergehen und sich gegenseitig umarmen. Das sind unglaubliche Szenen. Ich dränge niemandem meinen Glauben auf; die Menschen, die ich dorthin mitnehme – egal ob Schauspieler, Anwälte, Atheisten, orthodoxe Juden –, betrachten meine Einladung eher als persönliches Geschenk. Es zeigt ihnen, dass ich eine derart hohe Meinung von ihnen habe, dass ich bereit bin, einen solch privaten Teil meines Lebens mit ihnen zu teilen.

Im Gegensatz zu der üblichen Berufs- und Geschäftsauffassung finde ich nicht, dass es eine strenge Trennlinie zwischen Privatleben und öffentlichem Leben geben muss. Der Geschäftswelt der alten Schule gilt der Ausdruck von Emotionen und Mitgefühl im Geschäftsleben als Verwundbarkeit; die Geschäftsleute von heute betrachten solche Eigenschaften als den Kitt, der uns zusammenhält. Wenn unsere Beziehungen stärker sind, haben unsere Unternehmen und wir selbst mehr Erfolg.

Nehmen wir zum Beispiel Bonnie Digrius, die als Beraterin für die Gartner Group arbeitete. Sie fasst ihre Liste von Kollegen und Bekannten in einem jährlichen Newsletter zusammen, in dem es ausschließlich um ihre Person geht. Sie schreibt über die neuen, tollen

Projekte, an denen sie arbeitet, und über ihre Familie. Sie hat zum Beispiel geschrieben, wie der Tod ihres Vaters ihr Leben verändert hat. Vielleicht denken Sie, dass den Empfängern des Newsletters diese öffentliche Zurschaustellung von Gefühlen unangenehm gewesen wäre. Aber das Gegenteil ist der Fall. Immer mehr Menschen – Männer, Frauen, Kollegen, Fremde – wollen Bonnies Newsletter beziehen. Sie schreiben ihr zurück und berichten von ähnlichen Erfahrungen, die sie gemacht haben. Nach wenigen Jahren hatte Bonnie ein Netzwerk, das sich quer durch die Nation erstreckt. Sie hat ihr Herz und ihre Leidenschaft im Newsletter ausgeschüttet, und dafür bekommt sie das Vertrauen und die Bewunderung Hunderter von Menschen zurück.

Schreiben Sie eine Liste der Dinge, die Ihnen am meisten am Herzen liegen. Lassen Sie sich von Ihren Leidenschaften dahingehend leiten, welche Aktivitäten und Veranstaltungen Sie betreiben beziehungsweise aufsuchen sollten. Benutzen Sie sie, um neue Kontakte zu knüpfen und alte wiederzubeleben. Wenn Sie Baseballfan sind, nehmen Sie potenzielle und tatsächliche Kunden zu einem Spiel mit oder laden Sie sie ein, mit Ihnen online in einer Fantasieliga mitzuspielen. Es ist egal, was Sie tun, Hauptsache, Sie machen es gern.

Ihre Leidenschaften und die Events, die Sie drumherum kreieren, schaffen größere Intimität. Achten Sie darauf, dass das Ereignis zu der jeweiligen Beziehung passt, die Sie aufbauen wollen. Ich habe eine informelle Liste von Aktivitäten, mittels deren ich mit geschäftlichen und privaten Freunden in Verbindung bleibe. Hier ein paar Dinge, die ich gern tue:

1. Eine Viertelstunde bei einer Tasse Kaffee. Das geht schnell, findet außerhalb des Büros statt und ist eine großartige Art, neue Menschen kennenzulernen. Es erwies sich als eine der beliebtesten Empfehlungen aus der ersten Ausgabe dieses Buches. Ich weiß das, weil ich Dutzende Anfragen pro Woche bekam, sich mit mir auf einen Kaffee zu treffen. Also vergessen Sie nicht meinen früheren Ratschlag: Achten Sie darauf, den Leuten ganz genau zu schildern, wieso diese 15 Minuten für sie gewinnbringend sein werden.

2. Konferenzen. Wenn ich zum Beispiel in Seattle an einer Konferenz teilnehme, schaue ich die mir Liste von Menschen aus der Gegend an, die ich schon kenne oder die ich gern näher kennenlernen würde, und frage sie, ob sie zu einem besonders interessanten Vortrag oder zum Essen kommen wollen.

3. Jemanden zum Training oder zu einem Hobby mitnehmen (Golf, Schach, Briefmarken sammeln, Literaturzirkel et cetera).

4. Ein schnelles, frühes Frühstück, ein Mittagessen, nach der Arbeit etwas trinken gehen oder ein gemeinsames Abendessen. Nichts bricht das Eis schneller als Essen.

5. Jemanden zu einem besonderen Ereignis mitnehmen. Für mich wird ein besonderes Ereignis wie ein Theaterbesuch, eine Signierstunde oder ein Konzert noch mehr zu etwas Besonderem, wenn ich Menschen mitnehme, von denen ich glaube, dass ihnen diese Veranstaltung eine besondere Freude macht.

6. Jemanden nach Hause einladen. Einladungen zum Essen im eigenen Haus sind für mich gewissermaßen etwas Heiliges. Ich gestalte solche Anlässe so intim wie möglich. Damit das auch so bleibt, lade ich höchstens ein oder zwei Personen ein, die ich nicht sehr gut kenne. Wenn diese Menschen nach dem Essen wieder gehen, sollen sie das Gefühl haben, dass sie neue Freunde gefunden haben; und das ist schwer, wenn lauter Fremde am Esstisch sitzen.

7. Freiwilligenarbeit. Arbeit mit einer Organisation, um einen „Hilfstag" zu planen, an dem vielleicht fünf bis zehn freiwillige Helfer teilnehmen können, oder ein Team auf die Beine stellen, das einen „Wohltätigkeitsspaziergang" macht. Oder, wenn es etwas informeller sein soll, eine Gruppe ins Leben rufen, die Lunchpakete packt und sie in einem Stadtviertel verteilt, wo viele Bedürftige leben.

Natürlich müssen wir alle genügend Zeit für Freunde und Familie einplanen, oder einfach nur, um ein Buch zu lesen oder zu entspannen. Wenn Sie Ihr Leben dadurch bereichern, dass Sie wann immer und wo immer Sie können, andere Menschen daran beteiligen, müssen Sie darauf achten, die wichtigsten Beziehungen Ihres Lebens dabei nicht zu vernachlässigen.

Wenn Ihr Tagesablauf von Leidenschaft geprägt ist und von interessanten Menschen, mit denen Sie diese Leidenschaft teilen können, dann wird Ihnen die Kontaktaufnahme und Kontaktpflege nicht als schwierige Herausforderung oder lästige Pflicht, sondern vielmehr als müheloses Resultat Ihrer Arbeitsweise vorkommen.

13

Nachhaken
oder scheitern

Wie oft stehen Sie vor jemandem, dem Sie schon einmal begegnet sind, aber Sie können sich nicht an den Namen der Person erinnern?

Wir leben in einer schnelllebigen, digitalen Welt, in der wir ständig mit Informationen bombardiert werden. Unser Posteingang ist eine endlose Prozession neuer und alter Namen, die unsere Aufmerksamkeit erfordern. Unser Gehirn arbeitet auf Hochtouren und versucht, alle Bits und Bytes und Namen zu verfolgen, die an jedem einzelnen Tag über unseren Schreibtisch gehen. Es ist ganz natürlich, dass wir den größten Teil der Daten, die einen Platz in unserem ohnehin schon übervölkerten Oberstübchen beanspruchen, entweder vergessen oder ignorieren müssen, wenn wir geistig gesund bleiben wollen.

In einer solchen Welt ist es unverständlich, dass nur die wenigsten von uns noch einmal nachhaken, wenn sie jemand Neuen kennengelernt haben. Ich kann es einfach nicht genug betonen: Wenn Sie jemand kennenlernen, zu dem Sie eine Beziehung aufbauen wollen, nehmen Sie sich das bisschen Zeit, das sicherstellt, dass Sie in deren Oberstübchen nicht verloren gehen.

Erst vor Kurzem habe ich in Florida anlässlich einer Preisverleihung durch meine Studentenverbindung Sigma Chi eine Rede gehalten. Ich habe an diesem Abend bestimmt 100 Menschen meine Visitenkarte und meine E-Mail-Adresse gegeben. Nach dem Ende der offiziellen Veranstaltung zog ich mich in den frühen Morgenstunden in mein Hotelzimmer zurück und schaute in mein E-Mail-Postfach. In meinem Eingangskorb lag eine kurze nette Mitteilung von einem jungen Mitglied, das sich für meine Rede bedankte. Der junge Mann schrieb, was das für ihn als jemand mit einem ähnlichen Hintergrund bedeutete, und äußerte die Hoffnung, dass wir irgendwann vielleicht einmal eine Tasse Kaffee miteinander trinken würden. Während der nächsten zwei Wochen schickten mir über hundert Menschen E-Mails oder riefen mich an, um ähnliche Gefühle auszudrücken. Aber am besten kann ich mich an denjenigen erinnern, der als Erster nachgehakt hat.

Die denkwürdigsten Geschenke, die ich bekommen habe, sind diejenigen, deren Wert man nicht mit Geld aufwiegen kann. Es sind die

Briefe, die von Herzen kommen, die E-Mails und Postkarten von Menschen, die mir für Anleitung und Rat danken.

Wollen Sie sich von der Masse abheben? Sie verschaffen sich einen meilenweiten Vorsprung, wenn Sie besser und geschickter nachhaken als die Horden, die sich nach Aufmerksamkeit abstrampeln. Tatsächlich haken die meisten Menschen nicht besonders gut oder überhaupt nicht nach. Gutes Nachhaken hebt Sie von mehr als 95 Prozent Ihrer Kollegen ab. Das Nachhaken ist für das Networking, was Hammer und Nägel für die Werkzeugkiste sind.

NACHHAKEN IST IN ALLEN BEREICHEN
DER SCHLÜSSEL ZUM ERFOLG.

Darauf zu achten, dass ein neuer Bekannter sich an Ihren Namen (und den guten Eindruck, den Sie gemacht haben) erinnert, ist ein Prozess, den Sie sofort nach der ersten Begegnung in Gang setzen sollten.

Geben Sie sich nach dem Kennenlernen 12 bis 24 Stunden Zeit, um nachzuhaken. Wenn Sie im Flugzeug jemanden kennenlernen, schicken Sie ihm noch am gleichen Tag eine E-Mail. Wenn Sie jemanden bei einem Cocktail kennenlernen, schicken Sie ihm am nächsten Morgen eine E-Mail. Wenn man sich zufällig getroffen und kennengelernt hat, ist eine E-Mail eine sehr schöne Methode, eine kleine Notiz zu hinterlassen, in der steht: „Es war mir ein Vergnügen, Sie kennenzulernen. Wir sollten in Kontakt bleiben." Ich erwähne in solchen E-Mails gern irgendetwas Konkretes, über das wir im Laufe unserer Unterhaltung gesprochen haben – ein gemeinsames Hobby oder berufliches Interesse – und das die betreffende Person daran erinnert, wer ich bin.

Man kann auch auf die E-Mail noch eine LinkedIn-Anfrage folgen lassen, wenn man weiß, dass derjenige die Website nutzt. Abhängig von den Umständen und wie gut wir uns verstanden haben, schicke ich vielleicht auch noch eine Facebook-Anfrage. Manche Leute sind etwas skeptisch, wenn es darum geht, Facebook für Arbeitskontakte zu nutzen, also achte ich immer darauf, ihnen einen leichten Weg aus diesem

Dilemma offenzuhalten: „Wenn Sie Facebook nutzen, um mit neuen Freunden in Kontakt zu bleiben, dann würde ich Ihnen gern eine Anfrage senden. Wenn nicht, keine Sorge – ich melde mich wieder."

Wenn ich aus einem Meeting komme, speichere ich den Namen und die E-Mail-Adresse einer neuen Bekanntschaft in meinen Kontakten und programmiere meinen Kalender, um mich nach einem Monat zu erinnern, dass ich der Person eine weitere E-Mail schicke, nur um in Kontakt zu bleiben.

Warum sollte man sich die Mühe machen, neue Menschen kennenzulernen, wenn man nichts dafür tut, dass sie Teil des eigenen Lebens werden?

Ich habe mir angewöhnt, nach geschäftlichen Terminen etwas zu tun, auf das mein Kommilitone von der HBS und ehemaliger leitender Geschäftsführer James Clarke schwört. Wenn er bei jemandem nachhakt, wiederholt er immer die Zusagen, die die Beteiligten gegeben haben, und fragt, wann ein erneutes Treffen möglich wäre.

Wenn die andere Person irgendetwas zugesagt hat – sei es, um mit Ihnen Kaffee zu trinken, wenn sie das nächste Mal in der Stadt ist, oder um einen wichtigen Vertrag zu unterschreiben –, dann versuchen Sie das schriftlich zu bekommen. Es sollte nicht formelhaft oder starr formuliert sein, eher in diesem Stil: „Das Gespräch mit Ihnen gestern beim Mittagessen war großartig. Ich wollte nur noch ein paar Gedanken festhalten, über die wir gestern gesprochen haben. Ich glaube, dass Ferrazzi Greenlight etwas für Ihre Firma tun kann und ich hatte Zeit, das etwas detaillierter auszuarbeiten. Wenn ich das nächste Mal in der Stadt bin, würde es mich sehr freuen, wenn ich einen Platz in Ihrem Terminkalender bekäme und wir uns fünf oder zehn Minuten unterhalten könnten."

In neun von zehn Fällen schreibt die betreffende Person formlos zurück und nimmt den Vorschlag eines erneuten Treffens an. Wenn dann die Zeit kommt, diese Person beim Wort zu nehmen, dass sie noch einmal mit Ihnen sprechen will, dann haben Sie die Macht der „schwarz auf weiß" vorliegenden E-Mail-Zusage im Rücken. Sie hat sich schon mit einem Treffen einverstanden erklärt. Fragt sich nur noch, wann, und Ihre Hartnäckigkeit wird dafür sorgen, dass es wirklich irgendwann stattfindet.

Bedenken Sie aber – das ist äußerst wichtig –, dass Sie die Person nicht daran erinnern dürfen, was sie für Sie tun kann, sondern legen Sie den Schwerpunkt auf das, was Sie für sie tun können. Sie müssen ihr einen Grund geben, dass sie noch einmal mit Ihnen sprechen will.

Eine andere wirksame Methode des Nachhakens besteht darin, dass man relevante Online-Artikel an Mitglieder des Netzwerks weiterschickt, die daran interessiert sein könnten. Wenn jemand für mich so etwas macht, bin ich sehr dankbar; das zeigt mir nämlich, dass der- oder diejenige über mich und über die Themen nachdenkt, die mich beschäftigen.

E-Mails sind als Methode zum Nachhaken zwar sehr gut geeignet, aber es kommen auch andere Möglichkeiten infrage. Ein handschriftlicher Dankesbrief kann heutzutage in besonderem Maße Aufmerksamkeit erregen. Wann haben Sie zum letzten Mal einen handgeschriebenen Brief bekommen? Wenn etwas an Sie persönlich adressiert ist, machen Sie es auch auf.

Ein Dankschreiben ist eine Gelegenheit, der Beziehung eine scheinbare Kontinuität zu verleihen und eine Atmosphäre des Wohlwollens zu erzeugen. Erwähnen Sie irgendeine relevante Information, die Sie bei dem persönlichen Gespräch vergessen haben. Betonen Sie Ihren Wunsch nach einem zweiten Treffen und Ihre Bereitschaft zu helfen.

Hier noch ein paar Gedächtnisstützen, was Sie beim Nachhaken erwähnen sollten:

- Bringen Sie immer Ihre Dankbarkeit zum Ausdruck.
- Erwähnen Sie auf jeden Fall eine interessante Einzelheit aus Ihrer Besprechung oder Unterhaltung – einen Scherz oder etwas, worüber Sie gemeinsam gelacht haben.
- Bestätigen Sie etwaige Abmachungen, die Sie getroffen haben – in beide Richtungen.
- Schreiben Sie kurz und prägnant.

- Benutzen Sie E-Mail *und* Briefpost. Die Kombination verleiht der Angelegenheit einen persönlichen Touch.
- Nach einer E-Mail können Sie noch eine Anfrage schicken, um mit dem Empfänger eine Verbindung über soziale Medien herzustellen.
- Unbedingt schnell sein. Senden Sie die Nachricht so bald wie möglich nach der Besprechung oder dem Interview.
- Viele Menschen warten mit Danksagungen und Kontaktpflege bis zur Weihnachtszeit. Warum warten? Wenn Sie früher nachhaken, ist es zeitlich näher und passender und Sie bleiben bestimmt besser in Erinnerung.
- Vergessen Sie nicht, sich auch bei denjenigen noch einmal zu rühren, die als Mittler zwischen Ihnen und jemand anderem fungiert haben. Lassen Sie die erste Bezugsperson wissen, wie das Gespräch verlief, und vermitteln Sie ihr, dass Sie ihre Hilfe zu würdigen wissen.

Machen Sie sich das Nachhaken zur Gewohnheit. Machen Sie es zu einem Selbstläufer. Wenn Sie das tun, sind die Zeiten Vergangenheit, in denen Sie Mühe hatten, sich an die Namen von Personen zu erinnern – und in denen andere Personen Mühe hatten, sich an Ihren Namen zu erinnern.

14

Werden Sie zum Konferenzkommando

Militärstrategen wissen, dass die meisten Schlachten gewonnen sind, bevor der erste Schuss abgefeuert ist. Die Seite, die bestimmt, wo, wann und wie ein Konflikt ausgetragen wird, hat normalerweise einen uneinholbaren Vorteil. Genauso ist es mit den meisten erfolgreichen Konferenzen. Wenn man eine Konferenz zu einem Heimspiel macht und schon frühzeitig Ziele festlegt, macht man aus einer beiläufigen Konferenzteilnahme eine Mission.

Seien Sie nicht nur Teilnehmer; seien Sie ein Konferenzkommando!

Konferenzen haben vor allem einen Vorteil, und zwar nicht Kaffee und Kekse in den Pausen. Und auch nicht wertvolle geschäftliche Erkenntnisse. Sie bieten vielmehr ein Forum, um Gleichgesinnte zu treffen, die Ihnen bei der Erfüllung Ihrer Ziele und Missionen helfen können. Bevor ich mich für die Teilnahme an einer Konferenz entscheide, mache ich manchmal gedanklich eine regelrechte Kosten-Nutzen-Analyse. Ist der Nutzen, den mir die dort geknüpften Beziehungen bringen, genauso groß beziehungsweise größer als der Preis der Konferenz samt der Zeit, die ich dort verbringe? Falls ja, gehe ich hin. Falls nicht, dann nicht. So einfach ist das. Das mag schrecklich pragmatisch erscheinen, aber es funktioniert.

Kurz nachdem wir YaYa verkauft hatten, senkten die neuen Besitzer ihre Kosten dadurch, dass sie Geschäftsreisen und Konferenzen einschränkten. Ich hielt diese Politik für grundsätzlich verfehlt.

Die Besitzer betrachteten Konferenzen als Zeitverschwendung – eher als nette Veranstaltungen für vergnügungssüchtige Führungskräfte denn als Einnahmequellen. In den Augen unserer neuen Muttergesellschaft waren die Kosten, die dadurch entstanden, dass man jedes Jahr Mitarbeiter zu einigen wenigen Konferenzen schickte, eine für ein Start-up-Unternehmen unnötige Ausgabe.

Ich wandte mich entschieden dagegen und versprach, dass ich sie umstimmen würde. Ich machte eine konkrete Aufstellung der gewinnbringenden Projekte, die unmittelbar durch Menschen zustande gekommen waren, die ich auf Konferenzen kennengelernt hatte. Die Besitzer waren bass erstaunt, als ich ihnen eine Tabelle vorlegte, in der die verschiedenen Deals zu sehen waren und aus der hervorging, dass man einen beträchtlichen Teil unseres Umsatzes direkt auf bestimmte Konferenzen zurückführen konnte.

Ihre ablehnende Haltung gegenüber diesen geschäftlichen Zusammenkünften – und diese Manager sind bei Weitem nicht die einzigen mit einer solchen Haltung – beruht auf der allzu verbreiteten falschen Auffassung, auf Konferenzen sollte man Erkenntnisse gewinnen. Falsch! Wahre Erkenntnis, die als Handlungsgrundlage dienen kann, stammt vor allem aus Erfahrung, aus Büchern und von anderen Menschen. Diskussionen am Runden Tisch und Grundsatzreden können Spaß machen und sogar inspirieren, aber selten bleibt genug Zeit für die Vermittlung wahren Wissens.

Aber es gibt vielleicht keinen besseren Ort, um sein berufliches Netzwerk auszubauen und gelegentlich auch Geschäfte abzuschließen. Lassen Sie mich ein Beispiel aus dem Vertrieb geben. Nach dem alten Verkaufsmodell flossen 80 Prozent der Zeit eines Verkäufers in die Organisation von Terminen, in Präsentationen und den Versuch, Geschäfte abzuschließen. Die restlichen 20 Prozent wurden dafür verwendet, eine Beziehung zu dem Kunden zu entwickeln. Heutzutage konzentrieren wir uns hauptsächlich auf den Verkauf von Geschäftsbeziehungen. Schlaue Verkäufer – eigentlich schlaue Mitarbeiter und Unternehmer aller Art – verbringen 80 Prozent ihrer Zeit mit dem Aufbau solider Beziehungen zu den Menschen, mit denen sie Geschäfte machen. Auch die raffinierteste PowerPoint-Präsentation kann Herz und Hirn anderer Menschen nicht so gefangen nehmen wie die Entwicklung echter Zuneigung.

Wer Konferenzen richtig angeht, hat bei einer durchschnittlichen Branchenzusammenkunft einen enormen Vorteil. Während sich die anderen schweigend Notizen machen und zufrieden an ihrem kostenlosen Mineralwasser nippen, organisieren diese Menschen Besprechungen unter vier Augen und Verabredungen zum Essen; sie nutzen die Konferenz als Gelegenheit, Menschen kennenzulernen, die ihr Leben verändern könnten.

Wenn Sie meinen, diese Menschen würden nicht nach den gleichen Regeln spielen wie die anderen Konferenzteilnehmer, haben Sie recht.

Sie gehen weit über die traditionellen, zehnmal aufgewärmten Ratschläge – Namensschild tragen, immer freundlich grüßen, Augenkontakt halten und andere Gemeinplätze – hinaus, mit denen Sie sich wohl kaum von dem Rest der Menge abheben.

Ja, es gibt Richtlinien, wie man aus einer Konferenz am meisten herausholt. Mein Freund Paul Reddy ist Softwaremanager und sagt immer, dass die Menschen auf Konferenzen entweder Kugeln oder Kegel sind. Wenn man die Kugel ist, geht (oder rollt) man in eine Konferenz, eine Veranstaltung oder in eine Organisation hinein und wirkt umwerfend. Mit einer Prise Mut und Erfindungsreichtum hinterlässt man einen positiven Eindruck, schließt Freundschaften und erreicht die Ziele, die man sich vorgenommen hat. Die Kegel sitzen (stehen) friedlich da und warten darauf, dass irgendetwas mit ihnen passiert.

Betrachten Sie Ihre nächste Konferenz nicht als Geschäftstagung. Betrachten Sie sie als gut koordinierten Feldzug zur Förderung Ihrer Mission. Dies sind die Regeln, die ich bei allen Veranstaltungen einhalte, die ich besuche:

Helfen Sie dem Organisator (noch besser: *Seien* Sie der Organisator)

Konferenzen sind logistische Albträume. Zu der Organisation einer erfolgreichen geschäftlichen Sitzung gehören Tausende verschiedene Dinge. Das Chaos, das daraus entstehen kann, bietet Ihnen die Chance, helfend einzugreifen – und im Zuge dessen zum Insider zu werden.

Wenn Sie „drin" sind, können Sie herausfinden, wer an der Veranstaltung teilnimmt und welche Einzelveranstaltungen am begehrtesten sind. Und Sie sind bei allen inoffiziellen Essen und Cocktailpartys dabei, die für die hohen Konferenztiere geschmissen werden.

Wie wird man zum Teil des Prozesses? So schwer ist das gar nicht. Sehen Sie als Erstes die Broschüren über die Veranstaltung durch, lesen Sie die Internetseite und finden Sie heraus, wer der Hauptverantwortliche für die Organisation der Konferenz ist. Rufen Sie dort an. Normalerweise ist der Organisator solcher Veranstaltungen überarbeitet und gestresst. Ich rufe solche Leute gern ein paar Monate vor der Veranstaltung an und sage: „Ich freue mich schon sehr auf die Konferenz, die Sie organisieren. Ich will dazu beitragen, dass dieses Jahr das beste Jahr überhaupt wird und ich möchte einen Teil meiner Ressourcen – Zeit, Ideen, Connections – investieren, damit die Veranstaltung dieses Jahr ein Knaller wird. Wie kann ich Ihnen helfen?"

Ich garantiere Ihnen, der Koordinator wird freudig überrascht sein. Ich sage das, weil ich früher als Marketingdirektor bei Deloitte für diese gestressten Planer zuständig war.

Deloitte Consulting arbeitete damals mit Michael Hammer daran, eine glaubwürdige Umstrukturierungsabteilung aufzubauen. Wir fanden, eine Konferenz wäre eine großartige Möglichkeit, unsere Beziehung zu Michael am Markt bekannt zu machen, unseren Markennamen zu stärken und ein paar neue Kunden zu bekommen. Deshalb planten wir eine Konferenz, die von Deloitte und Michael Hammer gemeinsam veranstaltet werden sollte. Wir wollten die Branchenkenntnis und die Fallstudien einbringen und Michael sollte seine Sachkenntnis im innerbetrieblichen Strukturwandel und seine Vorstellung von der Durchführung einer Konferenz von Weltklasse einbringen.

Das gab mir die Gelegenheit, einen Einblick in die inneren Abläufe einer erfolgreichen Konferenz zu bekommen, und natürlich auch die Chance, eine sehr gute Beziehung zu Mike aufzubauen. Mir wurde schlagartig klar, welch großer Vorteil es war, die Teilnehmer im Voraus zu kennen; warum bestimmte Redner genommen wurden und andere nicht; und welches die besten Foren für Networking waren.

Wir hatten von Anfang an den Plan gefasst, den üblichen Konferenz-Wahnsinn methodisch anzugehen. Wir kontrollierten täglich systematisch unsere Fortschritte in Richtung der Ziele, die wir uns gesetzt hatten. Jeder Deloitte-Partner bekam von den uns bekannten Teilnehmern zwei zugeteilt, die er kennenlernen sollte. Jeder bekam eine Person als Hauptzielperson – jemanden, den wir unbedingt als Kunden haben wollten. Die andere Person war jemand, deren Bekanntschaft unserer Meinung nach Deloitte einen anderweitigen Vorteil bringen konnte, zum Beispiel ein Medienvertreter. Das grundsätzliche Ziel bestand ganz einfach darin, neue Leute kennenzulernen.

Da wir schon vorher wussten, wer teilnehmen würde, bekamen die Partner Kurzbiografien der ihnen zugeteilten Personen. Darin stand, wer sie waren, was sie machten, was sie geleistet hatten, was sie für Hobbys hatten und für welche potenziellen Probleme ihrer Unternehmen Deloitte eine Lösung parat haben könnte. Das war genug Information, damit der Partner eine richtige Verbindung aufbauen konnte, wenn er der jeweiligen Person endlich begegnete.

Wir gaben den Partnern außerdem eine Ideenliste mit, wie sie an ihre Zielpersonen herankommen konnten und was sie zu ihnen sagen sollten, wenn sie ihnen begegneten. Die Partner sollten am Ende jedes Tages berichten, wen sie wo getroffen hatten und wie die Begegnung verlaufen war. Wenn es jemandem schwergefallen war, die Zielperson zu treffen, entwarfen wir entweder für den nächsten Tag einen Plan und sorgten dafür, dass der Partner und die betreffende Person beim Abendessen am gleichen Tisch sitzen würden, oder ich stellte den Kontakt selbst her; in einigen Fällen baten wir Mike, die Personen miteinander bekannt zu machen.

Damit hatte ich unbewusst eine Einheit von Konferenzkommandos geschaffen, die Vorabinformationen über die Personen hatten, die sie kennenlernen sollten, darüber wie sie sie kennenlernen sollten (wir hatten Erkundigungen eingeholt) und wo sie sie kennenlernen sollten. Die Resultate waren erstaunlich. Die Konferenz war ausgebucht. Dies bescherte Deloitte eine beispiellose Menge an Aufträgen. Wir haben diese Kunst bei Ferrazzi Greenlight inzwischen weiter perfektioniert. Wir beraten Unternehmen, wie sie aus ihren Konferenzen den größten Nutzen ziehen, aber es kommen auch große Konferenzveranstalter zu uns, damit wir ihnen bei der Organisation von Konferenzen helfen, die sowohl den veranstaltenden Unternehmen als auch den Konferenzteilnehmern Weltklasse-Resultate bringen.

Man muss sich dabei fleißig bemühen, dass die Konferenz für alle Beteiligten ein Erfolg wird. Bei der Hammer-Konferenz waren fast alle Teilnehmer regelrecht schockiert, wie viele Geschäfte sie auf dieser

Konferenz erledigen konnten. Wir hatten die richtige Umgebung für erfolgreiches Networking geschaffen.

Natürlich war Michael Hammer dabei brillant wie immer und wir alle konnten viel von ihm lernen, was die Inhalte angeht. Doch der Gesamterfolg resultierte daraus, dass diese Konferenz um ihre wahre Funktion herum organisiert worden war: eine intime Versammlung von gleich gesinnten Managern in einer Atmosphäre, die profitable Beziehungen fördert.

Hören Sie zu. Oder noch besser: *Reden Sie*

Gehören Sie zu den Menschen, die meinen, es wäre sehr schwer, ein guter Redner zu werden? Das ist nämlich bei vielen Menschen so. Ich sage Ihnen hier, dass das vielleicht gar nicht so schwer ist, wie Sie glauben, aber auch viel wichtiger, als Sie sich vielleicht vorstellen können.

Manche Menschen bekommen die schlimmsten Schweißausbrüche bei dem Gedanken, sie müssten eine Viertelstunde vor Publikum darüber sprechen, was sie so machen, auch wenn das Publikum aus Menschen besteht, die ihnen grundsätzlich gern zuhören (zum Beispiel Familie und Freunde).

Beruhigen Sie sich. Zunächst einmal müssen Sie wissen, dass Reden eine der einfachsten und *effizientesten* Möglichkeiten sind, wie Sie sich selbst, Ihr Unternehmen und Ihre Ideen anderen so bekannt machen, dass sie es nicht gleich wieder vergessen. Außerdem muss man nicht Tony Robbins heißen, um ein Forum von Menschen zu finden, die einem bereitwillig zuhören.

Wie viele Menschen stehen wohl jeden Tag vor einem Publikum? Das ist eine erschreckend hohe Anzahl. An jedem einzelnen Tag finden – aus allen erdenklichen Anlässen – Tausende von Veranstaltungen statt. Alle diese Foren brauchen irgendjemanden, der etwas sagt, das wenigstens ein bisschen inspirierend oder erhellend ist. Aber leider bieten die meisten Redner weder Anregung noch Erkenntnis.

Wenn Sie meinen, nur die besten Experten auf ihrem Gebiet könnten Erkenntnisse liefern, irren Sie sich. Aber wie sammelt man Redeerfahrung?

Unter anderem bietet Toastmasters International ein Forum für die Verbesserung der Redefähigkeit. In mehr als 8.000 Klubs treffen sich jede Woche Gruppen zu 30 bis 40 Personen und dort werden eine Menge Reden gehalten und Redner geschult. Es gibt ein riesiges landesweites Rednernetz. Laut Convention Industry Council (CIC) trägt der Umsatz mit Tagungen und Konferenzen einen Betrag von 100 Milliarden Dollar jährlich zum BIP bei, mit mehr als 263 Millionen Dollar, die direkt für diese Veranstaltungen ausgegeben werden. Damit liegen Konferenzen vor der Auto-, Luftfahrt- oder Filmindustrie, was den Beitrag zum BIP angeht! Der springende Punkt dabei ist, dass die Gelegenheit, Reden zu halten – bezahlt oder unbezahlt – überall besteht. Es macht Spaß, es kann profitabel sein und es ist die beste Möglichkeit, sich auf einer Veranstaltung selbst bekannt zu machen – und andere kennenzulernen. Viele Studien haben gezeigt, dass das Einkommen tendenziell umso höher ist, je mehr Reden man hält.

Als Redner genießt man auf einer Konferenz einen besonderen Status, der das Kennenlernen sehr erleichtert. Die Teilnehmer erwarten, dass man auf sie zugeht und sie begrüßt. Im Gegenzug zollen sie einem einen Respekt, den sie ihren Teilnehmerkollegen nicht zukommen lassen. Wenn man auf der Bühne steht, bekommt man sofort Glaubwürdigkeit und Pseudo-Ruhm (das gilt für alle Bühnen).

Wie wird man zum Konferenzredner? Als Erstes muss man etwas zu sagen haben: Man braucht „Content" (dazu in einem anderen Kapitel mehr). Sie müssen sich eine Masche für die Nische zurechtlegen, die Sie besetzen wollen. Genau genommen können Sie mehrere verschiedene Maschen erarbeiten, die verschiedenen Zielgruppen entsprechen (auch dazu später mehr).

Wenn Sie den ersten Schritt machen und den Organisator kennenlernen, ist es schon gar nicht mehr so schwer, einen Auftritt als Redner zu bekommen. Am besten fängt man klein an. Dazu gebe ich Ihnen ein Beispiel: Ein Freund von mir ist vor Jahren aus einem Großunternehmen ausgeschieden und hat seine eigene Beratungsfirma gegründet. Er musste sich als Experte auf dem Gebiet des Branding etablieren; er hatte zwar schreckliche Angst davor, öffentlich zu sprechen, aber er wusste auch, dass dies der beste Weg war, mit potenziellen Kunden in Kontakt zu kommen und seine Botschaft präzise zu vermitteln. Er fing klein an und lernte alle Veranstalter von kleinen, lokalen, branchenspezifischen Veranstaltungen kennen. Als Gegenleistung für seine Hilfe bat er diese Menschen, ihm am Ende der Veranstaltung in einer freien Stunde einen Raum zur Verfügung zu stellen, damit er vor einer kleinen Versammlung sprechen könnte, die er organisieren würde.

Am Anfang wurde er nicht einmal im Programmheft der Konferenzen aufgeführt. Er lernte während der Konferenz Menschen kennen und sagte ihnen, dass er ein intimes Treffen von Managern organisieren würde, die über ihre Markenprobleme sprechen wollten. Dank der informellen Atmosphäre konnte er seine Aussagen ohne den Druck eines großen Publikums vermitteln und bekam gleichzeitig von seinen Zuhörern wertvolles Feedback. Innerhalb kurzer Zeit wurden die Räume, in denen er sprach, größer, seine Vorträge ausgefeilter und die Menge an Teilnehmern so langsam Furcht einflößend – aber bis zu diesem Zeitpunkt hatte er die meisten seiner Ängste schon überwunden.

Und was ist, wenn Sie eine Konferenz besuchen und dort keinen Vortrag halten? Man kann sich auch auf andere Art abheben. Vergessen Sie nicht, dass Sie nicht nur dort sind, um von anderen Menschen Neues zu erfahren – sondern auch, um andere Menschen kennenzulernen und von anderen Menschen so kennengelernt zu werden, dass sie Sie nicht vergessen.

Wenn der Zeitpunkt gekommen ist, Fragen zu stellen, versuchen Sie einer der Ersten zu sein, der die Hand hebt. Eine gut formulierte und sachkundige Frage ist eine Gelegenheit, vom gesamten Publikum wahrgenommen zu werden. Stellen Sie sich auf jeden Fall vor, sagen Sie den Menschen, für welches Unternehmen Sie arbeiten, und stellen Sie dann eine Frage, die beim Publikum Begeisterung auslöst. Idealerweise sollte sich die Frage auf Ihr Fachgebiet zu tun, sodass Sie etwas mitzuteilen haben, wenn hinterher jemand zu Ihnen kommt und sagt: „Das war eine interessante Frage."

Susan Cain

„Es besteht absolut kein Zusammenhang dazwischen, der beste Redner zu sein und die besten Ideen zu haben."

Susan Cain ist laut eigener Aussage introvertiert. 2012 stand sie vor einer Menge von Tausenden Zuhörern bei einer TED-Konferenz auf der Hauptbühne und hielt eine der meistbeachteten Reden in der Geschichte der Veranstaltung. Darin ermahnte sie Introvertierte, ihre einzigartige Begabung wertzuschätzen und Wege zu finden, um in einer Welt, die Extrovertierte bevorzugt, Wirkung zu erzielen. Die Rede war unter anderem einer der Lieblingsvorträge von Bill Gates und der gebildeten Kulturkritiker des *New Yorkers*.

Um sich auf diesen Tag vorzubereiten, startete Cain das, was sie „Jahr der gefährlichen Reden" nannte. Zuerst schloss sie sich den Toastmasters an, wo sie vor einer Gruppe von Fremden, die kein Risiko darstellten und sie unterstützten, regelmäßig üben konnte, Reden zu halten. Sie verbrachte zwei Stunden mit dem Redner-Coach von TED, der ihr beibrachte, wie sie den Ton ihrer Stimme senken und aus dem Bauch heraus atmen konnte.

Bald übte sie in einem öffentlicheren Rahmen. Als ihr Buch *Still: Die Kraft der Introvertierten* erschien, war sie Gast bei „CBS This Morning" und saß bei 21 Radiointerviews auf dem „heißen Stuhl" – und das gleich am ersten Tag, als das Buch verkauft wurde.

Schließlich, eine Woche vor der TED-Konferenz, verbrachte Cain jeden Tag damit, mit einem zweiten Coach zu üben. Sie begannen auf der Couch und arbeiteten sich bis zur Bühne vor, wo er ihr kontinuierliches Feedback und Unterstützung bot.

Eine Requisite zu verwenden bot ihr weiteren Rückhalt und einen eleganten Abschluss der Rede. Sie trug einen Koffer mit einigen Lieblingsbüchern auf die Bühne. Zum Abschluss ermunterte sie Introvertierte, mutig genug zu sein, andere an dem teilhaben zu lassen, was in ihren eigenen Koffern steckte, „denn die Welt braucht Sie und das, was Sie mit sich herumtragen."

Cains Rede ermunterte introvertierte Menschen dazu, stolz auf ihre Charakterzüge zu sein, die von unserer lärmenden Kultur weithin nicht gefördert werden: Nachdenklichkeit, Sensibilität, Zurückhaltung, die Fähigkeit zuzuhören. Aber was ihre Rede wirklich im Gedächtnis haften ließ, war, dass sie dort auf der Bühne genau den Mut und die Verletzlichkeit verkörperte, die sie anderen nahelegte. Sowohl für introvertierte als auch extrovertierte Menschen ist das die höchste Kunst des öffentlichen Redens.

An alle Introvertierten: „Stellen Sie sich Introvertiertheit nicht als etwas vor, das geheilt werden muss", schrieb Cain in *Still: Die Kraft der Introvertierten*. Ihr Auftritt bei der TED-Konferenz stellte zwei der besten Möglichkeiten heraus, wie Sie Eindruck machen können, ohne Freizeit zu opfern: öffentlich sprechen und Konferenzen besuchen. Das sind hocheffektive, nicht sehr lange dauernde Networking-Möglichkeiten, die Sie vielleicht erschöpft zurücklassen, aber Ihnen potenziell so viele neue Kontakte einbringen, wie extrovertierte Menschen sammeln, indem sie sechs Abende in der Woche ausgehen.

Guerillakampf: Organisieren Sie eine Konferenz in der Konferenz

Echte Kommandos lassen sich von dem Plan, den Sie bei der Buchung bekommen, nicht einschränken. Wer sagt denn, dass man während der Konferenz nicht sein eigenes Dinner veranstalten oder eine informelle Diskussion über ein Thema organisieren kann, das einem wichtig ist?

Die Mahlzeiten bei solchen Veranstaltungen sind normalerweise ein vollständiges Chaos. Die Aufmerksamkeit der Menschen ist in alle Winde verstreut; jeder will den Lärm übertönen, zu zehn Fremden gleichzeitig höflich und verbindlich sein, einer Rede zuhören und zur gleichen Zeit ein paar Bissen mittelmäßiges Essen zu sich nehmen. Das ist keine besonders gute Atmosphäre für eine Unterhaltung.

In solchen Momenten bin ich versucht, auf mein Zimmer zu gehen, den Zimmerservice zu bestellen und den Rest des Abends vor dem Laptop zu verbringen. Aber das wäre eine völlig vertane Gelegenheit.

Die Alternative dazu ist, sich die verlorenen ein oder zwei Stunden dadurch zunutze zu machen, dass man *selbst* ein Essen organisiert.

Ich tue das während der meisten Konferenzen mindestens ein Mal. Ich suche im Vorfeld der Veranstaltung ein nettes Restaurant in der Nähe und verschicke Einladungen zu einem privaten Essen neben der offiziellen Veranstaltung. Man kann das spontan am selben Tag machen oder man kann schon vor der Veranstaltung offizielle Einladungen versenden. Sehr erfolgreich war ich mit der Methode, ein Fax in das Hotel zu schicken (normalerweise gibt es ein bestimmtes Hotel, in dem die meisten VIPs während der Konferenz wohnen), sodass die betreffende Person bei ihrer Ankunft am Vorabend der Konferenz die Bitte erhält, mit ein paar anderen essen zu gehen oder einen Drink zu nehmen. Ein Vorteil, den Sie bedenken sollten: keine Sekretärinnen, die eine solche Nachricht erst einmal vorsortieren. Wahrscheinlich haben diese Menschen bei ihrer Ankunft noch keine Pläne, und wenn sie doch schon welche haben, heben Sie sich trotzdem von den anderen ab, wenn Sie sich während der Konferenz begegnen; und ich versichere Ihnen, sie werden dankbar dafür sein, dass Sie an sie gedacht haben. Wenn die Rede zum Essen von einer besonders interessanten Person gehalten wird, lade ich lieber vor oder nach dem Essen zu einem Umtrunk ein.

Die Schaffung eines eigenen Forums ist häufig die beste Möglichkeit, zu garantieren, dass die Menschen, die Sie treffen wollen, zur gleichen Zeit am gleichen Ort sind. Im Idealfall laden Sie eine Handvoll Redner zu Ihrem Essen ein, damit Ihr kleines Event gewissermaßen zu einer Attraktion wird. Vergessen Sie nicht, dass auch ein Unbekannter zum kleinen Star wird, wenn er auf einer Veranstaltung eine Rede gehalten hat.

Ich mache das jedes Jahr anlässlich des Renaissance Weekends, einer alljährlich am Neujahrswochenende stattfindenden Versammlung von Politikern, Geschäftsleuten und anderen Persönlichkeiten. Ich verschicke lustige Einladungen und frage ein paar Menschen, ob sie nicht das offizielle Abendessen schwänzen und anderswo in ein nettes Restaurant gehen wollen. Am Renaissance Weekend gibt es sogar einen Abend, an dem man allein losziehen kann, um genau dies zu tun. Das funktioniert bei langen dreitägigen Konferenzen am besten. Wie auf dem College möchte jeder gern mal dem Campus entkommen. Wenn die Konferenz in Ihrer Heimatstadt stattfindet, seien Sie so frei und laden Sie ein paar Menschen zu sich nach Hause zu einem richtigen Schmaus ein; ich mache das immer, wenn in Los Angeles die Milken Institute Global Conference stattfindet. Das ist sowohl hinsichtlich der

Inhalte als auch der Gäste eine der besten Konferenzen der Vereinigten Staaten. Ich veranstalte jedes Jahr einen Tag vor Beginn der Konferenz eine Dinnerparty bei mir zu Hause. Die meisten Teilnehmer reisen sowieso schon einen Tag vorher an und eine lustige, intime Dinnerparty ist immer besser, als alleine im Hotel zu essen.

Ein Essen ist aber nicht die einzige Möglichkeit, eine Konferenz innerhalb der Konferenz zu organisieren. Bei längeren Konferenzen gibt es häufig ein gesellschaftliches Rahmenprogramm – Golf, Ausflüge und historische Sehenswürdigkeiten. Allzu oft ist dieses Programm einfach nur schrecklich. Sind Sie jemals mit 400 Personen in ein Museum gegangen? Da fühlt man sich wie in einer Rinderherde.

Es gibt keinen Grund, weshalb man nicht die Initiative ergreifen und eine eigene Tour veranstalten oder einen ungewöhnlichen Ort besuchen sollte, an den die Veranstalter vielleicht nicht gedacht haben. Ein früherer Kollege bei Starwood machte das immer bei den Winterkonferenzen. Als passionierter Skifahrer suchte er immer die besten Skihänge in der Gegend – meistens entlegene Hänge, die noch niemand erkundet hatte. Er fand immer problemlos ein paar Skifahrer, die bei dem Gedanken an frischen Pulverschnee mehr als begeistert waren.

Je aktiver man als „Gastgeber" seiner eigenen Konferenz in der Konferenz wird, umso mehr hilft man anderen Menschen, Verbindungen zu knüpfen, und man macht sich dadurch zu einem Mittelpunkt des Einflusses. Wenn Sie bei Ihrer Dinnerparty oder sonstigen Veranstaltung neue Menschen kennenlernen, stellen Sie sich nicht einfach nur vor, sondern stellen Sie diese Menschen auch anderen Menschen vor. Wenn Ihre neuen Bekannten nicht schnell in das Gespräch hineinkommen, sagen Sie ihnen etwas über den einen oder anderen Gast. „Sergio war in der Blütezeit von Coca-Cola für die globale Markenpolitik zuständig. Wollen Sie nicht auch den Markennamen Ihrer Firma aufpolieren, David? Einen besseren Gesprächspartner als Sergio werden Sie dafür nicht finden."

Picken Sie sich eine große Nummer heraus

Wenn Sie den populärsten Mann oder die populärste Frau der Konferenz kennenlernen – die Person, die jeden kennt –, können Sie ihn oder sie begleiten, während sie mit den wichtigsten Menschen auf der Konferenz verkehren. Die Organisatoren der Konferenz, Redner, bekannte CEOs und andere bekannte Manager – sie alle sind große Tiere, die sich lohnen.

Überprüfen Sie das Veranstaltungsprogramm auf die Namen von Koryphäen und Schlüsselfiguren. Gehen Sie zu den entsprechenden Programmpunkten. Seien Sie frühzeitig da, wenn sie Vorträge halten. Halten Sie sich in der Nähe des Eingangs oder der Anmeldung auf. Halten Sie sich bereit und stellen Sie sich selbst vor oder warten Sie auf eine günstige Gelegenheit.

Vergessen Sie nicht, dass Sie mit Rednern immer *vor* dem Auftritt sprechen. Der anonyme Tölpel, der am Frühstückstisch seinen Joghurt löffelt, bekommt leicht die Aura der Berühmtheit, wenn er als Redner aufgetreten ist. Wenn Sie diese Leute erwischen, bevor sie prominent werden, stehen die Chancen besser, dass ein Kontakt zustande kommt. Wenn Sie nicht wissen, wie die betreffenden Personen aussehen, fragen Sie den Veranstalter der Konferenz (der sowieso schon Ihr Kumpel ist).

Werden Sie zur Informationsdrehscheibe

Wenn Sie eine Gelegenheit geschaffen haben, neue Menschen kennenzulernen, etablieren Sie sich als „Informationsdrehscheibe" – das ist für jeden guten Networker eine entscheidende Rolle. Und wie macht man das? Tun Sie mehr, als nur das Programmheft auswendig zu lernen. Finden Sie heraus, welche Informationen die Menschen um Sie herum gern hätten und bereiten Sie sich vor. Das können geschäftliche Gerüchte sein, die besten Restaurants in der Gegend, private Partys und so weiter. Geben Sie wichtige Informationen weiter oder lassen Sie andere wissen, wie sie an die entsprechenden Informationen kommen.

Natürlich hört diese Rolle nach der Netzwerkveranstaltung nicht auf. Als Informationsquelle sind Sie jemand, den es sich immer zu kennen lohnt.

Werden Sie zum Reporter

Heutzutage gibt es bei jeder Konferenz ein allgegenwärtiges „Hintergrundrauschen": die ständigen Konversationen über Twitter und andere soziale Medien. Vor der Konferenz sollten Sie die wichtigsten Influencer identifizieren, die twittern und auf der Konferenz sind. Stellen Sie eine Liste auf, das macht es einfacher, zum Follower zu werden. Überprüfen sie Hashtags und werden Sie ein aktiver Teil der Unterhaltung, während Sie auf den Sitzungen sind. Machen Sie Fotos der Leute, die Sie bei den Partys und Veranstaltungen treffen, die Sie besuchen – sowohl zum Twittern als auch, um sich selbst an sie zu erinnern. Machen Sie sich zu allem Notizen und wenn das Event vorbei ist, machen Sie eine Story daraus oder eine Fotoserie, die Sie auf Ihrem Blog posten, per E-Mail an Leute schicken, die sie getroffen haben, oder über Facebook verbreiten, et cetera.

Profi-Tipp: Warten Sie nach der Konferenz nicht zwei Wochen. Machen Sie es auf dem Heimweg im Flugzeug und bringen Sie es sofort in Umlauf, damit die Leute es sehen, während sie noch in Hochstimmung durch die Konferenz sind.

Lernen Sie den „Deep Bump"

Der „Bump" oder „Rempler" ist die wichtigste Waffe im Arsenal Ihres Konferenzkommandos. Auf das Wesentliche reduziert handelt es sich dabei um die zwei Minuten, die man bekommt, wenn man jemanden „anrempelt" [„bump"], den man kennenlernen möchte. Ihr Ziel sollte sein, mit der Abmachung aus dem Treffen zu gehen, dass man einander zu einem späteren Zeitpunkt noch einmal kontaktiert.

Wie bei anderen Methoden auch gibt es beim Bump verschiedene Abstufungen. Der perfekte Bump ist schnell und gleichzeitig bedeutungsvoll. Ich bezeichne das als „Deep Bump".

Deep Bumps sind Versuche, schnell Kontakt aufzunehmen, eine Verbindung aufzubauen, die für ein weiteres Treffen reicht, und dann zum Nächsten überzugehen. Sie haben einen Haufen Geld dafür bezahlt, dass Sie auf dieser Konferenz sein dürfen (es sei denn, Sie sind Redner, dann ist es normalerweise kostenlos), und Sie wollen in der verfügbaren Zeit so viele Menschen wie möglich treffen. Sie sind zwar nicht auf der Suche nach einem sehr guten Freund, aber die Verbindung sollte immerhin so stark sein, dass Sie nachhaken können.

Damit eine Verbindung zwischen zwei Menschen entsteht, ist ein gewisses Maß an Intimität notwendig. Man muss in den zwei Minuten tief in die Augen und in das Herz des anderen blicken, man muss intensiv zuhören, man muss Fragen stellen, die über das rein Geschäftliche hinausgehen und man muss etwas von sich selbst offenbaren, sodass eine gewisse Verwundbarkeit (ja, Verwundbarkeit, das ist ansteckend!) ins Spiel kommt. Alle diese Dinge zusammen schaffen eine aufrichtige Verbindung.

Das ist unmöglich, mögen Sie ausrufen. Aber ich habe das schon gesehen und ich mache das auch. Der Deep Bump ist nicht nur theoretisches Gequatsche.

Es gibt Menschen, die schaffen das innerhalb von Sekunden; sie brauchen nicht einmal eine Minute, um einen Deep Bump zu landen. Der frühere Präsident Bill Clinton ist darin Meister. Ich habe aus der Nähe beobachtet, wie er eine lange Reihe von Gratulanten und Fans (manchmal auch glühenden Gegnern) abarbeitet. Präsident Clinton schüttelt jedem die Hand. Meistens nimmt er beide Hände oder er ergreift die andere Person am Ellbogen, um sofort persönliche Wärme zu erzeugen. Er schaut einem direkt in die Augen und stellt in dem flüchtigen Augenblick ein oder zwei persönliche Fragen. Ich weiß nicht, wie oft ich schon gehört habe, dass nach einer Veranstaltung die verschiedensten Menschen sagten, wie unglaublich es war, das einzige

Objekt der Aufmerksamkeit dieses Menschen gewesen zu sein. Und das gilt sogar für Republikaner.

Die Tiefe dieser Verbindung beruht nicht auf dem Wunsch des Präsidenten, seine Meinung oder seine politische Sichtweise zu vermitteln. Sein Ziel ist ebenso einfach wie mächtig. Der Präsident will, dass man ihn mag (mit seinen eigenen berühmten Worten gesagt „fühlt" er, was man selbst fühlt). Wenn er in solchen kurzen Momenten zeigt, dass er einen mag und sich um einen kümmert, reagiert man als Mensch darauf mit Erwiderung. Er ist exakt auf den Radiosender eingestellt, den wir alle hören – WHID, „Was Habe Ich Davon?". Ich habe noch nie gehört, dass Clinton bei solchen kurzen Zufallsbegegnungen um Stimmen bat oder über sich selbst sprach. Seine Fragen drehten sich immer darum, was die andere Person denkt, was ihr Probleme bereitet.

Die meisten Menschen halten Konferenzen für gute Gelegenheiten, ihre Ware zu verscherbeln. Sie hasten von einem Raum zum anderen und versuchen verzweifelt, sich zu verkaufen. Ein Kommando weiß allerdings, dass man die Menschen zuerst dazu bringen muss, dass sie einen mögen. Der Verkauf kommt später – in den Gesprächen, die man nach der Konferenz führt. Jetzt ist die Zeit, langsam Vertrauen und eine Beziehung aufzubauen.

Kennen Sie Ihre Zielpersonen

Sie sind bereit für den Bump. Jetzt brauchen Sie nur noch jemanden, den Sie anrempeln können.

Ich habe bei Konferenzen immer einen Zettel in der Tasche, auf dem die drei oder vier Personen stehen, die ich am liebsten kennenlernen will. Wenn ich die Personen treffe, hake ich sie ab. Ich schreibe hinter den Namen, worüber wir gesprochen haben, und notiere mir, wie ich hinterher Kontakt aufnehmen will. Und wenn man sich einmal mit jemandem unterhalten hat, plaudert man im Laufe der Konferenz immer wieder miteinander.

Man kann sich aber nicht ausschließlich auf den Zufall verlassen, dass man diese Menschen bei einem Cocktail oder in einer Pause trifft. Ich lasse mir normalerweise von dem Organisator den Bereich zeigen, in dem die Person sein wird, und passe auf, wo sie sitzt. Die meisten Menschen sitzen während der gesamten Konferenz auf dem gleichen Platz.

Ich wollte zum Beispiel schon seit Jahren Barry Diller kennenlernen, den CEO von InterActiveCorp. Er ist ein Visionär des Mediengeschäfts und hat die geradezu unheimliche Fähigkeit, vor allen anderen vorauszusehen, welche Innovationen später Gewinn bringen. Er riecht das Geld regelrecht.

Bei der Beschäftigung mit einer meiner Konferenzen stellte ich fest, dass sich Diller unter den Rednern befand. Ich fand heraus, wann und wo er auftreten sollte, und ich bekam Zugang zu dem Bereich, durch den er kommen musste, wenn er auf die Bühne ging und die Bühne wieder verließ. Ich positionierte mich so, dass er fast unmöglich an mir vorbeigehen konnte, ohne mich anzustupsen.

Als er vorbeikam, erregte ich seine Aufmerksamkeit: „Mr. Diller, mein Name ist Keith Ferrazzi. Ich arbeite als Vertriebsdirektor von Starwood für Barry Sternlicht. Er hat schon öfter gesagt, dass Sie und ich uns einmal unterhalten sollten, und ich habe mir gedacht, ich stelle mich am besten einfach selbst vor. Ich weiß, dass Sie sehr beschäftigt sind, aber ich wollte nur fragen, ob ich vielleicht einfach in Ihrem Büro anrufen und einen Termin ausmachen kann, damit wir uns treffen können, wenn wir wieder zurück sind." (Ich machte eine kurze Pause, in der er sagte: „Klar, rufen Sie mein New Yorker Büro an.") „Super, ich möchte mit Ihnen nämlich über ein paar Ideen für Ihr Unternehmen sprechen, aber ich bewundere auch schon lange Ihre Karriere und die Pionierarbeit, die Sie geleistet haben." Das war's. Ich spielte meine größte und beste Karte aus, nämlich meinen Chef, der ebenfalls ein visionärer Unternehmer war und vor dem Diller Respekt hatte. Bei einem großen Namen wie Diller reicht der Bump möglicherweise nicht so tief, wie man sich das wünscht. Aber trotz der begrenzten Zeit schaffte ich es, glaubwürdig zu werden, indem ich einen bekannten und vertrauenswürdigen Namen fallen ließ, durch die Erwähnung meiner Bewunderung für seine Karriere eine gewisse Verletzlichkeit einfließen ließ und andeutete, dass meine Ideen für ihn wertvoll sein könnten. Aus diesem Bump resultierte letztlich ein Stellenangebot und es ergaben sich Kontakte zu Personen in seinem Unternehmen, die heute immer noch wichtig für mein Business sind.

Wie die flüchtige Vorstellung aussieht, hängt von den Umständen ab. Im Allgemeinen besteht sie aus einer Eröffnung in zwei bis drei Sätzen, die auf den Anlass zugeschnitten sind und in denen Sie sagen, was Sie für die betreffende Person tun können oder wollen.

Pausen sind nicht die rechte Zeit für eine Pause

Die Pausen sind bei Konferenzen die Zeit, in der die eigentliche Arbeit stattfindet.

Achten Sie darauf, dass Sie den richtigen Platz finden. Ist Ihnen schon einmal aufgefallen, dass sich die Gäste immer in der Küche oder an einem anderen zentralen Ort sammeln, wenn man nach Hause eingeladen hat? Ein warmer, zentral gelegener Ort ist häufig der Mittelpunkt der Party. Stellen Sie fest, wo sich die meisten Menschen sammeln oder wenigstens vorbeikommen, und positionieren Sie sich dort. Das kann neben dem Büfett sein, an der Bar oder im Empfangsbereich.

In solchen Momenten müssen Sie Eindruck machen. *U. S. News & World Report* enthüllte, wie sich Henry Kissinger einen Raum zu eigen macht: „Betreten Sie den Raum. Treten Sie nach rechts. Überblicken Sie den Raum. Sehen Sie, wer da ist. Sie wollen, dass andere Menschen Sie sehen."

Kissinger weiß, dass großartige Networker es draufhaben, einen denkwürdigen ersten Eindruck zu machen. Sie betrachten einen Raum voller Menschen als Spielfeld. Vergessen Sie nicht, dass Sie elegant aussehen müssen. Unterschätzen Sie nicht die Bedeutung angemessener Kleidung, wenn Sie bemerkt werden wollen. Und fangen Sie an, Menschen anzurempeln.

Nachhaken

Wenn Sie mich bis bisher noch nicht für bekloppt gehalten haben, dann tun Sie es bestimmt jetzt.

Ich weiß, dass ich Ihnen schon gesagt habe, Sie sollen nachhaken, aber ich will Ihnen klarmachen, wie lebenswichtig das in meinen Augen ist. Also noch einmal: Haken Sie nach. Danach haken Sie noch einmal nach. Und wenn Sie das gemacht haben, haken Sie noch einmal nach.

Man sollte das nicht aufschieben, denn dann macht man es vielleicht nie. Wie viele von Ihnen haben wohl noch Visitenkarten von Events, die Monate oder noch länger zurückliegen? Das sind verpasste Gelegenheiten. Während Vorträgen sitze ich hinten und schreibe E-Mails an die Menschen, die ich in der Pause davor kennengelernt habe. Jeder, mit dem Sie auf der Konferenz gesprochen haben, muss eine E-Mail bekommen, die ihn daran erinnert, dass er zugesagt hat, noch einmal mit Ihnen zu sprechen. Ich schicke auch gern den Rednern eine Notiz, auch wenn ich keine Gelegenheit hatte, sie kennenzulernen.

Hier ein konkretes Beispiel für eine E-Mail, mit der ich nachgehakt habe:

„Hallo Carla,
das war ja toll! Ich hatte nicht damit gerechnet, dass wir auf der Forbes CIO Conference Tequila trinken würden. Wir müssen das definitiv jedes Jahr so machen. Außerdem wollte ich an unser Gespräch über Ihre Marketingstrategie und über Ihr Interesse an der Loyalitätsstrategie von Ferrazzi Greenlight anknüpfen, die Ihnen helfen könnte, Ihre Zielgruppe erwachsener Frauen zu erreichen. Könnten Sie mich diese Woche einmal anrufen, wenn es Ihnen passt?
Ich wollte Ihnen auch noch sagen, dass ich von nicht weniger als drei Personen unabhängig voneinander Kommentare über Ihren Vortrag gehört habe, und was für eine tolle Rednerin Sie sind. Meinen Glückwunsch!
Gruß
Keith“

Es geht um die Menschen, nicht um die Reden

Diese Regel dürfte Ihnen inzwischen klargeworden sein. Inhaltlich finde ich Konferenzen meist nicht besonders nützlich. Ich lese viel. Ich denke über solche Themen ständig nach und ich spreche mit vielen Menschen. Wenn ich zu einer Konferenz gehe, weiß ich im Prinzip schon, was dort gesagt wird.

Natürlich gibt es davon auch Ausnahmen, zum Beispiel als Michael Hammer über Umstrukturierung sprach und dann seinen Vortrag wie durch Zauberei in eine Lehrstunde über das Leben und in eine Stand-up-Comedyshow verwandelte. Von solchen Erleuchtungen abgesehen, geht es bei den meisten Konferenzvorträgen darum, dass irgendein Topmanager über sein Projekt zur Prozessverbesserung spricht. Selbst bei interessanten Rednern ist die Mentalität die gleiche: Es geht immer um die Menschen.

Was Sie nicht sein sollten

Das Mauerblümchen: Der schlappe Händedruck, der Sitzplatz in der hinteren Ecke, das unauffällige Verhalten – alles deutet darauf hin, dass diese Person glaubt, nur wegen der Vorträge hier zu sein.

Der Rockzipfler: Der Rockzipfler macht sich vollkommen abhängig und meint, die erste Person, die er kennenlernt, sei der beste Freund aller Zeiten. Aus Angst folgt er dem besten Freund wie ein Schatten durch die ganze Konferenz. Sie haben so viel Geld bezahlt, dass Sie die Gelegenheit nutzen sollten, viele *verschiedene* Menschen kennenzulernen. Rempeln Sie! Sie haben ein Leben lang Zeit, Beziehungen zu diesen Menschen aufzubauen. Sammeln Sie so viele Nachfolgetermine wie möglich.

Der Prominentenjäger: Dieser Personentyp steckt seine Energie bis auf den letzten Tropfen in den Versuch, die wichtigste Person der Veranstaltung kennenzulernen. Aber wenn die Person, die er kennenlernen will, tatsächlich die wichtigste Persönlichkeit der Konferenz ist, kommt man möglicherweise nicht so leicht heran. Vielleicht wird sie sogar bewacht. Ein junger Bekannter von mir ging vor Kurzem zu einer Rede, die der König von Jordanien hielt, und er kam begeistert zurück. Zusammen mit 500 anderen hatte er eine Stunde auf die Gelegenheit gewartet, dem König die Hand zu schütteln. Ich fragte ihn: „Was genau hat dir diese Begegnung gebracht?"

„Ich kann sagen, dass ich ihn getroffen habe", antwortete er etwas verlegen. Ich sagte ihm, dass in dem Raum doch bestimmt mindestens eine Handvoll Würdenträger und Kabinettsmitglieder waren, um die sich niemand bemühte. Wäre es für meinen jungen Freund nicht besser gewesen, sich mit einem von ihnen tatsächlich zu unterhalten, als einem Menschen die Hand zu schütteln, der ihn nach dem Händedruck sofort wieder vergisst? Vielleicht hätte er eine Beziehung aufbauen können. Stattdessen bekam er nur ein Foto und einen Händedruck.

Der Schmeichler, der sich ständig nach etwas Besserem umsieht: Mit nichts katapultieren Sie sich schneller ins Aus. Seien Sie lieber Bill Clinton. Wenn Sie mit einer Person nur 30 Sekunden verbringen, müssen die 30 Sekunden warm und ehrlich sein. Nichts bringt Sie schneller ins Spiel.

Der Kartenverteiler/Kartensammler: Dieser Mensch verteilt seine Karten, als würde auf der Rückseite die Formel für ein Krebsheilmittel stehen. Visitenkarten werden ehrlich gesagt überbewertet. Wenn man einen erfolgreichen Bump macht und das Versprechen eines späteren Treffens bekommt, ist ein

Stück Papier irrelevant. Dieser Personentyp freut sich über die Vielzahl der „Kontakte", die er erworben hat. Aber in Wirklichkeit hat er nichts als ein Verzeichnis von Namen und Telefonnummern zur Kaltakquise erworben.

15

Connections zu Connectors

Es ist mittlerweile allgemein bekannt, dass zwischen uns selbst und jeder beliebigen Person auf der Welt nicht mehr als sechs Personen (oder weniger) stehen. Aber wie kann das sein? Das wird dadurch möglich, dass manche Menschen viel, viel mehr Menschen kennen als andere.

Nennen wir sie Super-Connectors. Jeder von uns kennt mindestens einen solchen Menschen, der scheinbar jeden kennt und den scheinbar jeder kennt. Viele Super-Connectors arbeiten als Headhunter, Lobbyisten, Fundraiser, Politiker, Journalisten und Werbefachleute, weil für diese Tätigkeiten ihre angeborenen Fähigkeiten notwendig sind. Ich vertrete die Auffassung, dass solche Menschen die Eckpfeiler jedes blühenden Netzwerks sein sollten.

Was Michael Jordan für den Basketballsport war und was Tiger Woods für den Golfsport ist, können diese Menschen für Ihr Netzwerk sein. Wer sind sie also wirklich und wie machen Sie sie zu wertvollen Mitgliedern Ihres Kreises von Freunden und Bekannten?

Malcolm Gladwell zitiert in seinem Bestseller *Tipping Point. Wie kleine Dinge Großes bewirken können* eine klassische Studie des Soziologen Mark Granovetter aus dem Jahre 1974, der damals untersuchte, wie eine Gruppe von Männern aus Newton in Massachusetts ihre derzeitigen Arbeitsstellen gefunden hatte. Die Studie mit dem treffenden Titel „Getting a Job" war auf diesem Gebiet wegweisend und ihre Ergebnisse wurden inzwischen immer wieder bestätigt.

Granovetter stellte fest, dass 56 Prozent der Personen in gehobener Position ihren Job durch persönliche Beziehungen gefunden hatten. Nur 19 Prozent hatten den als traditionell geltenden Weg eingeschlagen – Stellenanzeigen in der Zeitung oder Personalvermittler für Führungskräfte. Rund zehn Prozent hatten sich direkt bei einem Arbeitgeber beworben und eine Stelle bekommen.

Was ich damit sagen will? Persönliche Kontakte öffnen Türen – kein besonders revolutionärer Gedanke. Überraschend ist allerdings die Tatsache, dass von den Menschen, denen persönliche Kontakte etwas gebracht hatten, nur 17 Prozent mit ihrer Kontaktperson häufig zu tun hatten – so häufig, dass sie sich als gute Freunde bezeichneten – und dass 55 Prozent ihre Kontaktperson nur gelegentlich sahen. Und – man stelle sich das einmal vor – 28 Prozent hatten fast nie etwas mit der Kontaktperson zu tun.

Anders gesagt erweisen sich die engsten Kontakte wie Verwandte und gute Freunde nicht unbedingt als die einflussreichsten; im Gegenteil, die wichtigsten Personen in unserem Netzwerk sind häufig nur Bekannte.

Mit dem Ergebnis seiner Studie machte Granovetter den Ausdruck „Die Stärke schwacher Bindungen" unsterblich. Er belegte überzeugend, dass sogenannte „schwache Bindungen" bei der Arbeitssuche – genauso wie bei der Suche nach neuen Informationen oder neuen Ideen – im Allgemeinen *wichtiger* sind als diejenigen, die man für stark hält. Wie kommt das? Denken Sie einmal darüber nach. Viele enge Freunde und Bekannte gehen auf die gleichen Partys, machen im Grunde die gleiche Arbeit und leben ungefähr in der gleichen Welt wie Sie. Deshalb kennen sie nur selten Informationen, die Sie noch nicht kennen.

Ihre schwachen Bindungen hingegen bewohnen im Allgemeinen eine ganz andere Welt als Sie selbst. Sie haben mit anderen Menschen in anderen Sphären zu tun und sie haben Zugang zu einem Wissens- und Informationsvorrat, der Ihnen und Ihren engen Freunden nicht zugänglich ist.

Mama hatte nicht recht – es lohnt sich durchaus, mit Fremden zu sprechen. Malcolm Gladwell schreibt dazu: „Bekanntschaften stellen kurz gesagt eine Form sozialer Macht dar, und je mehr Bekannte man hat, desto mächtiger ist man."

Ich betone in diesem Buch ja immer wieder, wie wichtig es ist, dass man tiefe und vertrauensvolle Beziehungen knüpft, keine oberflächlichen Kontakte. Trotz Granovetters Forschungsergebnissen glaube ich, dass Freundschaften das Fundament eines wahrhaft mächtigen Netzwerks bilden. Für die meisten von uns ist es einfach zu anstrengend, zusätzlich zu den Bemühungen um den Freundeskreis auch noch eine lange Liste reiner Bekanntschaften zu pflegen. Die Vorstellung, dass man noch 100 weiteren Personen verpflichtet ist – Geburtstagsgrüße, Einladungen zum Essen und was man sonst noch alles so tut – erscheint als unerträgliche Belastung.

Bloß ist das bei manchen Menschen nicht so. Diese Menschen sind Super-Connectors – Menschen wie ich, die mit Tausenden Menschen Kontakt halten. Entscheidend ist allerdings nicht, dass man Tausende von Menschen kennt, sondern dass man Tausende von Menschen in vielen verschiedenen Welten kennt und dass man sie so gut kennt, dass man sie einfach anrufen kann. Wenn man freundliche Beziehungen zu einem Super-Connector hat, ist man nur zwei Schritte von Tausenden verschiedenen Menschen entfernt.

Ein Sozialpsychologe namens Dr. Stanley Milgram hat diesen Gedanken im Jahre 1967 in einer wissenschaftlichen Untersuchung bewiesen. Er machte ein Experiment, das zeigen sollte, dass unsere große unpersönliche Welt in Wirklichkeit ziemlich klein und freundlich ist.

Die berühmten „sechs Separationsgrade" gehen auf Milgrams Experiment zurück. Er schickte eine Postsendung an mehrere hundert zufällig ausgewählte Personen in Nebraska und gab ihnen die Anweisung, die Sendung einem Börsenmakler in Boston zukommen zu lassen, den sie nicht kannten. Jede Person durfte den Brief nur an eine Person senden, die sie mit Vornamen ansprach und von der sie dachte, dass sie den Broker eher kennen könnte als sie selbst. Etwa ein Drittel der Briefe kam nach durchschnittlich sechs Stationen bei dem Empfänger an.

Bei der Analyse der Menschenketten kam Milgram zu dem überraschenden Ergebnis, dass ein Großteil der Briefe durch die Hände von drei bestimmten Personen in Nebraska gegangen war. Dieses Ergebnis spricht dafür, dass es sinnvoll ist, ein paar Super-Connectors zu kennen, wenn man die soziale Macht von Bekanntschaften nutzen will.

Man findet Connectors in allen nur erdenklichen Berufen, aber ich beziehe mich im Folgenden auf sieben Berufe, in denen sie am häufigsten auftreten. Jeder dieser Connector-Typen stellt für mich eine Verbindung zu einer ganzen Welt von Menschen, Ideen und Informationen dar, die mein Leben bedeutend unterhaltsamer machen, die meine Karriere fördern oder die Unternehmen, für die ich arbeite, erfolgreicher machen.

1. Restaurantbesitzer

Die 57th Street liegt zwar nicht unbedingt in Lower Manhattan, aber für den Nightlife-Impresario Jimmy Rodriguez, der mit seinem ersten Restaurant die Bronx zum Hip-Viertel erster Klasse machte, war sie trotzdem „Downtown". Sein zweites Restaurant – eben das Downtown – lockte die gleichen Stars, Politiker und Sportler an, die gutes Essen und gute Unterhaltung suchten.

Das war meine Anlaufstelle, wenn ich in New York war. Die Szenerie war exklusiv, aber nicht protzig: gedämpftes Licht, ein glänzender Onyx-Tresen und der R&B-Soundtrack im Hintergrund gaben diesem Ort das Flair eines angesagten Country Clubs. Jimmy schwirrte um die Tische herum, umgarnte einen mit kostenlosen Aperitifs und machte einen mit Leuten bekannt, von denen er dachte, man möchte sie vielleicht kennenlernen.

Das war wie ein Privatklub ohne Mitgliedsbeitrag.

Ich erinnere mich an Jimmy als waschechten Connector und im Grunde muss das bei den meisten Restaurantbesitzern so sein. Wenn ich in Chicago war, ging ich in Gordon's Restaurant und in L.A. zu Wolfgang Puck. Der Erfolg dieser Unternehmen beruht auf einem harten Kern von Stammgästen, die das Restaurant als zweites Zuhause betrachten.

Einen guten Restaurantbesitzer kennenzulernen ist ganz leicht. Die Schlauen unter ihnen reißen sich ein Bein aus, Ihnen die Sache angenehm zu machen. Sie brauchen dafür nichts weiter zu tun, als oft genug hinzugehen.

Wenn ich in eine neue Stadt komme, bitte ich normalerweise jemanden um eine Aufstellung der angesagtesten (und etabliertesten) Restaurants. Ich rufe gern im Voraus an, verlange den Besitzer zu sprechen (der Oberkellner reicht auch), sage ihm, dass ich gern ausgehe, manchmal mit großen Gesellschaften, und nach einem neuen Ort suche, an dem man es sich so richtig gut gehen lassen kann.

Falls Sie nicht so oft ausgehen wie ich, suchen Sie ein oder zwei Restaurants aus, die Ihnen gefallen, und gehen Sie immer dorthin, wenn Sie ausgehen. Werden Sie Stammgast. Lernen Sie unbedingt das

Personal kennen. Wenn Sie beruflich ausgehen, nehmen Sie andere Menschen mit dorthin. Wenn Sie ein Catering für eine Veranstaltung brauchen, engagieren Sie das Restaurant.

Kennen Sie den Besitzer erst einmal, wird das Restaurant sozusagen zu Ihrem eigenen – zu einem Ort mit dem Anstrich der Exklusivität und dem Stempel des Privatklubs sowie der Wärme und der Gemütlichkeit des eigenen Heims.

Mit ein bisschen Vorausplanung und ein bisschen Treue teilt ein Restaurantchef nicht nur alles, was seine Küche zu bieten hat, mit Ihnen, sondern macht Sie auch mit seinen anderen Stammkunden bekannt.

2. Headhunter

Personalvermittler, Stellenvermittler, Headhunter. Sie sind wie Torwächter, aber sie sind nicht einer bestimmten Führungskraft unterstellt, sondern die wirklich Erfolgreichen unter ihnen arbeiten vielleicht Hunderten Managern auf dem Gebiet zu, auf dem sie Personal suchen.

Headhunter sind professionelle Kuppler; sie verdienen ihr Geld damit, dass sie Unternehmen, die Mitarbeiter einstellen, Bewerber zuführen. Wenn man eine Stelle bekommt, erhält der Headhunter eine beträchtliche Vermittlungsgebühr, normalerweise einen bestimmten Prozentsatz von dem ersten Jahresgehalt des Kandidaten.

Aus diesem Grund sind Headhunter eine interessante Mischung aus Verkäufer und Salonlöwe. Um Kandidaten zu finden, schalten Headhunter häufig Stellenanzeigen. Sie gehen aber auch direkt auf potenzielle Kandidaten zu, zum Beispiel auf Empfehlung von Freunden oder Kollegen. Innerhalb der Branche, auf die sie spezialisiert sind, werden sie zu wertvollen Namens- und Informationsquellen.

Headhunter fühlen sich bei zwei Dingen ganz in ihrem Element. Entweder engagiert man sie, um jemanden zu suchen, oder man hilft ihnen bei der Suche im Auftrag Dritter. Wenn Sie auf Stellensuche sind, lassen Sie alle Firmen für sich telefonieren, die dazu bereit sind.

Ich habe eine Headhunter-Datei, in der steht, wer sie sind und wonach sie suchen. Ich beantworte jeden ihrer Anrufe und stelle mein Netzwerk für ihre Suche nach Jobkandidaten zur Verfügung. Ich weiß, dass sie mir helfen und mir Zugang zu ihren Klienten gewähren, wenn ich ihre Hilfe brauche. Schließlich ist Networking ihr Geschäft!

Kann man mit einem Headhunter Kontakt aufnehmen? Ehrlich gesagt gehen Headhunter lieber selbst auf die Menschen zu. Aber wenn Sie sorgfältig darauf achten, dass Sie nicht versuchen, sich selbst zu verkaufen, bevor Sie ihnen nicht Ihr Kontakt-Netzwerk zur Verfügung gestellt haben, dann sind sie sehr empfänglich. In den ersten Jahren meiner Laufbahn, als ich noch nicht in der Position war, solche Menschen zu engagieren, und als ich noch niemanden kannte, der Personalberater nutzt, fragte ich konkret: „Wonach suchen Sie? Kann ich Ihnen helfen, Leute zu finden?"

Außerdem empfiehlt es sich, selbst als Pseudo-Headhunter zu arbeiten und stets Job-Hunter und Job-Sucher beziehungsweise Berater und Unternehmen miteinander in Kontakt zu bringen. Wenn Sie jemandem helfen, eine Stelle zu bekommen, dann erinnert er sich gern an Sie, wenn er wiederum selbst von einer offenen Stelle hört. Und wenn Sie beispielsweise einem Zulieferer zu einem neuen Kunden verhelfen, lässt er beim nächsten Projekt vielleicht eher mit sich handeln. Anderen zu guten Mitarbeitern zu verhelfen ist bares Geld wert.

3. Lobbyisten

Gut informierte, überzeugende und selbstbewusste Lobbyisten sind im Allgemeinen beeindruckende Networker. Dank ihrer Arbeit sind sie mit der Funktionsweise großer Organisationen sowie von kommunalen und nationalen Regierungen gut vertraut. Fast alle Lobbyisten sind leidenschaftliche Menschen, die Politiker dahingehend beeinflussen wollen, dass sie Gesetzen zustimmen, die die von ihnen vertretenen Interessen begünstigen.

Wie arbeiten sie? Lobbyisten veranstalten beispielsweise häufig Cocktailpartys und laden zum Essen ein, damit sie mit Politikern – und ihren Gegnern – in einer ungezwungenen Atmosphäre sprechen können. Ihre Knochenarbeit besteht in stundenlangen Telefonaten und im Schreiben von Briefen, mit denen sie die Wählergemeinde für ein Thema interessieren wollen. Deshalb kann man sich bei diesen Menschen leicht beliebt machen. Können Sie ein Event für sie veranstalten? Können Sie ihnen Ihre Dienste anbieten? Auf andere Menschen verweisen, die gern ihre Dienste zur Verfügung stellen würden? Sie mit potenziellen Kunden bekannt machen?

Lobbyisten gehen auf viele Menschen zu, deren Bekanntschaft nützlich sein könnte, unter anderem die Mächtigen und Erfolgreichen.

4. Fundraiser

Fundraiser leben nach dem Motto „Folge dem Geld". Sie wissen, wo es ist, was man tun muss, um es zu bekommen, und vor allen Dingen, wer es am wahrscheinlichsten hergibt. Deshalb kennen Fundraiser prinzipiell jedermann, egal ob sie für eine politische Organisation, eine Universität oder eine gemeinnützige Vereinigung arbeiten. Und obwohl sie die undankbare Aufgabe haben, jeden Tag Menschen dazu zu bringen, ihr sauer verdientes Geld loszuwerden, sind sie meistens unglaublich beliebt. Sie arbeiten häufig uneigennützig und aus idealistischen Gründen. Den meisten Menschen ist klar, dass sich einem, wenn man einen Fundraiser zum Freund hat, die Tür zu einer ganz neuen Welt von Kontakten und Chancen öffnet.

5. Öffentlichkeitsarbeiter

PR-Leute verbringen den ganzen Tag damit, Journalisten anzurufen, ihnen zu schmeicheln, sie zu drängen und zu betteln, dass sie über ihre Kunden berichten. Das Verhältnis zwischen den Medien und den PR-Abteilungen ist eher gezwungen, aber die Notwendigkeit bringt sie zusammen wie Cousins, die sich ewig nicht gesehen haben.

Ein guter Freund, der im PR-Bereich arbeitet, kann Ihre Eintrittskarte in die Welt der Medien und manchmal auch der Prominenz sein. Elana Weiss, die Co-Chefin von The Rose Group – der PR-Agentur, mit der ich immer gearbeitet habe –, hat mich mit der bekannten Autorin und politischen Journalistin Arianna Huffington bekannt gemacht (über einen Bekannten in Ariannas Büro). Arianna ist inzwischen eine Freundin, eine Vertraute und einer der Stargäste auf meinen Dinnerpartys in L.A.

6. Politiker

Politiker aller Ebenen sind eingefleischte Networker. Sie schütteln Hände, küssen Babys, halten Reden und gehen essen – alles, um das Vertrauen möglichst vieler Menschen zu gewinnen, die sie wählen sollen. Das Format eines Politikers bemisst sich eher nach seiner politischen Macht als nach seinem Vermögen. Wenn man irgendetwas tun kann, das seinen Einfluss auf die Wähler oder die Macht seines Amtes stärkt, sichert man sich einen Platz im inneren Kreis.

Was kann ein Politiker für Sie tun? Lokalpolitiker können einem helfen, das Dickicht der staatlichen Bürokratie zu durchdringen. Politiker aller Ebenen sind – wenn sie erfolgreich sind – prominent, und das spiegelt sich in ihren Netzwerken wider.

Wie kommt man an sie heran? Treten Sie in die örtliche Handelskammer ein, die meistens von kommunalen Führungskräften, Geschäftsleuten und Unternehmern bevölkert wird. In jeder Gemeinde gibt es viele junge Politfans, die die politische Karriereleiter erklimmen wollen. Sie können frühzeitig – bevor diese richtig prominent werden – viel Loyalität und Vertrauen schaffen, wenn Sie deren Ziele unterstützen und sich bei deren Kandidatur für ein Amt einbringen.

7. Journalisten

Journalisten sind mächtig (die passende Berichterstattung kann einem Unternehmen zum Durchbruch verhelfen oder aus einem Niemand einen Jemand machen), haben immer Bedarf an einer guten Story und sind relativ unbekannt (nur wenige sind so berühmt, dass man nicht an sie herankommt).

Ich pflege seit vielen Jahren, seit meiner Zeit bei Deloitte, Beziehungen zu Journalisten von verschiedenen Zeitschriften; ich lade sie zum Essen ein und füttere sie mit Ideen für gute Storys. Inzwischen kenne ich bei fast allen großen Wirtschaftsmagazinen des Landes jemanden in einer Spitzenposition. Das ist einer der Gründe, warum weniger als ein Jahr, nachdem ich es übernommen habe, und ohne bisher viel Umsatz gemacht zu haben, mein Unternehmen YaYa – und vor allem die Idee, die wir verkaufen wollten – in Medien wie *Forbes*, dem *Wall Street Journal*, *CNN*, *CNBC*, *Brand Week*, *Newsweek* und der *New York Times* (die Liste ließe sich fortsetzen) erschien.

8. Autoren, Blogger und Online-Gurus

Die sozialen Medien und die dramatischen Veränderungen der wirtschaftlichen Bedingungen des Publishings haben eine neue Kategorie des Super-Connectors geschaffen: den Autor-Guru. Früher schufen Herausgeber einen Starautor durch die reine Kraft des PR, durch Lizenzen und durch große Distributionsnetzwerke. Heute schaffen Einzelpersonen ihren eigenen „Stamm" und werden zu Super-Connectors ihres eigenen Online-Fachbereichs.

Sie zu finden ist nicht schwer: Nutzen Sie Tools wie Alexa, die Einfluss messen können, um einen groben Anhaltspunkt dafür zu bekommen, wer einen bestimmten Bereich dominiert. Durchstöbern Sie Twitter für Bestenlisten, um zu sehen, wer am häufigsten Retweets erhält und werden Sie dann zu deren charmantestem Stalker.

Stellen Sie eine Verbindung über die sozialen Medien her, hören sie sich an, was sie zu sagen haben und beteiligen Sie sich nach einiger Zeit an der Diskussion. Sobald Sie wissen, was sie wirklich interessiert, können Sie die Kommunikation mit einer Mehrwert-generierenden Anfrage per E-Mail auf das nächste Level heben. Keine Sorge, wenn Sie keine Antwort bekommen. Schicken Sie nach einem Monat eine weitere Mail. Halten Sie die Augen offen, ob sich eine Möglichkeit ergibt, diese Leute auf einer Konferenz, bei einer Autogrammstunde und anderen Events zu treffen.

Selbst wenn man nur eine schwache Verbindung mit jemandem herstellen kann, der eine Menge Einfluss online hat – genug Kontakt, damit derjenige Sie retweetet –, wird sich das enorm lohnen, sobald Sie Nachrichten oder einen Online-Post haben, dem Sie gern online die nötige Aufmerksamkeit verschaffen wollen.

Das sind acht maßgeschneiderte Berufe für Super-Connectors. Nehmen Sie Kontakt zu Menschen dieser Berufe auf. Und es gibt noch andere – Anwalt, Broker et cetera. Werden Sie ein Teil ihres Netzwerks und machen Sie sie zu einem Teil des Ihrigen. Durchtrennen Sie die Nabelschnur, die Sie an die Menschen um den Wasserspender Ihres Büros bindet. Sorgen Sie für Abwechslung. Treiben Sie Menschen auf, die ganz anders aussehen, handeln und klingen als Sie. Holen Sie sich Ideen von Menschen, mit denen Sie normalerweise nicht sprechen würden und die in völlig unterschiedlichen Berufswelten leben, die Sie normalerweise nicht bereisen würden.

Kurz gesagt: Knüpfen Sie Verbindungen. Noch besser gesagt: Verbinden Sie sich mit den „Verbindern". Oder noch besser gesagt: Pflegen Sie Connections zu Connectors.

Paul Revere (1734-1818)

Paul Reveres Vermächtnis an die Welt des Networking ist ganz einfach: Manche Menschen sind *viel* besser vernetzt als andere.

Wenn Sie in eine Kleinstadt ziehen würden und aus irgendeinem Grund alle Menschen in dieser Stadt kennenlernen wollten, was würden Sie tun? Von Haus zu Haus gehen und jeden Einwohner einzeln begrüßen? Oder würden Sie versuchen, einen alteingesessenen Bewohner zu finden, der Ihnen alle Türen öffnen könnte?

Die Antwort ist klar.

Heutzutage könnte der verbindungsreiche Stadtbewohner der Schuldirektor sein, der Jugendleiter des Sportvereins oder der Pastor. Aber in den Tagen von Paul Revere – in den 1770er-Jahren in der Stadtregion Boston – waren die Menschen mit dem größten Netzwerk Leute wie Revere, der eine Silberschmiede im nördlichen Teil der Stadt besaß, nämlich Geschäftsleute und Händler, die mit Personen aller gesellschaftlichen und kulturellen Schichten Bostons zu tun hatten.

Außerdem war Revere extrem gesellig: Er gründete selbst mehrere Vereine und war in vielen anderen Mitglied. Als Teenager gründete er zusammen mit sechs Freunden eine Gesellschaft der Glöckner. Als Erwachsener trat er dem North Caucus Club bei; diesen Verein hatte der Vater von Samuel Adams gegründet, um Kandidaten für die Kommunalwahlen zu bestimmen. Als im Jahr 1774 die britischen Truppen Waffen beschlagnahmten, gründete Revere wieder eine Art Klub, der die Bewegungen der britischen Truppen beobachten sollte.

Zudem gehörte Revere der Freimaurerloge St. Andrew an und hatte dadurch freundschaftliche Verbindungen mit revolutionären Aktivisten wie James Otis und Dr. Joseph Warren.

Das sind alles Gründe dafür, wieso von allen Bostonern gerade Revere in dem Jahr vor der Revolution als Kurier für das Boston Committee of Correspondence und für das Massachusetts Committee of Safety fungierte und als Expressreiter zum Continental Congress in Philadalphia ritt. Er war es auch, der die Nachricht von der Boston Tea Party nach New York und Philadelphia brachte. Kurz gesagt war Revere ein Mann, der nicht nur Menschen kannte – er kannte auch Gerüchte, Klatsch und Neuigkeiten, und zwar auf allen Ebenen der Bostoner Gesellschaft.

Im April 1775 bekam Revere Wind davon, dass die Briten Befehl hätten, Rebellenführer festzunehmen und die Kolonisten mit Gewalt zu entwaffnen. Daraufhin dachten sich Revere und seine Rebellenkollegen ein Frühwarnsystem aus. Wenn zwei Laternen auf dem Turm der Old North Church (dem höchsten Gebäude der Stadt) leuchteten, rückten die britischen Truppen zu Wasser gegen Boston vor; eine Laterne bedeutete, dass sie auf dem Landweg kamen. Dann würden die Rebellen in Boston und Umgebung auf jeden Fall wissen, wann sie wohin fliehen beziehungsweise zu den Waffen greifen mussten.

Wir alle kennen den Teil der Geschichte: „eine heißt Land, zwei heißt See". Weniger bekannt hingegen ist die Tatsache, dass Revere dank seines Netzwerkverstands derjenige – und vielleicht der *einzige* – war, der mit der Beleuchtung des Kirchturms betraut wurde.

Wie es der Zufall wollte, war die Kirche anglikanisch und der Pfarrer unterstützte die Krone nach Kräften. Revere kannte allerdings durch den North Caucus Club den Gemeindevertreter John Pulling und auch den Küster Robert Newman, der den Schlüssel zu dem Gebäude hatte.

Reveres Verbindungen waren in jener schicksalhaften Nacht unentbehrlich. Nachdem er die Laternen angezündet hatte, musste er nach Lexington gelangen, um die Rebellenführer Sam Adams und John Hancock zu warnen. Zuerst ruderten ihn zwei Bekannte über den

Charles River nach Charlestown; dort wartete ein Pferd auf ihn, das ihm ebenfalls ein Freund geliehen hatte, Diakon John Larkin.

Da die Rotröcke hinter ihm her waren, musste er zur Ablenkung nördlich an Lexington vorbeireiten und kam nach Medford. Da er den Führer der örtlichen Bürgerwehr kannte, ritt er zu dessen Haus und warnte ihn. Mit der Hilfe des Milizchefs konnte Revere Medford warnen, bevor er weiter nach Lexington ritt.

Die meisten kennen den Lexington-Teil der Geschichte. Weniger bekannt ist die Tatsache, dass in derselben Nacht ein Mann namens William Dawes in die andere Richtung galoppierte, um die Bürgerwehren westlich von Boston zu mobilisieren. Reveres nächtlicher Ritt stellte eine Armee auf die Beine, aber aus den Städtchen, die Dawes besuchte, kamen kaum drei Männer. Warum? Revere war ein Connector: Er kannte jeden und konnte deshalb in ein Dorf nach dem anderen stürmen, an die richtigen Türen klopfen und die richtigen Leute mit Namen herausrufen.

Die Historiker sagen, Revere sei mit einem „ungeheuren Talent [gesegnet gewesen], im Mittelpunkt der Ereignisse zu stehen". Aber man braucht dafür gar kein Genie zu sein – es reicht, sich für die eigene Gemeinde zu interessieren, sich aktiv daran zu beteiligen und mit einem oder zwei Connectors befreundet zu sein.

16

Seinen Kreis erweitern

Die effizienteste Möglichkeit, seinen Freundeskreis zu erweitern und sein volles Potenzial auszuschöpfen, ist ganz einfach die Verknüpfung mit einem anderen Freundeskreis. Ich betrachte ein Netzwerk von Menschen nicht als „Netz", in das man Kontakte hineinzwängt wie ein Schwarm sich wehrender Dorsche. Stellen Sie es sich stattdessen wie das Internet als verbundene Reihe von miteinander verbundenen Verknüpfungen vor, wobei jede Verknüpfung zur Stärkung und Erweiterung der Gemeinschaft beiträgt.

Eine solche Zusammenarbeit bedeutet, dass man jede Person innerhalb des Netzwerks als Partner betrachtet. So wie die Gründer eines Unternehmens die Verantwortung für verschiedene Bereiche des Unternehmens übernehmen, so helfen die Networking-Partner einander und dadurch ihren jeweiligen Netzwerken, indem sie die Verantwortung für ihren Teil des Netzes übernehmen und bei Bedarf Zugang dazu gewähren. Anders gesagt tauschen sie Netzwerke aus. Die Grenzen jedes Netzwerks sind stets fließend und offen.

Ich gebe Ihnen dazu ein Beispiel aus meinem eigenen Leben. An einem Samstagnachmittag traf ich mich mit meinem Freund Tad und seiner Frau Caroline im Hotel Bel-Air in Los Angeles. Tad stellte mich der Hotelmanagerin Lisa vor, einer beeindruckenden Erscheinung: groß, blond, redegewandt, charmant, lustig und ungezwungen.

„Ich wäre sehr überrascht, wenn ihr beide zusammen nicht so ziemlich jeden in L.A. kennt", sagte Tad zu uns. In seinen Augen waren wir beide Networking-Meister. Lisa war wie so viele Menschen in der Gastronomie ein Super-Connector.

Obwohl wir uns erst seit ein paar Minuten kannten, war uns klar, dass wir gute Freunde werden würden. Lisa und ich sprachen die gleiche Sprache.

Lisa hatte von den geschäftlichen Dinnerpartys gehört, die ich regelmäßig gab. Sie meinte, meine Gäste sollten doch bei ihren Ausflügen nach L.A. im Bel-Air wohnen. Ich hingegen sah mich im Bel-Air um und dachte mir, wie denkwürdig es wäre, wenn ich manche Anlässe in einer solch prächtigen Umgebung stattfinden lassen würde. Ob Lisa und ich eine gesellschaftliche Partnerschaft eingehen könnten?

Ich machte einen einfachen Vorschlag.

„Lisa, wir könnten uns ja ein paar Monate lang die Dinnerpartys teilen. Sie halten eine Dinnerparty im Bel-Air und ich lade die Hälfte der Gäste ein. Dann halte ich eine Dinnerparty und Sie bekommen die Hälfte der Gästeliste. Die Kosten teilen wir uns jeweils; dabei sparen wir beide einen Haufen Geld und wir lernen beide eine Menge neuer toller Menschen kennen. Wenn wir die Partys gemeinsam veranstalten, werden sie viel gelungener."

Lisa war einverstanden und unsere Dinnerpartys waren ein riesiger Erfolg. Die einmalige Mischung von Menschen aus der Business- und der Entertainment-Szene war amüsant und interessant. Einerseits machten wir unsere Freunde mit einer ganz neuen Gruppe von Menschen bekannt und andererseits entwickelten diese Partys eine überaus begeisternde Eigendynamik.

Die Politiker, die ja meisterhafte Networker sind, tauschen ihre Netzwerke schon lange auf diese Weise aus. Sie haben sogenannte „Host Committees", also Gruppen von Menschen aus verschiedenen sozialen Welten, die Anhänger eines bestimmten Politikers sind und die den Auftrag haben, ihren Kandidaten in ihrem Freundeskreis bekannt zu machen. Etablierte Politiker haben normalerweise Host Committees aus Doktoren, Anwälten, Versicherungsfachleuten, Collegestudenten und so weiter. Jedes Committee besteht aus Menschen, die in ihrer Sphäre viele Verbindungen haben; sie veranstalten Partys und sonstige Events, durch die der Politiker Zugang zu all ihren Freunden bekommt. Menschen, die ihr Netzwerk erweitern wollen, könnten sich daran meines Erachtens ein Beispiel nehmen.

Gibt es Sphären, zu denen Sie Zugang haben wollen? Falls ja, suchen Sie eine zentrale Figur in dieser Sphäre, die Ihnen als Ein-Mann-Host-Committee dienen kann. Nehmen wir ein Beispiel aus dem Geschäftsleben; nehmen wir an, Sie planen den Verkauf eines neuen Produkts, das Ihr Unternehmen in mehreren Monaten einführen will, und die meisten Kunden sind Anwälte. Gehen Sie zu Ihrem Anwalt, erzählen Sie ihm von dem Produkt und fragen Sie ihn, ob er mit ein paar Anwaltskollegen zu Ihnen zu einem Essen kommen will. Sagen Sie ihm, dass sie dabei nicht nur einen ersten Blick auf das fantastische neue Produkt werfen können, sondern auch Ihre Freunde kennenlernen können, die potenzielle Klienten sein könnten. Er bekommt somit die Verantwortung für die Ausrichtung von Events, die Sie in seinen Freundeskreis einführen, und Sie tun das Gleiche für ihn.

Diese Art der Partnerschaft funktioniert wunderbar. Aber dahinter muss ein gegenseitiger Nutzen stehen. Alle Beteiligten sollten davon nur profitieren können.

Wenn Sie in den Freundeskreis einer anderen Person eingeführt werden, müssen Sie der Person, die Sie in diese neue Welt mitgenommen hat, angemessene Anerkennung zollen; das gilt auch für alle späteren Beziehungen, an deren Entstehung sie beteiligt war.

Vergessen Sie niemals die Person, die Sie ins Spiel gebracht hat. Ich habe einmal den Fehler gemacht, einen neuen Bekannten auf eine Party einzuladen, nicht aber die Person, die uns miteinander bekannt gemacht hatte. Das war ein schrecklicher Fehler und ein unglückliches Fehlurteil meinerseits. Vertrauen ist beim Beziehungsaustausch ein unentbehrliches Element und das verlangt, dass man die Bekannten der anderen Person mit größtem Respekt behandelt.

Wenn Ihre Gemeinschaft wächst, wird Partnerschaft immer notwendiger. Das ist dann eine Frage der Effizienz. Ein Kontakt ist der Schlüssel zur Erhaltung aller anderen Beziehungen in dem anderen Netzwerk. Die betreffende Person ist der Torwächter einer ganz neuen Welt. Durch die Beziehung zu dem einen entscheidenden Connector kann man Dutzende oder gar Hunderte neuer Menschen kennenlernen.

Dazu zwei kurze Faustregeln:

1. Sie und die Person, mit der Sie Kontakte teilen, müssen gleichberechtigte Partner sein, die so viel geben, wie sie nehmen.

2. Sie müssen Ihren Partnern vertrauen können, denn schließlich bürgen Sie ja für sie, und wie Ihre Partner mit Ihrem Netzwerk umgehen, wirft ein bestimmtes Licht auf Sie.

Noch ein Wort der Warnung: Geben Sie niemals irgendeiner Person Zugang zu Ihrer vollständigen Kontaktliste. Das ist ja kein Selbstbedienungsladen. Ihnen sollte klar sein, wer in Ihrem Netzwerk überhaupt Interesse an neuen Kontakten hat und auf welche Art er oder sie kontaktiert werden will. Der Austausch von Kontakten sollte mit bestimmten Events, Veranstaltungen oder Anlässen verbunden sein. Bedenken Sie sorgfältig, wie Ihr Partner Ihr Netzwerk nutzen will und wie Sie seines nutzen wollen. Dadurch sind Sie der anderen Person eine größere Hilfe und das ist die echte Gegenseitigkeit, dank deren Partnerschaft und damit auch die Welt funktioniert.

17

Die Kunst des Small Talks

Wir verfügen alle über das gewisse Etwas, um alle in unserer Umgebung zu bezaubern – Kollegen, Fremde, Freunde, den Chef. Aber es zu haben und zu wissen, wie man damit arbeitet, entscheidet darüber, ob man im Schatten bleibt oder überall im Rampenlicht steht.

Sie wurden also nicht mit dem gewissen Quäntchen Charme geboren, mit einem flotten Mundwerk? Na und? Das ist nur wenigen in die Wiege gelegt.

Wir alle haben schon mit der uralten Angst gekämpft, einen Raum voller absolut fremder Menschen zu betreten und nicht zu wissen, was wir sagen sollen. Anstelle eines Meers potenzieller neuer Bekannter und Freunde sehen wir Furcht einflößende Hindernisse zwischen uns und der Bar. Das passiert bei geschäftlichen Besprechungen, bei Konferenzen, Elternbeiratssitzungen und bei so gut wie allen Anlässen, bei denen Geselligkeit wichtig ist. Deshalb ist Small Talk so wichtig. Und deshalb sind solche Situationen, in denen wir eigentlich viele andere Menschen kennenlernen könnten, für uns, die wir nicht den Hang zum Plaudern haben, diejenigen Situationen, in denen wir uns am meisten bloßgestellt und unbehaglich fühlen.

Und auf diesem Gebiet hilft Technologie kein bisschen. Mauerblümchen sehen E-Mail und Instant Messaging als cleveren Notausgang, der ihnen den Kontakt mit anderen erspart. Aber in Wirklichkeit sind diese neuen Kommunikationsmittel nicht besonders gut geeignet, um neue Beziehungen zu schaffen. In den digitalen Medien zählt Schnelligkeit und Kürze. Sie machen die Kommunikation effizient, aber beim Knüpfen von Freundschaften sind sie es nicht.

Manche Menschen kommen in gesellschaftlichen Situationen relativ locker zurecht. Wie machen sie das?

Die meisten Menschen meinen, die Fähigkeit zum erfolgreichen Small Talk sei irgendwie angeboren. Diese Annahme ist zwar tröstlich, aber vollkommen falsch. Konversation ist eine erlernte Fähigkeit. Wenn man den Willen dazu und die richtigen Informationen hat, kann man sie genauso wie alle anderen Fähigkeiten lernen.

Das Problem ist nur, dass so viele schlichtweg falsche Informationen in Umlauf sind. Ich kenne nur allzu viele CEOs, die auf ihr markiges

Benehmen, bei dem es nur um die Fakten geht, stolz sind. Voller Stolz verkünden sie, dass sie keine Lust haben, dieses „Spiel mitzuspielen" und schwelgen in ihrem ruppigen Benehmen.

Es ist aber eine Tatsache, dass Small Talk – die Art von Kommunikation, die zwischen zwei Menschen stattfindet, die sich nicht kennen – die wichtigste Gesprächform, die es gibt. Sprache ist die direkteste und effizienteste Methode, unsere Ziele mitzuteilen. Wenn Theaterschriftsteller und Drehbuchautoren Figuren entwickeln, legen sie als Erstes eine Motivation fest. Was will die Figur? Was strebt er oder sie an? Was hat er oder sie für Begierden? Die Antworten auf diese Fragen bestimmen, was die Figur in den Dialogen sagt beziehungsweise nicht sagt. Diese Übung ist keine Eigentümlichkeit der Dramatik, sondern gehört einfach zur menschlichen Natur. Wir benutzen Worte nicht nur, um unsere tiefsten Begierden zu artikulieren und zu konkretisieren, sondern auch, um andere dafür zu gewinnen, unsere Begierden zu befriedigen.

Thomas Harrell, Professor für angewandte Psychologie an der Stanford University Graduate School of Business, begann vor rund zehn Jahren, die Merkmale seiner erfolgreichsten ehemaligen Studenten zu identifizieren. Er untersuchte eine Gruppe von MBAs zehn Jahre nach ihrem Abschluss und stellte dabei fest, dass der Notendurchschnitt keinen Einfluss auf ihren Erfolg hatte. Die einzige Eigenschaft, die die erfolgreichsten Absolventen gemeinsam hatten, war „sprachliche Gewandtheit". Diejenigen, die Unternehmen aufgebaut und mit atemberaubender Geschwindigkeit die Karriereleiter erklommen hatten, waren diejenigen, die sich mit jedermann in jeder Situation problemlos unterhalten konnten. Investoren, Kunden und Vorgesetzte waren für sie genauso wenig eine Bedrohung wie Kollegen, Sekretärinnen und Freunde. Diese Menschen konnten einfach reden, egal ob vor Publikum, beim Essen oder im Taxi.

Harrells Studie bestätigt, dass man im Leben umso schneller vorankommt, je besser man mit Sprache umgehen kann.

Was sollte man sich also beim Small Talk vornehmen? Gute Frage. Das Ziel ist einfach: eine Unterhaltung beginnen, sie in Gang halten, eine Bindung schaffen und dafür sorgen, dass die andere Person hinterher denkt: „Toller Typ" oder wie auch immer sie das – je nach Generation – formulieren mag.

Es wurde schon viel darüber geschrieben, wie man das macht. Aber meiner Meinung nach haben die Experten gerade das falsch verstanden, was am besten funktioniert. Small-Talk-Experten legen meistens zuerst Regeln fest, was man sagen darf und was nicht. Sie behaupten, bei der ersten Begegnung mit einem Menschen sollte man unangenehme, zu persönliche und sehr umstrittene Themen meiden.

Falsch! Hören Sie nicht auf diese Leute! Nichts hat mehr zu der allgemeinen Vermehrung von langweiligem Geschwätz beigetragen. Es ist völlig daneben, zu glauben, jeder könnte es jedem jederzeit recht machen. Ich interessiere mich für das, was jemand zu sagen hat, selbst wenn ich anderer Meinung bin; das ist mir lieber, als irgendwann vor Langeweile einzuschlafen.

Wenn man einen Eindruck hinterlassen will, muss man sich abheben. Widersprechen Sie den Erwartungen. Irritieren Sie. Wie? In der Berufswelt gibt es eine Möglichkeit, wie man sich garantiert von den anderen abhebt: Seien Sie Sie selbst. Ich halte Verletzlichkeit – ja, Verletzlichkeit – für eines der meistunterschätzten Güter in der heutigen Geschäftswelt.

Zu viele Menschen verwechseln Geheimniskrämerei mit Wichtigkeit. In den Business Schools lehrt man uns, alles schön unter Verschluss zu halten. Aber die Welt verändert sich. Heutzutage gewinnt man Macht, indem man Informationen mit anderen teilt, nicht, indem man sie zurückhält. Die Demarkationslinie zwischen dem Privaten und dem Beruflichen verwischt immer mehr. Wir sind eine Open-Source-Gesellschaft und das erfordert auch Open-Source-Verhalten. Grundsätzlich sind nur wenige Geheimnisse den Aufwand der Geheimhaltung wert.

Offenheit gegenüber anderen Menschen zeugt von Respekt; Aufrichtigkeit ist ein Kompliment. Die Themen, die uns allen am wichtigsten sind, sind die Themen, über die wir am liebsten sprechen wollen. Das soll jetzt keine Aufforderung sein, auf Konfrontation zu gehen oder sich respektlos zu verhalten. Das ist vielmehr ein Aufruf, so offen, ehrlich und verletzlich zu sein, dass andere Menschen einen echten Einblick in Ihr Leben bekommen und somit selbst verletzlich sein dürfen.

Wie viele Verhandlungen wären wohl zu einem besseren Ende gekommen, wenn beide beteiligten Parteien einfach ehrlich und direkt ihre Bedürfnisse ausgesprochen hätten? Selbst wenn keine Übereinstimmung erzielt wird, respektieren einen die Menschen meiner Erfahrung nach mehr, wenn man seine Karten offen auf den Tisch legt.

Egal ob am Verhandlungs- oder am Esstisch – unser Hang zu Hemmungen schafft eine psychologische Barriere, die uns von jenen trennt, die wir eigentlich näher kennenlernen möchten. Wenn wir eine förmliche, zögerliche und unbehagliche Unterhaltung hinter uns haben, während der wir unser wahres Ich zurückgehalten haben, trösten wir uns, indem wir die Begegnung oder meist sogar die betreffende Person einfach abtun und uns denken: „Wir haben sowieso nichts gemeinsam."

Doch in Wahrheit hat jeder Mensch mit jedem anderen Menschen etwas gemeinsam. Aber man findet diese Ähnlichkeiten nicht, wenn man sich nicht öffnet und seine Interessen und Sorgen äußert, sodass andere das Gleiche tun können.

Daraus ergeben sich mehrere tröstliche Konsequenzen. Wenn man erst einmal weiß, dass echte Aufrichtigkeit eher zu einer bedeutsamen Unterhaltung führt als Witze von der Stange, ist es ganz leicht, „das Eis zu brechen". Viel zu viele Menschen meinen, um das Eis zu brechen, müssten sie eine brillante, geistreiche oder außergewöhnlich einsichtige Bemerkung machen. Doch die wenigsten von uns sind Jay Leno oder David Letterman. Wenn einem erst einmal klar ist, dass ein paar Worte, die von Herzen kommen, der beste Eisbrecher sind, erscheint die Aufgabe, ein Gespräch zu beginnen, gar nicht mehr so beängstigend.

Es überrascht mich immer wieder, wie viel das Verletzlichkeitsprinzip beim Small Talk bewirkt. Ich habe vor Kurzem an einer Sitzung des Conference Board teilgenommen, einer alljährlichen Tagung von Managern aus den Bereichen Marketing und Kommunikation. Dabei ist es üblich, dass die Teilnehmer am Vorabend der Konferenz gemeinsam essen.

An jenem Abend saßen die Marketingdirektoren von Walmart, Cigna, Lockheed, Eli Lilly, eBay und Nissan gemeinsam an einem Tisch; alles Menschen, die beträchtliche Marketingbudgets verwalten. Sie waren für mein Geschäft von größter Wichtigkeit. Das war also eine Gelegenheit, mich von meiner besten Seite zu zeigen.

Das Problem war nur, dass mir meine beste Seite irgendwo auf dem Flug von Pittsburgh hierher abhandengekommen war. Der Soundtrack meines Lebens war an jenem Abend der Blues. Ein paar Stunden vorher hatte ich die endgültige und definitive E-Mail erhalten, die meine schlimmsten Befürchtungen bestätigte: Ich war wieder Single. Ich hatte gerade das Ende eines traumatischen und emotional anstrengenden Bruchs erlebt. Mit war nicht nach Reden zumute.

Sherry, die Frau, die neben mir saß und die ich gerade erst kennengelernt hatte, hatte keine Ahnung, dass ich nicht ich selbst war. Während am Tisch eine lebhafte Unterhaltung lief, stellte ich fest, dass ich all die Dinge tat, von denen ich den Menschen immer abrate. Ich versteckte mich hinter höflichen, unverbindlichen Fragen nach nichts Bestimmtem.

Da saßen wir also, Sherry und ich, sahen einander an und redeten, ohne wirklich etwas zu sagen. Es war klar, dass wir es beide kaum erwarten konnten, dass die Rechnung kam.

Irgendwann wurde mir klar, wie absurd ich mich benahm. Ich sage den Menschen immer, dass meiner Meinung nach jede Unterhaltung eine Einladung ist, das Risiko einzugehen, sein wahres Ich zu offenbaren. Was ist das Schlimmste, was dabei passieren kann? Dass einem das nicht in gleicher Münze gelohnt wird. Na und? Dann war es vielleicht sowieso die Mühe nicht wert, diese Leute kennenzulernen. Aber wenn sich das Risiko lohnt, dann hat man aus einem stumpfsinnigen Austausch von Worten etwas Interessantes und vielleicht sogar persönlich Erhellendes gemacht – und in den meisten Fällen entsteht daraus eine echte Beziehung.

In diesem Moment öffnete ich mich einfach und sagte, was ich dachte: „Wissen Sie, Sherry, ich muss mich entschuldigen. Wir kennen uns ja nicht näher, aber ich bin normalerweise viel unterhaltsamer als heute Abend. Ich habe einen schweren Tag hinter mir. Ich hatte gerade eine Vorstandssitzung und die Vorstandsmitglieder haben mich ganz schön durch die Mangel gedreht. Aber was noch schlimmer ist, ich habe gerade eine schwierige Trennung hinter mir, und das macht mich immer noch fertig." Jetzt war die Katze aus dem Sack. Das war eine riskante Eröffnung, eine blitzartige Schwachstelle, ein Moment der Wahrheit – und sofort veränderte sich die Dynamik unseres Gesprächs.

Natürlich hätte ihr ein derart persönliches Geständnis unangenehm sein können, aber es kam ihr entgegen. „Oh, kein Problem. Glauben Sie mir, ich kann Sie verstehen. So was macht jeder durch. Soll ich Ihnen mal von *meiner* Scheidung erzählen?"

Wir vertieften uns in ein Gespräch, wie wir es nicht erwartet hätten. Sherrys Schultern entspannten sich, ihr Gesicht entspannte sich. Sie öffnete sich. Zum ersten Mal an jenem Abend fühlte ich mich in das Gespräch miteinbezogen. Sie erzählte mir von ihrer schmerzlichen Scheidung und von all den Dingen, die sie in den Monaten danach durchgemacht hatte. Auf einmal redeten wir über die emotionalen Auswirkungen von persönlichen Brüchen und wie herausfordernd sie sein können. Das war für uns beide ein kathartischer Moment. Und mehr noch, Sherry gab mir ein paar wunderbare Ratschläge.

Was dann passierte, überraschte sogar mich. Nachdem sie unser Gespräch mitbekommen hatten, unterbrachen mehrere sonst eher zugeknöpfte Mitglieder der Gruppe ihr Gespräch und klinkten sich bei uns ein. Der ganze Tisch sprach vereint über die übliche Müh und Plage von Ehen und Beziehungen: Männer, Frauen, schwul, hetero, ganz egal. Menschen, die ernst und reserviert gewesen waren, erzählten plötzlich ganz Persönliches und wir anderen trugen ebenfalls unsere Geschichten dazu bei. Am Ende des Abends lachten wir zusammen und unterhielten uns ganz privat; es wurde ein unglaubliches Abendessen. Heute freue ich mich wirklich jedes Jahr, meine Freunde bei diesem Anlass wiederzusehen. Sie sind für mich wichtige Menschen – ja, einige sind inzwischen auch Kunden, aber die meisten von ihnen sind echte Freunde, auf die ich mich verlassen kann.

Brené Brown

„Verletzlichkeit ist die Wiege von Innovation, Kreativität und Wandel."

Brené Brown studiert als qualitative Sozialforscherin die Wissenschaft menschlicher Verbindungen. Sie hat sich für das Forschungsgebiet interessiert, so sagt sie, weil es einem erlaubt, Dinge zu „kontrollieren und vorherzusagen". Durch die Daten konnte sie die offensichtlich chaotische Welt ordentlich und vorhersagbar machen. Sicher. Das dachte sie zumindest.

Als Professorin an der Graduate School of Social Work der University of Houston wollte Brown herausfinden, was diejenigen, die ein Gefühl der Verbindung und Zugehörigkeit empfinden, von denjenigen unterscheidet, die Schwierigkeiten haben, sich verbunden zu fühlen. Nach sechs Jahren, in denen sie Tausende Menschen befragt hat, kam sie zum Schluss, dass der Schlüssel zu einem Gefühl der Verbindung mit anderen Menschen nicht ist, alles unter Kontrolle zu haben – was bis dahin auch ihre eigene Vorgehensweise im Leben und in Beziehungen war.

Tatsächlich war es genau das Gegenteil von Kontrolle – für *Verletzlichkeit* offen zu sein. Beim Analysieren Tausender Interviews fand sie ein Muster unter denen, die meinten, sie seien es wert, Zugehörigkeit und Verbindung zu empfinden. Diese nannte sie die „die Herzlichen". Was sie gemeinsam hatten, nennt Brown *Courage*, im Sinne der ursprünglichen Bedeutung des Wortes, „von ganzem Herzen sagen, wer man ist". Sie hatten die Courage, nicht perfekt zu sein, Schmerz zu riskieren und vor allem, sich authentisch mitzuteilen. „Sie glaubten, was sie verletzlich machte, machte sie auch schön", stellte sie fest.

Und das war nicht nur der Schlüssel dazu, eine Verbindung zu anderen aufzubauen, sondern auch der Schlüssel zu Innovation, Kreativität und Veränderung, die alle den Willen erfordern, einen Schritt ins Unbekannte zu wagen. Verletzlichkeit war keine Schwäche im Geschäftlichen, wie die meisten anzunehmen schienen. Tatsächlich war es der sicherste Weg zum Erfolg.

Was auf ihre Entdeckung folgte, war entweder „ein Nervenzusammenbruch" oder eine „spirituelle Erleuchtung", je nachdem, ob man sie selbst oder ihren neuen Therapeuten fragte. Sie hatte ein Jahr zu kämpfen, um die Verletzlichkeit in ihrem eigenen Leben und in ihren Beziehungen zuzulassen, und dabei lernte sie das eine oder andere. Diese Einsichten teilte sie in einem Buch mit: *Verletzlichkeit macht stark: Wie wir unsere Schutzmechanismen aufgeben und innerlich reich werden.* *Fast Company* nannte es eines der Top-10-Businessbücher 2012.

Wie finden wir also unsere eigene Courage? Es beginnt damit, dass wir die Legenden über Verletzlichkeit aufgeben, „dass Verletzlichkeit eine Schwäche ist, dass wir uns davon freimachen können, dass Verletzlichkeit ungefilterten Seelenstriptease bedeutet und dass wir alles alleine hinbekommen", sagte sie *Fast Company*.

Sie hat auch folgenden ergreifenden Ratschlag gegeben: „Praktizieren Sie Dankbarkeit und Freude in diesen Momenten der Furcht ... [und] glauben Sie daran, dass wir uns selbst genügen. Denn wenn wir aus der Haltung heraus daran arbeiten, die besagt ‚Ich genüge mir selbst', dann hören wir auf zu schreiben und fangen an zuzuhören." Keine Sorge, Sie sind nicht alleine, wenn Sie versuchen, ihren Ratschlag umzusetzen. Die Rede, in der sie ihn geäußert hat, gehört zu den Top 10 der am häufigsten heruntergeladenen Videos in der Geschichte der TED-Konferenz.

Was ich damit sagen will: Wir können durchs Leben gehen und insbesondere an Konferenzen und sonstigen beruflichen Versammlungen teilnehmen und dabei hohle, mittelmäßige Konversation mit Fremden treiben, die uns fremd bleiben. Oder wir setzen ein Stückchen von uns selbst – von unserem wahren Selbst – ein, gewähren den Menschen einen flüchtigen Einblick in unsere Menschlichkeit und erzeugen dadurch die Chance auf eine tiefere Verbindung. Wir haben die Wahl.

Heutzutage schrecke ich selten vor der Chance zurück, Themen in die Unterhaltung einfließen zu lassen, die manche als verboten betrachten. Spiritualität, Romantik, Politik – das sind zum Beispiel Themen, die das Leben lebenswert machen.

Selbstverständlich gibt es immer unverfängliche Gesprächsthemen, mit denen man bei allen geschäftlichen Anlässen beginnen kann: Wie haben Sie angefangen? Was macht Ihnen an Ihrer Arbeit am meisten Spaß? Können Sie mir von den Problemen erzählen, die Ihr Beruf mit sich bringt? Aber Sicherheit – im Gespräch, im Beruf, im Leben – bringt im Allgemeinen „sichere" (sprich langweilige) Ergebnisse.

Die wahren Gewinner – Menschen mit erstaunlichen Karrieren, herzlichen Beziehungen und unwiderstehlichem Charisma – sind Menschen, die ihr Herz auf der Zunge tragen und nicht massenhaft Zeit und Energie mit dem Versuch verschwenden, jemand zu sein, der sie nicht sind. Charme ist eine Angelegenheit, bei der es darum geht, man selbst zu sein. Ihre Einzigartigkeit ist Ihre Macht. Uns allen sind gewinnende Züge *angeboren*, die uns zu meisterhaften Small Talkern machen.

Der beste Weg, guten Small Talk zu machen, besteht darin, überhaupt keinen Small Talk zu machen. Das ist die Kunst; und hier nun etwas Wissenschaft:

Lernen Sie die Macht der nonverbalen Signale kennen

Sie sind auf einer Tagung und wenden sich der Person zu, die neben Ihnen steht. Sie wendet sich Ihnen ebenfalls zu und innerhalb des

Bruchteils einer Sekunde nimmt Ihr Gehirn tausend Berechnungen vor. Während dieses Augenblicks versuchen Sie herauszufinden, ob Sie weglaufen, kämpfen oder freundlich sein sollten. Die Anthropologen sagen dazu, dass Sie denken wie ein Höhlenmensch.

Tief in unserem genetischen Code sind wir darauf programmiert, uns vor Fremden zu fürchten. Fressen oder füttern sie uns? Deshalb gewinnen wir so schnell einen ersten Eindruck; wir müssen entscheiden, ob wir uns gefahrlos nähern können oder nicht.

Sie haben ungefähr zehn Sekunden, bis eine Person unbewusst entschieden hat, ob sie Sie mag oder nicht. In dieser kurzen Zeit wechseln wir nicht viele Worte; unser Urteil basiert vor allem auf nonverbaler Kommunikation.

Wie bringt man jemanden, der einen nicht kennt, dazu, dass er gern mit einem spricht?

Das ist nicht der rechte Zeitpunkt, den Unnahbaren zu spielen, sich zu distanzieren oder sich geheimnisvoll zu geben. Diese nur allzu verbreiteten Reaktionen funktionieren vielleicht bei Leuten wie Marlon Brando, aber bei uns anderen lösen solche Posen im prähistorischen Verstand ein „Fernhalten!" aus. Wir sollten lieber die Initiative ergreifen, um den Eindruck zu erwecken, den wir erwecken wollen. Die Menschen sind von sozialer Entschlossenheit beeindruckt, wenn sie mit Gefühl und Wärme vorgebracht wird. Wie eine andere Person Sie wahrnimmt, hängt von mehreren Dingen ab, die Sie tun, bevor Sie das erste Wort sagen.

- Lächeln Sie die Person zuerst herzlich an. Das bedeutet „Ich bin zugänglich."

- Halten Sie ausgeglichenen Augenkontakt. Wenn Sie die ganze Zeit, ohne zu blinzeln in die Augen des anderen blicken, gilt das als Starren. Das macht einem regelrecht Angst. Wenn Sie weniger als 70 Prozent Augenkontakt halten, wirken Sie desinteressiert und ungehobelt. Das Gleichgewicht, das Sie suchen, liegt irgendwo dazwischen.

- Lassen Sie die Arme offen und entspannen Sie sich. Mit verschränkten Armen wirken Sie defensiv oder verschlossen. Es signalisiert außerdem Anspannung. Entspannen Sie sich! Die Menschen registrieren Ihre Körpersprache und reagieren entsprechend.

- Nicken Sie und beugen Sie sich vor, aber dringen Sie damit nicht in den Bereich der anderen Person ein. Sie müssen zeigen, dass Sie interessiert und bei der Sache sind.

- Lernen Sie, Menschen zu berühren. Berührung ist mächtig. Die meisten Menschen bekunden ihre freundlichen Absichten mit einem Händedruck; manche gehen einen Schritt weiter und schütteln die Hand des anderen mit beiden Händen. Ich überbrücke die Distanz zwischen mir und der Person, mit der ich in Verbindung treten will, am liebsten, indem ich ihren Ellbogen berühre. Das vermittelt genau die richtige Dosis Intimität und ist eine Lieblingsmethode von Politikern. Der Ellbogen ist nicht zu nahe an der Brust, die wir instinktiv schützen, aber er ist ein bisschen privater als die Hand.

Meinen Sie es ernst

Egal ob Sie fünf Sekunden oder fünf Stunden mit einem neuen Kontakt oder einem neuen Bekannten verbringen, sorgen Sie dafür, dass die Zeit gut investiert ist. Ich wohne in Los Angeles und dort sind auf Partys immer Leute unterwegs, die andauernd den Blick schweifen lassen. Sie schauen ständig umher und versuchen, die wichtigste Person im Raum aufzuspüren. Das ist ehrlich gesagt eine richtig üble Angewohnheit und damit stoßen Sie Ihre Umgebung mit Sicherheit vor den Kopf.

Der sicherste Weg, in den Augen anderer etwas Besonderes zu werden, besteht darin, sie dazu zu bringen, sich besonders zu fühlen. Das Gegenteil gilt natürlich genauso: Wenn Sie dafür sorgen, dass sich jemand unbedeutend fühlt, dann sinkt sicher auch Ihre Bedeutung für den anderen.

Sorgen Sie für Gesprächsstoff

Wenn Sie jemanden kennenlernen, müssen Sie etwas zu sagen haben. Halten Sie sich über die aktuellen Ereignisse auf dem Laufenden. Pflegen Sie ein Nischeninteresse. Schon ein einziges spezielles Fachgebiet (Kochen, Golf, Gartenarbeit), das Sie leidenschaftlich interessiert, setzt überraschende Kräfte frei.

Nach der Business School gab ich meiner Leidenschaft für das Essen nach, nahm ein paar Monate frei und belegte Kurse an der Le Cordon Bleu Culinary School in London. Damals hielt ich das für eine geradezu unanständige Zeitverschwendung, aber das Wissen und die Leidenschaft für das Kochen, die mir diese Erfahrung gebracht hat, kommen in zwanglosen Gesprächen immer wieder zur Sprache. Sogar Menschen, die sich für Essen nicht besonders interessieren, hören gern meine lustigen und manchmal peinlichen Geschichten darüber, was ich in einer französischen Küche in London so alles lernte. Letztendlich ist es gar nicht so wichtig, worüber man spricht, sondern vielmehr wie man darüber spricht. Wenn jemand über etwas spricht, das ihn sehr interessiert, ist das sehr erbaulich und interessant. Und das heißt, dass man auch über die Leidenschaften Dritter sprechen kann. Mein leitender Geschäftsführer bei YaYa, James Clarke, hat zum Beispiel den Mount Everest bestiegen und trotzdem stets sein Arbeitspensum erledigt, außer in der Woche der Gipfelbesteigung. Die staunenswerten Geschichten, die er mir über dieses Erlebnis erzählt hat, sind inzwischen hervorragendes Konversationsfutter.

Denken Sie nur daran, dass Sie weder das Gespräch an sich reißen noch sich in gewundenen Erzählungen ergehen sollten. Vermitteln Sie Ihre Leidenschaft, aber predigen Sie sie nicht.

Stellen Sie Ihr „Johari Window" richtig ein

Das Johari Window ist ein Modell, das zwei amerikanische Psychologen erfunden haben und das Erkenntnisse darüber liefert, wie viel Menschen von sich selbst offenbaren. Manche Menschen sind introvertiert und geben wenig preis; sie halten das Fenster weitgehend geschlossen. Andere Menschen sind extrovertiert, sie offenbaren viel und halten ihre Fenster offen. Diese Neigungen verändern sich auch entsprechend der Umgebung. In neuen, fremden Situationen mit Menschen, die wir nicht kennen, bleibt unser Fenster relativ klein; wir enthüllen wenig und erwarten von den anderen das Gleiche. Wenn hingegen ein sicheres, vertrauensvolles Klima herrscht und uns die anderen ähnlich sind, teilen wir mehr über uns mit. Unsere Fenster öffnen sich weiter.

Gemäß diesem Modell hängt der Erfolg der Kommunikation davon ab, inwieweit wir uns selbst und unsere Fenster mit denjenigen in Übereinstimmung bringen, mit denen wir interagieren.

Auf diese Ideen machte mich Greg Seal aufmerksam und dafür bin ich ihm auf ewig dankbar; er war einer meiner ersten Mentoren und er holte mich zu Deloitte. Ich war damals ein ungestümer, freimütiger junger Mann und mein Fenster stand weit offen. Egal ob ich versuchte, dem eher schüchternen CEO einer Ingenieurfirma meine Beratungsdienste zu verkaufen, oder ob ich mit den lauten Vertriebsleuten dieses Unternehmens verkehrte, meine ungestüme, freimütige Art blieb unverändert. Ich verstand damals nicht, weshalb zum Beispiel die Vertriebsmenschen nach einer Besprechung mit mir regelrecht verzückt waren, es der CEO aber kaum erwarten konnte, dass ich sein Büro verließ. Als mir Greg von dem Johari Window erzählte und dass man je nach Gesprächspartner sein Fenster weiter auf oder zu machen muss, leuchtete mir das vollkommen ein. Greg blieb sich immer treu, egal mit wem er sprach, aber er vermittelte seine Botschaft in dem Ton und in dem Stil, der am besten zu der betreffenden Person passte.

Das Johari Window jedes Menschen kann je nach den Umständen mehr oder weniger weit geöffnet sein. Und unterschiedliche Berufe ziehen Menschen mit entsprechenden Neigungen an – von jenen, die viel zwischenmenschliches Geschick erfordern, zum Beispiel Vertrieb, bis hin zu jenen, die wie zum Beispiel die Buchhaltung eher abgeschieden stattfinden. Es kann zum Beispiel sein, dass sich das Fenster eines Programmierers nur dann weit öffnet, wenn er unter seinesgleichen ist. Das Fenster eines guten Marketingmenschen ist dagegen tendenziell unabhängig vom Umfeld weit offen.

Wenn wir Small Talk betreiben, müssen wir uns der verschiedenen Stile bewusst sein und uns der Person anpassen, mit der wir sprechen. Ich weiß zum Beispiel, dass ich gesellig, lustig und offen sein kann, wenn ich mit der Belegschaft von Ferrazzi Greenlight spreche. In einem Meeting mit zum Beispiel Investmentbankern, die normalerweise mit harten Bandagen verhandeln und eher analytisch sind, schraube ich die Begeisterung zurück und achte mehr darauf, zielgerichtet und präzise zu sein. Wenn wir jemanden im falschen Stil ansprechen, kann das Fenster zufallen, ohne dass etwas offenbart wird. Es kommt keine Verbindung zustande.

Ich komme im Laufe eines Tages mit Hunderten verschiedenen Menschen in Berührung und jeder hat seinen eigenen Kommunikationsstil. Das Konzept des Johari Windows hat mir bewusst gemacht, dass ich meinen Gesprächsstil an jede Person anpassen muss, mit der ich in Verbindung treten will.

Eine hilfreiche Technik, mit der ich arbeite, besteht darin, dass ich versuche, mir vorzustellen, der Spiegel meines Gesprächspartners zu sein. Wie ist sein Tonfall? Wie laut spricht er? Wie sieht seine Körpersprache aus? Wenn Ihr Verhalten die Person widerspiegelt, mit der Sie sprechen, fühlt sie sich automatisch wohler. Das heißt natürlich nicht, dass Sie unaufrichtig sein sollen. Sie sollen damit vielmehr zeigen, dass Sie für das emotionale Temperament der Person besonders sensibel sind. Sie verbiegen Ihren Stil nur so weit, dass die Fenster weit offenbleiben.

Machen Sie einen eleganten Abgang

Wie beendet man eine Unterhaltung? Bei Besprechungen und gesellschaftlichen Anlässen bin ich oft ziemlich direkt. Ich erwähne etwas
Wichtiges, das in dem Gespräch gesagt wurde, und sage dann: „Heute
Abend sind so viele wunderbare Menschen hier. Ich würde es als Ver-
nachlässigung meiner Pflicht empfinden, wenn ich nicht wenigstens
versuchen würde, noch ein paar mehr davon kennenzulernen. Würden
Sie mich für einen Moment entschuldigen?" Die meisten Menschen
verstehen das und freuen sich über die Ehrlichkeit. Dann gibt es auch
noch die Möglichkeit mit dem Getränk. Ich sage: „Ich hole mir noch
etwas zu trinken. Wollen Sie auch noch etwas?" Wenn die betreffende
Person Nein sagt, muss ich nicht mehr zurückkommen. Wenn sie Ja
sagt, finde ich auf dem Weg zur Bar auf jeden Fall ein neues Gespräch.
Wenn ich mit einem Drink zurückkomme, sage ich: „Ich bin gerade ein
paar Leuten begegnet, die Sie kennenlernen sollten. Kommen Sie mit."

Bis zum nächsten Mal

Wenn eine dauerhafte Verbindung entstehen soll, muss am Ende des
Small Talks die Aufforderung stehen, die Beziehung fortzusetzen.
Seien Sie höflich und machen Sie ausdrücklich aus, dass Sie einander
wiedersehen wollen, auch wenn es nicht geschäftlich ist. „Sie scheinen
sich mit Wein ja wirklich auszukennen. Es hat mich gefreut, von Ihrem
Wissen zu profitieren; wir sollten uns einmal zusammensetzen und
uns über Weine unterhalten. Es könnte ja jeder einen interessanten
Tropfen mitbringen."

Lernen Sie, zuzuhören

William James hat einmal gesagt: „Das tiefste Prinzip der menschlichen Natur ist die Gier nach Anerkennung."

Sie sollten sich von dem Gedanken leiten lassen, dass man zuerst danach streben sollte, zu verstehen, und erst danach, verstanden zu werden. Oft kümmern wir uns so sehr darum, was wir als Nächstes sagen wollen, dass wir gar nicht hören, was jemand im Moment zu uns sagt.

Man kann seinem Gesprächspartner auf mehrere Arten signalisieren, dass man interessiert ist und aktiv zuhört. Ergreifen Sie die Initiative und sagen Sie als Erster Hallo. Das demonstriert Vertrauen und zeigt sofort Ihr Interesse an der anderen Person. Wenn das Gespräch beginnt, unterbrechen Sie sie nicht. Zeigen Sie durch Kopfnicken Empathie und Verständnis und setzen Sie Ihren gesamten Körper ein, um die Person, mit der Sie sich unterhalten, tiefer in das Gespräch zu ziehen. Stellen Sie Fragen, aus denen hervorgeht, dass Sie (ernsthaft) glauben, man sollte sich für die Meinung der anderen Person besonders interessieren. Konzentrieren Sie sich auf ihre Triumphe. Lachen Sie über ihre Witze. Und merken Sie sich immer, immer den Namen der anderen Person. Nichts klingt süßer in den Ohren als der eigene Name. Im Augenblick der Vorstellung verbinde ich den Namen der Person visuell mit ihrem Gesicht. Sekunden später wiederhole ich den Namen der Person, um sicherzugehen, dass ich ihn richtig verstanden und behalten habe; im Laufe des Gesprächs wiederhole ich ihn dann immer wieder.

Arbeiten Sie an Ihren Chat-Fähigkeiten

Ob Sie es wollen oder nicht, heutzutage findet ein Gutteil unseres täglichen Small Talks virtuell statt, entweder über E-Mail, virtuelle Chats oder soziale Updates. Im New Yorker Büro meines Unternehmens hatten wir das ganze Team in einem Raum untergebracht, der so klein war, dass man ihn scherzhaft den „Sweatshop" nannte. Als ich dort zu Besuch war, fand ich, dass es nach dem langweiligsten Arbeitsplatz der Welt aussah. Dann fing plötzlich einer der Mitarbeiter zu lachen an oder schüttelte seinen Kopf, und mir wurde klar, dass die angeregte

Unterhaltung und die Zusammenarbeit mittels der Tastaturen statt-
fanden. Damit es ruhig blieb, benutzten sie Skype zur Kommunikation, obwohl sie fast Schulter an Schulter saßen, und es war so normal
und intim, als würde man sich ganz normal unterhalten.

Verwenden Sie einen lockeren Plauderton, wenn Sie virtuell chatten
– Ihre getippten Zeilen laut zu lesen wird Ihnen dabei helfen. Korrigieren Sie so weit wie möglich Tippfehler, aber werden Sie nicht so pinge-
lig, dass die Unterhaltung einschläft.

Nehmen Sie sich einen Extramoment, um sich in einer E-Mail herzlich zu verabschieden. Lassen Sie die virtuellen Chat-Kanäle zu bestimmten Zeiten des Tages offen. Halten Sie einen Witz bereit. Lockern
Sie den Workflow ein wenig auf – gerade genug, um die Produktivität
zu steigern, ohne dass es zu einer Ablenkung für Sie selbst und andere
wird.

Wenn alles andere versagt – sechs Worte, die nie ihre Wirkung verfehlen

„Sie sind wundervoll. Erzählen Sie mehr."

Dale Carnegie (1888-1955)

„Small Talk zu lernen ist unerlässlich."

Der inzwischen verstorbene Professor Thomas Harrell von der Graduate School of Business in Stanford erforschte gern die Charakterzüge seiner Absolventen. Wie Sie schon wissen, bestand seine hauptsächliche Erkenntnis darin, dass erfolgreiche Absolventen sozial, kommunikativ und extrovertiert sind. Die Fähigkeit, „mit anderen zurechtzukommen", bestimmte mehr als alles andere darüber, wer es zu etwas brachte.

Aus diesem Grund ist das Vermächtnis von Dale Carnegie, der als Erster Small Talk als berufliche Fähigkeit *verkaufte*, fast sieben Jahrzehnte nach der im Jahr 1936 erfolgten Erstveröffentlichung seines Bestsellers *Wie man Freunde gewinnt. Die Kunst, beliebt und einflussreich zu werden* immer noch intakt.

Auch für Carnegie wurde der Small Talk ein Mittel für das eigene Fortkommen.

Carnegie wurde im Jahre 1888 in Missouri als Sohn eines Schweinefarmers geboren, der sein Leben lang um die Existenz kämpfte, und der junge Carnegie schämte sich seiner Armut. Dieses Gefühl ließ sich nicht abschütteln und er dachte deshalb sogar an Selbstmord. Als er 24 Jahre alt war und in New York zu überleben versuchte, bot er beim YMCA in der 125th Street öffentliche Abendkurse an. An dem ersten Kurs nahmen weniger als zehn Personen teil. Mehrere Wochen lang vermittelte Carnegie den Kursteilnehmern die Fähigkeiten, die er als herausragender Debattierer an der Highschool und am Missouri State Teachers College gelernt hatte. Er brachte den Menschen bei, wie sie ihre Schüchternheit überwinden, ihr Selbstvertrauen stärken und ihre Sorgen lindern konnten – mit Ideen, die damals wie heute als gesunder Menschenverstand gelten können. Merken Sie sich die Namen der Menschen. Seien Sie ein guter Zuhörer. Kritisieren Sie nicht, verurteilen Sie nicht und beschweren Sie sich nicht.

Nach den ersten paar Kursen gingen Carnegie die Geschichten aus, die er erzählen konnte. Also forderte er seine Kursteilnehmer auf, sich vor die Klasse zu stellen und über ihre eigenen Erfahrungen zu sprechen – und er gab ihnen Feedback, wie sie sich dabei geschlagen hatten. Dabei erkannte er, dass mit der Überwindung der Angst, das Wort zu ergreifen, und mit der Gewöhnung, offen über sich selbst zu sprechen, das Selbstvertrauen der Kursteilnehmer entsprechend stieg.

In Carnegies Kursen fanden Geschäftsleute, Vertriebsleute und andere Profis eine erschwingliche Möglichkeit, sich mit nachvollziehbaren Methoden zu verbessern. Im Jahre 1916 war Carnegies Kurs so erfolgreich, dass er zum ersten Mal Lehrer für den „Dale Carnegie Course" ausbilden musste. Im Jahre 1920 veröffentlichte er den Text *Public Speaking*, mit dessen Hilfe er in Boston, Philadelphia und Baltimore Carnegie-Kurse einführte.

All das wäre vermutlich nicht passiert, hätte Carnegie nicht seine ersten Kursteilnehmer dazu ermuntert, sich zu öffnen und *ihre* Geschichten zu berichten. Es ist kein Wunder, dass Carnegie es nie versäumte, das Zuhören als essenzielle Eigenschaft von Networkern zu betonen. In einer Zeit, in der Computer und E-Mail dem Berufs- und Geschäftsleben die persönliche Note nehmen, ist Carnegies schlichte Logik so wertvoll wie nie zuvor. Schließlich sind die Menschen immer noch Menschen, und wer könnte Gedächtnisstützen wie die folgenden wohl nicht gebrauchen:

- „Interessieren Sie sich ehrlich für andere Menschen."
- „Seien Sie ein guter Zuhörer. Ermuntern Sie andere Menschen, über sich zu sprechen."

- „Überlassen Sie dem anderen einen großen Teil des Gesprächs."
- „Lächeln Sie."
- „Sprechen Sie über die Interessen des Gesprächspartners."
- „Vermitteln Sie ehrliche, ernst gemeinte Anerkennung."

Obwohl Carnegie die Grundregeln des klugen Small Talks in seinem eigenen Leben erfolgreich anwandte, wollte er sie anfangs nicht in Buchform veröffentlichen. Der Kurs kostete 75 Dollar und Carnegie hatte keine Lust, die Inhalte einfach preiszugeben. Aber Leo Shimkin vom Verlag Simon & Schuster war passionierter Teilnehmer an Carnegies Kursen. Shimkin überzeugte Carnegie endlich zu unser aller Nutzen dazu, ein Buch zu schreiben. „Mr. Shimkin überredete ihn vermutlich exakt mit der Art von Schmeichelei und Hartnäckigkeit, die Mr. Carnegie selbst verfocht und bewunderte", schrieb Edwin McDowell im Jahre 1986 in der *New York Times*.

Carnegie gab Shimkin und Millionen anderen Menschen Kraft durch den Glauben, dass wir alle lernen können, mit anderen besser umzugehen – und große Erfolge zu erzielen –, egal wer wir sind oder wie arm wir vorher waren.

Teil 3

Machen Sie Verbindungen zu Verbündeten

18

Gesundheit, Wohlstand und Kinder

Was wollen Sie wirklich? Es gibt wohl kaum vier Worte, die einen universelleren Klang haben. Wie schon in dem Kapitel über die Mission gesagt, entscheidet Ihre Antwort auf die Frage „Was wollen Sie wirklich?" über alles, was Sie tun und über die Menschen, die Ihnen dabei helfen. Sie liefert die Blaupause für alle Ihre Bemühungen, auf andere zuzugehen und Kontakt mit ihnen aufzunehmen. Und wenn Sie die Mission anderer Menschen verstehen, haben Sie den Schlüssel zu dem in der Hand, was diesen Menschen am wichtigsten ist. Dieses Wissen hilft Ihnen, tiefe, dauerhafte Bande zu knüpfen.

Wenn ich mit einer Person zum ersten Mal spreche, egal ob es ein neuer Schützling oder einfach nur ein geschäftlicher Kontakt ist, versuche ich herauszufinden, welche Motivationen diesen Menschen antreiben. Das läuft meist auf eines von drei Dingen hinaus: Geld verdienen, Liebe finden, die Welt verändern. Sie lachen? Das geht den meisten Menschen so, wenn sie mit der Realität ihrer tiefsten Wünsche konfrontiert werden.

Freunden Sie sich mit dieser Realität an. Wenn man lernt, zum Connector zu werden, wird man in gewissem Sinne auch zum Hobby-Psychiater. Wenn Sie auf diesem Weg fortschreiten, werden Sie zum scharfsichtigen Beobachter der menschlichen Psyche. Sie müssen lernen, wie die Menschen ticken und wie man ihre Ticks am besten befriedigt, egal wie sie aussehen. Das heißt auch, dass man die Dinge beim Namen nennen muss, wenn man sieht, dass jemand mit sich selbst nicht ganz ehrlich ist.

Die erfolgreichsten Beziehungsbaumeister sind in der Tat eine raffinierte Mischung aus Finanzguru, Sexualtherapeut und Allround-Wohltäter.

Connecting ist eine Lebenseinstellung, eine Weltsicht. Ihr Leitgedanke ist die Auffassung, dass jede Person, die man kennenlernt, eine Gelegenheit darstellt, zu helfen und sich helfen zu lassen. Warum messe ich der wechselseitigen Abhängigkeit so große Bedeutung bei? Zunächst einmal, weil wir notgedrungen alle soziale Wesen sind. Unsere Stärke beruht auf dem, was wir gemeinsam tun und wissen. Es ist eine Tatsache, dass auf dieser Welt niemand ohne große Hilfe weiterkommt.

Wenn man Dinge wie Einschüchterung und Manipulation beiseitelässt, bleibt nur noch eine Möglichkeit, wie man jemanden dazu bringen kann, dass er etwas tut. Wollen Sie wissen, welche?

Das ist keineswegs eine triviale Frage. Business ist schließlich letzten Endes die Fähigkeit, eine Gruppe von Individuen dazu zu motivieren, eine Idee vom Konzept zur Realität werden zu lassen; eine Theorie in die Praxis umzusetzen; die Zustimmung von Angestellten und Kollegen zu gewinnen; andere zu ermuntern, Ihre Pläne umzusetzen.

Wenn Sie immer noch nicht genau wissen, wie die Antwort lautet, lassen Sie den Mut nicht sinken; das geht vielen Menschen so. Jedes Jahr werden Hunderte von Büchern veröffentlicht, die sich mit der Frage herumschlagen, wie man Loyalität und Motivation erzeugt. Die meisten davon geben die falsche Antwort.

Der Fehler beruht auf den Annahmen, von denen sie ausgehen. Es ist in Mode gekommen, auszurufen: Alles ist neu! Alles ist anders! Das Geschäftsleben hat sich verändert! Die Autoren meinen, die Antwort müsste in der Technologie, in neuen Formen des Leaderships oder in ausgeklügelten Organisationstheorien liegen. Aber ist an den Menschen irgendetwas wirklich neu oder anders? Nicht wirklich.

Die Prinzipien des Umgangs mit anderen Menschen sind die gleichen, die Dale Carnegie vor mehr als 60 Jahren formuliert hat; sie haben sich als universell und zeitlos erwiesen.

Man bringt Menschen nur dazu, etwas zu tun, indem man ihre Bedeutung anerkennt und dadurch erreicht, dass sie sich wichtig fühlen. Jeder Mensch wünscht sein Leben lang zutiefst, Bedeutung zu haben und bemerkt zu werden.

Wie könnte man besser Anerkennung zeigen und anderen Menschen Lob zollen als dadurch, dass man sich für sie und ihre Mission interessiert?

Und es hat noch einen Vorteil, wenn man herausfindet, was den Menschen etwas bedeutet. Jemandem bei der Erfüllung seiner tiefsten

Wünsche zu helfen ist nicht nur Grundbedingung für den Aufbau einer Bindung, sondern auch für die Erhaltung und Festigung des Bandes. Loyalität mag die vergessene Tugend der modernen Zeit sein, aber sie ist nach wie vor das Qualitätssiegel jeder starken Beziehung und ein Wert, den viele Unternehmen mit großen Anstrengungen in ihr Tagesgeschäft einbringen wollen.

Für mich bedeutet Loyalität, dass man jemandem (oder einer Sache, zum Beispiel einer Marke oder einem Kundensegment) durch dick und dünn die Treue hält. Loyalität ist eher ein Marathonlauf als ein Sprint. Jeder gute Markenmanager weiß, dass man die Loyalität der Kunden nicht auf die Schnelle gewinnt. Man muss sie sich verdienen. Aber wie?

Dazu möchte ich Ihnen eine Geschichte über Michael Milken erzählen – ganz genau, über den Finanz- und Fusions-Guru, der aber auch ein Philanthrop und tiefer Kenner des menschlichen Verhaltens ist. Über Entertainment Media Ventures (EMV) war Mike einer der Investoren des Start-up-Unternehmens, in das ich nach meiner Zeit bei Starwood eintrat. Während der Einstellungsgespräche als CEO erklärte ich ihm und meinem Freund Sandy Climan, der EMV leitete, dass es mich sehr motivieren würde, die Stelle anzunehmen, wenn ich in meiner Zeit als Unternehmenslenker von Mike etwas lernen könnte. Ich hatte Mike unabhängig davon schon ein paar Jahre vorher kennengelernt, als ich DuPont bei der Einführung von Sojamilch-Produkten für Endverbraucher beriet. Mike war einer der Menschen, die ich schon immer einmal kennenlernen wollte – eines meiner frühen ehrgeizigen Kontaktziele. Ich hatte in mehreren Artikeln über ihn gelesen, dass er sich sehr für Soja und dessen heilende Wirkungen interessierte. Er hatte einen Kampf gegen Prostatakrebs hinter sich und daraus hatte sich eine Leidenschaft für Gesundheitsprodukte und präventive Medizin entwickelt. Für Mike gehörte die Ernährung untrennbar dazu und sie wurde zu seiner privaten und philanthropischen Passion.

Als CEO versuchte ich von Anfang an, das Unternehmen aufzubauen und meine Beziehung zu Mike zu festigen. Er nahm mich dafür unter seine Fittiche und öffnete mir seine Welt.

Wenn er nach New York zu einem seiner vielen Fundraiser für CaP CURE reiste, die die Suche nach Heilmitteln gegen Prostatakrebs fördern, oder wenn er bemerkenswerte Lehrer der Milken Family Foundation besuchte, um ihnen Anerkennung zu zollen oder ihnen Geldmittel zu geben, versuchte ich dabei zu sein. Ich hatte nur das Ziel, ihm bei der Arbeit zuzusehen und vielleicht ein paar Erkenntnisse zu gewinnen. Ich suchte in der Stadt, die er bereiste, immer Kunden oder potenzielle Kunden heraus, damit ich die Zeit, die ich dort verbrachte, auch für YaYa sinnvoll nutzen konnte.

Meistens saßen wir schweigend da und arbeiteten. Er vergrub sich in eine der zehn Reisetaschen voll Lesestoff, die er überall mit sich herumschleppt, und ich hämmerte auf meinem Computer herum, schrieb E-Mails und pflegte Kontakte, die die Umsatz- und Geschäftsentwicklung von YaYa förderten. Ich lernte alleine schon dadurch viel, dass ich sah, was er las, und zusah, wie er nachdachte.

Auf einer dieser Reisen unterhielt ich mich mit Mike über die Leidenschaften der Menschen und darüber, was ihnen wirklich etwas bedeutet. Damals gewann ich tiefe Erkenntnisse über Menschen und Loyalität. Wissen Sie, Mike ist nämlich nicht nur ein kluger Kopf, sondern auch ein Beziehungskünstler.

Ich habe es erlebt, dass er sich stundenlang mit Menschen unterhielt, von denen man nie erwartet hätte, dass sie ihn interessieren: mit Sekretärinnen, mit ganz alten und ganz jungen Menschen, mit den Mächtigen und mit den Machtlosen. Er liebt die Menschen, er liebt ihre Geschichten und ihre Sicht der Welt. Als ich ihm das einmal sagte, erinnerte ihn das an einen Ausspruch von Ralph Waldo Emerson: „Jeder Mensch, mit dem ich zu tun habe, ist mir in irgendeiner Beziehung überlegen, und ich kann von ihm lernen." Jeder konnte ihm etwas beibringen.

Diese Konzentration auf die Menschen war der Grund, weshalb ihm so viele Menschen Loyalität erwiesen haben. Ich empfinde die gleiche Loyalität. Ich fragte ihn, warum so viele Menschen so viel in ihre Beziehung zu ihm investieren. Was wusste er, das andere nicht wissen? Mike machte eine kurze Pause; das tut er, wenn ihm eine Frage besonders gut gefällt oder besonders missfällt. Dann lächelte er.

„Keith", sagte er, „es gibt drei Dinge auf der Welt, die starke emotionale zwischenmenschliche Bindungen erzeugen: Gesundheit, Wohlstand und Kinder."

Es gibt Vieles, das wir für andere Menschen tun können: gute Ratschläge geben, ihnen beim Autowaschen oder beim Umzug helfen. Aber Gesundheit, Wohlstand und Kinder wirken sich auf uns in einer Weise aus, wie es andere Gefälligkeitshandlungen nicht tun.

Wenn man jemandem bei dessen gesundheitlichen Problemen hilft, dessen Wohlstand vergrößert oder sich ernsthaft um dessen Kinder kümmert, schafft man Loyalität für ein lebenslanges Band.

Mikes Erfahrungen werden durchaus von wissenschaftlichen Forschungen gestützt. Der Psychologe Abraham Maslow hat eine Theorie aufgestellt, die die menschlichen Bedürfnisse hierarchisch ordnet. Maslow glaubte, wir hätten alle die gleichen Bedürfnisse und unsere niedrigeren Bedürfnisse müssten erfüllt sein, bevor wir uns um höhere Bedürfnisse kümmern können.

Das höchste Bedürfnis ist nach Maslow die Selbstverwirklichung – der Wunsch, das Bestmögliche aus sich zu machen. Dale Carnegies Scharfsinn erkannte das auch. Aber Maslow behauptet, wir könnten uns unseren höheren Bedürfnissen erst widmen, wenn wir diejenigen am Fuß der Pyramide erfüllt haben, zum Beispiel Lebensunterhalt, Sicherheit und Sex. Laut Mike entsteht Loyalität in den unteren Bedürfnisgruppen, wo Gesundheit, Wohlstand und Kinder angesiedelt sind. Wenn man diese drei fundamentalen Themen angeht, erreicht man zwei Dinge: 1) Man hilft jemandem bei der Befriedigung seiner dringendsten Bedürfnisse und 2) Man gibt demjenigen die Chance, in der Bedürfnispyramide aufzusteigen und sich um höhere Bedürfnisse zu kümmern.

Ich habe über meine eigene Existenz nachgedacht und bin zu dem Schluss gekommen, dass er absolut recht hat.

Bei einem Freund von mir wurde kürzlich Prostatakrebs diagnostiziert. Dank meiner Beziehungen zu der CaP-CURE-Stiftung kannte ich den leitenden Arzt. Ich rief ihn an und fragte ihn, ob er etwas Zeit für meinen Freund entbehren könnte. Ein weiterer Freund von mir,

Mehmet Oz – der Wunderknabe, der das Cardiovascular Institute der Columbia University leitet, Gründer und Direktor des Complementary Medicine Program am NewYork-Presbyterian Hospital – nimmt die Anrufe der Menschen, die ich an ihn verweise, immer an.

Ich weiß sehr gut, dass in Zeiten der Angst ein beruhigender Experte allen Reichtum der Welt wert ist. Als mein Vater herzkrank war, vermittelte uns eine Freundin der Familie namens Arlene Treskovich, die bei einem der besten Kardiologen Pittsburghs arbeitete, Zugang zu medizinischen Ratschlägen, die sich in Pittsburgh eigentlich nur wenige Arbeiterfamilien leisten können. Sie tat damit nur, was sie gelernt hatte; Marge, ihre Mutter, hatte im Latrobe Hospital gearbeitet und immer dafür gesorgt, dass alle Angehörigen unserer Familie oder Freunde unserer Familie bei Krankenhausaufenthalten wie die Könige behandelt wurden, und wenn es nur um einen Wackelpudding aus der Kantine ging, obwohl sie geschlossen war. Bis zum heutigen Tag würde ich alles tun, was Arlene von mir verlangt.

Manchmal braucht man nur Interesse zu zeigen und emotionale Unterstützung zu bieten. Dazu ein Beispiel: Robin Richards war der Gründungspräsident des Musikportals MP3.com und er baute eines der profiliertesten Internetunternehmen der Welt auf. Geschickt manövrierte er MP3.com durch eine sehr schwierige Phase, bevor er es an Vivendi Universal verkaufte, wo er danach als leitende Führungskraft engagiert wurde. Ich traf damals mit Robin zusammen, weil er Verhandlungen über die Übernahme unseres Unternehmens führte.

Aus dem Deal wurde zwar nichts, aber während der Verhandlungen erfuhr ich, dass Robin ein kleines Kind hatte, das an einer schrecklichen Form von Krebs litt. Als er mir diese zutiefst schmerzliche und private Information bei einem Essen mitteilte, verflüchtigte sich die Dynamik, die bei solchen Verhandlungen so oft wirkt, durch das Fenster. Wir diskutierten über unsere entsprechenden Erfahrungen und ich machte ihn mit Mike bekannt, der genauso intensiv nach einer Heilung für diese Krebsart suchte. Robin und ich sind bis heute gute Freunde und ich weiß, dass sich jeder von uns für den anderen ein Bein ausreißen würde.

Haben Sie schon einmal jemandem beim Abnehmen geholfen, indem Sie ihm von einer guten Diät erzählt haben? Haben Sie schon einmal ein gutes Vitaminpräparat oder eine andere Nahrungsergänzung gefunden, die Ihnen geholfen hat und die Sie an andere weitergegeben haben? Das mögen Kleinigkeiten sein. Aber bei den genannten drei Dingen einschließlich Gesundheit und Ernährung kommt es gerade darauf an.

Bei Thema Wohlstand dachte ich an die vielen Männer und Frauen, denen ich bei der Stellensuche geholfen habe. Das ist zwar nicht das Gleiche wie die Millionen, die Mike vielen Menschen durch innovative Finanzinstrumente verschafft hat, aber ein Job hat die wirtschaftliche Situation dieser Freunde bedeutend verändert. Wenn ich weiß, dass jemand Arbeit sucht, durchforste ich mein Netzwerk nach Ansprechpartnern. Wenn der Betreffende schon ein interessantes Stellenangebot gefunden hat, rufe ich den Entscheidungsträger für die Einstellung an. Manchmal helfe ich einfach nur, indem ich bei der Verbesserung der Bewerbung helfe oder als Referenz fungiere. Ich tue, was auch immer gefragt ist. Und für Unternehmen mache ich das Gleiche. Beispielsweise mache ich es mir zur Aufgabe, den Restaurants, die ich besuche, möglichst viel Gäste zu verschaffen. Ich bemühe mich, allen mir bekannten Beratern, Verkäufern und Zulieferern Kunden zuzuschanzen. Ich weiß, dass sie gut sind, ich vertraue ihnen und ich will, dass auch andere von ihrem Können profitieren.

Den Menschen bedeuten ihre Kinder alles. Ich spiele für junge Leute gern den Mentor. Das macht Spaß, das bringt etwas und Lehren ist die beste Lernmethode, die ich kenne. Die Loyalität, die ich dadurch bekomme, dass ich dem Kind eines Bekannten einen Praktikumsplatz in meinem eigenen Unternehmen oder in dem Unternehmen eines Freundes verschaffe, ist unermesslich.

Nehmen wir zum Beispiel meine Erfahrung mit Jack Valenti, dem ehemaligen Vorstandsvorsitzenden und CEO der Motion Picture Association. Valenti ist in Texas geboren, hat in Harvard studiert und schon mehrere Leben gelebt: als Bomberpilot im Krieg, als Sonderassistent im Weißen Haus und als Spitzenmann der Filmbranche. Er kennt jeden; noch wichtiger ist allerdings, dass jeder ihn kennt und eine

Menge Respekt vor ihm hat (in einer Branche, in der man Respekt nicht jedem X-Beliebigen zollt).

Valenti war schon eine ganze Zeit eines meiner ehrgeizigen Kontaktziele gewesen. Ich versuchte nie aktiv, ihn kennenzulernen, aber ich wusste, dass seine Bekanntschaft sehr interessant sein musste. Ein arbeitsamer Italiener, der sich aus dem Nichts hochgearbeitet hatte – ich dachte mir, dass wir eine Menge gemeinsam haben müssten.

Unsere erste Begegnung war reine Glückssache. Ich nahm anlässlich der Democratic National Convention im letzten Amtsjahr von Präsident Clinton in Los Angeles an einem Bankett für Kabinettsmitglieder teil. Ich erblickte Jack unter den Anwesenden. Als es daranging, sich zum Essen niederzusetzen, achtete ich darauf, dass wir nebeneinandersaßen.

Unsere Unterhaltung an jenem Nachmittag war kurzweilig und freundlich. Ich hatte keine Mission und keine konkreten Absichten. Ich hoffte, dass dies eines Tages die Grundlage für etwas Substanzielleres werden könnte.

Nicht lange danach rief mich ein Freund an, der wusste, dass ich leidenschaftlich gern den Mentor spielte: „Hör mal, der Sohn von Jack Valenti will in deiner Branche arbeiten. Vielleicht triffst du dich einmal mit ihm und gibst ihm ein paar Tipps."

Jacks Sohn ist ein brillantes Beispiel dafür, dass der Apfel nicht weit vom Stamm fällt; er ist ebenso klug wie charmant. Ich gab ihm ein paar Ratschläge, machte ihn mit ein paar Leuten in der Branche bekannt, die man kennen sollte, und das war's.

Ein paar Monate später traf ich Jack auf der Yale-Konferenz wieder.

„Jack", sagte ich. „Ich nehme an, Sie erinnern sich nicht mehr an mich. Zumindest gibt es keinen Grund dafür. Wir haben einmal bei einem Parteitag der Demokraten nebeneinandergesessen. Aber ich habe mich vor ein paar Monaten mit Ihrem Sohn getroffen und ihm ein paar Tipps für die Karriere gegeben. Jetzt frage ich mich, wie es ihm wohl ergangen ist."

Jack ließ alles stehen und liegen und war sofort sehr interessiert. Er löcherte mich mit Fragen über seinen Sohn und wie man am besten in meine Branche hineinrutschen könnte.

Am nächsten Tag hakte ich nach; ich lud ihn zu einem Essen ein, bei dem er ein paar Bosse aus Politik und Entertainment kennenlernen könnte.

„Ich komme natürlich gern, wenn es mein Terminkalender zulässt", sagte er zu mir. „Aber noch wichtiger wäre es mir, dass Sie, ich und mein Sohn einmal zu dritt miteinander essen."

Meine Einladung an sich interessierte Jack vermutlich nicht besonders. Wer weiß? Aber ihn interessierte das Wohlergehen seines Sohnes. Er freute sich über meine Einladungen mehr, als er es getan hätte, wenn ich nicht die Gelegenheit gehabt hätte, seinem Sohn ein paar einfache, solide Ratschläge zu geben.

Viele Menschen meinen, schon eine Einladung würde Loyalität schaffen. Ich dachte das auch, als ich bei Deloitte war, und ich erlebe heute bei meiner Beratertätigkeit, dass viele Menschen glauben, sie könnten Loyalität aufbauen, indem sie ihre Kunden und potenziellen Kunden zu einem gediegenen Essen, zu einem Baseballspiel oder zu einem Konzert mitnehmen. Ich selbst bin in diese Falle getappt. Am Anfang einer Beziehung sind solche Ausflüge nur eine Art Forum, auf dem man den Kontakt mit der anderen Person so weit festigen kann, dass es ihr möglich ist, die Themen anzusprechen, die ihr am wichtigsten sind. Wir haben allerdings ein paar der größten Fortune-100-Klienten dazu aufgefordert, ihre Kunden und potenziellen Kunden in die Häuser ihrer Manager zum Abendessen einzuladen, damit sie auch die Familie kennenlernen und die Manager verstehen, wie sie den Klienten als Personen helfen können.

Aber Sie dürfen eines nicht vergessen: Wenn man sich mit den größten Problemen der Menschen beschäftigt, muss man auch die Mühe daransetzen, die sie verdienen. Wenn nicht, gehen selbst die besten Absichten nach hinten los. Nichts kommt der höllischen Wut eines Menschen gleich, dem man höchstpersönliche Hilfe versprochen, aber nicht gegeben hat.

Können Sie Ihren Worten die entsprechenden Taten folgen lassen? Jeder kann leicht sagen: „Ich kümmere mich um andere Menschen. Ich finde, man sollte helfen und sich helfen lassen. Ich halte es für eines der wichtigsten Dinge im Leben, dass man anderen Menschen dabei hilft, gesund zu werden, Geld zu verdienen und ihre Kinder erfolgreich groß-zuziehen." Solche Sachen sagen viele Menschen – aber dann sieht man ihre Taten, hört von ihrem Netzwerk etwas über sie und stellt fest, dass sie in Wirklichkeit nichts von alledem glauben. Man kann sich darauf verlassen, dass das Netzwerk die Wahrheit über einen selbst sehr schnell und mit dauerhaften Auswirkungen auf alle Mitglieder verbreitet.

Wo soll man anfangen? Man fängt mit der Philosophie und mit der Weltsicht an, dass jedes menschliche Wesen eine Chance darstellt, zu helfen und sich helfen zu lassen. Der Rest – ob man jemandem bei der Gesundheit, beim Wohlstand, bei den Kindern oder bei anderen uner-füllten Wünschen hilft – ergibt sich daraus.

Adam Grant

*„Etwas Besonderes passiert, wenn jemand Erfolg hat,
der gibt: Es verbreitet und vermehrt sich."*

Professor Adam Grant sieht das Leben als eine Gelegenheit, Menschen
zu helfen – und laut seiner eigenen Forschung an der Wharton School
ist es genau diese Einstellung, die ihn so erfolgreich gemacht hat, zu
einem aufstrebenden Star im Bereich der Organisationspsychologie.
Anderen zu helfen, so zeigt Grants Studie, bringt uns dazu, uns gut zu
fühlen und härter zu arbeiten. Die Stunden, die wir damit verbringen,
anderen zu helfen, machen uns mit der Zeit sogar mehr und nicht
weniger produktiv.

Grant gelangte bereits als Anzeigenverkäufer auf den unteren
Sprossen der Karriereleiter bei der Arbeit für die „Let's Go"-Reisefüh-
rerserie zur Erkenntnis, dass Geben, auch „pro-soziales Verhalten"
genannt, die Leistung steigert. „Ich war ein Fähnchen im Wind",
sagte er in seinem Buch *Geben und Nehmen: Warum Egoisten nicht
immer gewinnen und hilfsbereite Menschen weiterkommen,* „und
habe das Unternehmen Umsatz gekostet und meine Provision aufs
Spiel gesetzt." Dann hatte er eine Unterhaltung mit einer Studentin,
die sich mit ihrem Job bei Let's Go das Studium finanzierte. Plötzlich
sah er die Arbeit als Anzeigenverkäufer nicht mehr als sinnlose
Maloche, sondern als eine Chance, zu helfen. Je mehr Anzeigen er
verkaufte, desto mehr Stellen gab es bei Let's Go. Inspiriert durch
diese Idee wurde er als Verkäufer viel organisierter und aggressiver.
Die Abschlüsse begannen sich zu stapeln. Innerhalb eines Jahres

hatte er das größte Paket an Anzeigen in der Geschichte des Unternehmens verkauft.

In den folgenden zehn Jahren hat er eine profilierte Forscherkarriere der Aufgabe gewidmet, die Beziehung zwischen dem Geben und Erfolg zu studieren. Grant hat herausgefunden, dass Menschen in eine von drei Kategorien fallen: Es gibt *Geber*, die nach Möglichkeiten suchen, anderen etwas zu geben, ohne dass sie etwas dafür erwarten. Dann die *Nehmer*, die Ressourcen horten und nach Möglichkeiten suchen, wie andere ihnen helfen können, und schließlich die *Matcher*, die so viel geben, wie sie nehmen.

Aber der Clou von Grants wichtigster Erkenntnis: Die erfolgreichsten Menschen sind nicht nur Geber, sondern ein bestimmter Teil davon. Es sind diejenigen, die gern geben, aber auch ein hohes Maß an Eigeninteresse bewahren. Sie sind strategisch bei ihrem Geben und auf lange Sicht schützt sie das davor, zu Fußabtretern zu werden und sich völlig zu verausgaben.

Grants Erklärung dafür, wie sie das tun, bietet ein paar nützliche Anhaltspunkte, die Sie beim zielgerichteten Geben anleiten sollen:

- Den Gebern geben: Clevere Geber erkennen die Nehmer und sind zurückhaltend, wenn es darum geht, den Nehmern etwas zu geben. Sie konzentrieren ihre Anstrengungen lieber auf diejenigen, die es weitergeben.

- Zuerst das eigene Netzwerk füttern: Sie kanalisieren das Geben, um ihre eigenen sozialen Bindungen zu stärken – mit anderen Worten, ihnen ist bewusst, dass sie ihre eigenen Netzwerke versorgen müssen.

- Zeit im Kalender markieren, um zu geben: Sie „konzentrieren ihr Geben" auf einzelne Einheiten an Energie und Aufmerksamkeit, was ihr Gefühl der Belohnung steigert und ihnen gestattet, sich die übrige Zeit für produktive Arbeit an ihren eigenen Projekten zu reservieren.

Oberflächlich betrachtet ist Grant ein zwanghafter Geber, zumindest bis 23 Uhr, um alle Nachfragen zu beantworten. Tatsächlich ist er sehr diszipliniert. Insbesondere konzentriert sich Grant auf „Schnäppchen": die Gefallen, die nur fünf Minuten dauern und es ihm erlauben, jemandem mit geringem Einsatz von Zeit oder Aufwand eine große Hilfe zu sein. Beispiele können etwa Empfehlungen sein, die Weitergabe von Ressourcen oder die Beantwortung von Fragen. Und damit wird eine Stunde, die man spätabends mit E-Mails verbringt, eine Chance, zwölf Gefallen in den karmischen Strom der Welt einzuleiten. Das Enervierende wird zum Energetisierenden.

Das Ergebnis dieses strategischen Gebens? „Die gesamte Welt hat den Eindruck, ihm einen Gefallen schuldig zu sein – inklusive mir", sagte der Doktorkandidat und ehemalige Mitarbeiter von Grant, Justin Berg, der *New York Times*. „Die Menschen reißen sich darum, mit ihm zusammenzuarbeiten."

Grants Leben und Arbeit zeigen uns, dass diejenigen, die geschickt geben und langfristig nach Erfolg suchen, irgendwann die Früchte ernten werden – und sich auf dem Weg dorthin positiver, produktiver und zufriedener fühlen werden.

19

„Social Arbitrage"

Manche Menschen werden durch bloße Einschüchterung und schiere Willenskraft mächtig; andere lernen, für die Menschen in ihrer Umgebung unentbehrlich zu werden, und haben damit im Allgemeinen mehr Erfolg.

Ich erinnere mich noch an den Ratschlag, der mir klarmachte, dass es diese zwei Wege zur Macht gibt. Kurz nachdem ich bei Deloitte angefangen hatte, zog mich Greg Seal eines Tages in sein Büro und bat mich Platz zu nehmen. Er sagte: „Hören Sie auf, sich selbst und alle anderen in den Wahnsinn zu treiben, weil Sie immer daran denken, wie Sie erfolgreich werden können. Fangen Sie an, darüber nachzudenken, wie Sie alle um Sie herum erfolgreich machen können."

Von dem Moment an, als ich bei Deloitte anfing, war ich ein Mann mit einer Mission. Ich wollte mehr Stunden arbeiten, mehr Partner kennenlernen, in den größten Projekten die größten Probleme lösen – und das wollte ich alles jetzt sofort, weil ich mir um jeden Preis einen Namen machen wollte. Mein Ehrgeiz hatte zur Folge, dass mich viele Menschen nicht mochten. Und bei Deloitte bringt man genauso wie in anderen Unternehmen nur schwer etwas zustande, wenn einen die Kollegen nicht leiden können.

Früher war es gang und gäbe, dass man auf dem Weg an die Spitze Menschen verärgerte und ausnutzte. Michael Korda riet im Jahre 1975 in seinem Buch über das Geheimnis, wie man zum Unternehmensführer wird, mit dem Titel *Macht und wie man mit ihr umgeht*: „Die Besten in diesem Spiel versuchen so viele Informationen wie möglich in die Hände zu bekommen und sie so vielen Menschen wie möglich vorzuenthalten." Es mag sein, dass man vor mehr als 40 Jahren Macht durch ein Informationsmonopol (und viele verärgerte Menschen) erlangte, aber heute ähnelt das System eher der „Social Arbitrage": ein stetiger offener Austausch von Gefälligkeiten und Informationen, wie Greg mir so klug geraten hatte.

Wie funktioniert das? Stellen Sie es sich als Spiel vor. Wenn jemand ein Problem erwähnt, versuchen Sie, Lösungen zu finden. Die Lösungen stammen aus meiner Erfahrung und meinem Wissen sowie aus meinem aus Freunden und Bekannten bestehenden Werkzeugkasten.

Wenn ich mich beispielsweise mit jemandem unterhalte und diese Person erwähnt, dass sie ein Haus in Los Angeles kaufen will, denke ich als Erstes: „Wie kann mein Netzwerk da helfen?" Und dann verliere ich keine Zeit. Noch während der Unterhaltung ziehe ich mein Handy aus der Tasche und suche jemanden, der meinem Freund beim Hauskauf behilflich sein kann. Beim Wählen sage ich etwa: „Sie müssen sich einmal mit dieser Maklerin treffen, sie heißt Betty. Niemand kennt die Region Los Angeles besser. Hier ist ihre Telefonnummer, aber Moment ..." Jetzt ist Betty am Telefon. „Hallo Betty, schön, deine Stimme zu hören. Es ist schon wieder viel zu lange her. Hör mal, ich stehe hier gerade mit einem Freund, der deine Sachkenntnis braucht. Ich habe ihm gerade deine Telefonnummer gegeben und wollte dir nur selbst sagen, dass er vielleicht bald anruft."

Die Verbindung ist hergestellt, die Arbeit ist getan; egal was passiert, beide Parteien freuen sich, dass ich mir für sie die Mühe gemacht habe.

Das ist Social Arbitrage live. Und warten Sie vor allem nicht, bis Sie gebeten werden. Tun Sie es einfach.

Ich möchte Ihnen noch ein anderes Beispiel dafür geben, und zwar meinen Kontakt mit Hank Bernbaum, dem CEO von High Sierra, eines kleinen Taschenherstellers außerhalb von Chicago. Hank hatte in der Zeitschrift *Fast Company* ein Porträt über mich und meine Marketingexpertise gelesen. Er rief mich aufs Geratewohl an und sagte: „Der Artikel über Sie war hervorragend."

Und schon hatte er meine Aufmerksamkeit geweckt.

„Wir sind ein sehr kleines Unternehmen", sagte er, „und was Marketing angeht, sind wir fürchterlich. Wir haben die besten Beutel und Taschen Amerikas, aber niemand weiß das. Unser Umsatz und unser Marktanteil könnten eigentlich viermal so groß sein. Können Sie mir helfen?"

Er fügte noch hinzu: „Ach ja, wir haben nicht gerade Geld wie Heu."

Wenn es die Zeit zulässt, nehme ich solche Anfragen immer gern an, denn dann kann ich für die unterschiedlichsten Menschen Vertrauter, Berater und sogar Concierge spielen. Ich mache andauernd Menschen aus verschiedenen Teilen meines Lebens miteinander bekannt, die davon profitieren könnten, dass sie einander kennen. Das ist eine Art endloses Puzzle, bei dem man die passenden Menschen mit den richtigen Gelegenheiten zusammenbringt. Wenn Sie anfangen, die Welt auch so zu sehen, eröffnen sich ganz neue aufregende Möglichkeiten. Das lohnt sich und macht Spaß. Hank brauchte Consulting und seine Taschen brauchten Präsentation. Ich rief Peter an, der bei Starwood Hotels als Berater mit mir zusammengearbeitet hatte; er war ein genialer Marketingfachmann und liebte Outdoor-Aktivitäten. Das passte perfekt. Dann rief ich einen anderen Freund an, der die Marketingabteilung von Reebok leitet. Die Taschen dieser Firma verkauften sich lange nicht so gut wie ihre anderen Produkte und da dachte ich, dass es beiden etwas bringen könnte, wenn sie Erkenntnisse und Erfahrungen austauschen würden. Ich „klonte" also sogar eine Besprechung mit einem Marketingmanager von Reebok und brachte Hank mit, um alle persönlich miteinander bekannt zu machen.

Dann fragte ich Hank, ob er je Publicity bekommen hätte. Hatte er nicht. Ich schickte ein paar von Hanks Taschen an Alan Webber, den Herausgeber von *Fast Company*. Ein paar Monate danach brachte das Magazin einen Artikel über High-Sierra-Produkte, nachdem Alans Redakteure eine besonders innovative Reisetasche getestet hatten, die wir geschickt hatten.

Hank war total begeistert. Aber dann sagte ich ihm noch etwas: „Hank, was ich für dich jetzt mache, musst du eigentlich selbst machen. Bist du Mitglied im Executive Club von Chicago?"

„Ich hatte schon daran gedacht", sagte er. „Warum?"

„Du darfst dich selbst und dein Unternehmen nicht mehr als Insel betrachten. Du musst Menschen kennenlernen. Im Executive Club gibt es viele CEOs und schlaue Leute, die das Gleiche hätten machen können wie ich, nur eben schon vor ein paar Jahren. Du musst solche Kontakte knüpfen."

Kurz darauf begann Hank mit dem Aufbau eines lokalen Managernetzwerks. Seine Produkte sind exzellent; was fehlte, war das Netzwerk. Zehn Jahre später verkaufte Hank sein „kleines Unternehmen" für 110 Millionen Dollar an Samsonite. Aber davon haben nicht nur er und ich profitiert. Meinem früheren Kollegen Peter, dem frischluftfanatischen Marketingmann von Starwood, half diese Erfahrung bei dem Aufbau des Selbstvertrauens, das er brauchte, um sich endlich auf eigene Füße zu stellen. Er besitzt jetzt eine florierende Beraterfirma in New York. Und der Marketingchef von Reebok? Er war dankbar für einen Kontakt, der ihm bei der Ankurbelung seines Taschengeschäfts helfen konnte. Was mit einem Mann und einem Problem angefangen hatte, endete mit mehreren Menschen und vielen Lösungen.

Was ich damit sagen will? Wahre Macht entsteht, wenn man unentbehrlich ist, wenn man als Vermittlungszentrale agiert und so viel Informationen, Kontakte und Gefälligkeiten wie möglich an möglichst viele Menschen – aus möglichst vielen Welten – verteilt.

Das ist eine Art Karriere-Karma. Wie viel man den Menschen gibt, mit denen man in Berührung kommt, entscheidet darüber, wie viel man zurückbekommt. Das heißt, wenn man Freunde haben und etwas auf die Beine stellen will, muss man sich selbst aufraffen und etwas für andere tun – Dinge, die Zeit, Energie und Überlegung erfordern.

Erfolgreiche Verbindungen mit anderen basieren nie darauf, dass man einfach bekommt, was man will. Man bekommt zwar, was man will, aber zuerst muss man dafür sorgen, dass die Menschen, die einem wichtig sind, bekommen, was sie wollen. Das bedeutet häufig, dass man Leute miteinander bekannt macht, die sonst nie die Gelegenheit gehabt hätten, sich zu treffen.

Die beste Art, Verbindungen zu schaffen, ist die Zusammenführung zweier Menschen aus völlig verschiedenen Welten. Die Diversität Ihrer Beziehungen entscheidet genauso über die Stärke Ihres Netzwerks wie die Qualität und die Quantität der Beziehungen.

Die meisten von uns kennen Menschen aus dem eigenen beruflichen und sozialen Umfeld und darüber hinaus nicht viele. Ich rate Ihnen dringend, mithilfe anderer Connectors und auf eigene Faust möglichst viele Menschen aus möglichst vielen Berufen und sozialen Gruppen kennenzulernen. Eine einflussreiche Studie von Ron Burt, Professor an der University of Chicago Graduate School of Business, hat ergeben, dass die Fähigkeit, Brücken zwischen verschiedenen Welten und verschiedenen Personen innerhalb des gleichen Berufs zu schlagen, ein Hauptkennzeichen von Managern ist, die besser bezahlt und schneller befördert werden als andere.

„Menschen mit Kontakten in unterschiedlichen Gruppen haben einen Wettbewerbsvorteil, weil wir in einem bürokratischen System leben und weil Bürokratien Mauern bilden", so Burt. „Einzelne Manager mit unternehmerischen Netzwerken transportieren Informationen schneller, sind im Verhältnis zur Bürokratie sehr flexibel und schaffen Lösungen, die besser an die Bedürfnisse der Unternehmen angepasst sind."

Seine Forschungen tragen wesentlich zur Beantwortung dieser anhaltend quälenden Frage bei: Hängt der Erfolg davon ab, was man weiß, oder davon, wen man kennt? Für Burt gilt beides. Wen man kennt bestimmt, wie effektiv man anwenden kann, was man weiß. Wenn man es zu etwas bringen und die Mauern des Unternehmens überwinden will, braucht man die richtigen Beziehungen.

Mir war das schon immer klar. Bei Deloitte lernte ich die Marketingchefs unserer größten Konkurrenten kennen. Bei Starwood machte ich mich schnell mit den einflussreichsten Gestalten der Branche vertraut. Als ich CEO von YaYa wurde, machte ich mich auf und lernte die Führer der Medien- und Computerspielebranche kennen. Eines war mir damals allerdings nicht klar, dass ich nämlich damit die ganze Zeit gleichzeitig das Fundament für den Erfolg von Ferrazzi Greenlight legte. Egal welche Aufgabe zu bewältigen war, wenn ich dem Produkt meines Unternehmens zu einer bedeutenden Position als Marke unter den wichtigsten Konkurrenten verhelfen wollte, musste ich in der Lage sein, mit den Playern innerhalb und außerhalb der Branche zu kommunizieren, die mir dabei helfen konnten. Ich erreichte das unter anderem dadurch, dass ich *ihnen* half, einander kennenzulernen – und sie wussten, dass das ihren eigenen Geschäften zugutekam. Ich war zum Beispiel sehr überrascht, dass die Marketingchefs der großen Consultingfirmen einander nicht kannten.

Vielleicht denken Sie sich jetzt: „Ich kenne überhaupt keine Topmanager oder sonstigen Schlüsselpersonen in meiner Branche! Und warum sollten die mich überhaupt kennenlernen wollen?" Kein Problem. Die Hürde, Social Arbitrage trotz geringer finanzieller Mittel und weniger Beziehungen zu praktizieren, ist in Wirklichkeit gar nicht so hoch. Die Lösung heißt Wissen – die wichtigste Währung der Social Arbitrage. Wissen ist kostenlos, man findet es in Büchern, in Artikeln, im Internet und eigentlich überall, aber es ist für jeden wertvoll.

Die Fähigkeit, Wissen in einem Netzwerk zu verteilen, ist ziemlich leicht erlernbar. Eigentlich sogar so leicht, dass Sie gleich heute damit anfangen sollten. Wenn Sie durch die Tausenden Blogs, Tumblrs und Online-Publikationen scrollen, glauben Sie vielleicht, der Wissensmarkt ist schon gut versorgt. Aber es gibt eine einfache Methode, durch das Hintergrundrauschen hindurchzubrechen, und die besteht darin, ihre Arbeit sorgfältig auf ein Zielpublikum auszurichten. Die Menschen schenken Ihnen Aufmerksamkeit, wenn sie das Gefühl haben, Informationen zu erhalten, die auf sie maßgeschneidert ist. Je detaillierter Sie Ihr Zielpublikum ins Visier nehmen können, desto besser. Zum Beispiel kannte ich einen jungen Berater namens Max, der die Personen an den Schlüsselpositionen seines Unternehmens befragt und ein Weißbuch herausgebracht hat, das neuen Angestellten helfen sollte, sich schneller in der Firma „einzugliedern". Mit der Hilfe eines Mentors ließ er das Weißbuch unter allen neuen Auszubildenden der Firma verteilen. Es wurde seitdem zu einem Teil des offiziellen Ausbildungsmaterials des Unternehmens, aber das war nur einer von zwei Erfolgen: Beim Prozess, das Buch zusammenzustellen, traf und beeindruckte Max alle wichtigen Leute in der Firma.

Wir werden später noch davon sprechen, wie Sie guten Content kreieren, aber Buchzusammenfassungen und Rezensionen, Veranstaltungskalender und Leitartikel sind alles gute Möglichkeiten, Wissen zu bündeln und mit anderen zu teilen. Aber wenn Sie zum Beispiel eine Buchzusammenfassung machen, dann schreiben Sie sie nicht nur für ein Publikum aus „Geschäftsleuten" und schicken Sie es an das gesamte Unternehmen. Schreiben Sie sie stattdessen für, sagen wir mal, das Verkaufsteam, dessen Mitglied Sie sind. Behalten Sie dabei dessen spezielle Herausforderungen und Vorlieben im Kopf. Es wird eine kleinere Gruppe sein, aber ich garantiere, dass die Wirkung größer sein wird.

Und ratzfatz sind Sie ein Wissensmakler.

Wissensvermittlung kann man sich ganz einfach zur Gewohnheit machen. Nehmen wir an, beim Essen oder in den Minuten vor dem Beginn einer Besprechung erwähnt jemand, dass er mit seinem Sohn oder seiner Tochter im Teenageralter schlecht zurechtkommt. Sie sollten dabei hören: „Problem!" und als praktizierender Social Arbitrageur denken Sie: „Muss eine Lösung finden." Wenn Sie selbst keinen Rat wissen, müssen Sie sich fragen: „Wie könnte mein Netzwerk aus Freunden und Bekannten helfen? Welcher meiner Freunde hat Kinder im Teenageralter?" Wahrscheinlich fällt Ihnen schnell jemand ein – vielleicht Ihre eigenen Eltern –, der mit seinen eigenen Kindern im Teenageralter konstruktiv umgegangen ist oder umgeht. Rufen Sie sie an und fragen Sie sie, ob sie einen Rat haben oder ob ihnen irgendwelche Bücher oder Artikel bei der Sache geholfen haben. Dann geben Sie das weiter.

Oder nehmen wir an, Sie kennen einen Immobilienmakler, der eigentlich Modedesigner werden möchte. Ich kenne mich mit Bekleidung nicht aus, aber genau wie bei jedem anderen Thema gibt es andere Menschen, die sich damit auskennen, und einer davon hat ganz bestimmt ein Buch darüber geschrieben. Suchen Sie bei Amazon etwas, das jemandem hilft, der Modedesigner werden will. Dann senden Sie der betreffenden Person einen Link oder gar das Buch an sich, oder Sie vermitteln ein persönliches Gespräch – das wäre wirklich wertvoll.

Es stimmt, dass diese Art der Kontaktpflege Zeit und Bedacht erfordert. Aber genau deshalb wird sie so geschätzt. Die Anbahnung all dieser Verbindungen, all dieses Wissens und letztlich all dieses Glücks – das macht einen heutigen „Power Broker" aus.

Dale Carnegie hat das einmal ungefähr so ausgedrückt: Sie können in zwei Monaten erfolgreicher sein, wenn Sie sich ernsthaft für den Erfolg anderer Menschen interessieren, als wenn Sie zwei Jahre lang versuchen, andere Menschen für Ihren eigenen Erfolg zu interessieren.

Vernon Jordan

„Mach dich selbst für andere unentbehrlich."

Der Ausnahme-Dealmaker Vernon Jordan, ehemaliger Clinton-Berater und Washingtoner Spitzenanwalt, sitzt derzeit im Vorstand von zehn Unternehmen, unter anderem American Express, Dow Jones, Revlon und Xerox. Er ist Senior Managing Director der internationalen Investmentbank Lazard und Senior Counsel in Akin Gumps Anwaltskanzlei in Washington, D.C. In der *Fortune*-Liste der einflussreichsten schwarzen Führungspersönlichkeiten belegt er Platz 9.

Laut *Time* verdient Jordan ein siebenstelliges Gehalt „mit einer Anwaltstätigkeit, für die er keine Schriftsätze einreichen muss und für die er keinen Gerichtssaal betritt, denn er verbringt seine Arbeitszeit eher in feudalen Restaurants und klebt ständig am Handy [...], vermittelt hier geschickt einen Kontakt, rüttelt da vorsichtig an einer gesetzgeberischen Position und bügelt eine heikle Situation aus, bevor sie in die Zeitung kommt." Er belässt es nicht bei schönen Worten. Er bewegt etwas.

Es ist auf dieser Welt schon schwer genug, einen einzigen Job in einer dynamischen Organisation zu behalten, aber Jordan hat sich bei so vielen Arbeitgebern derart unentbehrlich und begehrt gemacht, dass er tatsächlich für mehrere gleichzeitig arbeitet und offenbar niemand etwas gegen seine berufliche Polygamie einzuwenden hat.

Nebenbei ist Jordan eine der verbindungsreichsten Personen Washingtons, er scheint in allen Ecken und Winkeln Freunde und Einfluss zu haben. Er hat Lou Gerstner an IBM vermittelt. Er hat Colin

Powell gebeten, Warren Christopher als Außenminister abzulösen. Er hat James Wolfensohn geholfen, Präsident der Weltbank zu werden.

Wie hat er das geschafft?

Jordan hat sich mithilfe von Social Arbitrage unentbehrlich gemacht – er ist im wahrsten Sinne des Wortes ein moderner Power Broker. Aber er stand nicht immer mitten im Strudel des Geschehens in Washington. Er wohnte nicht einmal die ganze Zeit in Washington, bis ihn Akin Gump im Jahre 1982 einstellte. Vor seiner Ankunft hatte er in seiner Karriere schon genug geleistet – mehrere Jahrzehnte lang Kontakte aufgebaut und Gefälligkeiten erwiesen –, um sicher sein zu können, dass er in der neuen Stadt innerhalb kurzer Zeit ein einflussreicher Mann sein würde. Akin Gump wusste das auch und das war einer der Gründe, weshalb er ihn engagierte: „Ich wusste, dass er in die Washingtoner Anwaltsszene passen und eine beherrschende Figur sein würde", so der Seniorpartner Robert Strauss. „Diese Stadt ist auf Macht und Beziehungen aufgebaut und Vernon ist so ziemlich der beste Kontaktmensch, den ich kenne."

In den 1990er-Jahren kannten alle Amerikaner den Namen Jordan, weil er mit Bill Clinton zu tun hatte. Aber in der Black Community war er schon lange vorher berühmt.

In den 1960er-Jahren war Jordan in Atlanta als Anwalt für die Bürgerrechtsbewegung aktiv. Als Field Secretary der NAACP [National Association for the Advancement of Colored People = Vereinigung zur Förderung und Unterstützung Farbiger in den USA] kämpfte er für die Integration der Schulen und dafür, dass sich Schwarze in Georgia als Wähler registrieren ließen. Im Jahre 1964 verließ er die NAACP und leitete das Voter Education Project (VEP) des Southern Regional Council. Seine Aufgabe bestand darin, ehrenamtliche Mitarbeiter zu finden, die Wählerkampagnen organisierten, und Geld für das Projekt zu beschaffen. Dafür musste Jordan durch den gesamten Süden reisen und wohlhabenden Stiftungen erklären, warum sie dem VEP Geld geben sollten. Dank dieser Position konnte sich Jordan Respekt als ein Mann verschaffen, der *innerhalb* des Establishments für die Sache kämpfte. Sein Rolodex wuchs, während er Kontakte mit den Leitern der Stiftungen und mit den VEP-Inspektoren in Washington knüpfte.

Bei der Gemeinde der Fortune-500-Unternehmen machte sich Jordan zum ersten Mal beliebt, als er im Jahre 1966 ins Weiße Haus zu Präsident Johnsons Bürgerrechtskonferenz eingeladen wurde, an der Hunderte von CEOs teilnahmen. In den 1960er- und 1970er-Jahren reiste er als vollwertiges Mitglied beider Kreise – der Unternehmenswelt und der Bürgerrechtler – durch das Land. Sein Engagement in dem einen Kreis machte ihn für den anderen nur umso wertvoller. Erwiesene Gefälligkeiten und Freunde in dem einen Kreis konnte er nutzen, um in dem anderen Kreis Gefälligkeiten zu erweisen und Freunde zu gewinnen.

Jordans Vollzeitjobs erlaubten ihm, mit jedem Fuß in einer der Welten zu stehen. Im Jahre 1970 wurde er Geschäftsführer des United Negro College Fund. Im Jahre 1972 wurde er Präsident der National Urban League, einer unternehmensfreundlichen Bürgerrechtsorganisation – diesen Posten behielt er zehn Jahre lang. In beiden Positionen konnte Jordan sein persönliches Netzwerk geschickt ausbauen, und zwar bis zu dem Punkt im Jahre 1982, an dem ihm Akin Gump einen horrenden Lohn für seine Dienste bezahlte. „Vernon kam uns nicht billig", so Strauss. „Aber ich sagte zu ihm: ‚Wir tragen dich ein paar Jahre lang, bis du herausgefunden hast, worum es hier geht, und dann wirst du uns eine lange Zeit lang tragen.' "

Jordans Karriere ist ein wunderbares Beispiel für die Chancen, die entstehen, wenn man unterschiedliche Menschen aus unterschiedlichen Welten und unterschiedlichen Organisationen zusammenbringt, um Gutes zu tun. Als Jordan im Zuge des Clinton-Lewinsky-Skandals in die Schlagzeilen geriet, wurde ihm seine Aussage vorgeworfen, dass er der ihm quasi fremden Monica Lewinsky eine Stelle verschafft hatte. Und wieder kam ihm sein Netzwerk zu Hilfe. Die Washingtoner Anwältin Leslie Thornton führte im *Wall Street Journal* aus, wie sehr sich Jordan bemüht hatte, ihr und anderen Menschen zu helfen. Sie offenbarte, was viele schwarze und weiße Businessprofis insgeheim schon lange wussten: Seit Jahrzehnten hatte Jordan Menschen jeder Hautfarbe und jeder Glaubensrichtung Türen geöffnet.

20

Anpingen –
und zwar ständig

Wenn 80 Prozent des Erfolges, wie Woody Allen einmal gesagt hat, darauf gründet, dass man überhaupt zur Arbeit erscheint, dann bestehen 80 Prozent des Aufbaus und der Pflege von Beziehungen nur daraus, in Kontakt zu bleiben.

Ich nenne das „Ping" oder „Anpingen". Damit meine ich einen kurzen gelegentlichen Gruß, der auf beliebig viele kreative Arten stattfinden kann. Wenn Sie einmal Ihren eigenen Stil gefunden haben, können Sie ohne Weiteres mit mehr Menschen Kontakt halten, als Sie sich je erträumt haben, und zwar mit weniger Zeitaufwand, als Sie sich je vorgestellt haben.

Aber natürlich muss man dafür auch Knochenarbeit leisten. Anpingen bedeutet Arbeit. Das ist der schwierige Teil. Sie müssen pingen und pingen und pingen und dürfen nie damit aufhören. Sie müssen das Feuer Ihres Netzwerks schüren, sonst brennt es nieder und erlischt.

Wie oft haben Sie schon zu sich selbst gesagt: „Wie sieht noch mal sein Gesicht aus … ja, den Mann kenne ich" oder „Ich kenne die Person, mir fällt bloß ihr Name nicht ein …" Wir alle geraten in meinen Augen nur allzu oft in diese Situation. Jedes Mal, wenn ich solche Aussagen höre, spüre ich, dass ein Netzwerk oder eine Gemeinschaft von Bekannten verkümmert.

Wir werden heutzutage mit derart vielen Informationen überschwemmt, dass unser Verstand nur den neuesten Daten Priorität einräumen kann. Was braucht man, um das weiße Rauschen der Informationsflut zu durchdringen? Um im geistigen Notizbuch einer Person ganz vorn zu stehen, bedarf es eines unschätzbar wertvollen kleinen Prinzips: der Wiederholung.

• Menschen, mit denen Sie Kontakt aufnehmen, um eine neue Beziehung zu schaffen, müssen Ihren Namen durch mindestens drei Kommunikationswege wahrnehmen – zum Beispiel via E-Mail, Telefon und persönlicher Begegnung –, damit substanzielles Wiedererkennen möglich ist.

- Wenn Sie dieses erste Wiedererkennen erreicht haben, müssen Sie eine entstehende Beziehung pflegen, indem Sie mindestens einmal im Monat anrufen oder mailen.

- Wenn Sie einen Kontakt in einen Freund verwandeln wollen, müssen Sie sich mindestens zweimal außerhalb des Büros treffen.

- Um eine sekundäre Beziehung aufrechtzuerhalten, müssen Sie sie zwei- bis dreimal im Jahr anpingen.

- Pings über die sozialen Medien (Status-Updates, Retweets, Kommentare und so weiter) sind für die laufende Beziehungspflege bestens geeignet, besonders für die Ränder Ihres Netzwerks, aber sie ersetzen nicht die Notwendigkeit der gelegentlichen direkten Kontaktaufnahme mit den Personen in Ihrem Netzwerk mit der höchsten Priorität, die also mit Ihren aktuellen Zielen in Verbindung stehen.

Die erwähnten Regeln geben Ihnen einen Eindruck davon, was nötig ist, damit Ihr eigenes Netzwerk brummt. Ich tätige täglich Dutzende Telefonanrufe. Meistens hinterlasse ich nur einen Gruß auf der Mailbox eines Freundes. Außerdem versende ich ständig E-Mails. Mit Smartphone und Tablet erledige ich das Anpingen größtenteils im Zug, im Flugzeug und im Auto. Ich merke mir – oder wenigstens merken es sich meine Geräte – persönliche Ereignisse wie Geburtstage und Jubiläen und ich achte darauf, dass ich mich zu solchen Anlässen bei den Menschen melde.

Wenn man Beziehungen aufrechterhalten will, muss man 24 Stunden am Tag, sieben Tage die Woche und 52 Wochen im Jahr am Ball bleiben.

Es stimmt zweifellos, dass man in diesen Teil des Systems eine gewisse Energie investieren muss. Aber sehen Sie, das ist die Methode, wie ich das mache. Sie werden schon Ihre eigene Methode finden. Das beherrschende Prinzip ist die Wiederholung; finden Sie eine Möglichkeit, die Menschen regelmäßig zu kontaktieren, ohne Ihren Zeitplan zu sehr zu strapazieren.

Ich erleichtere mir die Pflege meines Netzwerks dadurch, dass ich meine Kontakte, Kollegen und Freunde danach sortiere, wie oft ich sie kontaktiere. Zuerst teile ich mein Netzwerk in fünf allgemeine Kategorien auf: Unter „privat" stehen meine guten Freunde und Bekannten. Da ich mit diesen Menschen normalerweise sowieso in Kontakt stehe, kommen sie auf keine Kontaktliste. Die Beziehung ist stabil, und wenn wir uns sprechen, ist es so, als hätten wir täglich miteinander zu tun. „Kunden" und „Potenzielle Kunden" erklären sich selbst. „Wichtige Geschäftspartner" ist für Menschen reserviert, mit denen ich beruflich aktiv zu tun habe. Entweder mache ich momentan mit ihnen Geschäfte oder ich hoffe, dass wir ins Geschäft kommen, denn sie stehen in meinem BAP. Das ist die missionsentscheidende Kategorie. Unter „Angestrebte Kontakte" führe ich Personen auf, die ich gern kennenlernen möchte oder denen ich kurz begegnet bin (das reicht vom Chef des Chefs bis hin zu berühmten Persönlichkeiten) und mit denen ich eine engere Beziehung aufbauen möchte.

Nachdem Sie das Kapitel „Namen sammeln" gelesen haben, haben Sie vielleicht schon angefangen, Ihr Netzwerk auf eine Art und Weise zu kategorisieren, die für Sie funktioniert – eine Standardmethode gibt es da nicht. Erfinden Sie eine Aufteilung, die für Sie und Ihre Ziele funktioniert. Das ist eine gute Gewohnheit, die man beibehalten sollte. Alle erfolgreichen Menschen sind Planer. Sie denken auf dem Papier. Nicht zu planen heißt nach Aussage erfolgreicher Menschen, das Scheitern zu planen. Und ein Plan ist eine Liste von Aktivitäten und Namen.

Im nächsten Schritt drucken Sie Ihre Gesamtliste aus. Sie enthält alle Menschen Ihres Netzwerks gemäß den Kategorien, in die Sie sie einsortiert haben. Sie auszudrucken mag altmodisch erscheinen, aber ich finde es heute, wo ein ständiger digitaler Informationsfluss herrscht, sogar noch nützlicher. Es steigert den Fokus, wenn man etwas Reales in der Hand hält. Aber Sie können dafür natürlich auch Ihre bevorzugte App verwenden.

Jetzt stellt sich die Frage, wie oft Sie mit jeder Person auf der Liste Kontakt aufnehmen. Ich benutze dafür ein ziemlich einfaches System, aber es gibt keinen Grund, weshalb Sie es nicht verbessern sollten. Ich gehe meine Hauptliste durch und schreibe hinter jeden Namen die Zahlen 1, 2 oder 3.

Eine „1" wird mindestens einmal im Monat kontaktiert. Das bedeutet, dass ich mit dieser Person eine aktive Verbindung pflege, egal ob sie nun ein Freund oder ein neuer Geschäftspartner ist. Bei neuen Beziehungen bedeutet „1" normalerweise, dass ich die Beziehung mit mindestens drei Kommunikationsmedien festigen muss. Immer wenn ich eine Person kontaktiere, notiere ich hinter dem Namen den Zeitpunkt, zu dem ich zum letzten Mal Kontakt aufgenommen habe und auf welche Art und Weise ich das getan habe. Wenn ich im letzten Monat einer Person mit der Einstufung „1" eine E-Mail geschickt habe, rufe ich sie in diesem Monat an. 1er-Kontakte speichere ich außerdem auf meiner Favoritenliste in meinem Handy; so kann ich schnell nachschauen und schnell Kontakt aufnehmen. Wenn ich im Taxi eine freie Minute habe, gehe ich einfach die Favoritenliste durch und rufe ein paar Menschen an, mit denen ich in letzter Zeit nicht gesprochen habe.

Die Zahl „2" bezeichnet meine „mal melden"-Kontakte. Das sind entweder lockere Bekanntschaften oder Menschen, die ich schon gut kenne. Sie bekommen jedes Quartal einen Anruf oder eine E-Mail und ich sehe mir ihren Feed in den sozialen Medien an, um über Neuigkeiten auf dem Laufenden zu bleiben und Gelegenheiten zu finden, wo ich mich nützlich machen kann. Meistens schließe ich diese Personen auch in geschäftliche Massen-E-Mails ein. Und genauso wie der Rest meines Netzwerks bekommen sie entweder eine jährliche Weihnachtskarte oder einen Gratulationsanruf zum Geburtstag.

Eine „3" bekommen Menschen, die ich nicht gut kenne und aufgrund der Zeit oder der Umstände nicht intensiv genug „anpingen" kann. Diese Menschen sind Bekanntschaften im eigentlichen Sinne – Menschen, die ich nur flüchtig kenne, die aber den Weg in mein Adressbuch gefunden haben. Ich versuche, mindestens einmal im Jahr irgendwie mit ihnen in Kontakt zu treten. Das Überraschende an dieser Kategorie ist, dass man von diesen Menschen, die man ja nicht näher kennt, die wunderbarsten Reaktionen auf Karten oder E-Mails bekommt.

Die meisten Menschen freuen sich und werden neugierig, wenn sie von jemandem, den sie kaum kennen, eine Nachricht bekommen – und sei sie noch so kurz.

Der dritte Schritt besteht – wie schon in dem Kapitel „Namen sammeln" gesagt – in der Aufteilung des Netzwerks in Telefonlisten. Die Hauptliste wird mit der Zeit als direkte Arbeitsgrundlage zu unhandlich. Die Telefonlisten sparen Zeit und sorgen dafür, dass Sie gezielter arbeiten. Sie können sie nach der Einstufung mit Nummern, nach dem Wohnort, nach Branche oder sonst wie aufteilen. Das ist völlig flexibel. Wenn ich nach New York fliege, drucke ich zum Beispiel vorher eine New-York-Liste aus und rufe meine „1er" an, sobald ich aus dem Flugzeug gestiegen bin. „Hi Jan. Ich bin gerade in New York gelandet und da habe ich an dich gedacht. Diesmal ist zwar keine Zeit für ein Treffen mit dir, aber ich wollte mich einfach mal melden." Außerdem kann ich mithilfe der New-York-Liste eine Woche im Voraus noch etwaige Lücken im Zeitplan schließen.

Jahrelang habe ich Assistenten genutzt, um diesen Prozess einwandfrei zu gestalten, aber die Technologie hat aufgeholt. Die Kontakte-Funktion von LinkedIn zum Beispiel lässt einen die Liste mithilfe von Tags filtern und es gibt die Option, Kontakten eine E-Mail zu schicken, sie anzurufen oder in der mobilen App ihre Einträge direkt mit Notizen zu versehen.

Wann finde ich die Zeit dafür? Wie gesagt, Zeit findet man immer. Ich pinge vom Taxi aus oder im Auto. Ich pinge vom Bad aus (nur Text). Wenn ich mich auf einer Konferenz langweile, pinge ich via E-Mail. Ich habe mir angewöhnt, alle E-Mails zu speichern, die ich sende oder empfange. Jede empfangene E-Mail kommt in eine meiner Kategorien und mein E-Mail-Programm registriert, ob ich darauf geantwortet habe oder nicht. Dann öffne ich einfach die entsprechenden Dateien und antworte, schicke ein Ping nach dem anderen. Ich habe es mir angewöhnt, meine Hauptliste jedes Wochenende durchzugehen und mit den Aktivitäten und Reiseplänen für die nächste Woche abzugleichen. Auf diese Art bin ich immer auf dem neuesten Stand und habe meine bewährten Listen die ganze Woche bei mir.

Man kann außerdem dadurch Zeit sparen, dass man genau im richtigen Moment anruft. Lustigerweise rufe ich manchmal zu einer bestimmten Zeit an, weil ich *nicht* durchkommen will. Manchmal hat man keine Zeit für ein ausgiebiges Gespräch, man will einfach nur Hallo sagen. Ich versuche, mir die Telefoniergewohnheiten der Menschen zu merken, und wenn ich nur eine Nachricht hinterlassen will, rufe ich zu einer Zeit an, zu der die betreffende Person meines Wissens nicht erreichbar ist Meistens reicht es, sehr früh oder sehr spät im Büro anzurufen.

Wichtig ist, dass man das „Anpingen" in seinen Arbeitsablauf einbaut. Manche Organisationen gehen sogar so weit, dass das Pingen zur unternehmensüblichen Prozedur gehört. Ich habe mir sagen lassen, dass McKinsey und Company laut folgender Daumenregel vorgeht: 100 Tage, nachdem ein neuer CEO die Leitung eines Unternehmens übernommen hat, wird ein Berater angewiesen, dort anzurufen und nachzufragen, ob er helfen könne. Laut McKinsey sind 100 Tage genug Zeit, damit der neue CEO das Gefühl hat, die entscheidenden Probleme zu kennen, aber noch nicht so viel Zeit, dass er schon die Lösungen dafür erarbeitet hat.

Automatisiertes Anpingen durch soziale Medien

Es ist sicher offensichtlich, dass mir die sozialen Medien noch nicht als Tool zur Verfügung standen, als ich meine Ping-Rituale entwickelte. In gewisser Weise war das eine gute Sache, denn dadurch gewöhnte ich mir eine proaktive, sehr persönliche Kontaktaufnahme an. Plaxo war der erste Vorgeschmack auf die erfreulichen Ergebnisse des automatischen Anpingens. Ich machte ein Update meiner Informationen auf der Website zur Adressbuchverwaltung, und ein paar Tage später erhielt ich eine E-Mail eines früheren Interessenten, den ich aus den Augen verloren hatte. Er schrieb: „Wir haben uns vor einem Jahr unterhalten. Damals hat sich nichts daraus ergeben. Jetzt ist vielleicht eine bessere Gelegenheit für ein Gespräch." Die E-Mail hatte eine zwei Millionen Dollar schwere Geschäftsbeziehung zur Folge.

Dieses rudimentäre Kontaktmanagement-Tool verschaffte mir einen Verkauf, einfach nur weil ein Ping durch mein gesamtes Netzwerk mich wieder bei jemandem ins Gedächtnis gerufen hat. Mit den heutigen Tools der sozialen Medien kann man auf noch umfassendere Weise, mit umfassenderen Ergebnissen jemanden anpingen. Durch LinkedIn, Facebook, Twitter, Instagram und den sicher Dutzenden an Tools, die noch künftig auf uns warten, teilen einem die Leute konstant mit, was ihnen wichtig ist und was sie interessiert. Das erlaubt Ihnen, zuzusehen und sich bei Bedarf zu melden und Hilfe und Unterstützung anzubieten, wann immer Sie können.

Ihre Herausforderungen in dieser neuen Ära sind zweierlei. Zuerst einmal müssen Sie sehr viel härter daran arbeiten als vorher, nicht als Spammer aufzutreten. Meine Definition von *Spamming* ist, wenn Sie Nachrichten verschicken, die nicht relevant sind, zur falschen Zeit ankommen und weder nutzbringend noch unterhaltend für die Menschen sind, die sie erhalten. Jede Nachricht, die Sie verschicken, muss auf Herz und Nieren geprüft werden: Wie sieht sie aus, wenn sie im Newsfeed oder dem Posteingang von jemandem landet?

Ihre zweite Herausforderung ist es, den eigenen Zustrom an Nachrichten zu managen, damit Sie die richtigen Informationen von den richtigen Menschen bekommen und auf die richtige Weise zur richtigen Zeit antworten.

Beide Herausforderungen werden von derselben „Technologie" gelöst, die bereits erhältlich war, als ich mit dem Pingen anfing – Listen! Akkurat auf dem Laufenden gehaltene Listen, damit Sie sich immer auf die Menschen konzentrieren können, die Ihnen am wichtigsten sind, und damit Sie in der Lage sind, die ausgehenden und ankommenden Nachrichten zu managen. Sie sollten alles, was Ihre Kontakte aus Kategorie 1 in ihrem Newsstream haben, im Auge behalten. Die „2er" überprüfen Sie vielleicht einmal in der Woche oder pro Monat; die „3er" vielleicht nur einmal im Monat oder vierteljährlich. Bauen Sie diese „Touren" in Ihren Arbeitsablauf ein.

Ihre wichtigsten Pings sind persönlich

Dank der sozialen Medien haben wir heute viel größere Netzwerke, die den „Rand" abdecken, als es früher der Fall war. Diese Menschen werden zu Recht eher als „Follower" denn als „Freunde" bezeichnet, und sie stellen eine neue und wichtige Dimension Ihres Netzwerks dar. Ich werde im Abschnitt über soziale Medien noch mehr über den Wert des „Randes" reden und wie man sich ihn zunutze macht.

Damit jemand vom „Follower" zum „Freund" wird und besonders zu einem Freund, der nicht nur die Minimalbedingungen erfüllt („er steht auf meiner Facebook-Freundesliste"), braucht man häufigeres Anpingen auf einer „4-Augen-Basis". Versuchen Sie immer, sowohl die Relevanz als auch die Intimität des Kontaktes zu steigern.

Hinsichtlich des Mediums und des Inhalts von Ping-Botschaften gibt es eine breite Skala. Bei engeren Bekannten schicke ich ein Ping, das eigentlich nur besagt: „Ich melde mich nur mal, weil du mir wichtig bist." Im Prinzip lautet die Botschaft: „Es ist schon so lange her, dass wir miteinander gesprochen haben, und ich wollte nur, dass du weißt, ich vermisse dich und du bedeutest mir etwas." Davon gibt es dann auch noch die professionelle Variante. Aber versuchen Sie immer, die Botschaft so persönlich wie möglich zu gestalten.

Bei Menschen, die für meine Karriere oder mein Unternehmen wichtig sind, nehme ich eher das „Mehrwert-Ping". Das heißt, ich versuche, irgendetwas Wertvolles in die Mitteilung zu packen; ich habe bemerkt, wenn jemand befördert wurde, den ich kenne; wenn das Unternehmen, das er oder sie leitet, ein gutes Quartal hinter sich hat, oder er oder sie ein Kind bekommen hat. Gern schicke ich auch interessante Artikel, kurze Ratschläge oder andere Dinge mit, die aussagen, dass ich an sie denke und gern helfe.

Seien Sie erfinderisch. Ich habe einen Freund, der überall Fotos von den Leuten macht, die er trifft. Wenn er von einer Konferenz oder von einer Geschäftsreise zurückkommt, pingt er die Leute an, die er getroffen hat, und schickt einen kurzen Gruß mit Foto. Das ist eine großartige Idee, die bei ihm gut funktioniert. Ein anderer Freund von mir macht so etwas Ähnliches mit Musik. Wenn er jemanden kennenlernt, fragt er, welche Art von Musik er oder sie mag. Er hat eine digitale Musikbibliothek, die jeden Rahmen sprengt und immer weiterwächst, und er ist stets im Bilde über die neuesten Hits. Wenn er jemanden anpingt, schreibt er vielleicht: „Es war mir eine Freude, Sie kennenzulernen. Sie haben erwähnt, dass Sie sehr gern Jazz hören. Zufällig habe ich hier eine seltene Aufnahme von Miles Davis. Ich dachte mir, das könnte Ihnen gefallen. Schreiben Sie mir doch, was Sie davon halten."

Wenn Sie einen Kontakt zu einem neuen Kollegen oder Freund aufgebaut haben, pflegen Sie ihn mit einem Ping. Das ist der Wunderdünger für Ihren blühenden Garten voller Freunde und Bekannter.

Die beste Gelegenheit für ein Ping: Geburtstage

Um den Menschen zu zeigen, dass einem die Ereignisse in ihrem Leben wichtig sind, wird meistens empfohlen, Weihnachts- oder Chanukka-Karten zu schicken. Meiner Meinung nach sind die Feiertage aber *nicht* die beste Gelegenheit, seine Ping-Energie zu bündeln. Und warum nicht? Weil man sich da nur schwer von den 150 anderen abheben kann, die das Gleiche machen.

Meine Lieblingsgelegenheit zum Anpingen ist nach wie vor der Geburtstag. Wenn man älter wird, vergessen die Menschen nach und nach ihren großen Tag (meistens, weil sie glauben, es sei besser, ihren eigenen Geburtstag zu vergessen). Jetzt, wo jeder, der in den sozialen Medien aktiv ist, ständig Erinnerungen erhält, wacht jeder an seinem Geburtstag mit einer Menge netzwerkumspannender Gratulationen auf. Das wärmt einem wirklich das Herz – so viele Glückwünsche fühlten sich gut an. Aber wir wollen nicht nur Quantität, sondern Qualität, auch wenn Menschen das gern leugnen.

„Nein, Geburtstage sind nicht mein Ding", höre ich die Menschen immer wieder sagen. Man sagt seiner Familie und den engen Freunden im Brustton der Überzeugung: „Schenkt mir nichts Großes; wenn ihr überhaupt etwas schenken wollt, dann etwas Kleines."

Nun, ich glaube das nicht. Ich durchschaue dich, mein Freund. Dir ist das wichtig und allen anderen auch.

Auch wenn wir uns als Erwachsene noch so sehr bemühen, Geburtstagsmuffel zu sein, als Kinder wurden wir darauf getrimmt, dass dieser Tag nur für uns ist. Das ist *Ihr* Tag und das ist seit Ihrer Kindheit so. Auch wenn Sie 70 Jahre alt sind, tief drinnen fühlt sich ein bisschen Anerkennung für das 70-jährige Leben trotz all Ihrer Proteste doch gut an, auch wenn Sie kein großes, rotes Feuerwehrspielzeugauto mehr bekommen.

Machen Sie sich nichts vor – JEDEM MENSCHEN IST SEIN GEBURTSTAG WICHTIG!

Als ich vor ein paar Jahren in New York war, erschien auf meinem Handy eine Erinnerungsmeldung: „Geburtstag – Kent Blosil." Kent war der Mann, dem es gelungen war, an meiner Torwächterin vorbeizukommen. Als ich Kent damals kennenlernte und seine Kontaktinformationen bekam, fragte ich ihn wie jeden anderen auch nach seinem Geburtsdatum. Das ist nicht indiskret und die meisten Menschen vergessen das schon in dem Moment wieder, in dem sie es mir gesagt haben. Kent ist Mormone. Er wurde in Salt Lake City in Utah geboren und er hat mehr als zehn Brüder und Schwestern. Man sollte meinen, dass bei einem Mann mit einer derart riesigen Familie am Geburtstag das Telefon nicht stillsteht.

Ich hatte seit über einem Jahr nicht mehr mit ihm gesprochen. Da ich an diesem Tag viel zu tun hatte, sah ich die Meldung erst kurz vor drei Uhr am Nachmittag. Normalerweise gratuliere ich am frühen Morgen zum Geburtstag. Dann erwische ich nämlich die Mailbox, und wenn die Jubilare an diesem Morgen ins Büro kommen, werden sie mit meiner Version von

„Happy Birthday" begrüßt. Ich kann Ihnen nicht sagen, wie viele New Yorker Taxifahrer mich bestimmt für völlig bekloppt halten.

Als Kent an jenem Nachmittag den Hörer abnahm, begrüßte ihn mein persönlicher Pavarotti-Happy-Birthday-Gesang. Keine Begrüßung, keine Nettigkeiten, ich schmetterte einfach los.

Normalerweise höre ich dann Gelächter und ein freudiges „Danke". Aber diesmal blieb das Telefon nach meinem Gesang still. „Kent, sind Sie da? Sie haben doch heute Geburtstag, oder?" Nichts. Nicht ein Wort. Ich dachte, ich hätte mich vielleicht zum Affen gemacht, das Datum verwechselt oder sonst was.

„Kent?"

Schließlich brachte er ein „Ja" heraus. Er musste schlucken und hielt hörbar die Tränen zurück.

„Alles klar bei Ihnen?"

„Sie haben an meinen Geburtstag gedacht?", fragte er. Das schockiert die Menschen immer.

„Wissen Sie, Keith, keiner meiner Brüder und Schwestern oder sonst jemand aus der Familie ... nun ja, keiner hat an meinen Geburtstag gedacht. Niemand hat daran gedacht", sagte er. „Vielen, vielen Dank."

Er hat das nicht vergessen. Die Menschen vergessen so etwas nie.

21

Ankergäste finden und „füttern"

Als ich mich als mittelloser Student durch die Business School durcharbeitete, war meine Wohnung alles andere als ein makelloses Designer-Appartement. Ziemlich minimalistisch, ja. Auf jeden Fall ein bisschen schäbig. Das hielt mich aber nicht davon ab, ungeheuer lustige Dinnerpartys abzuhalten, auf denen ich die Gesellschaft guter Freunde – und ein paar Unbekannter – genoss.

In dieser Zeit habe ich gelernt, wie wirkungsvoll die Kunst ist, Dinnerpartys zu veranstalten, wenn es darum geht, wunderbare Erinnerungen zu schaffen und nebenbei Beziehungen zu festigen. Ich kann heute mit Fug und Recht sagen, dass meine stärksten Bande bei Tisch geknüpft wurden. Wenn man gemeinsam das Brot bricht – von ein paar Gläsern Wein ganz zu schweigen –, bringt die Geselligkeit die Menschen zusammen.

Meine 40 Quadratmeter große 2-Zimmer-Wohnung gegenüber dem Footballfeld, wo am Küchentisch kaum zwei Erwachsene Platz fanden, erlebte wilde Zusammenkünfte mit vier, sechs oder gar fünfzehn Personen. Das war immer eine bunte Mischung aus Professoren, Studenten, einheimischen Bostonern und manchmal war auch jemand dabei, den ich beim Anstehen im Lebensmittelgeschäft kennengelernt hatte. Um die gewissen Unannehmlichkeiten, mit denen meine Veranstaltungen in jenen armen Tagen verbunden waren – dass meine Gäste beispielsweise gezwungen waren, mit dem Teller auf dem Schoß zu essen –, machte ich mir nie große Gedanken.

Eine Dinnerparty kann derart viel Spaß und Freude machen, aber unsere Fast-Food-Kultur hat unseren jahrhundertealten Glauben an die tröstende, förderliche und verbindende Macht eines gemeinsamen Essens zu Hause offenbar geschwächt. Manche Menschen finden das zu anstrengend und zu zeitraubend. Das einzige Bild, das sie von einer Dinnerparty haben, ist das Bild prächtiger Veranstaltungen, wie sie einst Martha Stewart zelebrierte – mit der ich übrigens befreundet bin. Vielleicht sind solche von Frauen moderierten Fernsehsendungen ein weiterer Grund dafür, dass besonders die Männer die positiven Wirkungen einer einfachen gemeinsamen Mahlzeit vergessen haben. Sie halten das für feminin. Aber vertraut mir, Jungs, man kann zu Hause ein leckeres Essen servieren und trotzdem männlich sein – und wenn man Single ist, öffnet sich einem dadurch zudem eine ganz neue Welt an Möglichkeiten für Dates.

Fast einmal im Monat versammelt sich eine Truppe unterschiedlicher Menschen aus unterschiedlichen Welten in meinem Haus in Los Angeles, in einer Hotelsuite in New York oder im Haus eines Freundes in San Francisco, um sich zu amüsieren, über Geschäfte zu reden und neue Menschen kennenzulernen. Gelernt habe ich diese Kunst allerdings in meiner schäbigen Studentenbude in Cambridge.

Als meine Dinnerpartys noch keinen besonderen Ruf hatten, musste ich bewusst eine Strategie fahren, mit der ich eine gute Mischung von Personen anziehen konnte, die meinen gesellschaftlichen Horizont erweitern und mir eine gewisse Reputation verschaffen würden, damit die Menschen immer wieder kämen.

Sie, ich, wir alle – haben einen bestimmten sozialen Kreis. Aber wenn man immer die gleichen Menschen zu Dinnerpartys einlädt, kann das Beziehungsnetz nicht wachsen. Da gibt es allerdings ein kleines Problem. Wenn man aufs Geratewohl Fremde einlädt – vor allem, wenn sie ein gewisses Prestige und Erfahrung haben, die sie über Ihren eigenen Gesellschaftskreis stellen –, bringt das selten etwas. Diese Menschen wollen mit Menschen mit dem gleichen Hintergrund, den gleichen Erfahrungen und dem gleichen gesellschaftlichen Status zusammen sein.

Eltern halten sich von den Veranstaltungen ihrer Kinder fern, außer wenn sie damit rechnen können, dass auch noch andere Eltern da sind. Im College gehen höhere Semester nicht zu Partys, die von Studenten im ersten oder zweiten Studienjahr veranstaltet werden. Das ist in der Erwachsenenwelt nicht anders. Gehen Sie in die Kantine eines beliebigen größeren Unternehmens irgendwo in unserem Land. Normalerweise sammeln sich die einzelnen Organisationsebenen vom Verwaltungspersonal bis zur Chefetage zu Cliquen, die gemeinsam essen.

Um diesen Herdentrieb zu überwinden und Menschen zu meinen Dinnerpartys zu locken, die sonst nicht kommen würden, habe ich ein nützliches kleines Konzept entwickelt, das ich als „Ankergast" bezeichne.

Jede Person innerhalb eines gesellschaftlichen Kreises hat eine Verbindung mit jemandem außerhalb des eigenen Freundeskreises. Wir haben alle bis zu einem gewissen Grad Beziehungen zu älteren, weiseren und erfahrenen Menschen aufgebaut. Das können unsere Mentoren sein, Freunde unserer Eltern, unsere Lehrer, unsere Rabbiner oder Pfarrer, unsere Chefs.

Ich nenne sie „Ankergäste". Ihr Wert beruht auf der einfachen Tatsache, dass sie im Verhältnis zum engeren Freundeskreis „anders" sind. Sie kennen andere Menschen, sie haben andere Dinge erlebt und können einem somit viel beibringen.

Es ist gar nicht so schwer, einen Ankergast zu finden und zum Essen einzuladen. Bestimmt kennen Sie jemanden, der Zugang zu einer solchen Person hat und ihr so nahesteht, dass sie die Einladung gern annimmt. Sie finden diese Menschen, wenn Sie auf das achten, was Ihre Freunde erzählen, und dabei merken, dass ein oder zwei Namen immer wieder auftauchen. Das sind häufig die Namen von Menschen, die eine positive Wirkung auf das Leben ihrer Freunde hatten. Da klingt es ja vernünftig, dass sie auch auf Sie eine solche Wirkung haben könnten.

Wenn Sie eine Person außerhalb Ihres sozialen Kreises gefunden haben und es Ihnen gelungen ist, sie zu einem Essen einzuladen, dann habe ich noch einen Extra-Tipp, der sich enorm auszahlen wird. Wenn man einen Ankergast an Land zieht, will man damit ja nicht seine üblichen Essensgäste unterhalten. Die kommen sowieso. Aber dank des Ankergastes kann man bei späteren Einladungen über den eigenen Kreis hinausgreifen und Menschen anziehen, die sonst nicht kommen würden. In Kantinenbegriffen ausgedrückt: Der CEO isst am Managertisch und deshalb ergreifen weitere Mitglieder der Unternehmensleitung die Gelegenheit, auch an diesem Tisch zu essen.

Eigentlich ist jeder, der Ihrer Dinnerparty ein bisschen Pfeffer verleiht, ein Ankergast. Ich habe festgestellt, dass Journalisten ungeheuer gute Ankergäste sind. Sie verdienen nicht besonders viel (weshalb sie sich ein kostenloses Essen nicht entgehen lassen), ihre Arbeit ist ziemlich faszinierend, sie sind immer auf der Suche nach einer guten Story und betrachten solche Einladungen als Chance für neue Ideen; sie sind im Allgemeinen interessante Gesprächspartner und vielen Menschen gefällt es, wenn sich eine Person ihre Ideen anhört, die sie einem größeren Publikum bekannt machen könnte. Künstler und Schauspieler – egal ob sie berühmt sind oder nicht – fallen in die gleiche Kategorie. Wenn Sie einmal nicht den gewünschten dicken Fisch an Land ziehen können, versuchen Sie doch, eine Person anzulocken, die der Macht nahesteht: den politischen Berater eines interessanten Politikers, den leitenden Geschäftsführer eines interessanten Unternehmens, das von einem interessanten CEO geleitet wird, und so weiter. In solchen Fällen greift sozusagen der Markenname.

Wenn Sie einen Ankergast gefunden haben, müssen Sie unbedingt die richtige Mischung von Personen zusammenstellen. Auf meine Gästeliste gehören Profis, mit denen ich jetzt Geschäfte machen will, Kontakte, mit denen ich künftig Geschäfte machen möchte, und dann noch Menschen, die sozusagen „Licht anziehen" – energiegeladene, interessante Menschen, die offen ihre Meinung sagen. Eine oder zwei lokale Berühmtheiten können selbstverständlich nicht schaden. Es versteht sich von selbst, dass Ihre Freunde und Familie ebenfalls anwesend sein sollten.

Die politische Journalistin Arianna Huffington zählt zu meinen Lieblingsgästen. Sie ist charmant, lustig und jederzeit offen und ehrlich. Wie ich an sie herangekommen bin? Meine Freundin Elana Weiss kannte jemanden in ihrem Büro, sie stellte mich vor und dann schickte ich eine E-Mail. Ich schrieb, ich sei ein großer Bewunderer von ihr, und dass ich in Los Angeles amüsante Dinnerpartys veranstalte und sie zweifellos durch ihre Anwesenheit noch besser werden würden. Zuerst kam sie nur auf einen Cocktail; sie amüsierte sich prächtig und inzwischen ist sie ein regelmäßiger Gast und eine gute Freundin.

Man kann bei solchen Essenseinladungen zwar durchaus wichtige Geschäfte klarmachen, aber achten Sie darauf, dass Sie nicht zu viele

Geschäftspartner einladen und nicht zu viel über geschäftliche Dinge reden. Wenn man den ganzen Abend über Budgets und Management schwafelt, wird der Abend garantiert langweilig. Bei solchen Anlässen geht es um den Aufbau von Beziehungen.

Ich habe festgestellt, dass sechs bis zehn Gäste für eine Einladung zum Abendessen optimal sind. Heutzutage lade ich gewöhnlich 14 Personen ein, aber das ist ein langfristiger Erfahrungswert. Außerdem lade ich zusätzlich so um die sechs Personen ein, die vorher da sind oder die später kommen, um etwas zu trinken und ein Dessert zu nehmen. Das sollten engere Freunde sein, die nicht beleidigt sind, wenn sie zu dem eigentlichen Event nicht eingeladen sind, und die es trotzdem zu schätzen wissen, dass sie zu dem Kreis der Geladenen gehören. Wenn man zum Abendessen einlädt, nehmen im Allgemeinen aus Zeitgründen nur 20 bis 30 Prozent die Einladung an. Wenn jemand sagt, er könne wegen eines anderen Essens oder Ähnlichem nicht kommen, schlage ich häufig vor, dass sie vor dem Essen auf einen Drink und eine Vorspeise oder aber danach auf ein Dessert und einen Drink vorbeikommen sollen.

Diese „Bonus-Gäste" kommen kurz bevor das Essen beendet ist. Ich stelle Klappstühle bereit, dann können sie sich gleich mit an den Tisch setzen, eine Nachspeise essen und mit den Essensgästen plaudern. Gerade wenn die meisten Dinnerpartys etwas nachlassen und die Gäste auf die Uhr schauen, weil sie daran denken, wann sie am nächsten Morgen aufstehen müssen, erreicht der Energiepegel neue Höhepunkte, wenn eine ganz neue Gruppe dazustößt, und das Dinner wird wieder aufregend.

Etwa um diese Zeit weicht die Musik, die bisher aus der Stereoanlage kam, einem Pianisten. Ich kündige das nicht an. Vom Esszimmer oder von der Terrasse aus, auf dem das Essen serviert wurde, merken die Gäste langsam, dass sich die Musik, die aus dem Wohnzimmer kommt, verändert hat. Manchmal habe ich nicht nur einen Pianisten. Ich lade vielleicht einen Sänger oder eine Sängerin oder ein kleines Vokalensemble ein; oder ich erkundige mich, ob es vor Ort Yale-Absolventen gibt, die früher zu dem berühmten Vokalensemble

Whiffenpoofs gehört haben. Für einen vernünftigen Preis schmettern sie für einen alten Ehemaligen gern ein paar alte Melodien.

Während die Nachspeise serviert wird, fangen die Poofs zu singen an. Die Gäste für die Afterparty treffen ein und der Abend swingt. Ein paar Menschen bleiben am Tisch sitzen, während sich andere in das Wohnzimmer zurückziehen, um mitzusingen oder einfach nur gemütlich dazusitzen. Irgendwann ist es ein oder zwei Uhr morgens und ich beschließe eine weitere erfolgreiche Veranstaltung.

Wenn Sie gern essen und die Gesellschaft anderer genießen, können Sie Ihre eigene Version einer Dinnerparty entwickeln, die wunderbar funktionieren wird, egal wo sie stattfindet.

Mein Freund Jim Brehm ist einer der elegantesten Designer New Yorks. Er hatte früher ein schönes Studio-Apartment in Downtown, in dem er jeden zweiten Donnerstag eine Party veranstaltete. Nebenbei gesagt sind Donnerstage für Einladungen zum Abendessen hervorragend geeignet. Sie überschneiden sich nicht mit den Wochenendplänen der Menschen und donnerstags bleiben sie gern ein bisschen länger, weil sie wissen, dass die Woche nur noch einen Arbeitstag hat.

Ich staunte immer, wie Jim der Schlichtheit Eleganz verlieh. Jims Architektur und Designs hatten die gleiche Eigenschaft. In seinem Studio stand eine lange, samtbezogene Bank an der Wand und es gab ein paar schwarze Lederwürfel als Sitzgelegenheiten. Es gab Champagner und im Hintergrund lief leichter Jazz. Die Gäste waren meist eine faszinierende Mischung aus Künstlern, Schriftstellern und Musikern.

Zum Essen gingen wir fünf Schritte zu einem einfachen Holztisch ohne Tischdecke, auf dem zwei silberne Kerzenleuchter standen. Man saß auf Klappstühlen. Auf jedem Teller stand eine Schüssel mit selbst gemachtem Chili und daneben lag ein abgebrochenes Stück frisch gebackenes Brot. Zum Nachtisch gab es Eis und noch mehr Champagner. Das war einfach perfekt und perfekt einfach.

Ein Abendessen kann jeder veranstalten. Ich gebe Ihnen ein Beispiel – meinen ehemaligen Geschäftsführer Mark Ramsay. Als ich Mark kennenlernte, arbeitete er als Buchhalter für einen anderen Geschäfts-

führer, der sich auf Kunden aus der Unterhaltungsbranche spezialisiert hatte. Er war damals ein recht unzufriedener Zeitgenosse und
wollte auf eigenen Füßen stehen. Nachdem er den Mut aufgebracht
hatte, gründete er mit 25 Jahren seine eigene Firma. Ich war sein erster
Kunde.

Mark war bei meinen Dinnerpartys in New York regelmäßiger Gast.
Als Kunden und Freund lud mich Mark im Gegenzug in Restaurants
oder zu kulturellen Veranstaltungen ein. Nach ein paar Jahren musste
ich Mark dann doch einmal fragen: „Warum lädst du mich zum Essen
eigentlich nie zu dir nach Hause ein?" Schließlich macht mir ein Essen
zu Hause am meisten Spaß.

Als Antwort kam das, was vor allem bei den jungen Menschen, für
die ich den Mentor spiele, üblicherweise kommt: „Ich könnte nie so
eine Dinnerparty wie deine veranstalten. Ich habe nicht so viel Geld
und ich wohne in einem ziemlich heruntergekommenen Studio-
Apartment. Ich habe nicht einmal einen Esstisch."

„Esstisch! Wer braucht denn einen Esstisch?", sagte ich.

Ich überredete Mark dazu, es einmal zu probieren. Ich sagte ihm,
dass ich sein Ankergast sein würde und er noch vier oder fünf Personen
zum Essen einladen sollte. Ich sagte ihm, er sollte einen einfachen Wein
kaufen, davon aber eine große Menge. Als Aperitif sollte er Chips mit
Salsa oder Gemüse-Dip servieren. Außerdem sollte er eine runde
Tischplatte kaufen, die man problemlos auf den Frühstückstisch mon-
tieren kann. Voilà – schon hat man einen großen Esstisch!

Ich sagte ihm, er solle gar nicht erst selbst kochen, sondern einfach
ein paar Salate und gegrilltes Hähnchen aus dem nächstbesten Fein-
kostladen holen. Zum Dessert sollte er einfach Kekse und Eis kaufen
und der Wein sollte in Strömen fließen.

Die Party war ein Riesenerfolg. Mark lud einen potenziellen Kunden ein, mich und einen Freund, den ich mitbrachte. Heute sind wir
alle seine Klienten.

Wie Sie sehen, gibt es für solche geselligen Anlässe nur eine Regel:
Haben Sie Spaß dabei. Okay, ich gebe zu, dass es noch ein paar weitere
hilfreiche Regeln gibt, unter anderem:

1. Überlegen Sie sich ein Motto

Es gibt keinen Grund, weshalb es bei einem kleinen Essen kein Motto geben sollte. Schon mit einer einfachen Idee können Sie Essen und Atmosphäre verbessern. Sie können eine Party wirklich auf jedem beliebigen Motto aufbauen. Das kann das Hackbratenrezept Ihrer Mutter sein, ein Feiertag, Dresscode Smoking (macht man selten, weil sich ja alle wohlfühlen sollen), veganes Essen, spezielle Musik – was immer Sie wollen. Die Menschen sind absolut begeistert, wenn Sie Ihrer Kreativität freien Lauf lassen.

Vor Jahren habe ich in der *Washington Post* einen Artikel über eine Frau namens Perdita Huston gelesen, der ein gutes Beispiel dafür liefert, wie man ein Motto sinnvoll nutzen kann. Als Präsident Carter im Jahre 1978 Frau Huston zur Regionaldirektorin der Friedenstruppen für Nordafrika, Nahost, Asien und den Pazifik ernannte, begann sie wöchentlich eine Dinnerparty mit dem Motto „For Women Only" – „Nur für Frauen" – abzuhalten.

Diese Dinnerpartys füllten eine Lücke, die Huston empfand; sie erklärt, wie sie auf die Idee kam: „Weil die Region, die ich für das Peace Corps verwaltete, so groß war, musste ich sehr viel reisen.

Wenn ich nicht gerade in Sachen Peace Corps abwesend war, hielt ich es für wichtig, dass ich mit meinem damals 7-jährigen Sohn Pierre zusammen war. Außerdem verlor ich wegen der Reisen den Kontakt zu vielen meiner Freunde; anstatt mich mit den Menschen einzeln im Restaurant zu treffen, überlegte ich mir, dass ich sie jede Woche zu mir zum Essen einladen könnte.

Gerade zu dieser Zeit wurde mir auch bewusst, dass viele Frauen in einer ähnlichen Situation waren wie ich: alleinerziehende Frauen in hoch qualifizierter Stellung, bei denen das Berufsleben das Privatleben überschattete. Die Frauen in der Carter-Administration waren gewissermaßen Pioniere, die ein unterstützendes Netzwerk brauchten, und deshalb beschloss ich, meinen Gästekreis auf Frauen zu beschränken.

Im Grunde kochte ich einfach am Sonntag mehr als üblich, damit es am Montagabend für eine Mahlzeit für zwölf Personen reichte. Ich machte oft Couscous oder eine Suppe mit Lammfleisch, mit der man in Algerien während des Ramadans nach Sonnenuntergang das Fasten bricht. Sie heißt Chorba, was ‚Suppe' bedeutet. Man nennt sie auch ‚Die Suppe'. Sie ist pikant und als eigenständige Mahlzeit ausreichend. Häufig kochte ich einfach eine Riesenschüssel Chorba und reichte dazu Brot und einen großen Salat. Als Nachtisch gab es einfach Obst und Käse.

„Das Echo auf mein Women-Only-Dinner am Montagabend war wirklich überwältigend", fährt sie fort. „Ich nahm immer mein bestes Porzellan, Kristallgläser und silberne Kerzenständer. Das heißt, ich behandelte diese Anlässe so, wie die meisten Gastgeberinnen eine konventionelle gemischtgeschlechtliche Essenseinladung behandeln.

Unsere Tischgespräche sind normalerweise ungewöhnlich offen. Wir reden – oder diskutieren – über die Außenpolitik der Vereinigten Staaten oder wir diskutieren die üblichen Probleme von Frauen in Management-Positionen, zum Beispiel den Kampf gegen Klischees und gegen Sexismus am Arbeitsplatz.

Wir geben uns sehr viel Feedback und können dank unserer Erfahrung diverse Personen vorschlagen, die man fragen, Organisationen, an die man sich wenden und Strategien, die man entwickeln kann. Weil einem diese Partys so viel Unterstützung bieten, sind sie vielen von uns inzwischen sehr wichtig."

Hustons Partys wurden in Washington, D.C., zu einer Institution. Sie führten gleich gesinnte Frauen zusammen, die Bande knüpften und einander bei den sehr ähnlichen Mühen und Widrigkeiten unterstützten, die sie durchmachten. Es gibt keinen Grund, weshalb Sie so etwas nicht auch tun könnten. Wenn Sie eine Gemeinsamkeit zum Motto erheben – Rasse, Religion, Geschlecht, Tätigkeit oder etwas anderes –, verleihen Sie Ihren geselligen Anlässen einen zusätzlichen Sinn und locken damit mehr Gäste an.

2. Laden Sie offiziell ein

Ich finde improvisierte Spontanpartys zwar toll, aber die erfolgreichsten Dinnerpartys sind die, in die man eine gewisse Zeit und Energie investiert hat. Egal ob telefonisch, per E-Mail oder per handgeschriebenem Brief, Sie müssen auf jeden Fall rechtzeitig einladen – mindestens einen Monat im Voraus –, damit die Gäste entsprechend planen können und damit Sie wissen, wer kommt und wer nicht.

3. Spielen Sie nicht den Küchensklaven

Eine Party, die nur aus Arbeit besteht, ist sinnlos. Wenn Sie keinen Catering-Service engagieren können, kochen Sie entweder im Voraus oder bestellen Sie Essen. Wenn das Essen gut ist und Sie es pfiffig präsentieren, werden Ihre Gäste beeindruckt sein.

Ich entscheide mich inzwischen meistens für einen Caterer, aber man kann eine genauso gediegene Party veranstalten, wenn man bereit ist, kreativ zu sein und Zeit in die Vorbereitung zu investieren. Das Geheimnis des preiswerten Essens heißt Einfachheit. Kochen Sie große Mengen eines Gerichts, das man schon einen oder zwei Tage vorher zubereiten kann, zum Beispiel Eintopf oder Chili. Servieren Sie dazu Brot und Salat. Das ist alles, was Sie brauchen.

Nun ja, vielleicht doch nicht *alles*. Der zweite Posten ist Alkohol. Ich liebe – liebe! – edlen Wein. Mit dem Wein schlage ich immer ein bisschen über die Stränge. Und ganz ehrlich: Hätte Gott uns mit einem besseren sozialen Schmiermittel segnen können? Das ist das Beste, was für Partys je erfunden wurde. Aber wie gesagt, jeder hat seine Vorlieben, und ich bin sicher, dass man auch einfach mal nur mit Limonade eine ganz fabelhafte Dinnerparty veranstalten kann.

4. Sorgen Sie für Atmosphäre

Auf jeden Fall sollten Sie eine oder zwei Stunden für die Dekoration aufwenden – natürlich nichts Teures oder Ausgefallenes. Kerzen, Blumen, gedämpftes Licht und Musik sorgen für angenehme Stimmung. Stellen Sie etwas Hübsches mitten auf den Essenstisch. Wenn Sie keinen Barkeeper oder Kellner haben, lassen Sie die Getränke von einem jungen Familienmitglied servieren. Sie müssen Ihren Gästen mit allen Mitteln signalisieren, dass sie sich amüsieren sollen.

5. Bitte keine Förmlichkeit!

Für die meisten Dinnerpartys braucht man nichts Extravagantes. Befolgen Sie das KISS-Prinzip (Keep It Simple, Silly – „je einfacher, desto besser"). Gutes Essen. Gute Leute. Viel Wein. Gute Gespräche. Das ist ein gelungenes Abendessen. Ich kleide mich möglichst einfach, damit niemand das Gefühl hat, er sei „underdressed". Ich trage normalerweise Jeans und Sakko, aber das müssen Sie selbst entscheiden.

6. Setzen Sie keine Paare zusammen

Die Essenz einer guten Dinnerparty besteht in der richtigen Sitzordnung. Wenn Paare zusammensitzen, kann es langweilig werden. Mischen Sie die Gäste passend, bringen Sie Personen zusammen, die einander nicht kennen, die aber gemeinsame Interessen haben könnten. Ich stelle gern Tischkarten an die Plätze, auf denen ich die Menschen haben möchte. Dafür nehme ich einfache Karten, auf denen der Name des Gastes steht. Wenn ich die Zeit dafür habe, schreibe ich auf die Rückseite der Karte eine interessante Frage oder einen Witz, den die Gäste benutzen können, um das Eis zu brechen. Man kann auch lustige Grußkarten kaufen, um etwas Extra-Pep in die Sache zu bringen.

7. Entspannen Sie sich

Die Gäste richten sich nach dem Gastgeber – wenn Sie sich amüsieren, stehen die Chancen gut, dass sie sich auch amüsieren. Am Abend der Party ist es Ihre Aufgabe, die Früchte Ihrer Mühen zu genießen. Das ist ein Befehl.

8. Veranstalten Sie eine virtuelle After-Party

Nach einem Event können Sie sich bei den Leuten bedanken und ein paar Fotos und Party-Highlights per Mail verschicken (fügen Sie Leute mit „bcc" hinzu) oder über einen privaten Link. Dieses freundliche Nachhaken hilft, die kleinen Keimlinge neuer Beziehungen zu wässern, die bei der Veranstaltung gepflanzt wurden, und veranlasst die Gäste, das Gleiche zu tun. Sie werden es Ihnen danken!

Teil 4

Connections im digitalen Zeitalter

Die Ränder
anzapfen

„Alles ist letztlich miteinander verbunden –
Menschen, Ideen, Objekte ... der Schlüssel ist die
Qualität dieser Verbindungen."

– Charles Eames

Kürzlich hat bei einem meiner Essen mein Freund eine Tirade auf die sozialen Medien angestimmt. „Ich ertrinke, Keith! Ich habe einen Newsfeed voller Müll, wo ich doch nicht einmal Zeit für die Menschen im echten Leben habe!", sagte er. „Wieso brauche ich all diese falschen Online-Freunde, wenn ich doch echte habe?" Die Menschen am Tisch nickten.

Ich verstehe das. Wir wollen, dass die Technologie uns enger mit den Menschen verbindet, die wir treffen wollen, mit Dingen, die wir lernen wollen, und mit Gelegenheiten, die wir beim Schopfe packen wollen. Stattdessen werden wir mit dem nutzlosen persönlichen Output von Menschen überschwemmt – ein Freund hat plötzlich Lust auf ein Pastrami-Sandwich, endlose Selfies und Nahaufnahmen von geliebten Haustieren, von Mahlzeiten, die in einem Feinkostführer vorkommen könnten, und von tropfenden Spülbecken.

Aber es gibt eine Lösung. Während Sie vielleicht Ihre Weihnachtskartenliste und Ihre Favoriten perfektioniert haben, ignorierten Sie vermutlich das Management einer der essenziellsten Facetten Ihres Netzwerks, diese Randbereiche, auf die wir mithilfe der Technologie zugreifen und sie managen. Nennen wir es den *Rand*.

Der Rand war immer wichtig, aber im Zeitalter der sozialen Medien ist dies noch exponentiell stärker der Fall. Wenn man den Rand effektiv managt, dann wird er Sie mit Informationen versorgen – zur richtigen Zeit, wirkungsvoll und relevant, jedoch oft unerwartet.

Natürlich sind in der Zeit, die Sie gebraucht haben, das zu lesen, drei schwülstige, inspirierende Zitate und ein Bild eines eingewachsenen Haares in Ihrem Feed erschienen. Bringen wir das in Ordnung.

Sehen Sie sich eine Handvoll der Tweets an, die in den letzten paar Tagen in meinem Newsfeed waren:

@michalehyatt Sehr cool: Eine Voice-Memo-App fürs iPhone, die einfach funktioniert, von @StuMcLaren http://mhyatt.us/18rRolz

@CoryBooker Ich habe meine gesamte Karriere hindurch Herausforderungen angenommen – jetzt will ich nach Washington.
Schau dir meinen ersten Wahlwerbespot für den US-Senat an
http://corybooker.com/first-ad

@Hummel_Chris die tollste Lehrerin meines Lebens ruhe in
Frieden. MARGARET METZGERs Nachruf von The Boston
Globe

@TonyRobbins Teenager erfindet Taschenlampe, die von der Wärme
der eigenen Hand gespeist wird: http://www.nbcnews.com/
technology/teenager-invents-flashlight-powered-warmth-your-
hand-6C10485762 …

@Seanstitutional @denniskneale Profitipp: Man kann bei
McDonald's alles auch mit frischem Ei statt Eipulver bestellen;
dafür nimmt man gern das genervte Stöhnen der Kassiererin in Kauf.

@GuyKawasaki Soziale Entrepreneure: Sehen Sie sich dieses kosten-
lose Angebot von der Wharton an http://wdp.wharton.upenn.edu/
books/social-entrepreneurs-playbook/ …

@CiscoCollab Führungskräfte melden sich zu Wort, wie #cloud
#kollaboration dabei hilft, Ihr Geschäft wachsen zu lassen, in dieser
#infografik http://cs.co/6O17ZHJh

@Accenture Telenor wendet sich an Accenture, um Vision
für Dienstleistungen für globales Sharing umzusetzen
http://bit.ly/19WQpkV

Nun, *Sie* sehen sich das vielleicht alles an und kommen zum Schluss,
dass es keine besonders interessanten Informationen sind. Aber für
mich ist es das – und genau das ist der Punkt! Ich habe mein Online-
Netzwerk so strukturiert und gepflegt, dass es mir Menschen, Infor-

mationen und Gelegenheiten liefert, die ganz spezifisch auf mich zugeschnitten sind und auf das, woran ich arbeite. In nur dieser einen Reihe an Tweets habe ich Folgendes gefunden:

- EIN NÜTZLICHES WERKZEUG … Genau die App, nach der ich gesucht habe, um die Notizen zu organisieren, die ich mir selbst in Flugzeugen, in Taxis und so weiter diktiere.

- EINE ERINNERUNG, EINEM FREUND ZU HELFEN … Corry Bookers Tweet erinnerte mich daran, dass ich für ihn ein paar E-Mails schreiben muss.

- PERSÖNLICHE NACHRICHTEN, DIE EINEN KLIENTEN BETREFFEN … Ein wichtiger Klient hatte einen traurigen Tag; ich machte eine Notiz, um ihn anzupingen und ein wenig alte Geschichten auszutauschen – ich habe dasselbe empfunden, als Pat Loconto gestorben ist.

- NACHRICHTEN ÜBER EINEN KLIENTEN … Ein Klient hat ein neues Geschäft abgeschlossen; ich mache eine Notiz, damit ich seinem Team beim nächsten Meeting gratuliere.

- EIN HILFREICHER TIPP FÜR DEN FLUGHAFEN … Ich kenne denjenigen gar nicht, der den Tweet abgesetzt hat, aber Sie können darauf wetten, dass ich es das nächste Mal ausprobiere, wenn ich am Flughafen zwischen zwei Flügen frühstücken will und nur sehr begrenzte Optionen habe. So etwas wie das kann meinen Tag wirklich sehr verbessern.

- ETWAS, DASS ICH ZU HAUSE ERZÄHLEN KANN … Ich liebe inspirierende Geschichten, wenn wir beim Abendessen sitzen; Tonys Geschichte über den Erfinder im Teenageralter wird meinen Sohn beeindrucken, auch wenn er (unvermeidlich) mit den Augen rollen wird.

- EINE INTERESSANTE INFOGRAFIK … Virtuelles Teamwork und Zusammenarbeit stehen für mich aktuell im Fokus und ich habe einen potenziellen Klienten, dem ich das weiterleite. Es passt perfekt zu einer Unterhaltung, die wir bei unserem letzten Treffen hatten, und es gibt mir einen tollen Grund, mich mal bei ihm zu melden.

Während ich meine E-Mails durchgehe, Twitter, LinkedIn und Facebook, lese ich vielleicht den Online-Aufsatz von Accenture, gefolgt von einem Leitartikel darüber, wie man Philanthropie mit gewinnbringenden Geschäften kombiniert, gefolgt von einem Cartoon im *New Yorker*, und noch Weiteres. Einiges davon werde ich an andere in meinem Netzwerk weiterleiten.

Dadurch, dass ich meinen Stream pflege, habe ich das geformt, was Tylor Cowen, ein Top-Wirtschaftsblogger und Autor, die „tägliche Selbstversammlung synthetischer Erfahrungen" nennt. Ich nenne es mein Lernnetzwerk. Wenn ich mir all diese anscheinend unvereinbaren Informationen zusammen ansehe, dann bemerke ich Muster, stelle Verbindungen her und generiere daraus ich meine eigenen kleinen „Heurekas!" über mich selbst und die Welt.

Es ist ein Datenstrom, der die Arbeit echter Menschen repräsentiert, sodass jedes Bit und Byte, das ich lese und auf das ich reagiere, wieder neue Fäden sozialen Kapitals in meinem Netzwerk spinnt. Ich kann also gleichzeitig mein Wissen vermehren und meine Connections verbessern.

Die Macht des Randes

Früher war es normal, dass wenige VIPs die besten Informationen kontrollierten und der Rest von uns sich um den Zugang dazu bemühte. Beziehungen mit diesen Menschen zu bilden verschaffte einem Informationen, die mindestens so privilegiert waren wie das, was Leute wegen Insiderhandel hinter Gitter bringt.

Die richtigen Menschen zu kennen – und sicherzustellen, dass sie einen ebenfalls kennen – wird immer wichtig sein, aber heutzutage ist das Spielfeld ausgeglichener. Informationen verlieren ihren Wert so schnell, dass es sinnvoller ist, mit ihnen zu handeln, als sie zu horten. So können nützliche Informationen online frei zirkulieren beziehungsweise richtiggehend sprudeln. Lernen Sie, diesen Wert anzuzapfen, und Sie sind so privilegiert wie die Menschen, die all die richtigen Türen aufstoßen können.

Um das zu tun, müssen Sie lernen, wie Sie den breiten Randbereich Ihres sozialen „Graphen" (social graph) aufbauen und managen – die Peripherie Ihres Netzwerks, die aus den schwachen (manchmal sogar nicht vorhandenen) Bindungen besteht, in denen sich heute so viel Innovation und Wert befindet.

Heute ist man nicht länger von Zeit und Raum eingeschränkt. Man kann sich in einer endlosen virtuellen Geografie fortbewegen. Man kann mal kurz bei einer Gruppe von Ingenieuren aus Neu-Delhi vorbeischauen oder bei Bergsteigern in Chile, geführt von nichts weiter als gemeinsamen Interessen und Neugier, und man kann sofort – klick! – nicht nur in den Kopf einer einzelnen Person sehen, sondern in die kollektive Gedankenwelt seines oder ihres gesamten Netzwerks.

Die Werkzeuge, um diesen neuen Vorteil zu messen, sind immer noch etwas grob, aber der Effekt ist deutlich: Wir haben heute mit Twitter, Facebook und LinkedIn eine einfache Skizzentafel, die deutlich die Macht (oder das Fehlen einer solchen) Ihres eigenen Netzwerks darstellt.

Bringt Ihr Newsstream – Ihre Abfolge an Content von Freunden und auch vom Rand – Sie zum Lachen, bietet Ihnen Unterstützung, überrascht und bildet Sie, befördert Ihr Wohlbefinden und verschafft Ihnen Jobs?

Das kann er und das sollte er. Sie können nun die Intelligenz einer Menschenmenge einsetzen, die noch weit über die Anzahl an tatsächlichen Beziehungen, die Sie pflegen können, hinausgeht – und sowohl die Breite als auch die Struktur sind hierbei von Bedeutung.

Treffen Sie eine neue Sorte Networker

Vor Jahren dachten die Menschen, ich sei verrückt, weil ich 5.000 Kontakte in meinem Rolodex hatte. Heutzutage ist es normal, und die Verrückten sind diejenigen, die den Wert schwacher Beziehungen ignorieren. Aber damit bin ich noch lange nicht der Beste oder der Meister im Nutzbarmachen des Randes in den sozialen Medien. Mit anderen Worten, ich bin kein Robert Scoble.

Scoble stellt eine neue Sorte Networker dar, die sich im digitalen Zeitalter entwickelt haben. Er ist ein Tech-Evangelist, der (in der Tech-Welt) einst als Inhouse-Blogger von Microsoft berühmt war. Nun ist er eine Art Verbindungsoffizier zu den Start-ups für Rackspace und verbringt seine Tage damit, sich mit Start-up-Gründern zu treffen und über sie zu bloggen. Er steht laut *Forbes* auf Platz 6 der einflussreichsten „Social Media Power Influencer", aber in letzter Zeit wurde er bekannt dafür, dass er sich fotografierte, als er mit einem Google Glass in der Dusche stand.

Wenn es Sie interessiert, er ist kein Millennial. Er ist 48, ein Beweis, dass die Beherrschung des Randes nicht nur etwas für Menschen ist, die noch *vor* dem ersten Kuss eine Facebook-Seite hatten.

Wahrlich meisterlich betreibt Scoble ein massives Rand-Netzwerk – 40.000 (und die Zahl wächst noch) Handverlesene, denen er allein auf Twitter folgt – und generiert damit einen Strom unglaublich wertvoller Technologieinformationen. 40.000 sind nur seine eingehenden Netzwerkverbindungen, diejenigen, denen er wahlweise folgt. Seine ausgehenden Netzwerkverbindungen umfassen ungefähr 400.000 Menschen.

Und so funktioniert es: Er und ich nehmen beide am Weltwirtschaftstreffen in Davos teil. Wenn ich bei dem Event bin, fokussiere ich mich im Wesentlichen darauf, Verbindungen herzustellen, die ich zu Beziehungen aufbauen will. Wenn ich jemanden Neues treffe, dann will ich so wenig wie möglich zwischen uns haben, was bedeutet, dass wir beide unsere Geräte einstecken. Meine ganze Energie konzentriere ich darauf, die *eine* Sache zu finden, die deutlich macht, dass wir uns wieder treffen müssen (angenommen, das tun wir). Dann kommen die Smartphones wieder raus. „Wissen Sie, ich kenne da jemanden …"

Scoble setzt einen ganz anderen Schwerpunkt. Er ist der Reporter mitten im Geschehen. Er schätzt schnell ab, mit wem er reden will, entlockt diesen Personen ein paar nützliche Informationen, fügt Leute zu seinem Twitter-Feed hinzu, wenn er glaubt, dass sie es wert sind (was in Davos natürlich auf alle zutrifft), und liefert diese Informationen in Form von Interview-Videos und Kommentaren an all seine Fans und Follower.

„Ich habe keine tiefen Beziehungen zu irgendwem", gibt er offen zu. Ist er eine Netzwerk-Nervensäge? Tatsächlich nein. Er ist einfach ein Mann, dessen einziger Fokus darauf liegt, Wert aus dem Rand zu schöpfen. Scoble ist in der Tech-Gemeinde, in der er arbeitet, sehr beliebt und man hört oft, dass ihn die Leute einen „netten Kerl", nennen. Er hat Hunderttausende Follower auf Twitter. Er hat den Traumjob für jeden Technologie-Nerd – die Welt nach den „weltverändernden Start-ups" abzusuchen.

Aber der eigentliche Lohn des Ganzen liegt nicht in einem neuen Freund oder Kollegen. Es ist die Konzentration – das sich stets ausdehnende Rand-Netzwerk, das zu seinem eigenen Newsfeed beiträgt. Er liefert einen Wert – einen unglaublichen Wert –, trotz der Tatsache, dass sein breites Netzwerk weder sozial noch persönlich ist. Aber es ist dennoch enorm wertvoll und aufgrund seiner Struktur wechselseitig. Niemand ist gezwungen, ihm zu folgen – und doch tun es Hunderttausende, weil er eine Quelle hochwertiger Informationen über das ist, was für sie wichtig ist: Technologie.

Während ich in Davos in dem einen Jahr ziemlich beschäftigt war und wie immer angestrengt versuchte, die Liste der Menschen, die ich treffen wollte, abzuarbeiten, wurde Scoble mit Speis und Trank von den wichtigen Risikokapitalgebern bewirtet, die ihn unbedingt in ihren neuen Fonds aufnehmen wollten. Sie wollten unbedingt wissen, was er wusste – das umfassend Gelernte, das er sich aneignet, indem er 24 Stunden am Tag, sieben Tage die Woche in diesem sorgfältig gepflegten Strom an Informationen über Start-ups und Tech-Trends schwimmt. Und darüber hinaus wollten sie, dass andere Leute wussten, dass sie wussten, was er weiß. So eine Art „Dick & Doof"-Nummer mit gewaltigem Nutzen.

Wenn man also glaubt, Scobles Informationen seien nur für die Einfaltspinsel gedacht, die Außenseiter ohne Connections, die ihm folgen, weil er ihnen den wertvollen Zugang verschafft, dann liegt man komplett falsch.

Man muss nicht zu Scoble werden, aber von ihm kann man ein paar wichtige Regeln erlernen, wie man durch die sozialen Medien das optimale Rand-Netzwerk aufbaut und nutzbar macht:

Werden Sie zum Kanarienvogel im Minenschacht

Wenn man als Kind die Windpocken hatte, weiß man, wie schnell sich eine Krankheit durch ein Netzwerk verbreiten kann. Dank der Forschung von Netzwerk-Wissenschaftlern wissen wir nun, dass Ideen genauso ansteckend sein können. Je mehr Ideen einen „infizieren", desto wahrscheinlicher fällt einem die eine auf, die der Schlüssel zur nächsten großen Innovation werden kann.

Um zu garantieren, dass Sie die Informationsgrippe bekommen, müssen sie ein enges Netzwerk mit Ihnen selbst in der Mitte schaffen. Das ist genau der Grund, wieso Unternehmer gern Scoble zum Freund hätten – er ist das, was Professor Nicholas Christakis von der Harvard Medical School einen „Sensor" nennt. Das bedeutet, er verfügt über das ideale Netzwerk, um sicherzustellen, dass er der Erste ist, der vom nächsten großen Start-up oder einer coolen neuen technischen Innovation Wind bekommt.

Wir leben unser Leben in Netzwerken. Dieses Netzwerk bewusst zu pflegen beeinflusst den Wert der Informationen, die einem zufliegen. Daher sollten Sie Ihr Netzwerk in eine Petrischale verwandeln, mit ihnen direkt in der Mitte. Soziale Medien erlauben es einem, ein dichtes Netz an Beziehungen innerhalb der eigenen Industrie aufzubauen, das sich in alle Richtungen erstreckt und bei dem alle Verbindungen wieder zu Ihnen zurückführen.

Die wachsende Superkraft schwacher Verbindungen

Im letzten Jahrzehnt habe ich vermutlich Hunderttausende Dollar oder gar Millionen für Assistenten und Dateneingaben ausgegeben, um all diese schwachen Verbindungen am Rand zu erfassen und gewinnbringend einzusetzen. Aber damit war ich ein Außenseiter. Heute ermöglicht es das Internet jedem, diese Beziehungen herzustellen, nachzuverfolgen, mit ihnen zu interagieren – und das effizient und im großen Maßstab. Das ist wirklich außergewöhnlich. In einem früheren Kapitel haben wir von Mark Granovetter etwas über den einzigartigen Nutzen schwacher Verbindungen erfahren. Informationen, und damit auch Innovationen, fließen frei und in einem Ausmaß wie nie zuvor.

Das mindert natürlich nicht die Bedeutung starker Verbindungen. Überhaupt nicht. Man braucht Freunde und das, was ich „Lebensadern" nenne – tiefgehende professionelle Verbindungen –, so nötig wie eh und je. Aber wenn es um die sozialen Medien geht, liegt der neue „große Hauptgewinn" nicht darin, 250 Beziehungen zu erhalten, sondern 25.000.

Wie kann man also sein Online-Leben danach ausrichten, erfolgreich den Rand zu identifizieren, ihn ins Visier zu nehmen, sich damit zu verbinden und ihn nutzbringend einzusetzen?

Drehen Sie die Lautstärke hoch

Überwinden Sie Ihre Angst vor der Masse. Heutzutage besteht die häufigste und bedauernswerteste Fehleinschätzung über Networking darin, dass Sie irgendwie Ihre echten Freundschaften abwerten, wenn Sie sich ausgiebig mit dem Rand vernetzen. Blödsinn!

Tatsache ist, Netzwerkmanagement lässt sich leicht skalieren, während Intimität beinahe immer Gespräche unter vier Augen erfordert. Die meisten Kritiker schmeißen alles in einen Topf und geben Unsinn von sich, wie: „Schaut euch an, was die sozialen Medien angerichtet haben, diese Kids heutzutage haben 5.000 ‚Freunde‘, aber keine echten Beziehungen.“

Unterdessen haben diese „Kids“ – diejenigen, die es richtig machen und der Meinung anhängen, dass zwei Konzepte einander nicht ausschließen müssen – einen kleinen Kern sehr starker, intimer Beziehungen und ein großes, vielfältiges Netzwerk, mithilfe dessen sie Ressourcen, Informationen und Menschen kontaktieren können, die erforderlich sind, um unerwartete Bedürfnisse zu befriedigen.

Also denken Sie im großen Maßstab – aber schaffen Sie eine Struktur, die Ihnen hilft, den Content zu pflegen und zu filtern, und entwickeln Sie Gewohnheiten, die das Hintergrundrauschen von einem echten Signal trennen. Und folgen Sie nicht einfach jedem. Wie Scoble über die Leute gesagt hat, denen er folgt: „Ich weiß, wieso ich ihnen folge. Ich folge nur den Early Adoptern, Innovatoren, Managern oder Influencern in der Tech-Industrie. Ich folge nicht einem Haufen Filmstars, ich folge nicht einem Haufen Politikern.“

Mein eigener Leitfaden ist mein Beziehungs-Aktions-Plan (BAP). Machen Sie es genauso. Meine Ziele sind mir stets vor Augen, auf meinem Schreibtisch und in meinem Telefon, sie steuern die Entwicklung meines Netzwerks und wie ich soziale Medien einsetze.

Der Trick ist, den Wechsel hinzukriegen zwischen den 50 oder 150 Leuten, die in Ihrem BAP eine wichtige Rolle spielen, mit denen sie echte, intime Beziehungen aufbauen wollen, und dem breiteren, skalierten Netzwerk, das Ihnen neue Ideen und Informationen liefert. Technologie macht es um einiges einfacher, mit beidem zu jonglieren, sodass Sie, wenn sich Ihre BAP-Ziele ändern, in der Lage sind, aus dem größeren Netzwerk zu schöpfen, um den Fokus auf Ihr kleineres Netzwerk zu lenken und eine andere Kerngruppe von Beziehungen zu fördern. Sie sind immer damit beschäftigt, etwas aufzubauen und lauschen mit einem Ohr auf das größere Netzwerk, während Sie Ihre Beziehungsenergien auf eine kleinere Gruppe konzentrieren.

Ich gehe mit diesem Informationsstrom genauso um wie mit dem Anpingen, indem ich flexible Kategorien und Ranglisten von Prioritäten schaffe. All die wichtigen sozialen Plattformen erlauben Ihnen das zu tun, indem sie entweder Tags oder Listen verwenden. Meine Nummer 1 in den sozialen Medien sind diejenigen, die direkt aus dem BAP stammen, das heißt, es sind Menschen, mit denen ich persönlich interagieren will, online und offline. Die Nummer 2 und 3 sind der Rand; die meisten meiner Interaktionen mit ihnen laufen über Online-Interaktionen wie Tweets, Blogs und meinen Newsletter. Und doch sehe ich mir den Feed Nummer 3 regelmäßig an. Von dort stammen einige meiner besten Ideen und Informationen.

Achten Sie auf Vielfalt

Wie sich herausgestellt hat, fördert die Netzwerkvielfalt die kollektive Intelligenz. Das hat Professor Scott E. Page von der University of Michigan nach 20 Jahren Forschung herausgefunden. Zum Beispiel hat Page gezeigt, dass, wenn man einen Raum voller Ärzte neben einen Raum voller Menschen aus unterschiedlichen Berufsfeldern platziert, die kollektive Intelligenz der vielfältigen Gruppe höher sein wird als die der homogenen, selbst wenn jeder der Ärzte einzeln einen höheren IQ hat.

„Die Individuen in der Gruppe mit höherem IQ sind vielleicht schlauer, aber wenn es darum geht, die kollektive Intelligenz zu messen, dann ist Diversität wichtiger als individuelle Hirnleistung", wie es Steven Berlin Johnson in seinem Buch *Future Perfect* ausgedrückt hat.

Sie sollten Ihr Netz breit auswerfen, wenn Sie nach neuen Freunden suchen, und das nicht nur wegen der Intelligenz. Es geht um Wachstum auf einer tieferen Ebene. Wie der Guru für das Managen von Veränderungen und Mitgründer von *Fast Company* William Taylor geschrieben hat: „Was Sie sehen, formt, wie Sie sich verändern."

Jeder von uns war schon mal in einem bestimmten Trott gefangen, wenn es darum geht, wie wir die Welt und unseren Platz darin sehen. Wir erzählen uns selbst Geschichten darüber, was unser Job ist, was unser Unternehmen tut, wer die Menschen sind, mit denen wir arbeiten – und diese Geschichte wird zu unserer Realität. Wir lassen das, was wir uns vorstellen können, von unserem Wissen einschränken; das Ergebnis: ein Fehlschlag unserer Imagination. Was könnte Ihr Job sein? Wo könnte Ihr Unternehmen hinsteuern, wenn es einfach eine neue Richtung hätte? Wie könnten Sie Ihre nächste große Entscheidung angehen, wenn Sie von ein paar *X* umgeben wären statt lauter *Y*?

Was Sie sehen, beeinflusst, wie Sie sich verändern. Und in den sozialen Medien sowie in der realen Welt würde ich noch hinzufügen: Wohin Sie sehen, beeinflusst, was Sie erblicken.

Finden Sie also Möglichkeiten, um Vielfalt in Ihr Online-Netzwerk einzubauen. Das ist online besonders einfach und dennoch machen sich nur wenige Menschen die Mühe. Ihre Netzwerke sind organisch gewachsen, ausgehend von der Familie, über die Schule und die Arbeit, und das führt dazu, dass ihr Newsfeed letztlich aussieht wie das Social-Media-Äquivalent zu einem Fernsehsender, der nur Wiederholungen zeigt.

Hier sind ein paar Vorschläge, die Ihnen helfen, das kreative Potenzial zu nutzen, das Sie aus Ihrem Stream ziehen können.

- Überprüfen Sie Ihren Newsfeed und was sonst noch auf Ihrer „täglichen Leseliste" steht. Gibt es genug Vielfalt, wenn es um Hintergrund, Beruf, Ort, Alter und Ethnie geht? Wenn nicht, dann ziehen Sie einige der am Rand liegenden Beziehungen Ihres Netzwerks ins Zentrum. Mit der Zeit sollten Sie neue Aktivitäten testen, die Sie aus Ihren traditionellen Kanälen herausbringen, die Sie normalerweise nutzen, um neue Freunde zu finden. Schauen Sie im vorherigen Kapitel „Finden Sie Ankergäste und ‚füttern' Sie sie" nach.

- Stellen Sie eine spezielle „Rand-Liste" auf Twitter und Facebook zusammen – Künstler, Unternehmer, Technologen, Zauberkünstler, was auch immer. Jeder, der von Interesse ist und nicht zu Ihrer üblichen Hitliste zählt. Planen Sie Zeit in Ihrem wöchentlichen Arbeitspensum ein, um sich diese anzusehen. Untersuchen Sie, was diese Menschen verlinken und teilen, um Ihre Liste zu vergrößern.

- Studieren Sie die Blogs, Bücher und andere Medien von interessanten
  Profis und Führungspersonen in anderen Branchen, um zu sehen,
  was für diese funktioniert – und denken Sie dann darüber nach, wie
  Sie deren Ideen auf Ihre eigenen Herausforderungen anwenden können. „Lift and shift", wie es die Innovationsexperten nennen.

Der beste Online-Filter findet sich offline

Scoble ist berühmt dafür, ein Nerd zu sein, aber man sollte ihn nicht
für jemanden halten, der an seinem Schreibtischstuhl festgenagelt ist.
Sein wichtigster Filter dafür, welche Leute er seinem Netzwerk hinzu-
fügt, entspringt der realen Welt – bei Konferenzen und Veranstaltungen
in der Branche, bei denen er ständig präsent ist. Er wählt Menschen
offline aus, indem er „Beziehungen zu vielen Menschen für jeweils
eine Stunde" unterhält, wie er es nennt. Bei Partys „gehe ich direkt zu
jemandem, den ich nicht kenne, und beginne ein Gespräch, denn ich
weiß, dass ich auf diese Weise mein Netzwerk aufbaue."

Scoble ist nicht nur Twitter-Experte, er ist Experte, wenn es darum
geht, schnell herauszufinden, welche Informationen ihm jemand bieten
kann: „Zu wissen, wer die Leute sind, bei welchem Unternehmen sie
arbeiten, wofür sie Leidenschaft entwickeln und welche Rolle sie im Leben spielen, hat dazu geführt, dass ich eingehende Netzwerkverbindungen aufgebaut habe, die in diesem Moment ziemlich außergewöhnlich sind", sagte er.

Face-to-face haben wir Zugang zu einem viel üppigeren Datenstrom
über Menschen – wie sie aussehen, wie sie sich bewegen, wie sie bestimmte Worte aussprechen und so weiter. Aber dabei sind noch weitere
Aspekte wichtig. Physische Treffen, bei denen wir uns nicht in Anony-
mität hüllen können, oder die wir nicht bearbeiten können, bevor wir
auf „Senden" klicken, sind authentischer, und das alleine fördert Vertrauen, genau wie (potenziell) der Kontext, in dem man sich trifft.

Das beste Online-Networking wechselt zwischen virtuell und real
hin und her, ohne einem von beiden übermäßiges Gewicht zu verlei-

hen. Als Daumenregel sollten Sie die ersten Verbindungen offline knüpfen und sie online weiter pflegen.

Man sollte anmerken, dass selbst Scoble, der Meister des Randes, auch eine Strategie hat, um mit engen Freunden Kontakt zu halten, und das passiert nicht online. Er und seine besten Freunde treffen sich alle drei Wochen auf ein Bier und um sich auf dem Laufenden zu halten.

Interessieren Sie sich für „Mini"-Berühmtheiten

Haben Sie jemals von Nathalie Molina Niño gehört? Vermutlich nicht. Aber wenn Sie eine junge Unternehmerin in New York City sind, dann besteht eine große Chance, dass Sie von ihr gehört haben. Ich bin nur auf sie gestoßen, weil eine Leserin aus New York mir eine Ausgabe ihres Newsletters weitergeleitet hat, von dem sie glaubte, dass er mir gefällt.

Nathalie Molina Niño ist eine „Miniberühmtheit" – nicht bei Millionen bekannt, aber bei den Menschen, die für die Mission ihres Lebens wichtig sind, die darin besteht, Frauen zu helfen, ihre eigenen Unternehmen zu gründen. Als Gründerin und Kuratorin von TEDxBarnardCollegeWomen ist sie der treibende Faktor eines Netzwerks, das es ihr leicht macht, die Ressourcen zu identifizieren und anzuzapfen, die ihr helfen, Dinge anzupacken, und zwar schnell.

Ihre Bemühungen brachten sie in Kontakt zu ein paar außergewöhnlichen Leuten – Menschen wie Gloria Feldt, CEO von Planned Parenthood; die Immobilienmagnatin Barbara Corocoran aus *Shark Tank*; und Kitty Kolbert, die Direktorin des Barnard's Athena Center und die Anwältin, die den entscheidenden Fall *Planned Parenthood v. Casey* verhandelte, und der man zuschrieb, sie habe *Roe v. Wade* gerettet. Das sind Frauen, die ihr helfen können, sogar noch mehr zu bewirken.

Molina Niños Ruhm stammt nicht aus viralen Videos. (Auch wenn Leute sich auf tägliche Facebook-Fotos ihrer beiden Chow-Chows freuen, wenn sie mit ihnen durch New York City streift.) Sie bietet den einzigartigen Service, das Unorganisierte zu organisieren – aus getrennten Netzwerk-Knotenpunkten eine Community zu schaffen. Raten Sie mal, wo sie das platziert. Direkt in die Mitte der Petrischale. *Bing!* Sie ist ein Super-Connector.

Miniberühmtheit zu sein – oder eigentlich die Arbeit, die man braucht, um es zu werden – stärkt die Beziehungen mit den Menschen in Ihrem Beziehungs-Aktions-Plan, während Sie gleichzeitig mit dem Rand in Verbindung stehen. Indem Sie Ihren BAP aufstellen, haben Sie das Schema eines neuen Netzwerks. Wen von ihnen könnten Sie einander vorstellen? Sie werden natürlich profitieren, indem Sie Ihr Netzwerk enger verknüpfen, aber jeder andere darin wird das ebenso.

Darauf können Sie aufbauen. Finden Sie Wege, diese Gruppe untereinander und mit anderen zu verknüpfen, die davon profitieren könnten, diese zu kennen. Stellen Sie sich E-Mail-Listen vor, LinkedIn-Gruppen, Facebook-Gruppen zu bestimmten Themen, Abendessen mit geladenen Gästen, die einen Vortrag halten, Workshops, Lerngruppen – wechseln Sie dabei von der virtuellen in die reale Welt, wie Sie es für nötig halten, um mehr Durchschlagskraft und Tiefe zu erhalten.

Finden Sie gemeinsam Wege, um Werte zu generieren. Informationen zu teilen ist ein toller Anfang. Identifizieren Sie die versteckten und gut bekannten Experten, die Sie für Ihr Mikronetzwerk brauchen, und machen Sie es sich zur Aufgabe, sie untereinander zu verknüpfen. Finden Sie die Forschungsergebnisse, die Nachrichten, die Ereignisse, die für diese Gruppe wichtig sind, und seien Sie der Erste, der sie teilt. Schaffen Sie gemeinsam Content. Menschen, Ressourcen und Möglichkeiten zu synchronisieren ist dank des Internets leichter als je zuvor. Das ist das große Projekt unserer Zeit. Was wird Ihr Beitrag dazu sein? Finden Sie die Antwort und erhalten Sie die Belohnung dafür.

Der Wert der kleinen Fische

Wenn Sie ein Newcomer auf dem Weg nach oben sind, dann sollten Sie nicht Ihren gesamten Fokus in den sozialen Medien darauf richten,

Berühmtheiten oder wichtige Influencer zu umgarnen. Sie wollen sich online mit den Big Playern verbinden, ich weiß. Aber wenn Sie Ihre ganze Zeit damit verbringen, mit Ihren besonders cleveren Tweets zu versuchen, Richard Bransons Aufmerksamkeit zu erregen oder die von Mark Cuban, dann setzen Sie auf das falsche Pferd. Ihre Chancen, deren Aufmerksamkeit zu erregen, sind gering, und auch wenn ich glaube, dass es Wege gibt, zu *jedem* großzügig zu sein, kann es schwer sein, wenn Twitter oder Facebook das einzige Werkzeug sind. Reid Hoffman, der Gründer von LinkedIn, bekommt täglich unaufgefordert 50 E-Mails von Leuten, die ihm einen tollen Vorschlag machen wollen. Wissen Sie, in wie viele dieser Vorschläge er Geld investiert? In keinen, denn er hat 50 weitere Vorschläge von Leuten bekommen, die ihm empfohlen wurden.

Bedenken Sie außerdem, dass die VIPs des Randes nicht immer dieselben Leute sind wie in der realen Welt. Es sind die kleinen Leute, die ulkigen Außenseiter. Es sind die Menschen, die hungrig sind und von Leidenschaft für ihre Arbeit getrieben werden, ungehemmt von den Erwartungen und der Kultur der Spieler der Oberliga.

Also vergessen Sie die dicken Fische, wenn Sie gerade erst anfangen. Verbringen Sie stattdessen lieber Ihre Zeit damit, herauszufinden, wer morgen der nächste dicke Fisch ist. Suchen Sie nicht da, wo alle anderen suchen, mit all den typischen Filtern – formelle Referenzen, Twitter-Follower, teures Webdesign. Suchen Sie stattdessen nach tollen Ideen, außergewöhnlicher Cleverness, frischen Gesichtern und einer Offenheit für eine gegenseitige Beziehung.

Schmieden Sie Allianzen und hoffentlich werden Sie beide in fünf oder zehn Jahren in einer besseren Position sein, um dem anderen zu helfen. Und selbst wenn er oder sie nicht der nächste Sean Parker wird, so haben Sie dennoch einen weiteren, wirklich cleveren Freund an Ihrer Seite – und das ist immer ein Investment mit einer großartigen Rendite.

Das LinkedIn-Biest zähmen

„Du machst das völlig falsch, Keith!" Das war im Grunde, was Reid Hoffman mir sagte, als ich ihm erzählte, dass ich LinkedIn verwende.

Weil ich Schriftsteller und Redner bin, finden mich neue Leute auf Twitter und Facebook und folgen mir jeden Tag, ohne dass ich überhaupt etwas mache. So funktioniert das nicht auf LinkedIn, wo ich neue Verbindungen „annehmen" muss.

LinkedIn ist ein geschlossenes Netzwerk, aus einem sehr einfachen Grund: Damit das Netzwerk Wert hat als ein Tool, um den Fuß in die Tür zu bekommen, müssen die Verbindungen bedeutsam sein. Es liegt an Ihnen, jede Anfrage genau zu prüfen, damit, falls jemand kommt und bittet: „Kannst du uns vorstellen?", Sie in einer Position sind, in der Sie einschätzen können, ob die Verbindung von gegenseitigem Nutzen wäre.

Jahrelang habe ich zu jedem Ja gesagt, der eine Connection eingehen wollte, und habe mir auf die Schulter geklopft, wenn die Kontakte sich gestapelt haben. Aber weil man nun all diese Fremden kennt, finde ich mich häufig in der peinlichen Situation wieder, dass eine Person, die ich nicht kenne, mich bittet, sie einer anderen Person vorzustellen, die ich nicht kenne. Das passiert mir im echten Leben nie.

Also lernen Sie von mir. Verbinden Sie sich nur mit Leuten, die sie gut genug kennen, um sie anderen in Ihrem Netzwerk vorzustellen. Sie müssen keinen Background-Check bestehen, aber sie sollten mehr als ein zufälliger Datensatz sein. Sie sollten froh sein, dass Sie ihnen helfen können, wenn sie Sie um einen kleinen Gefallen bitten – und Sie sollten sich nicht unbehaglich dabei fühlen, dasselbe zu tun.

Meistern Sie die Kunst, andere einander auf LinkedIn vorzustellen, und Sie werden schnell zum Status Super-Connector aufsteigen. Die Seite trackt Verbindungen erster, zweiter und dritter Hand. Das bedeutet, sie bietet das Potenzial, Hunderttausende neuer Kontakte zu knüpfen – wenn man es mit Bedacht angeht. In seinem Buch *The Start-Up of You* schlägt Reid vor, wenigstens einmal im Monat zwei Menschen einander vorzustellen. Wenn Sie dafür sorgen, dass es sich lohnt, dann würde ich sagen, verdoppeln Sie diese Zahl!

Und wenn Sie auf der Seite die Fühler ausstrecken, dann zeigen Sie den Leuten, dass Sie ihr Profil gelesen haben, indem Sie direkt darauf Bezug nehmen. Auf der Online-Datingseite OKCupid bekommen diejenigen E-Mails die meisten Antworten, in denen Dinge stehen wie „Du erwähntest …" oder „Mir ist aufgefallen, dass …" Mit anderen Worten „Phrasen, die zeigten, dass die Person das Profil der anderen gelesen hatte", schreibt Reid.

Beim Verabreden wie auch im Geschäft schlägt der persönlich formulierte Ansatz den langweiligen Aufreißspruch jedes Mal.

Süchtig nach Likes

Wenn Sie Probleme haben, Ihre sozialen Medien zielgerichtet einzusetzen, dann sind Sie nicht der Einzige. Facebook ist buchstäblich die Schokolade des Internets – über sich selbst zu reden und sich an den folgenden „Likes" zu ergötzen verursacht einen Dopaminrausch. Die Belohnungs- und Lustzentren im Hirn leuchten auf wie ein Weihnachtsbaum.

Menschen beschuldigen gern die Technologie, dass wir zu hirnlosen Süchtigen werden, aber die Wahrheit ist: Wir waren immer hirnlose Süchtige. Das Leben ist stressig und manchmal ist ein Leckerli nötig. (Ersetzen Sie das durch die persönliche „Droge" Ihrer Wahl.) Die sozialen Medien sind einfach nur ein weiteres Leckerli, das unbegrenzt verfügbar ist.

Ich mache manchmal gern einen Tag Pause vom Internet und den Geräten, die es ins Haus liefern, und lese und schreibe stattdessen. Es ist am Anfang nie leicht, aber selbst mein überlastetes Hirn passt sich schneller an, als man denken sollte.

Den Großteil meiner Zeit in den sozialen Medien reserviere ich für Momente, die ansonsten unproduktiv wären – im Flugzeug, im Zug und im Auto. Das sind dieselben kurzen Momente, in denen ich gern pinge.

Machen Sie die Achtsamkeit zum Teil Ihrer Strategie für die sozialen Medien. Wenn Sie sich einloggen, besonders während des

Arbeitstags, stellen Sie sicher, dass die investierte Zeit Sie näher an Ihre Ziele bringt.

Verstehen Sie die Gelegenheit

Neulich bin ich durch Los Angeles gefahren und habe an einem Stopp-schild angehalten. Auf dem Fahrersitz des Wagens neben mir war eine junge Frau, die auf ihr iPhone starrte. Anscheinend war das, was sie dort sah, nützlicher für sie, als auf die Verkehrsschilder zu achten oder gar auf den fließenden Verkehr um sie herum.

Wir standen beide da und warteten darauf, dass ein Fußgänger, die Straße überquerte. Er war langsam und was glauben Sie, wieso? Weil er, wie die Fahrerin neben mir, bereits an seinem wichtigsten Ziel an-gekommen war – dem Smartphone in seiner Hand – und gegenüber allem anderen blind war. Das Scrollen übertrifft das Spazierengehen, und zwar haushoch.

Die Menschen leben heutzutage in ihrem Newsfeed. Die unaufhalt-same Macht seiner Anziehungskraft führt zu allen möglichen sozialen Übeln. Am offensichtlichsten führt es zu schlechten Autofahrern und noch schlimmeren Dinnergästen.

Aber das ist die Realität, in der wir leben. Wenn Sie also eine Person sind, die Aufmerksamkeit auf sich ziehen will, egal ob es Kunden, Kol-legen oder sogar Freunde sind, lernen Sie besser, wie man in diesem kleinen Feed kommuniziert, der so schnell vorbeifließt, wie die Finger scrollen können. Dort können Sie am einfachsten einen zusätzlichen Wert einbringen; denn dort suchen andere konstant danach.

Teilen Sie bedeutsame Informationen, bringen Sie andere zum La-chen oder Weinen. Sie können sich auf vielerlei Art von der Menge abheben – finden Sie Ihre und bleiben Sie dabei. Darum geht es vor allen im nächsten Kapitel, das sich mit Content befasst.

Das war nie wichtiger als jetzt, denn eines ist so sicher wie das Amen in der Kirche, wenn es um Ihren nächsten Kunden oder Ihre nächste Connection geht: Deren Augen kleben an ihrem Feed.

23

Werden Sie
Meister des Contents

Egal wie sehr Ihnen Technologie dabei hilft, Ihr Netzwerk aufzubauen; egal wie viele Informationen Sie zusammentragen, Sie werden Ihren Träumen nicht näherkommen, wenn Sie kein Vertrauen aufbauen können.

Um online Vertrauen aufzubauen, über den begrenzten Kreis an Menschen hinaus, die Sie persönlich kennen, müssen Sie einen Weg finden, Ihre menschlichen Qualitäten in Bits und Bytes auszudrücken, und das so gut, dass Sie mit jemandem Kontakt halten könnten, wenn Sie aus dem Weltraum kommunizieren würden.

Das ist machbar und es wurde auch gemacht.

Chris Hadfield ist ein kanadischer Astronaut, dessen Mission auf der International Space Station 2013 so gut wie zu Ende war, als sie durch kommerzielle Weltraumunternehmen wie Richard Bransons Virgin Galactic aus den Schlagzeilen verdrängt wurde. Niemand interessierte es – bis Hadfield anfing, über seine persönlichen Erfahrungen mit dem Alltagsleben in der Raumstation zu twittern. Ein beliebtes Video zeigte, wie es ist, im Weltall zu weinen. Er wurde noch bekannter (und Menschen weinten auch auf der Erde), als er einen Link zu einem Musikvideo in der Schwerelosigkeit postete, in dem er David Bowies „Ziggy Stardust" spielte. Selbst Bowie gab ihm ein virtuelles „High five", einen Retweet. Gleichzeitig waren fünf andere Astronauten mit ihm auf der Raumstation. Ich könnte Ihnen keinen einzigen ihrer Namen nennen.

Wir reden über Content, das einzig wahre Mittel zur Vertrauensbildung im Internet. Content ist es, der den Menschen zeigt, wie Sie sind, was Ihnen wichtig ist, was Sie wollen, was Sie bieten können, ob Sie cool sind und so weiter. Artikel, Blogeinträge, Profile, Status-Updates – jedes Bit und Byte, das produziert und mit Ihnen und Ihrem Namen verbunden wird, ergibt einen Teil eines Gesamtbildes.

Das Web dreht sich nicht mehr nur um die Gegenwart – diesen verrückten Autofahrer hier oder jene leckere Mahlzeit dort. Indem wir Nachrichten, Bilder und Updates posten, schaffen wir online eine Datenspur über unser Leben und unsere Geschichte. Wir können nun nicht nur Geschichten darüber erzählen, was heute passiert, sondern auch, wo wir waren, was wir mit anderen geteilt haben und was vielleicht in der Zukunft passieren könnte.

Diejenigen, die die beste Methode herausfinden, all diese Bits und Bytes zu pflegen und das über die richtigen Kanäle zur richtigen Zeit machen, werden die größten und produktivsten Netzwerke schaffen, die häufigsten und besten Chancen generieren und am meisten darauf vorbereitet sein, ihre Karriere in neue Bahnen zu lenken, wenn es notwendig sein sollte.

Die Mathematik des Vertrauens

Content zu schaffen, der gelesen wird und Vertrauen aufbaut, erfordert, dass man sich anpasst und dieselben Kernwerte kommuniziert, die einem helfen, Beziehungen in der realen Welt aufzubauen. Hier ist meine Formel dafür:

GROSSZÜGIGKEIT + VERLETZLICHKEIT + VERANTWORTLICHKEIT + MUT = VERTRAUEN

Zu viele Menschen machen den Fehler, zu glauben, ihr Online-Content sollte zeigen, wie perfekt sie sind, wie durchgestylt, wie abgeklärt. Sie denken, ob Menschen ihnen glauben, wird dadurch entschieden, ob sie die richtigen Leistungen posten oder ein tolles Foto von sich in einer Bluse oder einem Hemd mit der richtigen Farbe hinkriegen.

Sicher, so etwas kann helfen, aber es bringt einen nicht weit.

Vor einer Weile ging ich in ein Studio und drehte zahlreiche Videos für einen Onlinekurs. Ich hatte jemanden, der mir die Haare stylte, Make-up, Beleuchtung, und ich trug meinen besten Anzug – alles war perfekt, abgesehen von einer Reihe wichtig aussehender Bücher hinter meinem Kopf. Ich wollte aussehen wie ein Experte. Nun, als ich mir das Video ansah, stellte ich fest, dass der Make-up-Spezialist, der versucht hatte, einen Pickel zu überdecken, es ein wenig übertrieben und mich in etwas aus der Serie *Jersey Shore* verwandelt hatte. Ich war *orange*.

Wir mussten den Dreh spontan in meinem Büro wiederholen, wo ich vielleicht nicht die beste Beleuchtung hatte, aber entspannt und natürlich wirkte (und nicht orange). Die Videos wurden toll.

Die Botschaft hier besteht nicht darin, dass man einem orangen Menschen nicht glauben sollte. Sie besteht in Folgendem: Je authentischer Sie rüberkommen, desto mehr Menschen werden glauben, dass Sie ihnen keinen Unsinn erzählen. Besser ein paar raue Kanten, als auf langweiligen Hochglanz poliert.

Wenn Sie also versucht haben, eine Online-Identität zu schaffen, die Sie als aalglatten Player mit besten Verbindungen zeigt, und Sie dabei verzweifelten oder sich wie ein Betrüger vorkamen, entspannen Sie sich und versuchen Sie einen neuen Ansatz.

Versuchen Sie es mit radikaler Ehrlichkeit

Der Finanz/Spiritualitäts-Guru James Altucher ist jemand, der seine rauen Ecken und Kanten zu einem Content-Imperium geschmiedet hat. Altucher ist weder aalglatt noch auf Hochglanz poliert und hat auch keine tollen Connections. Tatsächlich besteht sein Portfolio aus einem Sammelsurium erstaunlicher Fehlschläge. Er sieht weniger nach Wall Street und mehr nach Occupy Wall Street aus, wenn diese Bewegung einen IT-Spezialisten angeheuert hätte. Und darüber hinaus sagt Altucher häufig Dinge, die irgendjemanden auf die Palme bringen, meistens sogar eine Menge Leute.

Diese vermeintlichen Nachteile haben Altucher tatsächlich dabei geholfen, einen treuen Stamm von Hunderttausenden Menschen aufzubauen, die seinen Blog lesen. Er hat die Türen aufgestoßen zu Menschen wie dem sehr auf Privatsphäre bedachten Hedgefonds-Manager Steven Cohen, bis zu Jim Cramer von *Mad Money*, und er hat sowohl stabile Beziehungen als auch andauernde Feindschaften aufgebaut, während er sich und seine Karriere in verschiedenen Branchen immer wieder neu erfunden und dabei sowohl mehrmals Hunderttausende Millionen Dollar verdient als auch verloren hat.

Altucher begann mit einem Blog, der seinen Scharfsinn als Analyst der Finanzindustrie zeigen sollte. Er teilte Artikel über Aktien, Finanzen und die Wirtschaft. Der Traffic war mager. Dann, etwa ein Jahr später, versuchte er einen anderen Ansatz.

„Ich begann ehrlich zu sein, in Bezug auf meine Ängste, meine Bedenken, meine Sorgen, meine Misserfolge in der Vergangenheit – und ich hatte einige Misserfolge. Der Traffic auf meinem Blog stieg, ich übertreibe nicht, um 20.000 Prozent, nur, weil ich ehrlich war. Jetzt rufen mich ganz normale Menschen an, die mir Geschäftsideen anbieten."

Einige von Altuchers beliebtesten Posts: „Ich will, dass meine Kinder drogensüchtig werden" (wie man Leidenschaft entwickelt), „Drei Geschichten über Milliardäre" (über Geld und Glück). „Wie ich durch Yoga völlig gedemütigt wurde" (wie es ist, eine Yoga-Klausur mit meiner yogatreibenden Frau zu besuchen) und „Wie man ein effektiver Verlierer wird" (wie es ist, aus dem Graduiertenkolleg geworfen zu werden).

Man muss nicht schockieren, um sich ein Publikum aufzubauen, das einem Vertrauen entgegenbringt. Aber man muss seine eigene Version von authentischem, wertebasiertem Content schaffen, der einen ganz persönlichen Stempel trägt und mit GVVM durchsetzt ist – mein Kürzel für die entscheidenden Eigenschaften *Großzügigkeit, Verletzlichkeit, Verantwortlichkeit und Mut.*

Zu viele Menschen glauben fälschlicherweise, dass es am besten ist, ihre Erfolge in die Welt hinauszuposaunen, um Glaubwürdigkeit aufzubauen. Altucher sagt, sie haben nur Angst: „Man glaubt, wenn man zugibt, dass man Geld oder seine Frau verloren hat, oder dass man an einem bestimmten Tag während der Finanzkrise geweint hat, einen die Menschen nicht länger respektieren. Sie werden keine Geschäfte mehr mit einem machen wollen."

Das stimmt überhaupt nicht, sagt er – denn letztlich ist es Ihre eigene Menschlichkeit, die die Menschen dazu bringt, zuzuhören. Und es ist Ihr Eingeständnis, dass auch Sie menschlich sind, wodurch sie einem auch bei allem anderen glauben.

„So viele Ihrer Konkurrenten sind die meiste Zeit unehrlich. Das bedeutet nicht notwendigerweise, dass sie lügen. Es bedeutet einfach, dass ihre Grenzen eng gesteckt sind", sagt Altucher. „Wenn man diese Grenzen überschreitet und wirklich ehrlich mit den Kollegen, den Konkurrenten und den potenziellen Kunden ist, dann erhebt man sich auf einmal über die Konkurrenz. Jeder weiß, *so ist man wirklich*."

In analogen menschlichen Beziehungen führt Angst zur Risikovermeidung, was bedeutet, dass man es vermeidet, großzügig zu geben, mutig zu sein, verantwortlich zu handeln, sich mit einer anderen Person auf Augenhöhe zu treffen, sich ihr zu offenbaren und damit zu riskieren, abgelehnt zu werden.

Online birgt guter Content dieselben Risiken – Beschämung, Ablehnung und so weiter –, aber auch dieselben potenziellen Belohnungen: Verbindungen, Lachen, sogar Liebe. Ihre Herausforderung besteht darin, sich furchtlos der Welt mitzuteilen.

Hier ein paar Einsichten, wie sie Ihren Content mit diesen Qualitäten versetzen, die menschliche Verbindungen fördern.

Großzügigkeit

Online großzügig zu sein, bedeutet, dass Sie gern geben – und empfangen. Es ist auch eine Großzügigkeit des Geistes, man ist bereit, sich zu zeigen, zuzuhören und die besten Ideen offen mitzuteilen. Großzügigkeit ist immer eine großartige Methode, bei jemandem Interesse zu wecken, der vorher gleichgültig war.

Schließen Sie sich einer Unterhaltung an, bevor Sie selbst eine anstoßen

Als Gary Vaynerchuk, der mittlerweile berühmte Social-Media-Guru und Mann hinter WineLibrary.TV, das erste Mal beschloss, Twitter zu nutzen, um für die Weinhandlung seiner Familie zu werben, da meldete er sich nicht an und setzte nicht zehn Tweets am Tag über die tolle Qualität seines Chardonnays ab. Stattdessen suchte er bereits laufende Unterhaltungen über Wein und brachte sich bei ihnen ein. Er teilte seine Begeisterung mit anderen Weinenthusiasten (wie mir), war hilfreich, wo er es sein konnte, und lernte eine Menge darüber, was den Menschen wichtig war, die bereits über Wein twitterten. Auf diese Weise zog er Follower an, die dann begeistert auf die Links klickten, die zu seinen Videos führten. Die Videos selbst zeigten deutlich Garys unprätentiöse, spritzige Persönlichkeit. Er war der Typ, dem man gern dabei zusah, wie er sein eigenes Ding durchzog.

Mittlerweile mit einem Multimillionen-Dollar schweren Unternehmen ausgestattet und einige Bestseller später, ist Gary immer noch dieser Typ, auch wenn er heute eher über soziale Medien spricht als über Wein. Ich hoffe, er trinkt ihn noch!

Sie sollten etwas zu sagen haben

Aufmerksamkeit ist die rare Ressource, um die wir heutzutage alle wetteifern. Während der Strom vorbeiscrollt, haben wir einen Wimpernschlag Zeit, jemanden dazu zu bringen, auf unseren Link zu klicken und nicht auf die vielen davor und danach. Die Klarheit, Effizienz und Effektivität, mit der wir kommunizieren, wer wir sind, und wieso dies relevant ist, ist der Dreh- und Angelpunkt, um Ihren Bekanntheitsgrad zu steigern, Ihren Einfluss auszudehnen und Aufmerksamkeit zu erregen.

Großartige Ideen, ein großartiges Produkt – sind nicht genug. Sehen Sie sich das Diätbuch *The Moderate Carbohydrate Diet* an. Schon mal davon gehört? Vermutlich nicht. Trotz der guten Ideen (zumindest, was das Genre der Diätbücher angeht) war das Buch kein Knaller. Es wurde als *The South Beach Diet* erneut verlegt und wurde zu einem kulturellen Phänomen.

Die Botschaften, die man in die Welt sendet, sollten in einer Sprache verfasst sein, die die Leute anspricht. Sagen Sie den Menschen, dass Sie ein Problem lösen, von dem sie bereits wissen, dass sie es haben. Sich selbst in die Lage des Lesers zu versetzen und seine Bedürfnisse anzusprechen ist großzügig – und es sorgt dafür, dass man gelesen wird.

Jede Überschrift ist ein Angebot

Wenn Sie also glauben, dass Ihr Content einen Wert für die Menschen hat (und das sollte die erste Regel für Ihren Content sein), dann bedeutet Großzügigkeit, dass man genau darüber nachdenkt, wie man diesen Wert sofort deutlich macht. Sonst werden die Leute ihn links liegen lassen.

Denken Sie an eine E-Mail. Wenn Sie eine Nachricht senden, dann wissen Sie, wie wichtig sie ist – für Sie. Aber für die Person am anderen Ende ist es nur eine von Dutzenden, die sie an diesem Tag erhalten hat, und nichts unterscheidet sie von anderen, abgesehen von einem, wenn Sie es richtig machen: dem Betreff.

Dan Pink hat in seinem Buch *To Sell Is Human* gesagt, die besten Betreffzeilen reizen eines von zwei menschlichen Bedürfnissen: Nutzen oder Neugier. Entweder sollte man eindeutig die Nützlichkeit hervorheben („Wie man seinen E-Mail-Betreff anpasst, um gelesen zu werden") oder man sollte ein spannendes Rätsel sein, das mit einem Klick gelöst werden kann („Sie werden nicht glauben, was ich getan habe, damit meine E-Mails gelesen werden"). Und übrigens sollten Sie immer sicherstellen, dass Ihr Beitrag auch das Versprechen der Überschrift einlöst. Es ist nicht nobel, mit etwas zu locken und dann etwas anderes zu liefern.

Helfen Sie Ihren Tweets auf die Sprünge

Der Text von Facebook im Fenster für die Status-Updates ist „Was machst du gerade?" Ich war immer der Meinung, dass das ein furchtbarer Text ist! Was für eine tolle Art, langweilige Botschaften zu fördern! *Ich bin mit dem Hund Gassi. Ich esse Grillkäse. Ich sehe mir ‚Law & Order' an.* Das nutzlose Hintergrundrauschen der sozialen Medien. Selbst wenn wir Freunde sind, ist das Content, der keinen hinter dem Ofen hervorlockt. Dan Pink nennt es „Me Now"-Tweets und sagt, sie gehören zu den drei am schlechtesten abschneidenden Tweet-Typen, zusammen mit persönlichen Tiraden („Mein Boss ist ein Idiot") und Nettigkeiten („Hallo Welt!").

Ein besserer Text wäre: „Was fasziniert dich gerade?"

Das ist eine subtile Verschiebung des Schwerpunkts und sobald man diesen vornimmt, beginnt man zu sehen, dass der Content geteilt wird und man Kommentare bekommt. Also schreibt man nicht: „Bin im Kino", sondern: „Ich habe den neuen Film mit Will Ferrell gesehen – zum Totlachen. Muss man gesehen haben!"

Jetzt liefert man den Menschen etwas Nützliches – ein Werturteil. Noch besser ist es, wenn man ihnen auch einen Link liefern kann, um sich noch umfassender zu informieren. Stellen Sie ihnen einen Artikel zur Verfügung, einen Filmtrailer, eine Restaurantkritik. Etwas, das mehr Kommunikation erlaubt als nur 140 Zeichen, das den Leuten etwas Neues liefert und ihnen etwas gibt, was sie hinterher tun können.

Heute lautet die Facebook-Frage „Was beschäftigt dich?" (A.d.Ü.: „What's on your mind?" Im Deutschen blieb es bei „Was machst du gerade?") – ein großer Schritt in die richtige Richtung, zweifellos basierend auf entsprechenden Daten.

Dennoch mag ich meinen Text lieber: „Was fasziniert dich gerade?" (Machen Sie ruhig, twittern Sie etwas.)

Wann immer möglich, schaffen Sie etwas mit anderen zusammen

„Keith, ich will bloggen, aber ich weiß nicht, worüber ich schreiben soll." Wenn Sie glauben, dass der kreative Prozess mit Ihnen, einem leeren Bildschirm und einer großen Tasse Kaffee beginnt, dann machen Sie sich selbst das Leben schwer. Die besten Ideen kommen, wenn Sie sich umsehen und ständig fragen: „Wie kann ich den Leuten helfen?", und Sie sich dann frühzeitig und offen mit dem kreativen Prozess auseinandersetzen.

Nehmen Sie den beliebten Podcast „Grammar Girl" als Beispiel, die Schöpferin, Mignon Fogarty, habe ich schon einmal in meinem Newsletter erwähnt. Mignon arbeitete als Lektorin und sah immer wieder dieselben Fehler. Ihre Kollegen, wie so viele von uns, hatten nie die grundlegenden Regeln der Grammatik gelernt. Sie sah den Bedarf und kümmerte sich darum, nahm ihre ersten drei Podcasts in einer Woche auf und ging schnell zu einem Format über, bei dem die Fans die Fragen stellen konnten. Innerhalb von Monaten seit dem Start im Juli 2006 wurde der Podcast „Grammar Girl" zum beliebtesten Download im Bereich Bildung auf iTunes.

Andere einzuladen, mit Ihnen zusammen etwas zu schaffen, gibt ihnen die Möglichkeit, an etwas teilzunehmen, an einer gemeinschaftlichen Anstrengung. Sie wären überrascht, wie befriedigend das sein kann. Tatsächlich glaube ich, dass das mindestens zur Hälfte der Grund ist, wieso Crowdsourcing-Plattformen wie Kickstarter so beliebt wurden.

Darüber hinaus erhöht das gemeinsame Schaffen von etwas die Wahrscheinlichkeit, dass das Endprodukt etwas wird, woran Ihr Publikum Interesse hat – schließlich haben sie es mitgestaltet! Ich habe erst heute in meinem Posteingang eine E-Mail von einem Mann gehabt, der einen Leitfaden schreibt, um Autoren zu helfen, ihre Bücher zu vermarkten. Er beginnt damit, indem er sein Publikum fragt, was sie wollen: Hilfe beim Schreiben? Hilfe beim Vermarkten? Hilfe beim Verkauf? Sicher, das ist eine Umfrage – aber seine bisherige Erfolgsbilanz (geschaffen durch seinen Content und die Tatsache, dass er zu Ende bringt, was er sich vorgenommen hat) verrät mir, dass er diesen Input wirklich nutzen wird, um etwas Großartiges zu schaffen. „Er wird auf der Grundlage dessen, was ich sage, entscheiden, worüber er schreiben wird. Sicher werde ich die Fragen beantworten! Und ich werde das Buch kaufen!"

Woran man denken sollte, wenn man mit anderen etwas erschafft: Es ist niemals wichtiger, das zu tun, was man sich vorgenommen hat (siehe der Punkt Verantwortlichkeit weiter unten). Man kann nicht die Mühe und Leidenschaft der Menschen in Anspruch nehmen und es dann vermasseln.

Verletzlichkeit

Mutig genug zu sein, um im echten Leben Verletzlichkeit zu zeigen, ist schwer genug. Aber zumindest ist der Moment schnell vorbei, wenn man sich selbst zum Narren macht. Sich online verletzlich zu zeigen kommt einem noch riskanter vor.

Lassen Sie sich davon nicht abschrecken. Sehen Sie es mal so: Das Letzte, was Sie auf einem wettbewerbsorientierten Markt sein wollen, ist ersetzlich. Sie wollen Sie selbst sein, auf einzigartige Weise, per definitionem *unersetzlich,* und die einzige Möglichkeit, dies zu erreichen, besteht darin, zu riskieren, etwas von sich da draußen offenzulegen.

Versuchen Sie es mal überkreuz

Eine einfache Methode, Ihre Verletzlichkeit zu erforschen, ist, Ihren persönlichen und beruflichen Nachrichtenversand zu vermischen. Die meisten Menschen nutzen Facebook für Freunde und LinkedIn für berufliche Kontakte und mischen die beiden nicht häufig. Auch wenn ich kein Fan dieser strikten Trennung bin, können Sie dennoch, wenn dieser Ansatz für Sie Sinn ergibt, den Nachrichtenversand vermischen. Wieso sollten Freunde und Familie nicht wissen wollen, was bei Ihnen bei der Arbeit los ist – solange Sie es interessant gestalten? Persönliche Kontakte sind eine perfekte Quelle für berufliche Ratschläge, Unterstützung und sogar für Chancen.

Mischen Sie Anekdoten mit Nützlichem

Sie können persönliche Dinge einbringen und dennoch nützliche Informationen bieten. Penelope Trunk, die sehr beliebte Bloggerin, Unternehmerin und Autorin von *Brazen Careerist*, kommentiert oft in ihren Posts, dass ihr Lektor (Anmerkung des Autors: keine schlechte Idee, einen Lektor zu engagieren) sie nichts veröffentlichen lässt, das keinen Nutzen für ihr Kernpublikum hat: für die Menschen, die ihrer Karriere auf die Sprünge helfen wollen. Sie schreibt vielleicht 500 Worte darüber, wie sie ihre Kinder zu Hause unterrichtet, oder über die Schweine auf der Farm ihres Mannes, aber letztlich wird es etwas

Nützliches enthalten, wie Sie Ihre Produktivität erhöhen oder einen besseren Job finden können.

Machen Sie Fehlschläge öffentlich

Offen mit der Tatsache umzugehen, dass Sie Fehler machen, sagt den Menschen, dass Sie nichts zu verbergen haben. Abgesehen davon könnten wir, wenn wir alle unsere Fehler eingestehen, diese nutzlose Illusion ablegen, dass die Ultra-Erfolgreichen deswegen so werden, weil sie immer wieder Erfolg haben. Nein! Sie werden so, weil sie immer wieder scheitern, in immer ehrgeizigeren Experimenten, so lange, bis sie Erfolg haben, und das nicht zu knapp. Also seien Sie mutig genug, alles offenzulegen – das, was funktioniert hat, und das, was nicht funktioniert hat, mit Ihren Erkenntnissen darüber, warum und wie man es beim nächsten Mal besser macht – und sehen Sie zu, wie die Leute aufmerksam werden. Sie werden Ihnen aufgrund Ihrer Erfahrung und Ihrer Ehrlichkeit vertrauen.

Grinsen Sie mal in die Kamera

Solange man nicht Charles Dickens ist, ist es viel einfacher, den Menschen mit einer Kamera eine authentische Momentaufnahme davon zu geben, wer man ist und was einem wichtig ist, als mit Prosa. Scrollen Sie durch Ihren Newsfeed und Sie werden schnell sehen, dass Posts mit Fotos diejenigen sind, die Ihren Blick anziehen und Sie emotional ansprechen.

Wenn es um Fotos von Ihnen geht, dann ist ein bisschen Eitelkeit kein Problem – bedenken Sie, dass ich in L.A. wohne, ich bin nicht immun –, um zu entscheiden, was Sie auf Ihrer Pinnwand lassen sollten und was Sie löschen können. Aber seien Sie kein so übereifriger „Untagger", dass jedes Bild von Ihnen, das man irgendwo finden kann, genau dieselbe Pose zeigt, mit demselben „Kameragesicht".

Machen Sie sich ein paar Gedanken über Ihr Profilfoto, bei Weitem das Wichtigste auf Ihrer Seite. Brauchen Sie ein professionelles Porträt? Wenn Sie sich einen guten Fotografen leisten können, dann tun

Sie es. Wenn nicht, dann machen Sie sich keine Gedanken deswegen. Das erfolgreichste LinkedIn-Foto ist ein scharfes, lebhaftes Bild von Ihrem Kopf und Ihren Schultern, das Lebendigkeit und Energie ausstrahlt. Fragen Sie Freunde nach ihrer Meinung – wir erkennen nicht immer das perfekte Foto, wenn wir es sehen.

Ich kenne einen angesehenen Literaturagenten und wunderbaren Vater, der hart daran gearbeitet hat, dass er in beidem gut ist. Eine Weile konnte man auf seiner LinkedIn-Seite ein Foto von ihm sehen, wie er mit seinem Sohn Ski fährt.

Wenn man sich auf LinkedIn durch ein Profilfoto nach dem anderen scrollt und dann plötzlich auf eines stößt, das einem einen Ausschnitt aus dem Leben hinter dem Lebenslauf zeigt, dann macht es tatsächlich Eindruck – unterdessen, im Fall meines Freundes, des Agenten, hat der Inhalt seines Profils seine berufliche Glaubwürdigkeit umfassend belegt.

Offensichtlich haben die Kultur, die in Ihrer Industrie und an Ihrer Arbeitsstelle herrschen, Auswirkungen darauf, was Sie sich erlauben können. Craig, ein lustiger Typ, der bei FG die technische Abteilung leitete, hat bis heute als Profilbild bei LinkedIn ein Foto von sich selbst mit dunkler Sonnenbrille, wie er in einem Stuhl sitzt und vornübergebeugt eine Gitarre und gleichzeitig Mundharmonika spielt. Und nun arbeitet er bei den Vereinten Nationen! Zum Glück für Craig sind Technikfreaks Teil der seltenen Spezies, die sowohl in der Arbeit als auch überall sonst Nichtkonformität feiern.

Sehen Sie sich die Fotos der Menschen an, die in Ihrem Berufsfeld arbeiten (oder in dem Sie arbeiten wollen). Sehen Sie sich an, inwieweit sie unserer Vorstellung von Normalität entsprechen und finden Sie dann einen stilvollen und markanten Weg, diese Grenzen auszuloten.

Übrigens war Craig vielleicht ein wenig hart an der Grenze, aber er war vermutlich einer der beliebtesten Angestellten, die wir je in der Firma hatten.

Verantwortlichkeit

Verantwortlichkeit dreht sich um mehr, als Versprechen einzuhalten und von anderen dasselbe zu erwarten. Es geht auch darum, eine starke Position einzunehmen und den Kurs zu halten, selbst angesichts von Kritik oder Angst. Nehmen Sie die Verantwortlichkeit weg, und die Großzügigkeit, der Mut und die Verletzlichkeit verlieren schnell ihre Kraft. Aber was bedeutet es, verantwortlich zu sein, und wann spielt es eine Rolle bei Ihrem Content?

Werden Sie Ihr eigener Chefredakteur

Beständigkeit hilft, die Aufmerksamkeit der Leser zu erhalten. Deswegen sollten Sie wie ein Herausgeber denken, wenn Sie Ihre Online-Außenstellen mit Content versorgen. Erstellen Sie wie ein Herausgeber einen Plan, welchen Content Sie wann posten, und Sie werden schnell feststellen, dass etwas Struktur in Ihren Bemühungen es viel einfacher macht, Verantwortlichkeit zu zeigen, wenn es darum geht, über soziale Medien zu kommunizieren.

Versuchen Sie außerdem, in Ermangelung eines besseren Wortes Ihre eigene „Masche" zu finden – eine Inhaltsmarke, die definiert wird durch das, was Sie tun, und was sonst niemand tut. Zum Beispiel gibt es einen Mann namens Noah Scalin, dessen Projekt darin bestand, einen „Schädel am Tag" zu machen und die Bilder dazu auf skulladay.blogspot.com zu posten. Er verschrieb sich ein ganzes Jahr dieser Sache. „Ich begann, indem ich am 4. Juni 2007 einen orangefarbenen Schädel aus Papier machte und ihn online postete, mit der Aussage ‚Ich mache ein Jahr lang einen Schädel am Tag' ", so schrieb er in seinem Blog. „Ich machte meinen 365. Schädel am 2. Juni 2008 (und postete sogar einen Bonus-Schädel einen Tag später, da es ein Schaltjahr war!)."

Scalins Arbeit hört sich vielleicht gruselig an oder kreativ, je nach Ihrem Geschmack. Was Sie auch davon halten, das Projekt wuchs zu zwei veröffentlichten Büchern heran und lockte eine große Zahl loyaler

Fans an – unter denen viele potenzielle Klienten für seine sozial orientierte Design- und Beratungsfirma Another Limited Rebellion waren.

Ansätze, die eher dem Standard entsprechen, sind zum Beispiel wöchentliche, monatliche oder vierteljährliche Newsletter; oder die Nutzung des Freitags als Tag, um Leute, die Sie mögen, auf Twitter zu kontaktieren; oder jährliche Top-10-Listen, deren Inhalt ganz von Ihrem leidenschaftlichen Interesse bestimmt wird.

Halten Sie sich selbst im Einklang

Das Internet ist ein wunderbarer Ort zum Forschen, Experimentieren und zum Streben nach Höherem. Wie Chris Brogan einmal zu mir gesagt hat, versuchen Sie, Ihr LinkedIn-Profil für den Job zu erstellen, den Sie haben wollen, und nicht für den, den Sie haben. Aber die kreative Freiheit in dieser Welt, in der Image und Identität so formbar erscheinen, kann auch zu Verwirrung und zu Fehltritten führen.

Wenn Sie 2010 ein Mitglied meiner Newsletter-Verteilerliste gewesen wären, dann wären Sie eines Tages aufgewacht und hätten eine E-Mail gesehen, deren Betreff lautete: „Sechs Dinge, die Sie aus meinem Marketingdebakel lernen können." Damals steckte ich mitten in meinen eigenen digitalen Experimenten, einem Online-Lernprogramm namens Relationship Masters Academy, das später zu myGreenlight wurde. (Heute wurden all die Lektionen aus diesem Programm ausgewertet und in einer App wiedergeboren, von der ich sehr begeistert bin: ExpertHabits.)

Das war aufregendes Neuland für mich – eine neue Ausweitung meiner Marke und ein neues Geschäftsmodell, ein Konsumartikel. Bis dahin bestand mein Geschäft ausschließlich daraus, zu beraten und Reden zu halten. Wir hatten hart an diesem Programm gearbeitet und als es an der Zeit war, es online zu verkaufen, hatten wir das Gefühl, dass wir etwas Hilfe brauchten.

Wir wandten uns an ein paar Jungs, die einen guten Ruf in der Online-Marketing-Community hatten, und sie machten sich daran, eine Kampagne zu entwickeln, die eine Reihe von E-Mails umfasste, die sie an ihre eigene umfangreiche E-Mail-Liste und meine schickten.

Als mein Team die E-Mail sah, die sie entworfen hatten, wussten sie, dass sie nicht auf einer Wellenlänge mit dem „Keith" lagen, mit dem meine Newsletter-Fans vertraut waren, der im Grunde nahtlos in den Keith überging, den sie persönlich treffen konnten. Ich hatte sie auch nie zu irgendwelchen Käufen überreden wollen, abgesehen von gelegentlicher Buchwerbung. Bei dem Newsletter ging es ganz allein um Großzügigkeit, den Fans etwas zurückzugeben, die mein Buch kauften und zu meinen Events kamen, indem ich ihnen Tipps und Updates zu meiner Arbeit lieferte.

Daher legten wir Widerspruch ein und baten um Änderungen – aber diese supersmarten Marketingleute meinten, wir verstünden es nur nicht: Die E-Mails seien entworfen und getestet worden und man habe sie sorgfältig psychologisch durchgeplant. Änderungen würden zu weniger Verkäufen führen, sagten sie uns.

Also verschickten wir sie mehr oder weniger, wie sie waren. Wir wollten schließlich nicht, dass unsere Kampagne scheiterte. Im Nachhinein erhielten wir einige Beschwerden und negatives Feedback, aber das Ganze schien mehr oder weniger durchzugehen. Dann hielt ich eines Tages bei einer Veranstaltung eine Rede. Zwei Fans kamen hinterher zu mir und brachten ihre persönlichen Bedenken (und wie ich sehen konnte auch Enttäuschung) über die E-Mails zum Ausdruck. Eine Dame sagte, dass *Who's Got Your Back* ihr das Leben gerettet habe und sie kommen musste, um mich zu treffen und zu verstehen, was die Wahrheit war – war ich der Typ, der den Menschen zeigte, wie man seine Schilde herunterfährt und die Menschen nahe an sich heranlässt, oder der aufdringliche Verkäufer in diesen verrückten „Handeln Sie jetzt, oder sonst …"-E-Mails im Stil der „Crazy Eddie"-Werbespots?

Autsch. Glauben Sie mir, das war kein angenehmer Moment.

Letztlich muss man daran denken, dass diese Projektion – diese Sammlung an Bits und Bytes – nicht von Ihnen getrennt ist. Das *sind*

Sie, soweit es die Welt angeht. Daher sollten Ihre Experimente – das Erforschen eines bestimmten Aspekts Ihrer Persönlichkeit oder eine neue Leidenschaft – nicht zu weit von dem abweichen, wie Sie sich auch im echten Leben präsentieren würden.

Genauso sollten Sie, wenn die Kurven des Lebens grundlegend verändern, wer Sie sind, manchmal aktiv Ihre Online-Akte ändern – Profile und „Über"-Seiten updaten, Nachrichten an Follower schicken –, um beides wieder in Einklang zu bringen.

Was auf dem Spiel steht, ist Ihre Integrität. Sobald Sie sich einmal in diesen öffentlichen Raum projiziert haben, digital oder real, und besonders, wenn Sie eine Führungsperson sind, dann zählen die Menschen auf das „Ich", das sie aus all Ihrem vorherigen Content kennen. Sie müssen verantwortlich damit umgehen, und wenn es sich ändert – und das wird es natürlich –, dann müssen Sie die Leute sanft und respektvoll auf den neuesten Stand bringen.

Ein paar Punkte, die Sie bedenken sollten, wenn es darum geht, mit seiner Identität verantwortlich umzugehen:

Ein neues Geschäft, ein neuer Kanal oder neue Berater stellen keine neuen Werte dar. Je älter ich werde und je mehr Erfolg ich erfahren habe, desto mehr glaube ich, dass wir gewinnen, wenn wir authentisch an das glauben, was wir verkaufen (Produkte, Ideen …) und uns selbst auf eine Art repräsentieren, auf die wir stolz sind. Allerdings ist das Problem an der Authentizität, dass sie von Ihnen verlangt, zu wissen, wer Sie sind und was Ihnen wichtig ist und dass Sie Ihr Bestes geben, dem treu zu sein. Es erfordert sicher ein gutes Maß an Selbstbeobachtung, um diese Klarheit zu erlangen, besonders angesichts der Tatsache, dass sich ändern kann, wer wir sind. Die Zeit verändert uns. Aber Sie dürfen Ihr Handeln nicht von Bequemlichkeit oder der allgemeinen Meinung beeinflussen lassen und Sie könnten in die falsche Richtung gesteuert werden, wenn Sie nicht konstant mit sich selbst und Ihren Glaubenssätzen Rücksprache halten.

Es gibt keine Ausreden. Wie mein Trainer beim Ringen, Mr. Brown, immer gesagt hat, gibt es zwei Sorten Menschen auf dieser Welt: diejenigen, die Ausflüchte machen, und diejenigen, die den Job machen. Keine Ausreden. Sie sind zu 100 Prozent für das verantwortlich, was Ihren Namen trägt.

Machen Sie die Regeln Ihrer Beziehungen deutlich und halten Sie sich immer daran. Der Vater des Permission Marketing, Seth Godin, sagte mir vor Jahren, dass ich keine gute Arbeit leiste, wenn ich meiner Leserschaft nicht mehr zurückgebe. Ich versuchte wirklich, mich an diesen Rat zu halten, der glaube ich, gut in einem seiner Blogposts zum Ausdruck kommt: „Um die Erlaubnis zu bekommen [jemandem etwas zu vermarkten], macht man ein Versprechen ... Man kann einen Newsletter versprechen und jahrelang mit mir reden, man kann einen täglichen RSS-Feed versprechen und alle drei Minuten mit mir reden, man kann jeden Tag ein neues Verkaufsangebot versprechen ... Aber das Versprechen ist ein Versprechen, bis beide Seiten zustimmen, es zu ändern. Man nimmt nicht an, dass man, nur weil man sich um die Präsidentschaft bemüht oder das Ende eines Vierteljahres erreicht oder ein neues Produkt auf den Markt bringt, dann das Recht hätte, den Deal zu brechen. Das hat man nicht."

Wenn Sie Mist bauen, geben Sie es zu. Wieso schalten Menschen erst einmal auf stur, wenn man sie bei einem Fehler ertappt? Stattdessen sollten Sie Verantwortung übernehmen, um Hilfe bitten und Schritte unternehmen, Ihren Kurs zu korrigieren.

Aufrichtigkeit

Authentizität – die ungeschminkte Präsentation der Wahrheit – ist nicht nur rar, sie ist extrem wertvoll. Es ist das Alpha, das Omega, die Essenz von Leadership, Verkauf, Marketing – so ziemlich jeder Disziplin, die daran beteiligt ist, Menschen zu irgendetwas zu motivieren. Aufrichtigkeit dreht sich nicht nur darum, die Wahrheit zu sagen, sondern es aus Gewohnheit zu tun, in dem riskanten, flüchtigen Moment, in dem Ihre Meinung die größte Wirkung entfalten kann.

Sagen Sie, was sonst niemand sagt

Diese magischen Momente, wenn Menschen öffentlich und unverschämt aufrichtig sind, hinterlassen einen lauten Nachhall. Im Fall des Drehbuchautors Josh Olson schuf Aufrichtigkeit etwas, das eher einer Atomexplosion entsprach.

Olson veröffentlichte ein Stück in der *Village Voice* mit dem Titel „Ich werde dein #$% Skript nicht lesen." (Ich habe den Kraftausdruck entfernt.) Der Essay war eine Tirade, die er eines Nachmittags geschrieben hatte, nachdem ein Freund eines Freundes ihn gebeten hatte, eine Zusammenfassung eines Skripts zu lesen, und er genervt war, weil es ihm nicht gefiel.

In ein paar Tausend schmerzlich aufrichtigen Worten drückte Olson ein Gefühl aus, das jeder andere in Hollywood, einem Ort, der nicht gerade für seine Aufrichtigkeit bekannt ist, schmerzlich und höflich unterdrückt hatte. Dankbare E-Mails überschwemmten seinen Posteingang. Die Menschen wollten sich mit ihm treffen, mit ihm arbeiten, andere Dinge lesen, die er geschrieben hatte. Sicher, er bekam auch einigen Gegenwind. Aber letztlich verschaffte ihm der Essay mehr Meetings mit wichtigeren Menschen als das Drehbuch, das ihm eine Oscar-Nominierung einbrachte.

Menschen hungern nach Authentizität. Überall, wohin man heute sieht, lügt jemand über irgendetwas, beschönigt ein Unternehmen die Wahrheit, verheimlicht jemand etwas. Es gibt in unserer Kultur einen Mangel an Aufrichtigkeit. „So viele Menschen sind Lügner: Sie lügen sich selbst in die Tasche, sie belügen ihre Freunde, sie belügen ihre Liebhaber, Klienten, Kunden, Kollegen, sodass man hervorsticht, wenn man als einer von Tausend wirklich ehrlich ist", schreibt Altucher. „Und wenn man hervorsticht, wird man den Erfolg finden. Man wird Geld finden. Man wird das Glück finden. Man wird Gesundheit finden."

Wenn man sich Ehrlichkeit zur Gewohnheit macht, ist eine Kontroverse nicht weit weg. Aber für jede Person, die jemand wie Altucher oder Olson verärgert hat, werden zehn weitere angelockt. Anziehungskraft ist nicht der einzige Wert der Ehrlichkeit. Das Ausmaß an

Transparenz, das diese Leute in ihre Unternehmungen einfließen lassen, stellt sicher, dass sie immer ein gesundes Maß an Feedback erhalten.

Schaffen Sie virtuelle Dringlichkeit

Ich war einmal bei einem sehr förmlichen Event, an dem eine Frau aus dem Homeoffice per Videokonferenz an einer Podiumsdiskussion teilnahm, weil ein Flug abgesagt worden war. Wir kamen an den Punkt gegen Ende einer Sitzung, wenn die Aufmerksamkeit der Leute langsam abzuschweifen beginnt. Ich war kurz davor, einzuschlafen.

Dann, BUMM: Der Kater der Frau sprang auf ihren Schreibtisch und hielt die Nase vor die Webcam. Sie kam nicht einmal ins Stocken. Sie stellte ihn kurz vor, legte ihn sich über die Schulter und kehrte zur Diskussion zurück, bei der es um die Rolle von sozialen Medien für große Unternehmen ging. Man spürte, wie die Menge wieder wach wurde, sich interessiert nach vorne beugte und sofort eine Verbindung herstellte. Die Menschen hörten endlich zu.

Ein wenig Spontaneität kann einiges bewirken. Natürlich mag die Fähigkeit, spontan und entspannt vor einer Webcam zu sitzen, vielleicht anfangs nicht selbstverständlich sein – also schaffen Sie Gelegenheiten zum Üben. Videokonferenzen oder virtuelle Chats mit der Familie und mit Freunden sind ein guter Anfang.

Wenn es darum geht, „aufrichtigen" Content zu schaffen, wählen Sie ein Medium, das Ihren Stärken entgegenkommt. James Altucher veranstaltet Frage-und-Antwort-Stunden auf Twitter, wo die Menschen einfach mitmachen und ihn fragen können, was sie wollen – von „Wie beschaffe ich finanzielle Mittel für mein Unternehmen?" bis zu „Wie finde ich die wahre Liebe?"

Wenn ich meine Google-Hangout-Interviews mache, dann veranstalte ich sie gern im zentralen Konferenzraum in unserem Büro, statt einen Greenscreen hinter mir aufzuhängen und so zu tun, als wäre ich in einem Studio. Die Angestellten versammeln sich, und wenn ich kann, beziehe ich sie in das Gespräch ein.

Anpacken, Scheitern, Anpassen, Wiederholen

Die erfolgreichsten Unternehmer machen ihre besten Schachzüge oft durch Experimentieren, Trial-and-Error, Opportunismus und – ganz wörtlich – Zufall. Altucher legt ständig die Saat aus, um sich selbst neu zu erfinden. Er lässt Ideen in die Welt und schaut dann, was zurückkommt, wer davon angezogen wird und warum. Und aus dieser Reaktion erschafft er neue Verbindungen und Möglichkeiten. Er entwickelt sich weiter.

Manchmal glauben wir, dass wir nur die großen Meilensteine herausposaunen sollten, die grandiosen Momente, in denen wir verkünden: „Ich habe etwas Geniales vollendet – macht euch bereit!" Status-Updates und Blogs machen es einfach, unterwegs ein kurzes Update abzusetzen, das die Menschen mit auf Ihre Reise nimmt: Wann ist etwas schiefgegangen? Wann haben Sie einen kleinen Sieg errungen? Wobei könnten Sie noch einen Rat gebrauchen?

Also lassen Sie andere an Ihrem Prozess teilhaben. Packen Sie zu, scheitern Sie, passen Sie sich an, wiederholen Sie es – und tun Sie das alles unter der Aufmerksamkeit und der Anleitung derjenigen, denen es wichtig genug ist, mitzumachen.

24

Dem Glück auf die Sprünge helfen

„Man sagte früher, das Glück lacht den Fleißigen. Heute heißt es, das Glück lacht den Vernetzten."

– John Perry Barlow

Wir haben den Rand entdeckt und wie wir mithilfe von Content mit ihm interagieren können, um ein großes, vertrauensvolles Netzwerk zu schaffen, bei dem Sie im Mittelpunkt stehen und ständig nützliche Informationen von Menschen erhalten, die Sie als diejenigen identifiziert haben, die mit Ihren Zielen, Interessen und beruflichen Schachzügen verbunden sind.

Dieses Kapitel behandelt eine schwerer zu definierende Herausforderung: sich mit den Menschen zu treffen und mit ihnen in Verbindung zu treten, die Sie nicht kennen, die Sie aber kennen sollten.

Vielleicht haben Sie schon einmal das Zitat von Isaac Asimov gehört: „Der aufregendste Satz, den man in der Wissenschaft hören kann, derjenige, der neue Entdeckungen ankündigt, ist nicht ‚Heureka!', sondern ‚Das ist komisch!' " Asimov wollte darauf hinweisen, dass die besten Einsichten aus überraschenden, unerwarteten Verbindungen stammen, die zu etwas Größerem werden – glücklichen Zufällen. Lebensverändernde Momente, die wir nicht einplanen konnten und mit denen wir nie gerechnet hatten. Informationen, die wir nicht googeln konnten, denn wir wussten nicht einmal, welche Frage wir hätten stellen sollen.

„Serendipität" ist heutzutage ein Schlagwort für diese anscheinend magischen Momente und es entwickelt sich zu einem der wichtigsten Triebfedern für Geschäftserfolg im 21. Jahrhundert.

Einen Großteil der letzten 150 Jahre Wirtschaftsgeschichte haben sich die klügsten Köpfe da eingefunden, wo das Geld war. Heute sucht das Geld nach den klügsten Köpfen. Um inmitten konstanter technologischer Disruption relevant zu bleiben, sucht jedes Unternehmen, egal welcher Größe, nach Kreativität. Denn wo auch immer man Kreativität findet – und im weiteren Sinne, wo immer man Talent findet –, werden Innovation und Profite bald folgen. Heutzutage besteht die Herausforderung für Unternehmen darin, nicht die Effizienz zu steigen, sondern das *Lernen* zu steigern, unsere Fähigkeit, neue Regeln des Business zu beherrschen und erneut zu meistern, während sie um uns herum explosionsartig entstehen. Die heutigen Angestellten müssen zu Senkrechtstartern werden, wenn es darum geht, das Neue und Bessere zu erkennen, zu entwickeln und zu integrieren.

Wie man dem Glück auf die Sprünge hilft

Wenn man sich erfolgreiche und gut vernetzte Unternehmer aus der Ferne ansieht und in groben Zügen von ihren unwahrscheinlichen, aber glücklichen sozialen Begegnungen erfährt, die zu karriereverändernden Momenten wurden – wenn man zufällig den Chief Executive Officer X kennenlernt oder sich mit dem künftigen Softwaregenie Y anfreundet, was zu dem bemerkenswerten Abenteuer Z führt –, dann lautet die typische Reaktion: „Warum zum Teufel haben manche Menschen alles Glück für sich gepachtet?"

Erst aus der Nähe sieht man eine zugrunde liegende Struktur, die aktiv und wiederholt diese „glücklichen" sozialen Situationen schafft. Eines, was diese Menschen gemeinsam haben, ist *die Fähigkeit, Serendipität zu schaffen.*

Die Erfolgsgeschichte von Heidi Roizen – vom undankbaren Job einer Newsletter-Herausgeberin zu einer der am besten vernetzten Venture-Kapitalistinnen des Silicon Valleys – steht beispielhaft für diese Art von sorgfältig orchestriertem Glück. Die offensichtliche Serendipität dieser Transformation kann auf spezifische, untereinander in Beziehung stehende Meilensteine zurückbezogen werden.

Heute ist Roizen eine unglaublich begehrte und erfolgreiche Risikokapitalgeberin, weil sie Technikverständnis hat und unglaublich gut vernetzt ist – eine der wenigen Menschen, die das Telefon nehmen und Bill Gates um einen Gefallen bitten können, *weil …*

sie sich aufs Networking konzentriert hat – oder wie sie es ausdrückt, „ein soziales Rahmenwerk" geschaffen hat – und das früh in ihrer Karriere, indem sie in Wirtschaftsverbänden aktiv wurde oder bei philanthropischen Projekten, *weil …*

sie frühzeitig realisiert hat, dass „Kontext Absicht schafft", wie sie es ausdrückt, und die besten Beziehungen bei Projekten geschmiedet werden konnten, für die sich auch andere begeisterten. Sie wurde eine proaktive Netzwerkerin, *weil …*

sie mit 23 zum CEO eines Start-up-Softwareunternehmens geworden war. Sie wusste, dass sie exzellente Beziehungen brauchen würde, um den Nachteil auszugleichen, dass das Unternehmen ein kleiner Fisch in einem großen Teich war, *weil* ...

die Gelegenheit ihr von ihrem Bruder in den Schoß gelegt wurde, der ein Mac-Softwareprogramm in Virginia geschrieben hatte und nicht den geschäftlichen Hintergrund hatte, um es zu verkaufen und das Unternehmen wachsen zu lassen. Als frischgebackene MBA-Absolventin war die Gelegenheit für Roizen perfekt, die nicht einen der drei typischen Karrierewege für MBAs zur damaligen Zeit verfolgen wollte – Risikokapitalgeber, Investmentbanker oder Managementberater, *weil* ...

sie um Himmels Willen erst in Englisch ihren Abschluss machte, bevor sie das Steuer herumriss und sich der Technologie und der Wirtschaft zuwandte! Sie ging nur auf die Wirtschaftsuni, *weil* ...

ihr erster Job nach dem College bei Tandem Computers die Herausgabe des Newsletters des Unternehmens war. Die Position weckte ihr Interesse an Technologie, aber sie musste viele Überstunden machen und erhielt keine Bezahlung. Sie sah, dass es die Ingenieure und die Wirtschaftsstudenten waren, die die Ferraris fuhren, also beschloss sie, den Weg über den MBA zu gehen, aber bewarb sich nur in Stanford, *weil* ...

Palo Alto ihren Lebensmittelpunkt und den Mittelpunkt ihres Netzwerks bildete, genauso wie den der aufblühenden Businessgemeinde im Silicon Valley. Damit war sie geografisch genau in der richtigen Gegend, um die CEO-Position zu besetzen, als sie sich ihr bot. Roizen machte das Unternehmen letztlich zu einem florierenden Softwareunternehmen und verkaufte es für einen hohen Preis. Nicht schlecht für eine zugegebenermaßen „durchschnittliche" Studentin.

Was hatte sich da zugetragen? Roizen schuf ihre eigene Serendipität, indem ...

- sie offen war für die Gelegenheiten, die sich aus Zufall ergaben.

- sie ein Netzwerk geschaffen hatte, das so breit war, dass es zu einer Brutstätte des Unerwarteten wurde.

- sie sich mitten ins geografische Zentrum der Technologiegemeinde begeben hatte.

- sie zu einer gut sichtbaren Führungspersönlichkeit in Interessen-verbänden und philanthropischen Organisationen wurde, was Situationen begünstigte, in denen die fruchtbarsten und freigebigsten Beziehungen geboren werden – in denen Informationen frei fließen und die Menschen sich genug trauen, um sich gegenseitig zu helfen.

Die Idee, dass man Serendipität beeinflussen kann und sollte, ist ein zentrales Thema des Buches *The Power of Pull* von John Hagel, John Seely Brown und Lang Davison. Ihre Arbeit hatte einen großen Einfluss darauf, wie ich mein Leben organisiere, und inspirierte eine Menge der Ideen in diesem Kapitel. Roizens Geschichte liest sich wie eine Seite aus ihrem Anleitungsbuch.

Das Buch beschreibt die neue Welt, in der das Zusammenwirken der Globalisierung und der digitalen Technologie einen grenzenlosen, konstanten und zugänglichen Fluss an Ideen, Kapital, Talent und Möglichkeiten hervorbringt. Diesen Strom anzuzapfen, so argumentieren die Autoren, ist der Schlüssel zu Produktivität, Wachstum und Wohlstand auf Ebene eines Unternehmens und auf persönlicher Ebene.

Dabei gibt es folgendes Problem: Mehr als zu jeder anderen Zeit ist der Wandel die einzige Konstante. Globalisierung bedeutet mehr Konkurrenz. Technologie bedeutet, dass das gewisse Etwas, das Sie heute besser als die Konkurrenz macht, morgen schon veraltet ist. In einer solchen Umgebung verliert alles, was Sie zu einem bestimmten Punkt wissen, mit immer höherer Geschwindigkeit an Wert. Es geht nicht darum, was Sie wissen; es geht darum, wie schnell Sie in der Lage sind, die neuen und richtigen Dinge zu wissen.

Meistern Sie die Kunst der Serendipität, und Sie werden wichtige Kanäle öffnen, um Wissen und Chancen fließen zu lassen. Der erste Schritt besteht darin, dass Sie sich konstant fragen müssen: Wie kann ich wirklich schlaue Leute zusammenbringen, die normalerweise nicht die Möglichkeit hätten, miteinander zu reden, aber unglaubliche Werte schaffen könnten, wenn sie die Chance dazu hätten?

Im Folgenden ein paar genauere Beschreibungen von Tricks, um die Art von Netzwerk zu schaffen, das solche glücklichen Zufälle befördert.

Seien Sie da, wo die Action ist

Wenn Sie soziale Medien nutzen und hart arbeiten, um ein massives Rand-Netzwerk zu schaffen, dann wird es ganz von selbst zu einer Serendipitäts-Maschine. Sie wissen, dass Sie auf dem richtigen Weg sind, wenn Ihr Netzwerk-Feed und Ihr E-Mail-Posteingang häufig zu Unterhaltungen führen oder neue Kontaktanfragen von Menschen beinhalten, die Sie nicht gut kennen, aber mit denen Sie etwas Bemerkenswertes gemeinsam haben – ein gemeinsames Interesse, Fähigkeiten, die sich ergänzen, und so weiter.

Aber unser virtuelles Leben liefert nicht die gesamte Geschichte. Unterschätzen Sie nicht den Wert echter physischer Nähe, wenn es darum geht, Ihr eigenes Glück zu schmieden. Wenn Sie einen Beweis brauchen, dass die Geografie immer noch eine Rolle spielt, müssen Sie nur Richtung Silicon Valley schauen, wo die Menschen obszöne Beträge für Immobilien und Mieten zahlen, damit sie in der Nähe ihrer Kollegen aus der Tech-Branche leben und arbeiten können.

Forscher nennen diese Talentknotenpunkte „Spikes", und sie treten immer noch auf, auch wenn die Technologie es möglich gemacht hat, dass Angestellte von überall auf der Welt arbeiten. Die Menschen spüren zu Recht, dass es sich lohnt, mitten im Geschehen zu sein, um mehr Chancen zu haben. Wieso trägt jeder Drehbuchautor in Los Angeles ein Exemplar seines neuesten Werkes mit sich? Natürlich für den Fall, dass Steven Spielberg bei Coffee Bean hinter ihm in der Schlange steht.

Lassen Sie die Diversität zu Ihnen kommen

Es gibt einen weiteren Nutzen zufälliger Begegnungen. Sie bringen Diversität ins System ein.

Das Beste daran, Unternehmer und Autor zu sein, ist, dass ich reisen kann – und zwar oft. Und das Beste am Reisen ist, dass es einen in Kontakt mit unzähligen neuen Menschen aus allen Lebensbereichen und Erdteilen bringt.

Das ist bei den meisten Menschen nicht so. In meiner Wohngegend in L.A. fahren die Menschen normalerweise mit dem Wagen von einem vertrauten Ort zum nächsten (abgesehen von den Drehbuchautoren, die alle im Café sitzen). Das Ergebnis ist, dass man in einen sozialen Trott gerät und immer wieder dieselben Menschen sieht, außer man unternimmt Anstrengungen, diesen Trott zu durchbrechen.

New Yorker sind da ganz anders. Jeden Tag haben sie mit einem Dutzend neuer Menschen zu tun, von denen keiner sich davor scheut, einem seine einzigartige Sicht auf die Dinge zu präsentieren, manchmal garniert mit ein paar Schimpfworten.

Eine vor Kurzem durchgeführte Studie des MIT zeigt, dass Produktivität und Innovation in städtischen Gegenden mit dem Bevölkerungswachstum zusammenhängen. Wie der Wissenschaftler Wei Pan dem *Smithsonian*-Magazin sagte: „Was wirklich passiert, wenn man in eine große Stadt zieht, ist, dass man viele unterschiedliche Menschen trifft, auch wenn sie nicht unbedingt Ihre Freunde sind. Das sind die Menschen, die Ihnen neuartige Ideen, neue Gelegenheiten und Treffen mit anderen tollen Menschen einbringen, die Ihnen helfen können."

Sogar noch richtiger, als er selbst wusste, lag E. B. White, als er schrieb: „Niemand sollte nach New York kommen, wenn er nicht mit etwas Glück rechnet."

Wenn Sie, wie viele Leute, nicht in der Position sind, einfach in eine Stadt ziehen zu können, die nie schläft, dann ist Reisen eine fabelhafte Methode, um sich selbst neuen Erfahrungen und Einsichten zu öffnen.

Ich stelle immer fest, dass ich einen wahren Kreativitätsschub habe, wenn ich von meinen Reisen aus Guatemala zurückkomme, wo ich Zeit damit verbringe, direkt mit Kindern in Dörfern zu arbeiten und einige Zeit mit den Unternehmern vor Ort zu reden, den Offiziellen und örtlichen Aktivisten. Ich komme mit 15 neuen Ideen nach Hause, die ich meinem Team im Schnellfeuer präsentiere, während sie ihre Erwiderungen vorbringen – so lange, bis eine oder zwei davon hängen bleiben und eine neue Lösung geboren wird.

Denken Sie darüber nach, Zeit in anderen Städten oder sogar Ländern zu verbringen, und sehen Sie es als Investment in Ihre Karriere. Besuchen Sie Konferenzen, die sich nicht nur deshalb für einen glücklichen Zufall eignen, weil sie verschiedene Gruppen von Menschen mit ähnlichen Interessen zusammenbringen, sondern auch, weil all diese Menschen aus dem gleichen Grund da sind – um neue Menschen zu treffen und neue Dinge zu lernen. Sie verfügen über ein Mindset, das zum Glücklichsein einlädt.

Schaffen Sie ein Kraftfeld

Wo wir gerade von Konferenzen sprechen: Sie kennen sicher Menschen, die welche besuchen und von welchen zurückkommen und dabei von Geschichten übersprudeln über all die interessanten Leute, die sie getroffen und mit denen sie sich angefreundet haben. Und dann kennt man noch andere, die eine oder zwei einsame Visitenkarten auf ihre Schreibtische legen und sich beschweren, das Ganze sei Zeitverschwendung und die Vorträge langweilig gewesen.

Nur an der Spitze zu sein genügt nicht. Man muss auch bewusst Vorteile aus einer Gelegenheit ziehen können, mit ein wenig Ziehen und Schieben.

Denken Sie darüber nach, in Ihren sozialen Medien einen Ort anzugeben, wenn Sie die Serendipität fördern wollen. Ich hatte mehr als ein spontanes Treffen, weil ich meinen Standort getwittert hatte und jemand sagte: „Hey, ich bin nur drei Blocks entfernt, wir sollten uns auf einen Kaffee treffen." Ich werde oft darum gebeten, neue Start-ups für Social Technology zu beraten, und es ist eindeutig, welche Macht Unternehmen wie Foursquare und Here on Biz haben, wenn es darum geht, solche ungeplanten Interaktionen zu schaffen.

Bemühen Sie sich, nicht bloß irgendwo aufzutauchen, sondern an den Orten, wo Menschen einer Interaktion offen gegenüberstehen – Bars, Cafés und die anderen „Dritt-Orte", an denen die Menschen außerhalb ihrer eigenen Familie oder ihres Büros nach Gemeinschaft suchen. Sie müssen eine Körpersprache an den Tag legen, die sagt, „Rede mit mir". Das bedeutet, die Augen offen zu halten und die Hände nicht am iPhone.

Ihr Ziel, während Sie Ihren Weg durch die Welt beschreiten, sollte darin bestehen, ein Kraftfeld zu schaffen, in dem Menschen sich sicher fühlen, um nach anderen Regeln zu spielen. Formen Sie die Eigenschaften, die Serendipität hervorrufen – Neugier, Großzügigkeit, Leidenschaft und Bescheidenheit. Schaffen Sie soziale Gelegenheiten, wie die bereits beschriebenen Dinner, die es anderen erlauben, Vertrauen aufzubauen.

In Unternehmen geben CEOs fast ausnahmslos den Ton und die Rituale ihrer Unternehmenskultur vor. Wenn der Chef aufrichtig und großzügig ist, dann sind es auch die Angestellten weiter unten in der Kette. (Dieselbe Kaskade sieht man leider auch bei negativem Verhalten. Das ist beunruhigend.) Genauso ist es, wenn man ein Event veranstaltet – wenn man das Maß an Intimität und Vertrauen vorlebt, das man gern bei anderen sehen würde, dann wird das schnell erwidert. Gäste öffnen sich und sagen Dinge, die sie vielleicht andererseits für sich behalten hätten, und plötzlich sehen wir eine glückliche Fügung in der Sprache und bei Informationen, neue Kanäle der Konversation, selbst unter Leuten, die miteinander ständig interagieren.

Alles, was man braucht, um den Ball ins Rollen zu bringen, ist ein wenig Chuzpe, und wenn das scheitert, etwas Wein.

Leidenschaft ist ein Generator der Möglichkeiten

Dieses Buch beinhaltet ein ganzes Kapitel, das sich um Leidenschaft dreht, diesen magischen Zaubertrank, um sich schnell mit anderen zu vernetzen. Aber Leidenschaft ist seit der ersten Ausgabe noch wichtiger geworden. Leidenschaft erzeugt Energie, die es viel einfacher macht, sich mit der erforderlichen Lautstärke und Enthusiasmus an Menschen zu wenden, um ein Glück bringendes Netzwerk zu schaffen, das dann jene produktiven Interaktionen hervorruft, die Gold wert sind.

Leidenschaft ist der Treibstoff für Engagement – sich zu entschließen, sich auf jede erdenkliche Weise einzubringen. Auf eine Idee hin zu handeln – ob es eine so kleine ist, wie einen Blog zu schreiben, oder so groß wie die Gründung eines Unternehmens – sendet eine Erschütterung in die Welt hinaus, die umso stärker zurückgeworfen wird, je mehr andere Interesse an Ihren Ideen zeigen, ihre eigenen beisteuern und mitwirken wollen. Der Welt etwas mitzuteilen – in Form von Content im Web oder einer Livepräsentation, einem Buch; Ihrer Fantasie sind da keine Grenzen gesetzt – schafft eine Anziehungskraft, eine einzigartige und neue Community, die sich um Sie versammelt, angetrieben von Ihrem gemeinsamen Interesse.

Denken Sie daran, Ihre Ideen müssen nicht perfekt ausgearbeitet sein, um andere Begeisterte anzulocken. Sie müssen nur die Menschen zur Teilhabe bewegen – und die Chancen stehen gut, dass diese Menschen Fragen und Antworten haben, die Sie sich nie hätten vorstellen können und die Sie weiterbringen.

Wenn die Feuer Ihrer Leidenschaft herunterbrennen, müssen Sie sie mit etwas Neuem füttern. Ich kenne eine einflussreiche Managementberaterin, die sich für einen 8-wöchigen Eishockeykurs angemeldet hat – nur, um einmal etwas ganz Neues auszuprobieren. Der Kurs war ein erfrischender mentaler Weckruf, und sie traf neue Leute, von denen einige zu Freunden wurden.

Operatives Mindset: Optimismus

Einer unserer Praktikanten, der vor Kurzem im Sommer bei uns war – John, ein ehrgeiziger, junger Mann aus Malaysia –, hatte es schwer, einen Job bei einem Unternehmen zu bekommen, das sein Visum bezahlen würde. Als das Unternehmen, das er als „letzte Chance" ansah, ebenfalls absagte, war er am Boden zerstört und überzeugt, dass er am Ende des Sommers nach Hause zurückmusste.

Er beschloss, das Beste aus seinen letzten Wochenenden in der Stadt zu machen, indem er spontan mit einem Freund nach Chicago fuhr. Während sie durch die Straßen der Stadt gingen, traf er einen alten Bekannten aus der Schule, der bei einer Managementberatungsfirma in Chicago arbeitete. Der Mann verschaffte ihm ein Bewerbungsgespräch und zwei Wochen später hatte er seinen Traumjob und ein Apartment mit Blick auf den Lake Michigan.

John schmiedete sein eigenes Glück, indem er in dieses Flugzeug stieg. Er brachte sich selbst von dem sorgfältig geplanten Pfad ab, der in einer Sackgasse geendet hatte.

Jeder, der etwas Außergewöhnliches erreichen will, braucht einen Plan. Die meisten von Ihnen, die dieses Buch lesen, sind Planer. Das ist okay. Ich bin ebenfalls ein Planer. Aber – mit den Worten von Joichi Ito, dem Direktor des Medienlabors am MIT: „Wenn Sie Ihr ganzes Leben planen, dann können Sie per definitionem kein Glück haben. Also müssen Sie einen kleinen Teil offenlassen."

Einen Platz für Serendipität zu schaffen erfordert eine bewusste Anstrengung. Bedenken Sie, was Google, ein Unternehmen, das für Innovation steht, tat, um die Chance für zufällige glückliche Begegnungen zwischen den Angestellten zu maximieren. Die Gebäude sind gebaut wie gebogene Rechtecke, ein Design, das dazu gedacht war, „zufällige Kollisionen" zwischen den Angestellten zu erzeugen, sagte der Leiter der Immobilienverwaltung der *New York Times*. Cafés auf den Dächern ermutigen die Angestellten, etwas entfernt von ihren Schreibtischen Zeit zu verbringen, und der Schreibtisch jedes Angestellten ist nicht weiter als einen 2 1/2-minütigen Spaziergang von allen anderen entfernt.

Sie können vielleicht nicht den Grundriss Ihres Büros ändern, aber Sie können Ihr eigenes Leben auf ähnliche Weise gestalten, um ein Maximum an Serendipität zu haben, wenn Sie sich einmal bewusst umsehen. Sie müssen jeden Tag etwas Zeit in Ihrem Kalender für Dinge haben, die so weit von Ihren unmittelbaren Zielen entfernt sind, dass sie albern erscheinen – ein Ausflug in den Park, ein Kaffee mit einem alten Klassenkameraden, einmal nach links zu gehen, wenn man normalerweise nach rechts geht. Sagen Sie Ja zu neuen Erfahrungen, wenn Sie normalerweise Nein gesagt hätten.

Der Schlüssel besteht darin, eine Einstellung zu kultivieren, die diese Bemühungen nicht als Ablenkung oder gar Zerstreuung betrachtet, sondern tatsächlich als Teil Ihres Erfolges. Im Buch *Heart, Smarts, Guts, and Luck* haben mein alter Freund Tony Tjan und sein Co-Autor Leute genauer unter die Lupe genommen, die sie „glücksdominiert" nannten, und festgestellt, dass 86 Prozent ihren Erfolg der Tatsache zuschrieben, „offen für neue Dinge und Menschen" zu sein.

Ich hoffe, ich habe Sie bereits überzeugt, dass Sie einen Beziehungs-Aktions-Plan haben müssen. Aber wenn jede einzelne Person, die Sie treffen, darauf steht, entgeht Ihnen die wichtigere Botschaft. Hinaus in die Welt zu gehen und sich zu vernetzen hat genauso damit zu tun, seinen Fokus auf andere zu richten, wie die eigene Agenda zu verwirklichen. Ich habe vom CEO eines Start-ups gehört, der 30 Prozent seiner Stellenbeschreibung als glückliche Fügung betrachtet – durch Networking und Großzügigkeit gegenüber den Menschen, die er trifft.

Die Zukunft ist dynamisch und unterliegt nicht völlig Ihrer Kontrolle. Freuen Sie sich über diese Tatsache, statt sich gegen sie zu wehren, und das Leben wird um einiges interessanter. Halten Sie die Augen offen, seien Sie bescheiden und großzügig und erübrigen Sie Zeit und Aufmerksamkeit für das Spontane, das Abgedrehte und Ereignisse, die aus heiterem Himmel kommen können.

Profitieren Sie durch Lernen und Tun

Sie haben sich mit dem Rand vernetzt. Ideen strömen auf Sie ein; Content, mit Ihrer Menschlichkeit und der Spezialzutat Serendipität durchsetzt, strömt nach außen. Und nun? Ohne Aktion ist es alles nur Gerede, richtig?

Also tun Sie was. Nehmen Sie all Ihre neuen Kontakte, all diese Daten, und handeln Sie. Schaffen Sie leidenschaftliche Communitys und kreieren Sie Gelegenheiten für Zusammenarbeit. Beziehen Sie all diese schlauen Menschen in einen Prozess des gleichzeitigen Lernens und Tuns mit ein. Starten Sie Projekte – oder schließen Sie sich diesen an –, die wichtige Segmente Ihres Netzwerks miteinbeziehen und bringen Sie die richtigen Menschen in den richtigen Kontext, um die richtigen Gespräche zu führen, die weiterhelfen, tatsächlich etwas zu tun, das für Ihre Ziele relevant ist – und auch für die der anderen.

Ich habe eine Freundin, Gina Rudan, eine schlaue, lebhafte Leadership-Trainerin. Als ich Gina das erste Mal traf, hatte sie eine Coaching-Praxis, die bereits ein Jahr nach dem Start sehr erfolgreich war, und sie hatte sich darangemacht, bei der Arbeit auf ihr neues Ziel hinzuarbeiten: ein Buch zu schreiben und zu veröffentlichen.

Unser Treffen war kein Zufall. Ich stand auf einer Liste von 15 Autoren, deren Bücher ihr geholfen hatten, von der „Vision zum Unternehmen" zu kommen. Sie war zu einem aktiven, sichtbaren Mitglied meiner Online-Community geworden, also habe ich sie eingeladen, an einem 2-Tages-Workshop teilzunehmen, den ich in New York veranstaltete – damit habe ich sie genau an den richtigen Ort für einen sehr glücklichen Zufall gebracht.

Im Rahmen des Workshops wurde sie zufällig mit meinem Co-Autor, langjährigen Kollegen und Freund Tahl Raz in einer Lifeline-Gruppe zusammengebracht – ein Kreis, der sich gegenseitig motiviert, unterstützt und in dem man sich Rechenschaft schuldig ist. Sie hätte keinen besseren Menschen treffen können. Tahl war in der Lage, ihr wertvolle Ratschläge und Feedback zu geben, das ihr half, sich den Weg von der Idee zum veröffentlichten Buch vorzustellen. Und die Atmosphäre des gesamten Events war daraufhin optimiert, Serendipität zu maximieren, denn jeder war dort, weil er glaubte, Geschäftsbeziehungen sollten großzügig und unterstützend sein. Sie waren hier, um aktiv zu werden, zuzuhören und bereichert wieder abzureisen.

Gina arbeitete hart daran, diese Art von Serendipität in verschiedenen Bereichen ihres Lebens herzustellen. Sie war schlau genug, zu wissen, dass es, wenn sie eine veröffentlichte Autorin werden wollte, viele Fragen gab, auf die sie keine Antwort wusste, und noch mehr Fragen, von denen sie noch nicht mal wusste, dass sie sie stellen sollte. Also tat sie genau das, was sie den Klienten in ihrer Beratungspraxis rät – sie kultivierte sorgfältig Freundschaften mit Menschen, von denen sie lernen konnte, Autoren und Denker, die andere in ihre ständig wachsende persönliche „Fakultät" locken konnte. Wie Sie es bei dem TEDx-Talk ausdrückte, dessen Erfolg ihr half, einen Buchvertrag zu bekommen: „Manche Menschen sammeln Kunst. Ich sage immer, ich sammle Menschen." Ihr Ansatz, um veröffentlicht zu werden, war keine To-do-Liste – sie wusste zuerst nicht, was sie darauf schreiben sollte –, sondern eine konstant wachsende Liste an Menschen, die sie befragen und von denen sie lernen wollte. Sie pflegte und vertiefte diese und andere Beziehungen im virtuellen Raum, bis sie jedes Teil des Puzzles sehen konnte, das zusammen ein „gutes Buch" und dann ein „veröffentlichtes Buch" ergab.

Lernen Sie von Gina: Schaffen Sie Möglichkeiten für unterstützende, persönliche Begegnungen, indem Sie Workshops besuchen und Konferenzen, auf denen Sie von Menschen umgeben sind, die nicht nur Ihre Werte teilen, sondern auch Ihre Interessen. Umgeben Sie sich selbst mit Genies. Konzentrieren Sie sich weniger auf die „Zu-tun-" und mehr auf die „Zu-treffen-Listen". Und schließlich, wann immer Sie können, sollten Sie die Aufmerksamkeit von Mentoren auf sich ziehen und diese nicht nur mit Dankbarkeit belohnen, sondern indem sie Erfolge vorweisen.

Ginas Buch wurde 2011 von Simon & Schuster veröffentlicht.

Teil 5

Verbessern und zurückgeben

25

Seien Sie interessant

Ich erinnere mich noch an eine Zeit, als Marketing recht einfach war. Im Grunde erwartete man von jemandem im Marketing, dass er eine Anzeige macht, sie über eines der wenigen vorhandenen Medien an den Kunden bringt und sich dann abwartend zurücklehnt.

Diese Zeiten sind ein für alle Mal vorbei. Die Art, wie die Welt spricht und hört, hat sich radikal verändert. Und die Werkzeuge, die wir benutzen, um zu kommunizieren, ändern sich in ähnlich schnellem Tempo. Je besser man die Verbraucher erreicht, umso mehr wächst auch die Macht der Verbraucher. Sie können aus Hunderten von Unterhaltungsmöglichkeiten auswählen, sie können unerwünschte Botschaften mittels Software herausfiltern und die restlichen Botschaften zynisch kommentieren und beiseite wischen. Es ist gar nicht mehr so leicht, sich Gehör zu verschaffen. Markentreue ist schwieriger herzustellen. Konventionelle Anzeigen- und Werbekampagnen schaffen das einfach nicht – und wer seine Botschaft rüberbringen will, kann sich nicht mit konventionellem Denken begnügen. Der Marketingdirektor von heute und morgen muss ein Stratege sein, ein Technologe, er muss kreativ sein und sich immer auf die Umsatz- und Finanzrendite seiner Marketinginvestitionen konzentrieren. Es gibt nicht viele Personen, Consultingfirmen und Agenturen, die all diese Eigenschaften in sich vereinen. Aus diesem Grund ist das Leben eines Marketingdirektors eher einsam und das Leben eines CEOs nur allzu oft frustrierend.

Lassen Sie mich dieses allgemeine Prinzip anhand einer sehr persönlichen Szene verdeutlichen, die sich immer wieder wiederholt, wenn ich in Colleges Vorträge halte. Sie ereignet sich immer kurz vor oder kurz nach meiner Rede. Ein Student fasst den Mut, mich anzusprechen, und da ich solche Initiativen bewundere, höre ich sehr gern zu. Aber dann wird bemerkenswerterweise nichts weiter gesagt als: „Hallo, ich bin Herr Soundso und Ihr Vortrag war toll." Dann frage ich vielleicht, was er aus meiner Rede herausgezogen hat, oder inwiefern er das, worüber ich gesprochen habe, in seiner Umwelt erlebt. Nur zu oft kommen dann Bemerkungen wie „Ich weiß nicht so genau", oder „Ich finde es einfach toll, was Sie da gesagt haben. Ich glaube, ich würde das nie alles schaffen …"

Oh wow, denke ich dann, es war wundervoll, mit Ihnen zu sprechen, aber ich muss eigentlich noch die Fliesen im Bad putzen. Ich will ja nicht grob sein, aber wie kann man denn mit jemandem reden, wenn man nichts zu sagen hat? Wie kann man denn seinem Unternehmen oder seinem Netzwerk irgendetwas von Wert bieten, wenn man sich nicht einmal überlegt hat, wie man sich bei der Anbahnung einer Beziehung von den anderen abheben und absetzen kann?

Merkt auf, Ihr Marketingleute und Networker: Seid interessant! Alles, was Sie bis hierhin gelesen haben, enthebt Sie nicht der Verantwortung, jemand zu sein, mit dem zu reden sich lohnt – oder noch besser: über den zu reden sich lohnt. Fast jede Person, die Sie in einer beliebigen Situation kennenlernen, stellt sich in irgendeiner Form folgende Frage: „Würde ich mit dieser Person gern eine Stunde lang essen?"

Consultants bezeichnen das als Flughafen-Frage. Während der langen Bewerbungsprozedur, für die diese Branche berühmt ist – ein Bombardement von komplizierten Fallstudien und komplizierten Fragen, die das logische Denken testen –, stellen sich Consultants, die aus einer Reihe gleich qualifizierter Kandidaten auswählen müssen, diese eine Frage: „Wenn ich ein paar Stunden lang im John F. Kennedy Airport in New York festsitzen würde [jeder reisegeplagte Consultant verbringt eine Menge Zeit in Flughäfen], würde ich diese Zeit dann mit dieser Person verbringen wollen?"

Haben Sie in einem Gespräch Ihre große Jazz-Sammlung erwähnt? Die Zeit, die Sie in der Elfenbeinküste verbracht haben, oder Ihre ausgefallenen Ansichten zu einer politischen Debatte? Quetschen Sie in Ihren Terminplan eine gewisse Zeit, in der Sie sich auf dem Laufenden halten, was in der Welt so passiert. Achten Sie auf interessante Kleinigkeiten, die Sie hören, und bemühen Sie sich, Sie im Gedächtnis zu behalten, damit Sie sie weitergeben können, wenn Sie jemanden kennenlernen. Abonnieren Sie die *New York Times* oder das *Wall Street Journal*. Bedenken Sie, dass die Verantwortlichen nicht Menschen einstellen, die sie gut leiden können, sondern Menschen, von denen sie glauben, sie könnten ihnen und ihrem Unternehmen nützen. Und das sind Menschen mit einem breiten Horizont. Das bedeutet, dass Sie sich

Ihres geistigen Kapitals bewusst sein müssen und andere Menschen einen Nutzen aus dem ziehen sollten, was Sie zu sagen haben. Das zeigt nämlich, dass Sie sich für die Welt um Sie herum interessieren und daran teilnehmen.

Was passiert, wenn Sie kein Programm haben, das Sie verteidigen können? Wenn Sie für ein Amt kandidieren, verlieren Sie die Wahl.

In meinem zweiten Studienjahr in Yale kandidierte ich für den Stadtrat von New Haven. Die Partei in New Haven wollte einen freimütigen, vorzeigbaren Kandidaten, der gegen den eher uninteressanten Gegenkandidaten antreten sollte. Da ich sehr jung Vorsitzender der Political Union geworden war und eine der ersten Studentenverbindungen auf dem Campus ins Leben gerufen hatte (Sigma Chi), hatte mein Name einen gewissen Bekanntheitsgrad. Als sich mir diese Chance bot, ergriff ich sie. Ich hatte allerdings keine Ahnung, was ich zu bieten hatte oder weshalb mich New Haven zum Gemeindevertreter wählen sollte. Das war wohl mehr Egoismus als Weitblick.

An dem Verlust dieser Wahl habe ich bis heute zu knabbern. Ich weigerte mich einfach, die Ärmel hochzukrempeln, einen richtigen Wahlkampf zu betreiben und mich über die lokalen Themen zu informieren. Mein Gegner Joel Ratner erarbeitete ein fundiertes Programm, ging auf die Straßen und in die Säle. Ich schreckte vor diesem Engagement zurück und erwartete, meine dynamische Art würde mir den Sieg bringen.

Joel war durch seine Ideen motiviert und seine Leidenschaft elektrisierte die Wähler. Ich hingegen fand es einfach nur cool, für ein öffentliches Amt zu kandidieren. Immerhin war ich ja aufgestellt worden. Ich hatte das Amt nicht aktiv angestrebt und der Partei offen gesagt, dass mein Studium und meine anderen Verpflichtungen Vorrang haben müssten.

Ich erlitt eine peinliche Niederlage, an der ich selbst schuld war. Diese Erfahrung war mir eine große Lehre. Egal welche Organisation ich repräsentierte oder welchen beruflichen Weg ich später einschlug, all meine Bemühungen mussten von tiefer Leidenschaft und von Glaubensgrundsätzen geleitet sein, die weit über meinen persönlichen Nutzen hinausgingen. Wenn man andere bewegen will, darf man nicht nur über sich selbst sprechen. Sich mutig hinaus in die Welt zu begeben und etwas zu riskieren war eine Sache – und eine gute Sache –, aber es reichte nicht. Es macht einen Unterschied, ob man Aufmerksamkeit erregt oder ob man für seinen Wunsch Aufmerksamkeit erregt, die Welt zu verändern. Herzlichen Glückwunsch Joel, wie ich höre, hast du gute Arbeit geleistet. Dieses Rennen hat mit Sicherheit der Bessere gewonnen.

Verkörpern Sie Inhalte: Vertreten Sie einen unverwechselbaren Standpunkt

Interessant sein heißt nicht nur zu lernen, wie man gute Gespräche führt. Verstehen Sie mich nicht falsch, das ist durchaus wichtig, aber man braucht auch einen gut durchdachten Standpunkt. Ich hoffe ganz ehrlich, dass Sie ab jetzt zum begeisterten Zeitungsleser werden, der mit jedem Menschen, dem er begegnet, über die Themen des Tages sprechen kann. Aber interessant sein und Experte sein sind zwei höchst unterschiedliche Dinge. Ersteres bedeutet, dass man intelligent über Politik, Sport, Reisen und wissenschaftliche Themen reden kann – oder was immer man als Eintrittskarte für ein Gespräch eben braucht. Expertise erfordert dagegen viel speziellere Kenntnisse. Sie müssen wissen, was Sie haben, das die meisten anderen nicht haben. Das ist das, was Sie von den anderen unterscheidet. Das ist die Botschaft, die Ihre Marke einmalig macht und andere dazu bringt, zum Teil Ihres Netzwerks zu werden.

Einfach nur bekannt zu sein ist das Eine. Aber für eine bestimmte Leistung bekannt zu sein ist etwas vollkommen anderes. Das ist Respekt. Sie müssen wie Joel Ratner an etwas glauben, damit die Menschen an Sie glauben.

Nachdem ich meine Lektion gelernt hatte, wollte ich diesen Fehler nicht erneut begehen. Ich wollte nicht einfach noch einer dieser Generalisten sein. Ich wollte einen einmaligen Standpunkt haben, Fachmann sein. Nach dem College arbeitete ich zuerst bei Imperial Chemical Industries und lernte das Total Quality Management (TQM) in- und auswendig kennen. Später, als ich bei Deloitte arbeitete, wurden Umstrukturierungen mein Spezialgebiet. Bei Starwood war ich im Direktmarketing tätig und später kam interaktives Marketing dazu. Heute habe ich all meine Erfahrungen in Überzeugungen rund um die radikalen dynamischen Veränderungen des Marketings und seine Entwicklung hin zum Beziehungsmanagement verpackt: die Annäherung von Marketing-Etat und Umsatz.

In jedem Job und in jeder Phase meiner Karriere hatte ich irgendein besonderes Fachwissen, irgendwelche Inhalte, die mich von anderen unterschieden und mich einmalig machten. Sie machten mich in den Beziehungen zu anderen und zu dem jeweiligen Unternehmen, für das ich arbeitete, wertvoller. Dadurch ergaben sich wertvolle Chancen, auf meinem Fachgebiet Glaubwürdigkeit und Bekanntheit zu gewinnen. Content ist ein Anliegen, eine Idee, ein Trend oder eine Fähigkeit – das einmalige Thema, für das Sie die führende Autorität sind.

Sie unterscheiden sich dadurch von allen anderen, dass Sie unermüdlich lernen, Ihre Inhalte präsentieren und sie verkaufen. Nehmen wir als Beispiel meine Einstellung als CEO von YaYa. Der Vorstand wusste, dass ich die Marktpräsenz von Deloitte durch Umstrukturierungen gesteigert hatte und bei Starwood meine Idee, die Markenpolitik der Hotelgastronomie müsse sich ändern, eine Welle von Publicity ausgelöst hatte. Sie wussten, dass die Fähigkeit, eine schlagzeilenwürdige Botschaft zu formulieren und sie auf den übervölkerten Markt der Ideen zu bringen, für ein neues Unternehmen mit einem vollkommen unerprobten Produkt unentbehrlich wäre. Das schien genau das Richtige für mich zu sein. Ich war ein „Markt-Macher": Ich konnte dem Standpunkt von YaYa Begeisterung und Glauben verschaffen. Das Problem bestand darin, einen glaubwürdigen und einzigartigen Standpunkt zu formulieren, den die Menschen auch kaufen wollten. Diese Herausforderung mussten wir bewältigen, sonst würde das Unternehmen scheitern.

Eines unserer ersten Ziele, als ich zu YaYa kam, bestand darin, einen Aufhänger zu finden, der den mangelhaften Umsatz beheben, ein breiteres Marktinteresse wecken und überhaupt einen richtigen Markt schaffen würde. Wie immer vertiefte ich mich zuerst in das Thema. Ich las jede Menge und verschlang bis in die Nacht hinein die verschiedensten Artikel, Analystenberichte, Bücher und Websites. Ich sprach mit CEOs, Journalisten und Unternehmensberatern, die sich auf die Werbebranche, auf die Spielebranche und auf Fortbildung spezialisiert hatten.

Dieses Stadium kann ganz schön frustrierend sein. Die Lernkurve ist steil, um auf den neuesten Stand zu kommen. Man ist auf einen Schlag mit einer Flut von Zahlen, Daten, unterschiedlichen Meinungen und Schiffsladungen von neuen Informationen konfrontiert. In manchen Fällen – zum Beispiel Qualitätsmanagement und Umstrukturierungen – kann man sich Content verschaffen, indem man sich einfach die innovativen Ideen einer anderen Person aneignet und bei der Verbreitung und Anwendung dieser Ideen führend wird. In anderen Fällen – zum Beispiel bei YaYa – muss man den Content aus dem Nichts aufbauen. Das heißt, wir mussten all die verstreuten Informationspunkte auf eine Weise miteinander verbinden, die andere noch nicht gefunden hatten.

Wenn man ständig an vorderster Front unternehmerischer Innovation steht, hat das Verbinden von Punkten nichts Geheimnisvolles. Man erinnere sich an die weisen Worte von Mark McCormack in seinem Buch *Was Sie an der Harvard Business School nicht lernen*: „Unternehmerische Kreativität ist häufig nichts weiter als das Herstellen von Verbindungen, an die alle anderen beinahe gedacht hätten. Man braucht das Rad gar nicht neu zu erfinden, man muss es bloß an einem neuen Wagen festmachen."

Während ich mich in die Materie vertiefte, frustrierte es mich immer mehr, dass die Bereiche Marketing und Fortbildung die beiden mächtigen Medien nicht nutzten, auf denen YaYa basierte – Internet und Videospiele. Während ich immer mehr über Onlinemarketing und Onlineschulung und -fortbildung erfuhr, zog ich Vergleiche mit anderen Medien, die die Landschaft verändert hatten. Ich erinnerte die Marketingleute an die Zeit des Übergangs vom Rundfunk zum Fernsehen; anfangs stellte man einfach eine Kamera vor einen Radiosprecher und nannte das Fernsehwerbung. Es dauerte eine Weile, bis man mit dem Medium und dessen neuen Regeln zurechtkam. Im Internet passierte es jetzt wieder, dass alte Modelle auf eine neue Situation angewendet wurden. Das Netz beruht auf Interaktion und dem Aufbau von Gemeinschaften; Konzepte und Witze verbreiten sich augenblicklich über den gesamten Globus. Aber die Werbe- und Marketingleute nahmen die alten Werbeideen – Plakat und Autoaufkleber – her und stellten sie als Anzeigenbanner ins Internet. (Und das tun sie immer noch, auch wenn Status-Updates und Pop-ups die Werbebanner größtenteils ersetzt haben.) Dass diese Anzeigen keinen Erfolg brachten, hätte eigentlich niemanden überraschen dürfen. Im Bereich Fortbildung ging die Argumentation ähnlich: Würden Sie lieber in einer unterhaltsamen, interaktiven Umgebung lernen oder in der traditionellen, abgestandenen Form der Schulung, die den Angestellten heutzutage eingetrichtert wird? Was wäre wohl effektiver?

Und dann gab es noch die Gaming-Szene. Die erstaunlichen Zahlen deuteten auf ein ungenutztes Phänomen. Im Jahre 1999 überstieg der Spieleumsatz den Umsatz an den Kinokassen. Und die demografische Zusammensetzung der Onlinespieler veränderte sich, denn der Content zielte inzwischen auch auf Erwachsene und Frauen ab. Das Durchschnittsalter des Onlinespielers beträgt mittlerweile 35 Jahre und 49 Prozent der Spieler sind Frauen. Ich erfuhr außerdem, dass ein deutsches Unternehmen für Johnnie Walker ein Spiel entwickelt hatte, bei dem man Moorhühner abschießen musste, und Politiker beklagt hatten, dieses Spiel senke landesweit die Produktivität. Trotzdem hielt alle Welt Onlinespiele für eine Nischenunterhaltung.

Mit diesen Informationen in der Hand musste ich jetzt nur zwei und zwei zusammenzählen und etwas Neues finden. Das ist eigentlich der Teil, der am meisten Spaß macht. Man fängt in einer Fantasiewelt ohne Grenzen oder Beschränkungen an. Statt den Kopf gegen die Wand zu hämmern, während ich mich immer mehr anstrenge, ein Problem zu lösen, stelle ich lieber die Frage: „Wenn ich in dieser Situation einen Zaubertrank benutzen könnte, was würde ich dann mit all den neuen Informationen anfangen?" Solche Gedankenspiele müssen und sollten kein einsames Unterfangen sein. Ich lasse mir von den anderen beteiligten Parteien – Angestellten, Kollegen, Insidern – bei der Schaffung wilder Szenarien helfen und stelle ihnen scheinbar absurde Fragen. Ich habe das einmal in einer kleinen Gruppe gemacht; wir brachten alle möglichen fantastischen Ideen auf den Tisch, die uns in den Sinn kamen. Die Fantasterei, der Zaubertrank und die Beteiligung einer Gruppe von Menschen, die ungezügelt herumspinnt, machten es möglich, dass wir dank unserer Kreativität einen Weg fanden, auf dem wir vorankamen.

Diese Fantasie-Sitzungen waren produktiv. Am Anfang stellten wir uns vor, dass man Spiele nicht nur in der Freizeit und nicht nur zwecks Unterhaltung einsetzen könnte. Dann stellten wir Grundannahmen infrage, zum Beispiel in welcher Branche wir eigentlich tätig waren (Spiele, Werbung oder Dienstleistung?) und wer eigentlich wirklich unsere Kunden sein könnten (jugendliche Nerds, Erwachsene, Fortune-500-Unternehmen?). Dann versuchten wir uns bildlich vorzustellen, wie man das Medium „Spiel" – dessen großer Nutzerkreis weiterwuchs – mit dem Medium Internet verbinden könnte, das von immer mehr Unternehmen genutzt wurde, die herausfinden wollten, wie sie es am besten einsetzen könnten, um mit ihren Kunden zu interagieren.

Egal ob Sie Unternehmer oder Angestellter sind, Sie können für Ihre Branche ähnliche Verbindungen herstellen. Woher ich das weiß? Weil jeder diese Fähigkeit hat! Sie haben Ihre Fähigkeiten vielleicht beiseitegeschoben oder Sie nutzen sie selten, aber sie sind vorhanden. Die Frage ist, wie Sie sie nutzen können. Diese Nuss wollten wir knacken.

Die Ergebnisse waren beachtlich. Uns wurde klar, dass wir den Onlinespiele-Seiten nicht nur Spiele oder Werbung verkaufen konnten, sondern auch interaktive Onlinespiele schaffen konnten, die als mächtiges und neues fesselndes Werbeinstrument genutzt werden konnten. Als YaYa neu als Marketingunternehmen und nicht als Spieleunternehmen definiert wurde, ging uns auf, dass nicht die Endnutzer unsere Kunden waren, sondern in Wirklichkeit die Unternehmen, die die Endkunden erreichen wollten. Dank dieser Schwerpunktverlagerung erkannten wir, dass Spiele weniger ein Produkt als vielmehr auch ein Medium waren, das jede gewünschte Botschaft vermitteln konnte. Man konnte Spiele für die Schulung und Fortbildung von Mitarbeitern verwenden, als Anzeigenmedium, für Kampagnen zur Stützung der Markenpräsenz, für direktes 1:1-Marketing, für die Beschaffung von Daten über die Vorlieben der Kunden und so weiter. Genauso wie im Fernsehen der Werbespot den Sprecher irgendwann verdrängt hatte, so konnten Spiele die Banneranzeigen im Internet ersetzen.

Und schon war der einmalige Standpunkt von YaYa geboren. Lautstark priesen wir Advergaming und Edutainment als mächtiges Kommunikationsmedium an, als unerschlossenes Marktsegment, das sich perfekt für Produktplacement eignete; für markenorientierte Spielveranstaltungen, für speziell auf bestimmte Unternehmen zugeschnittene spieleorientierte Schulungsprogramme und so weiter. Es dauerte nicht lange, und ich nahm an Spielekonferenzen nicht mehr nur als Gast, sondern als Redner teil.

Wenn man erst mal ein schlagendes Verkaufsargument hat, ist die Erregung von Aufmerksamkeit kein Problem mehr. Journalisten hungern nach Ideen. Häufig kommt man an sie ganz einfach heran, indem man die Zeitung oder Zeitschrift anruft, für die sie arbeiten, und den Reporter zu sprechen verlangt, der für das entsprechende Thema zuständig ist. Mir ist noch nie ein Journalist mit Torwächter begegnet. Darüber hinaus ist noch nie ein Anruf unbeantwortet geblieben, bei dem ich auf den Anrufbeantworter gesprochen habe: „Ich kann Ihnen exklusiv erzählen, wie die Spielebranche die Welt des Marketings revolutionieren wird. Ich bewundere Ihre Arbeit schon lange; ich glaube, Sie sind für die Erstmeldung dieser Story der Richtige."

Ich hinterlasse seit Jahren immer wieder solche Nachrichten auf den Mailboxen von Journalisten, und die Reporter wissen das enorm zu würdigen. Meistens geht es bei der Story nicht einmal um mich oder mein Unternehmen. Ich baue nur die Glaubwürdigkeit auf, die ich brauche, wenn ich eines Tages selbst etwas an den Mann bringen will. Wahrscheinlich ist das auch der Grund, weshalb ich heute bei fast allen großen Wirtschaftsmagazinen des Landes Leute in Spitzenpositionen kenne. Ich kenne andere CEOs, die beispielsweise das *Wall Street Journal* und *Forbes* für undurchdringliche Institutionen halten. Sie schütteln staunend die Köpfe, weil ich unfehlbar eine gute Presse bekomme, egal wo ich bin und welche Organisation ich vertrete. Das Geheimnis ist, dass ich verstehe, was Journalisten brauchen, und dass ich es ihnen gebe: großartige Storys.

Aber ich hatte auch viel Hilfe. Als ich den einzigartigen Standpunkt von YaYa entwickelt hatte, trug ich ihn beispielsweise an die Werbeagenturen heran. Eigentlich brachte die interaktive Agentur KPE YaYa und Advergaming auf den Markt. Diese Agentur „entdeckte" uns und das, was wir machten. Und dann kamen die großen Spieleunternehmen ins Spiel. Ich ging zu den progressivsten Leuten, die ich kannte, unter anderem zu Bobby Kotick von Activision; er setzte in Zusammenarbeit mit der Nielsen Company den Einfluss und das Geld seines Unternehmens dafür ein, zu messen, wie effektiv Spiele als Anzeigenmedium waren. Bobby und ich saßen bei *CNN* oder *CNBC* und spielten uns gegenseitig die Ideen zu.

„Keith, worin besteht Ihr Geheimnis? Schmiergelder, Erpressung? – Na los, erzählen Sie mal", fragte mich einmal ein CEO freundlich scherzend, als YaYa eine Doppelseite in *Fortune* bekommen hatte, während sein Unternehmen – das viermal so groß war wie YaYa und schon ein paar Jahre älter – es gerade einmal in den eigenen Newsletter geschafft hatte.

Also sagte ich ihm: „Schaffen Sie eine Geschichte über Ihr Unternehmen und die Ideen, für die es steht, sodass es die Leser interessiert. Das ist Ihr Inhalt. Und dann verbreiten Sie das. Haben Sie je den Telefonhörer genommen und sich mit einem Reporter wirklich darüber unterhalten, wieso Sie Ihrer Meinung nach etwas Besonderes machen? Sie können so etwas nicht der PR-Abteilung überlassen; die Journalisten haben es jeden Tag mit Tausenden von PR-Menschen zu tun. Wer könnte denn leidenschaftlicher und besser informiert sein als Sie? Sie sind der Experte für das, was Sie tun."

Das Schaffen von Content kann man nicht outsourcen

Wir haben gesehen, dass Content ein Unternehmen in eine Marke mit Wiedererkennungswert verwandeln kann. Aber was ist, wenn *Sie* die

Marke sind? Was ist Ihre Expertise? Welchen Aufhänger verkaufen Sie? Man kann den Prozess, mit dem wir versuchten herauszufinden, wie man YaYa für den Markt interessant machen kann, auch dazu benutzen, sich selbst für sein Netzwerk und darüber hinaus interessant zu machen.

Ein einmaliger Standpunkt ist so ziemlich die einzige Möglichkeit, mit der Sie sicherstellen können, dass Sie heute, morgen und in einem Jahr noch einen Job haben.

Früher waren zwei Arme, zwei Beine und ein MBA das Ticket zur Chefetage – ohne Rückfahrschein. Heute reicht das kaum für den Eintrittspreis. In der amerikanischen Informationsgesellschaft wird der Wettbewerbsvorsprung in Form von Wissen und Innovation gemessen. Das bedeutet, dass der Markt heute Kreativität über reine Kompetenz und Expertenwissen über allgemeines Wissen stellt. Wenn das, was man tut, eigentlich jeder tun kann, findet sich immer jemand, der bereit ist, es für weniger Geld zu tun. Ein Beleg dafür sind all die Arbeitsplätze, die nach Bangladesch und nach Bangalore abwandern. Das Einzige, von dem noch niemand herausgefunden hat, wie man es outsourcen kann, ist das Schaffen von Ideen. Die Menschen, die tagein tagaus ihre Inhalte oder ihr einzigartiges Denken zur Verfügung stellen und damit ihrem Unternehmen einen Vorsprung verheißen, sind unersetzlich.

Menschen, die Content kreieren, waren schon immer sehr begehrt. Sie werden befördert. Sie sind für die großen Ideen verantwortlich. Sie werden regelmäßig gebeten, Vorträge auf Konferenzen zu halten, und sie werden in Zeitungen und Zeitschriften porträtiert. Alle Angehörigen ihres Unternehmens – und viele in ihrer Branche – kennen ihren Namen. In ihren kleinen Welten sind sie Berühmtheiten und ihr Ruhm kommt daher, dass sie immer einen Schritt voraus zu sein scheinen.

Wie sind diese Menschen so geworden? Der einfachste Weg ist der des Expertenwissens. Wenn ich auf meine Karriere zurückblicke, scheint mir das Rezept ganz einfach zu sein: Ich griff immer die neueste, fortschrittlichste Idee in der Unternehmenswelt auf. Ich vertiefte mich in diese Idee, ich lernte alle Vordenker kennen, die diese Idee verfochten, und las alle verfügbare Literatur. Daraus destillierte ich dann eine Botschaft über die Breitenwirkung der Idee auf andere und über ihre Anwendungsmöglichkeiten in der Branche, in der ich gerade tätig war. Das war der Inhalt. Zu einem Experten werden, das war der leichte Teil. Ich tat ganz einfach das, was Experten eben tun: Ich lehrte, schrieb und sprach über mein Expertenwissen.

Bei ICI, meinem ersten Arbeitgeber nach dem College, schaffte ich es, das Einstellungskomitee zu überreden, mich quasi als Experiment als Geisteswissenschaftler in ein Management-Traineeprogramm aufzunehmen. Alle bisher eingestellten Trainees hatten irgendwelche tollen Titel in Verfahrenstechnik, Werkstoffkunde oder sonst einem technischen Bereich.

Ich konnte bei ICI unmöglich aufgrund meines Ingenieurwissens weiterkommen. In den ersten Monaten des Programms fiel mir allerdings auf, dass Total Quality Management der letzte Schrei war, eben einer dieser von Beratern geschürten Unternehmenstrends, für die die Unternehmenswelt alle paar Jahre Feuer und Flamme ist.

Ich studierte in meiner freien Zeit alle verfügbaren Texte zu diesem Thema. Nach ein paar Monaten in dem neuen Job bot ich mein „Expertenwissen" an und berief mich dabei auf meine Kenntnisse in Organisationsverhalten (die ich aus nur zwei Kursen im Grundstudium hatte!). Mit einem Schlag war ich einer der drei Männer bei ICI, zu denen man gehen musste, wenn es um TQM ging. Der Witz ist, dass ich erst wirklich zum Experten wurde, als ich versuchte, diese Disziplin innerhalb des Unternehmens zu lehren. Dann brachte ich meine Erfahrungen in Form von Reden und Artikeln ein und trat mit einigen der besten unternehmerischen Köpfe des Landes in Kontakt. Nach kurzer Zeit überzeugte ich den Industrie-Giganten ICI sogar davon, im Rahmen einer neu gebildeten Gruppe, die in Nordamerika im Bereich TQM führend war, eine neue Position für mich zu schaffen.

Es gibt keine bessere Möglichkeit, etwas zu lernen und darin Experte zu werden, als wenn man es lehren muss. Einige der besten CEOs, die ich kenne, weigern sich, ein Geschäft abzulehnen, wenn dafür Fähigkeiten oder Erfahrungen nötig sind, die ihr Unternehmen nicht hat. Diese CEOs betrachten solche Situationen als Chancen. „Das können wir schaffen", sagen sie. Im Zuge des Geschäftes lernen der CEO und die Mitarbeiter das, was sie brauchen. Sie probieren mit Freuden etwas Neues aus und erledigen die Aufgabe. Nachdem Sie dieses Buch gelesen haben, gibt es eigentlich keinen Grund, warum Sie nicht an der örtlichen Volkshochschule einen Kurs über den Aufbau von Beziehungen oder über „Content Creation" halten sollten. Sie lernen schon bei der Vorbereitung etwas, und im Zusammenspiel mit den Kursteilnehmern noch mehr.

Kurz gesagt: Vergessen Sie Ihre Berufsbezeichnung und Ihre Stellenbeschreibung (zumindest für den Moment). Ab heute müssen Sie herausfinden, welche außergewöhnlichen Fachkenntnisse Sie beherrschen wollen, die für Ihr Netzwerk und Ihr Unternehmen einen echten Wert darstellen.

Wie fangen Sie an?

Nun, es gibt einen leichten und einen schwierigen Weg, und ich habe beide beschritten. Sie können es so machen, wie ich es bei ICI und bei Deloitte gemacht habe, nämlich jemanden finden, der sich das nötige Wissen schon angeeignet hat, und Experte werden, was dessen Content angeht. Das ist der einfache Weg.

Der schwierige Weg besteht darin, sich das nötige Wissen selbst anzueignen. Die schlechte Nachricht ist, dass es für diesen Prozess keinen vorgefertigten Plan und keine Schritt-für-Schritt-Anleitung gibt. Die gute Nachricht ist, dass das Schaffen von Content weder ein Akt göttlicher Inspiration noch den brillanten Geistern vorbehalten ist. Zwar kann ich mir vorstellen, dass einem dabei sowohl Brillanz als auch Inspiration sehr gelegen kommen, aber ich behaupte, weder das eine noch das andere im Überfluss zu besitzen. Vielmehr halte ich mich an gewisse Richtlinien, an wenige Gewohnheiten und an ein paar Methoden, die sich als wunderbar nützlich erwiesen haben.

Ich gebe Ihnen zehn Tipps, die Ihnen auf dem Weg zum Experten helfen werden:

1. Preschen Sie vor, analysieren Sie die neuesten Trends und Chancen

Weitblick verleiht Ihnen und Ihrem Unternehmen die Flexibilität, sich an Veränderungen anzupassen. Kreativität ermöglicht es Ihnen, daraus Nutzen zu ziehen. Heutzutage, wo Innovation wichtiger als Produktion geworden ist, ist fehlender Fortschritt gleich Rückschritt. Wer Neues frühzeitig übernimmt, wer Trends erspäht, Wissen verbreitet und den Wandel fördert – wer weiß, wohin seine Branche steuert und welche großen Ideen anrollen, wird heutzutage in der Unternehmenswelt zum Star.

Finden Sie diejenigen Menschen in Ihrer Branche, die immer an vorderster Front zu sein scheinen, und setzen Sie alle Beziehungskünste ein, die Sie gelernt haben, damit Sie sie kennenlernen können. Gehen Sie mit ihnen essen. Lesen Sie ihre Blogs. Lesen Sie am besten alles, was Sie bekommen können. Es gibt Tausende Menschen, die online Informationen filtern, analysieren und Prognosen abgeben. Diese Sesselanalysten sind die Augen und Ohren der Innovation. Gehen Sie online und lesen Sie, lesen Sie, lesen Sie. Das ist ja der Zweck Ihres sorgfältig gepfwlegten Newsfeeds. Abonnieren Sie Zeitschriften, kaufen Sie Bücher und reden Sie mit den klügsten Menschen, die Sie finden können. Am Ende baut sich das Wissen immer mehr auf und Sie fangen an, Verbindungen herzustellen, die andere nicht herstellen.

2. Stellen Sie scheinbar dumme Fragen

Wenn Sie Fragen stellen, die anders sind als alle anderen, erhalten Sie Ergebnisse, die die Welt noch nicht gesehen hat. Wie viele Menschen haben den Mut, solche Fragen zu stellen? Antwort: All jene, die für große Innovationen verantwortlich sind. „Wäre es nicht cool, wenn man alle MP3s auf einem Walkman-ähnlichen Gerät haben könnte?" Daher der iPod. „Warum kann man seine Fotos nicht sofort sehen?" Daher die Sofortbildfotografie. „Die Menschen essen gern Hamburger und Pommes Frites. Könnte man die nicht schnell und einfach verkaufen?" Daher McDonald's und die Fast-Food-Industrie.

Die Macht der Unschuld im Geschäftsleben wird in einer Szene des Kinofilms *Big*, in der Tom Hanks ein Kind spielt, das in einen Erwachsenen verwandelt wurde, wunderbar dargestellt. Hanks nimmt an der Vorstandssitzung einer großen Spielefirma teil und ein Vizepräsident zeigt die PowerPoint-Präsentation eines neuen Spielzeugs. Sämtliche Zahlen stimmen. Die ganzen Diagramme deuten auf einen erfolgreichen Produktstart. Aber Hanks kindliche Unschuld treibt ihn trotzdem dazu, zu sagen: „Verstehe ich nicht." Wenn man wie er mit dem Spielzeug spielt, werden die ganzen Diagramme und Zahlen unwichtig: Es machte einfach keinen Spaß. Manchmal lügen die Zahlen. Manchmal können alle PowerPoint-Präsentationen der Welt ein Unternehmen nicht schützen, weil es vergessen hat, die einfachsten Fragen zu stellen.

Die Leiter der Unternehmen, die Spiele herstellen, dachten lange, sie seien in der Unterhaltungsbranche tätig. Ich fragte: „Und wenn wir in Wirklichkeit im Marketinggeschäft wären?"

3. Kennen Sie sich selbst und Ihre Talente

Wenn ich bei ICI mit den Wissenschafts-Nerds hätte konkurrieren wollen, hätte ich keine Chance gehabt. Ich konnte meine Schwäche nur dadurch überwinden, dass ich ein Expertentum entwickelte, das meine Stärken betonte. Der Trick ist, dass man nicht wie besessen an den Fähigkeiten und Talenten arbeitet, die einem fehlen, sondern sich auf seine Stärken konzentriert und sie pflegt, damit die Schwächen an Bedeutung verlieren. Ich würde die 80/20-Regel anwenden und sagen, dass man eine gewisse Zeit für die Milderung der Schwächen aufwenden, sich aber vor allem auf den Ausbau seiner Stärken konzentrieren sollte.

4. Lernen Sie immer

Wer mehr verdienen will, muss mehr lernen. Alle Content-Schöpfer lesen viel oder stellen zumindest tiefgehende Fragen und führen tiefsinnige Gespräche. Was die eigene Weiterentwicklung betrifft, sind sie pedantisch. Zu Ihrem Programm der eigenen Weiterentwicklung sollte

Folgendes gehören: Bücher, Zeitschriften, Bildungs-Podcasts, drei bis fünf Konferenzen im Jahr, dazu einen oder zwei Fortbildungskurse und die Entwicklung von Beziehungen zu Personen, die auf Ihrem Feld führend sind.

5. Bleiben Sie gesund

Forschungen haben ergeben, dass die durchschnittliche Führungskraft am späten Nachmittag aufgrund von Schlafmangel die Wachsamkeit eines 70-Jährigen hat. Meinen Sie, ein solcher Manager könnte kreativ sein oder die nötigen Zusammenhänge erkennen? Keine Chance. Es mag lächerlich klingen, aber Sie müssen auf sich achten – Körper, Verstand und Geist –, wenn Sie in Bestform sein wollen. So hektisch mein Zeitplan auch sein mag, das Training lasse ich nie ausfallen (fünfmal die Woche). Ich versuche, mir jeden zweiten Monat fünf Tage freizunehmen (ich checke in dieser Zeit E-Mails und versuche, den Leserückstand aufzuholen). Einmal im Monat widme ich mich der spirituellen Einkehr, und wenn es nur ein Einkehrtag in einem Meditationszentrum vor Ort ist. Und ich tue jede Woche etwas Religiöses – meistens gehe ich in die Kirche. Das gibt mir die Energie, in der restlichen Zeit meinen 24-Stunden-Zeitplan durchzuhalten.

6. Machen Sie ungewöhnliche Erfahrungen

Als der Management-Guru Peter Drucker einmal gefragt wurde, was die Business-Kompetenzen eines Menschen verbessern würde, antwortete er: „Lernen Sie Geige spielen." Unterschiedliche Erfahrungen schärfen unterschiedliche Fähigkeiten. Finden Sie heraus, wofür sich Ihre Kinder interessieren und weshalb. Regen Sie Ihre Kreativität an. Lernen Sie etwas über Dinge abseits des Mainstreams. Besuchen Sie außergewöhnliche, exotische Orte. Die Kenntnis der eigenen Branche und der angestammten Märkte reicht nicht aus, wenn man in Zukunft konkurrenzfähig bleiben will. Sie brauchen eine tiefe und grenzenlose Neugier nach dem, was außerhalb Ihres Berufs und Ihres Wohlfühlbereichs liegt.

7. Lassen Sie sich nicht entmutigen

Meine erste E-Mail an den CEO von ICI zum Thema TQM blieb unbeantwortet. Ich werde bis zum heutigen Tag regelmäßig mit Zurückweisungen konfrontiert. Wenn man kreativ sein will, an vorderster Front, außerhalb des Mainstreams, sollte man sich daran gewöhnen, Staub aufzuwirbeln. Und wissen Sie was – wenn Sie Staub aufwirbeln, wird es immer wieder Menschen geben, die Sie loswerden wollen. Das Risiko müssen Sie in Kauf nehmen. Als engagierter Profi muss man wissen, wie der Hase läuft: Die Leidenschaft lässt einen die harten Zeiten überstehen, und diese werden nicht ausbleiben. Es gibt stets Veränderungen und Herausforderungen, die verlangen, dass Sie hartnäckig bei der Stange bleiben. Konzentrieren Sie sich auf die Ergebnisse und halten Sie die Augen für alles offen, was an vorderster Front Ihrer Branche passiert.

8. Kennen Sie die neuen Technologien

Keine Branche verändert sich so schnell und legt so viel Wert auf Innovation wie die Technologiebranche. Sie brauchen nicht zum „Technikfreak" zu werden, aber Sie müssen begreifen, wie sich Technologien auf Ihre Branche auswirken, und Sie müssen in der Lage sein, sie zu Ihrem Vorteil zu nutzen. Wählen Sie einen Technikfreak aus oder stellen Sie wenigstens einen ein oder befördern ihn.

9. Bauen Sie eine Nische

Erfolgreiche Kleinunternehmen, die sich einen Ruf erwerben, etablieren sich in einer sorgfältig ausgewählten Marktnische, die sie realistischerweise beherrschen können. Als Person kann man das genauso machen. Suchen Sie sich mehrere Bereiche, in denen Ihr Unternehmen unterdurchschnittlich ist, und konzentrieren Sie sich auf den am meisten vernachlässigten Bereich.

Ein ehemaliger Schützling von mir arbeitet in einem wachsenden Start-up-Unternehmen, das ein neuartiges Produkt für Haustiere verkauft. Kurz nach seiner Einstellung stellte er fest, dass zu den zahllosen Schwierigkeiten, mit denen das Start-up-Unternehmen zu kämpfen hatte, auch die hohen Portokosten gehörten, die die Gewinnmarge schmälerten. Natürlich rangieren derartige Probleme auf der Prioritätenliste eines jungen Unternehmens nicht gerade ganz oben, aber schließlich stand mein Schützling ja auch nicht ganz oben.

Er beschloss, diesem Problem nachzugehen, und rief die für Kleinunternehmen Zuständigen bei UPS, FedEx und so weiter an. Nach ein paar Wochen schickte er dem CEO ein detailliertes Memo, wie das Unternehmen seine Portokosten senken könne. Der CEO war erfreut. Die Nischen-Fachkenntnisse meines Schützlings kennzeichneten ihn als aufstrebenden Mitarbeiter des Unternehmens und heute entwickelt er Expertenwissen in Bereichen, die in der Rangliste von Unternehmen weitaus höher stehen.

10. Folgen Sie dem Geld

Kreativität ist wertlos, wenn sie nicht angewandt werden kann. Das Fazit für Ihre Arbeit muss sein: Das bringt uns mehr Geld. Umsatz und Cashflow sind das Lebenselixier eines jeden Unternehmens. Alle großen Ideen sind im Geschäftsleben so lange bedeutungslos, bis jemand dafür bezahlt.

Der Dalai-Lama

„Nutzen Sie Ihre Inhalte, um Geschichten zu erzählen, die die Menschen bewegen."

Der Dalai-Lama ist als weltlicher Führer, heiliger Mann, Diplomat, Held und „tibetischer Gandhi" bekannt, aber er selbst möchte am liebsten als „einfacher buddhistischer Mönch – nicht mehr und nicht weniger" gesehen werden.

Diese einmalige Nationalfigur hat während ihres großen Aufstiegs zum Weltruhm nach ihrer Flucht aus dem Heimatland Tibet – Ende der 1950er-Jahre vor der chinesischen Besatzungsarmee – immer die Fantasie der Öffentlichkeit angeregt; der Dalai-Lama hat Millionen von Dollar beschafft und er hat Stars, Politiker und Laien für seine Sache der Rückeroberung seiner Heimat gewonnen.

Was kann man als angehender Connector von diesem zutiefst bescheidenen Mann lernen?

Die Antwort: Beeindruckende Inhalte, die in Form einer fesselnden Geschichte präsentiert werden, können Ihr Netzwerk mobilisieren, Ihnen bei der Erfüllung Ihrer Mission zu helfen.

Denn dies ist das Besondere an dem geistigen Führer des tibetischen Volkes: Die Menschen geben ihm Geld, Liebe und Unterstützung, obwohl er weder ein Produkt noch eine Dienstleistung anbietet. Die Menschen bezahlen ihn großzügig, obwohl er keine saftigen Renditen verspricht. Sie bezahlen dafür, dass sie ihm zuhören dürfen, wie er über das Leben im Allgemeinen oder über seinen Kampf um Tibet spricht – die Nation, die keine Nation ist.

Vielleicht haben Sie gedacht, man bräuchte ein Studium der Betriebswirtschaft oder am besten einen MBA, wenn man ein Leader oder eine Person werden will, die Inhalte vermittelt. Das stimmt aber nicht. Der Dalai-Lama hat keinen einzigen akademischen Titel. Aber er vermittelt eine profunde Botschaft von Weltfrieden und Mitgefühl, verpackt in farbenreiche Geschichten und Anekdoten – eine Botschaft, die ihm im Jahre 1989 den Friedensnobelpreis einbrachte.

Vielleicht denken Sie jetzt: „Einen Moment. Sie können doch auf keinen Fall meine beruflichen Bemühungen der Kontaktknüpfung – und die Geschichten, die ich erzählen würde, um Freunde zu gewinnen und Menschen zu beeinflussen – mit den Geschichten vergleichen, die der Dalai-Lama zu erzählen hat. Ich esse dreimal am Tag. Er hat seit den 1950er-Jahren kein Land mehr.“

Damit hätten Sie sogar recht. *Ihre* Geschichte wird garantiert nicht so fesselnd sein wie seine, aber wie Sie diese *erzählen,* kann durchaus ebenso spannend sein. Ich sage Ihnen, wieso:

Wenn der Dalai-Lama eine packende Geschichte erzählt, ist ihm klar, dass die Botschaft zugleich einfach und universell sein muss. Der Journalist Chris Colin hat sich gefragt, wieso das Anliegen des Dalai-Lamas so populär ist und hat dazu geschrieben: „Vielleicht stoßen diese klar benennbaren Gräueltaten im Westen auf so große Resonanz, weil dort wenige internationale Dispute so entschieden erscheinen. […] Hier [in den Vereinigten Staaten], in einer Nation, die nostalgisch auf die vermeintlich einfachen Schwarz-Weiß-Konflikte der vergleichsweise simplen Vergangenheit blickt, bekommt die Sache des ‚Freien Tibet‘ Flügel.“

Der Dalai-Lama ist einer der gelehrtesten Kenner einer der komplexesten Philosophien der Welt und trägt sein Anliegen nicht einfach nur in Form einer klaren und verständlichen Vision vor, sondern bemüht sich sehr darum, zu zeigen, dass dieses Anliegen uns alle angeht.

Die fesselndsten Geschichten sind diejenigen, in denen es um die Identität geht – wer wir sind, woher wir kommen und wohin wir gehen. Sie sprechen etwas an, das allen Menschen gemeinsam ist.

Der Dalai-Lama sagt uns, sich um das tibetische Volk zu kümmern, bedeutet, sich um sich selbst zu kümmern. „Je mehr wir uns um das Glück anderer kümmern", so sagt er, „desto größer wird unser eigenes Wohlbefinden." Auf diese Weise zeigt er, dass die grundlegenden Interessen aller Menschen – auf Zufriedenheit gegründetes Glück, die Linderung des Leidens und das Schmieden bedeutungsvoller Beziehungen – in der heutigen Welt das Fundament einer universellen Ethik bilden können. Insofern bittet er für seine Sache, indem er für die Sache eines jeden bittet.

Das heißt nicht, dass Ihr Unternehmen, Ihr Lebenslauf oder welchen Inhalt auch immer Sie an den Mann bringen wollen, tatsächlich äußerst einfach oder extrem universell sein *müsste*. Aber Sie sollten sich überlegen, wie Sie Ihr Garn auf eine Weise spinnen können, die a) leicht verständlich ist und zu der b) jeder einen Bezug hat. Man kann das auch anders als Frage formulieren: „Wie helfen meine Inhalte anderen bei der Beantwortung der Frage, wer sie sind, woher sie kommen und wohin sie gehen?"

Auf einer gewissen Ebene ist es trotzdem verblüffend, dass jemand Geld für die tibetische Sache spendet, denn man kann mit gutem Grund behaupten, dass die tibetische Sache eine verlorene Sache ist. Nach vier Jahrzehnten gibt es in China immer noch keine Anzeichen für eine Umkehr.

Und trotzdem bringt der Dalai-Lama Menschen dazu, ihr Geld und ihre Energie zu spenden. Wie macht er das? Unter anderem benutzt er Fakten und Beispiele aus der Geschichte, um unsere Emotionen anzuheizen. Er versucht nicht – wie es ein Geschäftsmann mit Diagrammen und Analysen tun würde –, uns logisch von seiner Position zu überzeugen. Er sorgt vielmehr dafür, dass wir Mitgefühl für seine Position aufbringen. Lesen Sie als Beispiel eine Frage und eine Antwort aus einem Interview, das im Jahre 1997 in *Mother Jones* veröffentlicht wurde:

Frage: Was ist Ihrer Meinung nach nötig, damit China seine Tibet-Politik ändert?

Dalai-Lama: Zwei Dinge sind dafür nötig: Erstens eine chinesische Führung, die nach vorne anstatt nach hinten blickt, die nach Integration in die Welt strebt, die sich sowohl um die Meinung der Welt als auch um den Willen der eigenen Demokratiebewegung kümmert; zweitens eine Gruppe von internationalen Führungspersönlichkeiten, die auf die Sorgen ihrer eigenen Bürger um Tibet hört und die China gegenüber mit Bestimmtheit über die dringende Notwendigkeit spricht, eine Lösung auf der Grundlage von Wahrheit und Gerechtigkeit auszuarbeiten. Im Moment haben wir diese beiden Dinge nicht und deshalb stockt der Prozess, Tibet den Frieden zu bringen.

Aber wir dürfen unser Vertrauen in die Macht der Wahrheit nicht verlieren. In der Welt ändert sich ständig alles. Betrachten Sie Südafrika, die ehemalige Sowjetunion und den Nahen Osten. Dort gibt es immer noch viele Probleme, es gibt Rückschläge und Durchbrüche, aber im Grunde sind dort Veränderungen geschehen, die noch vor zehn Jahren als undenkbar galten.

Was uns als menschliche Wesen wirklich bewegt, was uns zum Handeln veranlasst, sind Emotionen. Der Dalai-Lama lässt uns gegen alle Wahrscheinlichkeit glauben, dass das scheinbar Unmögliche tatsächlich möglich ist. Benutzen Sie in Ihren eigenen Geschichten Emotionen, um die Zweifler davon zu überzeugen, dass manchmal die Schwachen gewinnen und die Goliaths zusammenbrechen.

Folgen Sie dem Beispiel dieses einfachen buddhistischen Mönchs, der seinen Charme und seine Wärme in fesselnden Geschichten kanalisiert, die zahlreichen und unterschiedlichsten Menschen die Kraft zum Handeln geben. In diesem neuen Zeitalter der Markenzeichen, in einer Wirtschaft, die Emotionen über Zahlen stellt, sind Geschichtenerzähler im Vorteil. Michael Hattersley hat in der *Harvard Business Review* einmal geschrieben: „Wir begehen oft den Fehler, Geschäfte als eine Angelegenheit rein rationaler Berechnung zu betrachten, als etwas, das in ein paar Jahren Computer besser erledigen können als Menschen. Man bekommt im Konferenzsaal und auf dem Flur zu hören: ‚Was sagen die Zahlen dazu aus?‘ ‚Ich will nur die Fakten.‘ ‚Wir wägen die Indizien ab und treffen dann die richtige Entscheidung.‘ Aber um der Wahrheit die Ehre zu geben, ist kaum eine Begabung so wichtig für den Erfolg als Manager wie die Fähigkeit, eine gute Geschichte zu erzählen.“

Vergessen Sie also die Stichpunkte und Slideshows. Wenn Sie einmal bestimmt haben, was Ihr Inhalt ist, erzählen Sie eine inspirierende Geschichte, die Ihre Freunde und Kollegen dazu bringt, mit Tatkraft und ohne Furcht aktiv zu werden – motiviert und mobilisiert von Ihrer einfachen, aber tiefgründigen Erzählkunst.

Bauen Sie Ihre eigene Marke auf

„Unabhängig vom Alter, unabhängig von der Position und unabhängig von der Branche, in der wir zufällig tätig sind, müssen wir alle die Bedeutung des Brandings begreifen. Wir sind die CEOs unserer eigenen Unternehmen: ,Ich-AG'. Unser wichtigster Job in der heutigen Unternehmenswelt ist Marketingdirektor der Marke namens SIE."

– Tom Peters

Als Marketingprofi bin ich mir der Tatsache deutlich bewusst, dass die Wahrnehmung die Realität bestimmt und dass wir alle in gewissem Sinne Marken sind. Ich weiß, dass ich bei all meinen Entscheidungen – meiner Kleidung, meinem Gesprächsstil und meinen Hobbys – eine unverwechselbare Identität schaffe.

Image und Identität sind in unserer neuen Wirtschaftsordnung immer wichtiger geworden. Da das digitale Meer durch eine immer größere, eintönige Gleichheit und Informationsflut anschwillt, wird eine mächtige Marke – die nicht auf einem Produkt, sondern auf einer persönlichen Botschaft gründet – zu einem Wettbewerbsvorteil.

Ihr Content – bestimmt durch Ihre Expertise und Ihre einzigartige Menschlichkeit, auch bekannt als GVVM (Großzügigkeit, Verletzlichkeit, Verantwortlichkeit und Mut) – wird zum Leitstern Ihrer Marke, der all Ihre Kontaktbemühungen um eine einheitliche, mächtige Mission gruppiert. Gute persönliche Marken leisten für Ihr Kontaktnetzwerk drei wesentliche Dinge: Sie bieten eine glaubwürdige, einzigartige und vertrauenswürdige Identität. Sie vermitteln eine fesselnde Botschaft. Sie gewinnen immer mehr Menschen für sich und Ihr Anliegen, denn Sie stechen in unserer zunehmend unübersichtlichen Welt aus der Masse hervor. Deshalb wird es Ihnen leichter denn je fallen, Freunde zu finden, und Sie haben mehr dazu zu sagen, was Sie tun und wo Sie arbeiten.

Wenn ich „Swoosh" sagen würde, woran würden Sie denken? Ich wäre schockiert, wenn nicht die meisten Menschen „Nike" sagen würden. Indem dieses Unternehmen die Verbraucher seit zwei Jahrzehnten mit dem Nike-Swoosh konfrontiert und diesem Symbol die athletische Größe eingeflößt hat, die wir heute damit verbinden, hat es uns darauf trainiert, „Nike" zu denken, sobald wir irgendwo dieses kleine Symbol sehen.

Ganz schön beeindruckend, finden Sie nicht?

Innerhalb eines Netzwerks kann Ihre Marke etwas Ähnliches bewirken. Sie etabliert Ihren Wert. Sie nimmt Ihre Mission und Ihren Content und verbreitet ihn in der Welt. Sie artikuliert, was Sie zu bieten haben, warum Sie einmalig sind – und sie stellt einen eindeutigen Grund für andere dar, mit Ihnen Kontakt aufzunehmen.

Der Marken-Guru und Star-Unternehmensberater Tom Peters empfiehlt in seinem gewohnt wagemutigen Stil, „sein eigenes Mikro-Pendant zum Nike-Swoosh zu schaffen". Er will die Madison Avenue in Ihre Büronische bringen und er führt den Markenerfolg von Michael Jordan und Oprah Winfrey als Musterbeispiel für jeden Willy Lohman an, der Willy Gates werden will.

Wie kamen wir von der Werbung für Produkte zur Werbung für uns selbst?

Peters behauptet, wir lebten in einer „Welt, die Kopf steht". Die Konventionen der Vergangenheit sind bedeutungslos geworden. Regeln sind irrelevant. Die Grenzen zwischen Old und New Economy, zwischen Hollywood, Großunternehmen und übergroßen Persönlichkeiten, die ihr eigenes Unternehmen darstellen, verschwimmen zusehends.

Peters bezeichnet das als „White-Collar Revolution". Das Zusammentreffen und die Kombination mehrerer Faktoren – unter anderem die Verschlankung von Geschäftsprozessen, Technologien, die Arbeitskräfte ersetzen, zunehmendes Outsourcing ins Ausland und ein unternehmerisches Zeitalter, in dem sich immer mehr Menschen als Freiberufler betrachten – bringt Peters zu der Voraussage, dass in 10 bis 15 Jahren 90 Prozent aller Bürojobs entweder radikal anders aussehen oder nicht mehr existieren werden. Er sagt dazu: „Sie müssen Ihre Arbeitsstelle, Ihre Abteilung und Ihre Unterabteilung als eigenständige ‚Aktiengesellschaft' begreifen. Sie müssen WOW-Projekte durchziehen."

In Bezug auf die Markenbildung steht also im Endeffekt jeder vor einer Entscheidung: sich abheben oder untergehen.

„Dieses ‚Ich würde gern, aber die lassen mich nicht' kann ich ums Verrecken nicht mehr hören", predigt Peters in seiner bilderstürmerischen Art. „Seien Sie der CEO Ihres eigenen Lebens. Schlagen Sie Krach. Lassen Sie die Späne fallen, wo Sie eben hinfallen. So leicht wie heute können Sie nie wieder die Stelle wechseln." Ja! Ja! Ja!

Nur wenige Dinge machen mich so wütend wie Menschen, die sagen, sie seien hilflos oder es sei ihnen gleichgültig, ob sie sich von ihren Freunden und Kollegen abheben. Ich erinnere mich noch daran, wie ich einem extrem intelligenten jungen Mann namens Kevin, der in der Consultingfirma PriceWaterhouseCoopers arbeitete, Ratschläge gab. Im Laufe unseres Gesprächs sagte er mir, er sei weder mit seiner Arbeit noch mit dem Fortgang seiner Karriere glücklich. Er sagte mir, er sei nur ein anonymer Buchhalter, der angesichts der statischen Atmosphäre in dem Unternehmen keine Alternative habe.

„Falsch!", sagte ich zu ihm. „Sie haben durchaus Alternativen, nur schaffen Sie sich keine. Sie müssen das Management Ihrer Karriere selbst in die Hand nehmen. Als Erstes müssen Sie sich bemühen, Ihre Marke zu ändern, sodass Sie kein anonymer Buchhalter mehr sind, sondern eine gewisse Berühmtheit dafür erlangen, dass Sie etwas bewirken können."

Als ich ihm ein paar Vorschläge machte, wie er das anpacken könnte, sagte er: „So etwas kann man in einer großen Consultingfirma einfach nicht machen." Ich dachte, mir würde der Kopf platzen. Ich glaube, er dachte das auch.

„Kevin, das ist alles bescheuerte Selbstsabotage. Von meinem ersten Tag bei Deloitte an – und das ist eine ziemlich große Consultingfirma, oder? – bemühte ich mich, Projekte zu übernehmen, die niemand haben wollte, und Projekte zu initiieren, an die noch niemand gedacht hatte. Ich mailte meinem Chef und manchmal auch dem Chef meines Chefs Ideen. Und das tat ich fast täglich. Was war denn das Schlimmste, was passieren konnte? Ich hätte aus einer Stellung entlassen werden können, die mir sowieso nicht gefiel. Alternativ konnte ich mich bemühen, mir die Stellung zu schaffen – egal wo –, von der ich dachte, sie würde mich glücklich machen."

Die Abteilung Schulung und Fortbildung von Ferrazzi Greenlight veranstaltet viele Schulungen an Berufsfachschulen und für Neueinsteiger innerhalb von Unternehmen. Wir versuchen den Teilnehmern immer die Botschaft einzubläuen, dass sie und sie alleine ihre Karriere in die Hand nehmen müssen. Bei allen Jobs, die ich je hatte, versuchte ich mir ein bestimmtes Branding zu verpassen – als Innovator, als Denker, als Verkäufer und als jemand, der die Dinge anpackt. Als ich als Management-Trainee bei ICI war – meine erste Stelle nach dem College –, schickte ich dem CEO meine gesammelten Empfehlungen. Er hat darauf nie geantwortet. Aber ich habe nie aufgehört, solche E-Mails zu schicken. Es ist einfach dumm, zu glauben, dass man die persönlichen und beruflichen Erwartungen der Menschen an das, was man ist, nicht beeinflussen kann. Wenn Sie sich anstrengen, können Sie das Bild erweitern, das die Menschen von Ihren Fähigkeiten haben.

Peters erzählt die Geschichte von einer Stewardess, die ihrer Fluggesellschaft vorschlug, sie solle doch in den Martinis statt zweier Oliven nur noch eine servieren. Diese Empfehlung sparte der Airline 40.000 Dollar im Jahr und die Stewardess war – ab sofort – eine Marke. Heute ist sie wahrscheinlich Vizepräsidentin oder so was.

Der Romanschriftsteller Milan Kundera hat einmal die Überlegung geäußert, Flirten sei das Versprechen von Sex ohne Garantie. Eine erfolgreiche Marke ist demnach das Versprechen *und* die Garantie einer atemberaubenden Erfahrung, und zwar jedes einzelne Mal. Das ist die E-Mail, die man immer liest, weil man weiß, woher sie kommt. Das ist der Mitarbeiter, der immer die coolen Projekte bekommt.

Wenn Sie zu einer Marke werden wollen, müssen Sie sich unermüdlich auf das konzentrieren, was Mehrwert schafft. Und ich kann Ihnen versprechen, dass Sie immer einen Mehrwert schaffen können, egal welche Tätigkeit Sie derzeit ausüben. Können Sie Ihre Arbeit vielleicht schneller und effizienter erledigen? Falls ja, warum dokumentieren Sie das nicht und schlagen Ihrem Chef vor, dass das doch alle Mitarbeiter so machen könnten? Gehen Sie auf eigene Faust und in Ihrer Freizeit neue Projekte an? Suchen Sie nach Möglichkeiten, wie Ihr Unternehmen Geld sparen oder Geld verdienen kann?

All das können Sie nicht tun, wenn Sie nur darauf achten, Ihr Risiko möglichst gering zu halten, immer den Dienstweg zu beachten und Ihre Stellenbeschreibung wörtlich zu nehmen. Bei dieser Mission sind Jasager fehl am Platz. Diejenigen, die den Mut haben, ihre Arbeit zu etwas Besonderem zu machen, werden auch diejenigen sein, die eine florierende Marke aufbauen.

Bedeutsame Arbeit, die etwas bewirkt, kann man nur leisten, wenn man engagiert lernt, wächst und seine Fertigkeiten erweitert. Wenn Sie wollen, dass andere das, was Sie tun und wer Sie sind, innerhalb der Grenzen der Organisation neu definieren, dann müssen Sie in der Lage sein, sich selbst neu zu definieren. Das bedeutet, dass Sie über das Verlangte hinausgehen müssen. Das bedeutet, Sie betrachten Ihren Lebenslauf als dynamisches Dokument, das sich jedes Jahr ändert. Das bedeutet, Sie nutzen Ihre Kontakte innerhalb und außerhalb Ihres Netzwerks, um jedes Projekt, mit dem Sie betraut werden, inspiriert durchzuführen. Peters spricht davon, dass man bei allem, was man tut, „WOW" anstreben soll.

Heutzutage gibt es eine Menge Wegbeschreibungen zum Super-Duper-Eigenunternehmen. Aber diese Wegbeschreibungen verlassen sich häufiger auf Intuition als auf Navigation. Normalerweise beruht das Konzept auf einigen einfachen Ratschlägen: Mischen Sie die Dinge auf! Finden Sie Ihren Wert! Kümmern Sie sich um Ihr Image! Verwandeln Sie alles in eine Gelegenheit für den Ausbau Ihrer Marke. Aber wie schaffen Sie die richtige Identität für eine glänzende Karriere? Wie wird man zum Swoosh seines Unternehmens? Seines Netzwerks? Hier sind drei Schritte auf dem Weg, die nächste Oprah Winfrey zu werden:

Entwickeln Sie eine „Personal Branding Message" (PBM)

[etwa: „persönliche Markenbotschaft"]

Eine Marke ist nichts weniger als alles, woran jeder denkt, wenn er Ihren Namen sieht oder hört. Die besten Marken und die meisten interessanten Menschen haben eine eindeutige Botschaft.

Ihre PBM beruht auf Ihrem Content beziehungsweise dem einzigartigen Wert, den Sie bieten – wie schon im vorangegangenen Kapitel besprochen – sowie auf einem Verfahren der Selbsteinschätzung. Dazu gehört es, herauszufinden, was wirklich hinter einem Namen steckt – hinter Ihrem Namen. Dafür müssen Sie Ihre Einzigartigkeit erkennen und herausfinden, wie Sie diese nutzen können. Das ist weniger eine klar umrissene Aufgabe als vielmehr die Kultivierung einer bestimmten Einstellung.

Was sollen die Menschen Ihrer Meinung nach denken, wenn sie Ihren Namen hören oder lesen? Welches Produkt oder welche Dienstleistung können Sie am besten anbieten? Nehmen Sie Ihre Fähigkeiten, verbinden Sie sie mit Ihren Leidenschaften und finden Sie heraus, wo am Markt oder wo innerhalb Ihres Unternehmens Sie sie am besten anwenden können.

Ihre Botschaft ist immer ein Produkt Ihrer Mission und Ihrer Inhalte. Wenn Sie sich einmal hingesetzt und überlegt haben, wer Sie sein wollen, und wenn Sie Ziele in Schritten von 90 Tagen, einem Jahr und drei Jahren niedergeschrieben haben, dann können Sie eine Markenwahrnehmung aufbauen, die all das stützt.

Ihre Positionierungsbotschaft sollte unter anderem eine Liste von Wörtern beinhalten, von denen Sie möchten, dass die Menschen sie verwenden, wenn sie über Sie sprechen. Das Aufschreiben dieser Wörter ist der erste Schritt dazu, dass andere Menschen an sie glauben. Fragen Sie Ihre vertrautesten Freunde, mit welchen Wörtern sie Sie beschreiben würden – im Guten wie im Schlechten. Fragen Sie sie, welches die wichtigsten Fähigkeiten und Eigenschaften sind, die Sie ihrer Meinung nach vorzuweisen haben.

Als ich einst begierig darauf war, CEO eines Fortune-500-Unternehmens zu werden, sah mein PBM so aus: „Keith Ferrazzi ist einer der innovativsten und ergebnisorientiertesten Marketingfachleute und CEOs der Welt. In jeder Stellung, die er innehatte, legte er eine dramatische Serie von ‚Pionierleistungen' hin. Seine Leidenschaft ist wie ein Leuchtfeuer, das er stets mit sich trägt."

Verpacken Sie die Marke

Urteile und Eindrücke der meisten Menschen basieren auf Sichtbarem – nicht auf den Worten, die anderen Ihr Anliegen deutlich machen sollen. Seien wir doch mal ehrlich – für jeden von uns zählt in jedem

Bereich das Image. Nehmen Sie sich also unabhängig von Ihrem Aussehen die Zeit, es genau zu durchdenken. Welche Botschaft senden Sie anderen durch Ihre Erscheinung?

Zu diesem Schritt gibt es allerdings einen grundsätzlichen, alles überragenden Vorbehalt: Heben Sie sich ab! Was zählt, ist Stil. Ob es Ihnen gefällt oder nicht, Kleidung, Briefköpfe, Frisuren, Visitenkarten, Büroräume und Konversationsstil werden bemerkt – und wie! Die Gestaltung Ihrer Marke ist von entscheidender Bedeutung. Kaufen Sie ein paar neue Kleidungsstücke. Werfen Sie einmal einen ehrlichen Blick darauf, wie Sie sich präsentieren. Fragen Sie sich, wie andere Sie sehen. Wie wollen Sie von ihnen gesehen werden? Unterm Strich ist zu sagen, dass Sie ein Erscheinungsbild für die Außenwelt kreieren müssen, das den Eindruck betont, den Sie machen wollen. „Jeder sieht, was du zu sein scheinst", bemerkte Machiavelli, „aber wenige wissen, wer du wirklich bist."

Als ich noch jünger war, trug ich gern Fliege. Ich hatte das Gefühl, das wäre ein Markenzeichen, das die Menschen nicht so schnell vergessen, und das klappte tatsächlich. „Sie sind doch derjenige, der bei dem Vortrag auf der Konferenz im letzten Jahr eine Fliege getragen hat" – so etwas hörte ich immer wieder. Mit der Zeit konnte ich dieses Kennzeichen aufgeben, denn meine Botschaft und meine Leistung wurden zu meiner Marke und ich war nicht der Meinung, dass die Fliege noch zu meinem wachsenden Image eines Vordenkers am Puls der Zeit passte.

Wir haben schon darüber gesprochen, wie Sie Ihr Profil in den sozialen Medien feinabstimmen. Warum nicht auch eine persönliche Internetseite gestalten? Eine Website ist hervorragende und preiswerte Werbung für Ihre Marke und bestens geeignet, sich selbst zu zwingen, dass man klar formuliert, wer man ist. Mit einer gut gestalteten Seite treten Sie im Internet genauso gepflegt und professionell auf wie jedes Großunternehmen. Und mit kostenlosen Website-Tools wie wix.com und about.me brauchen Sie nicht einmal einen Webdesigner.

Das mag vielleicht banal klingen, ist es aber nicht. Kleine Entscheidungen können großen Eindruck machen.

Verbreiten Sie Ihre Marke

Wie ich im nächsten Kapitel darlegen werde, müssen Sie zu Ihrer eigenen PR-Firma werden. Übernehmen Sie bei der Arbeit Projekte, die niemand haben will. Verlangen Sie nie eine Gehaltserhöhung, wenn Sie nicht vorher erfolgreiche Arbeit geleistet und sich unschätzbar wertvoll gemacht haben. Gehen Sie zu Konferenzen und Podiumsdiskussionen. Schreiben Sie Artikel für Branchenblätter und Unternehmens-Newsletter. Schicken Sie Ihrem CEO mit Ideen angefüllte E-Mails. Gestalten Sie Ihren eigenen Prospekt für die ‚Ich-AG'.

Ihre Bühne ist die Welt. Ihre Botschaft ist das „Stück", das gespielt wird. Die Figur, die Sie spielen, ist Ihre Marke. Beweisen Sie, dass Sie die Top-Besetzung für die Rolle sind.

27

Verbreiten Sie Ihre Marke

Jetzt haben Sie Ihren „Content" und begonnen, Ihre Marke aufzubauen. Sie werden gut, richtig gut. Auf diese Art werden Sie in Ihrem Unternehmen und Ihrem Netzwerk zu einer Autorität. Aber damit ist Ihre Arbeit noch nicht getan. Wenn der Rest der Welt noch nicht weiß, wie gut Sie sind, ernten Sie und Ihr Unternehmen nur einen Teil des Nutzens. Sie müssen Ihre Reichweite vergrößern und auch außerhalb des Unternehmens bekannt werden. Dadurch werden Sie nicht nur innerhalb des Unternehmens, sondern in der ganzen Branche zur Autorität.

Das beruht zum Teil auf sichtbarer Präsenz. Ich will damit nicht sagen, dass Sie sich mit einem Schild auf dem Rücken an die nächste Straßenecke stellen und rufen sollen: „Bringt mich ins Fernsehen!" Auch wenn einem dieser Gedanke schon kommen könnte … aber lassen wir das vorläufig. Ich habe ein paar Vorschläge für hochkarätige Eigenwerbung, die es Ihnen sehr erleichtern werden, bekannter zu werden – und das, ohne sich öffentlich zu blamieren. Dabei sind mir Peinlichkeiten keineswegs fremd. Ich habe einige Schläge eingesteckt, bevor ich wusste, wie man andere am besten wissen lässt, was man tut.

Sie können leicht erkennen, wieso öffentliche Präsenz wichtig für Ihre Karriere und für die Erweiterung Ihres Netzwerks aus Freunden und Kollegen sein könnte. Nehmen Sie beispielsweise das Eigenwerbungs-Phänomen Donald Trump. Wie viele andere Immobilienmoguln kennen Sie aus dem Stegreif? Genau – ich könnte auch keinen nennen. Warum gilt „The Donald" als ultimativer Dealmaker? Wahrscheinlich, weil er sich in zahllosen Artikeln, Fernsehinterviews und jetzt auch noch in einer Fernsehsendung mit hohen Einschaltquoten Millionen Mal selbst so genannt hat. Und weil er ein Buch mit dem Titel *The Art of the Deal* (*Die Kunst des Erfolges*) geschrieben hat.

Seine Eigenwerbung ist allerdings kein purer Egoismus (auch wenn ich nicht weiß, bis zu welchem Grad), sondern sie ist auch geschäftlich sehr sinnvoll. Sein gehypter Markenname besitzt jetzt einen eigenen Wert. Gebäude, die seinen Namen tragen, sind wertvoller als andere und bringen höhere Mieteinnahmen. Als The Donald bankrott war, ließen ihm die Banken, die jeden anderen Mogul, der zu kämpfen hatte, zwangsvollstreckt hätten, noch einen gewissen Spielraum; und zwar nicht nur, weil sie wussten, dass er seine Arbeit gut macht, sondern auch, weil sie wussten, dass allein sein Name ihm beträchtlich dabei helfen würde, sich von den Rückschlägen zu erholen. Trump ist ein begabter Bauherr, aber das sind viele andere Menschen auch. Der Unterschied? Er wirbt für sich selbst.

Es ist eine Tatsache, dass Menschen, die über die Wände ihres Büros hinaus bekannt sind, mehr Wert besitzen. Sie finden leichter Arbeit. Sie steigen normalerweise schneller auf der Unternehmensleiter empor. Ihre Netzwerke fangen ohne große Kraftakte an zu wachsen.

Ich höre Sie schon unwillig murren. Vielleicht denken Sie: „Ich bin schüchtern. Ich spreche nicht gern über mich selbst, und ist denn Bescheidenheit nicht eine Tugend?" Nun, ich kann Ihnen versichern, wenn Sie Ihre Vorzüge verbergen, dann bleiben sie auch verborgen. Wenn Sie nicht selbst für sich werben – allerdings taktvoll –, dann tut es auch sonst niemand für Sie.

Ob es Ihnen gefällt oder nicht, Ihr Erfolg hängt sowohl davon ab, wie gut andere Ihre Arbeit kennen, als auch von der Qualität Ihrer Arbeit. Zum Glück gibt es Hunderte von neuen Kanälen und Medien, über die Sie Ihre Arbeit verbreiten können.

Und wie wirbt man für die Marke „Sie"?

Strategie 1: Zerstechen Sie die Blase

Man hört oft, dass Leute die sozialen Medien als „virtuelle Cocktailparty" bezeichnen. Ich würde zustimmen, dass dort ähnliche Regeln gelten, aber Folgendes hinzufügen:

Wenn die sozialen Medien eine Party sind, dann glaube ich, sind wir an dem Moment angekommen, an dem die Polizei alles auflöst, weil es sich zu einem randalierenden Haufen entwickelt hat.

In einem solchen Moment ist es sehr schwer, aufzutauchen und irgendwelche Aufmerksamkeit zu erregen. Man hat auch noch ein anderes Problem, was der Autor Eli Pariser die „Filterblase" nennt. Soziale Plattformen und Suchmaschinen nutzen komplizierte, fehlerhaftete Algorithmen, um Dinge zu filtern und den Usern nur das zu zeigen, was sie am meisten interessiert.

Wenn man diese unsichtbare Blase zerstechen und jemandes Aufmerksamkeit erregen will, dann muss man Content schaffen, der nicht nur geteilt wird, sondern bevorzugt geteilt und dann sogar noch ein bisschen öfter geteilt wird.

Pariser, der ehemalige Executive Director von moveon.org, beschloss, etwas gegen das Problem der Filterblase zu unternehmen. Zuerst schrieb er ein Buch darüber. Dann tat er sich mit dem ehemaligen Chefredakteur des Satiremagazins *The Onion* zusammen, um ein Medienunternehmen namens Upworthy.com zu gründen, ein „sozial orientiertes Medien-Start-up mit einer Mission, das sich zur Aufgabe setzt, wichtige Themen [lies: linke politische Nachrichten] so viral gehen zu lassen wie ein Video von jemandem, der auf dem Bett herumspringt und dabei aus dem Fenster fällt".

Auf den ersten Blick wirkt es, als sei es zum Scheitern verurteilt – viele Menschen vermeiden Politik auf ihren sozialen Websites, ähnlich wie man das Thema bei einem Familienessen an den Feiertagen vermeiden würde. Aber ein Jahr nach dem Launch war der Traffic von Upworthy vergleichbar mit dem auf Seiten wie dem Magazin *People* und *The Drudge Report*. Upworthy schaffte es nicht nur in den Newsfeed der Leute, es brachte auch die Mainstream-Medien-Blase zum Platzen, wurde in der *Rachel Maddow Show* erwähnt, und es wurde in Publikationen wie der *New York Times* darüber berichtet.

Upworthy scheint das Unmögliche gelungen zu sein. Lassen Sie uns daraus ein paar Regeln ableiten, die Ihnen helfen werden, dasselbe zu tun.

Bieten Sie was fürs Auge

Die meisten frühen Stars des Internets waren Blogger. Damals waren Persönlichkeit und ein Standpunkt alles, was man brauchte, um Aufmerksamkeit für die eigene Website zu generieren. Heutzutage ist

Blogging immer noch eine gute Methode, um online die eigenen Ideen zu verbreiten und Loyalität und Glaubwürdigkeit aufzubauen. Aber lange, textlastige Blogposts sind nicht unbedingt der beste Content-Magnet, um neue Leute anzuziehen. Auf der Seite Reddit, wo vor allem Links geshart werden, sind 90 Prozent der Links, die es auf die erste Seite schaffen (mit anderen Worten, die am meisten geklickt werden) Bilder. Fotos, Infografiken, animierte Gifs, Slideshows – haben eine viel größere Chance, Aufmerksamkeit zu erregen und weitergeleitet zu werden.

Teilen, was einem wichtig ist

Posts, die geteilt werden, können laut den Onlinemarketing-Experten von Moz.com. in Sekundenschnelle eine emotionale Reaktion hervor-rufen. Diese Leute sind Experten, wenn es darum geht, Emotionen in kleinen Häppchen zu präsentieren, um zu sehen, welche Reaktionen dazu führen, dass etwas geteilt wird. Ihre Arbeit baut auf der des Wharton-Professors Jonah Berger auf, der eine umfangreiche Studie über die „am häufigsten per E-Mail verschickten" Links auf der Website der *New York Times* durchgeführt und ein Buch über die Ergebnisse ge-schrieben hat: *Contagious: Why Things Catch On*. Er und das Team von Moz kamen zu gleichen Schlussfolgerungen: Auch wenn positive Emotionen insgesamt besser sind als negative, mögen die Menschen ein wenig „Aufregung". Dazu gehören positive Emotionen – Staunen, Vergnügen, Freude –, aber auch einige negative, wie Wut – Dinge, die uns auf die Palme bringen, uns zum Kochen bringen. Kurz gesagt, wir teilen, wenn uns etwas wichtig ist, also vergessen Sie die ängstlichen, zurückhaltenden Posts und sagen Sie etwas von Bedeutung.

Pflegen, nicht schaffen

Upworthy kam zum Schluss, dass die beste Strategie, um viralen Content zu kreieren, darin besteht, Vorhandenes zu selektieren und nicht Neues zu schaffen – sie sammeln Links, die in den sozialen Medien bereits Klicks angezogen haben. Sie verpacken sie neu mit unwiderstehlichen Überschriften und verwenden ihre einfach zu teilende Seitenvorlage und das ist wie Öl ins Feuer gießen. Aber das gilt auch, wenn Sie Content selbst schaffen. Genau wie Gary Vaynerchuk, den ich erwähnte, sollten Sie aufmerksam eine Unterhaltung verfolgen, die bereits stattfindet. Welche Worte verwenden die Menschen? Worüber reden sie? Nutzen Sie dieses bewusste „Hinhören" für das, was Sie schaffen. Wenn Sie die Sprache der Menschen sprechen, werden Ihre Posts so deutlich ins Auge springen wie ein McDonald's in Tokio.

Strategie 2: Manipulieren Sie die Medien

Man liest oder hört jeden Tag etwas über Unternehmen – in Zeitungen, Zeitschriften, im Fernsehen und im Netz. Meistens dreht sich der Artikel oder die Story um berühmte CEOs und große Unternehmen. Das liegt nicht daran, dass sie die Presse mehr verdient hätten als Sie oder ich. Es ist vielmehr das Ergebnis gut geplanter und strategischer Öffentlichkeitsarbeit. Große Unternehmen lassen eine PR-Maschinerie für sich arbeiten, die ihr Image formen und kontrollieren soll (auch wenn das nicht immer gelingt).

Kleinere Unternehmen und Einzelpersonen müssen das selbst machen. Aber mit einem bisschen Mut und einer eigenen Strategie ist es gar nicht so schwer, an die Medien heranzukommen, wie Sie vielleicht meinen. Journalisten spüren selbst weniger Storys auf, als man sich so vorstellt. Die Mehrzahl ihrer Storys bekommen sie nämlich von Menschen, die an sie herantreten, und nicht umgekehrt. Und wie alle anderen Menschen in allen anderen Berufen folgen sie dem Herdentrieb. Das heißt, wenn schon einmal über Sie geschrieben wurde, wenden sich andere Reporter an Sie. Wenn Sie im Zusammenhang mit einem Thema genannt werden, stellen Journalisten nach einer kurzen Google-Suche fest, dass Sie eine bereits zitierte Quelle sind; also treten sie an Sie heran und zitieren Sie ebenfalls.

Ein Artikel sorgt für öffentliche Wahrnehmung, die einen in den Blick weiterer Journalisten rückt, sodass die Möglichkeit für mehr Artikel und Bekanntheit besteht. Die Deadlines der Journalisten machen die Zeitungs- und Zeitschriftenarbeit zur Kunst des Möglichen, nicht des Vollkommenen.

Entscheidend ist, dass Sie die Präsentation Ihrer Marke als PR-Kampagne betrachten. Wie können Sie Ihre Botschaft vermitteln? Wie stellen Sie sicher, dass die Botschaft auf die Art rüberkommt, die Sie wünschen? Ihr Netzwerk ist dafür auf jeden Fall ein guter Ausgangspunkt. Jeder, den Sie kennenlernen, und jeder, mit dem Sie sprechen, sollte wissen, was Sie machen, warum Sie das machen und was Sie für sie oder ihn tun können. Aber warum sollte man diese Botschaft nicht an Tausende Netzwerke im ganzen Land verteilen?

Na also, geht doch.

Wie schon gesagt, als ich CEO von YaYa wurde, hatte das Unternehmen so gut wie keinen Umsatz und eindeutig keinen anerkannten Markt. Wir hatten visionäre Unternehmensgründer – Jeremy Milken und Seth Gerson –, aber wir brauchten einen Markt.

Es gab allerdings noch ein Unternehmen mit einem ähnlichen Produkt. Ich möchte es hier Big Boy Software nennen. Es hatte ein Programmiertool entwickelt, das die Erstellung von High-End-Games erleichterte. Dieses Unternehmen war ebenfalls auf der Suche nach einem Geschäftsmodell, das Umsatz generieren würde. Zwischen uns begann ein Wettlauf darum, wer auf dem neuen Markt, den wir schufen, die etablierte Marke sein würde.

Schon bald, nachdem wir den Advergaming-Markt definiert hatten, sah Big Boy, dass wir Fahrt aufnahmen (und operativen Umsatz erzielten), indem wir Spiele an große Markenunternehmen verkauften. Big Boy setzte nach und positionierte sich als Konkurrent von YaYa. Der Hauptunterschied bestand darin, dass die anderen viel, viel mehr Geld hatten als wir. Sie hatten eine enorme Menge Kapital beschafft, das unsere Mittel lächerlich erscheinen ließ. Es ist gar nicht nötig, im Detail zu vergleichen, welches Unternehmen das bessere war (ich bin da natürlich ein bisschen parteiisch); aber es bleibt die Tatsache, dass Big Boy tonnenweise Ressourcen hatte, wir dagegen keine – und zwar überhaupt keine.

Und wieso wurde dann YaYa zum Marktführer?

Die Antwort lautet, dass wir für Hype sorgten: dieses einflussreiche, weitverbreitete Phänomen, das über das Schicksal von Personen, Unternehmen und Filmen entscheiden kann. Hype ist das Rätsel, das jeder unternehmungslustige Mensch zu lösen versucht. Es ist eine Kraft, die sich an der Basis via Mundpropaganda fortpflanzt und die einen Low-Budget-Film über eine Hexe in einen Millionen-Dollar-Kassenschlager verwandeln kann (noch nie von *Blair Witch Project* gehört?). Man spürt seine Energie in Internet-Chatrooms, im Fitnessstudio, auf der Straße, und dann wird es von einem Medium geschürt, das unbedingt die Exklusivstory haben will. Hype ist gedoptes Marketing.

Hier noch ein Beispiel dafür, wie gut das funktioniert. Erinnern Sie sich noch an Napster? Irgendwann war das eine clevere Software-Idee, die ein junger Mensch im Studentenwohnheim ausgeheckt hatte – die Möglichkeit, online Kontakt miteinander aufzunehmen und MP3-Files auszutauschen. Sechs Monate später war es ein Start-up-Unternehmen im Silicon Valley, welches zu einem großen Rechtsstreit führte, und es sprengte die Bandbreite von Servern im ganzen Land. Selbst als Napster geschlossen wurde, war der Name noch so gehypt, dass er sich für rund 50 Millionen Dollar verkaufte.

Das alles hatte weder mit Werbung noch mit lebenswichtiger Unterstützung durch Oprah zu tun. Napster war einfach nur cool. Und der Hype hatte es berühmt gemacht.

Durch meine jahrelange Marketingtätigkeit habe ich eine Vorstellung davon, wie man einen Hype erzeugt. Eine Möglichkeit besteht darin, „katalytische Momente" zu schaffen, wie ich das nenne. Ist Ihnen je aufgefallen, dass sich bei großen Footballspielen manchmal das Blatt ganz plötzlich von der Seite der einen Mannschaft auf die andere wendet? Das fängt mit einem genialen Spielzug an, auf den weitere entscheidende Spielzüge folgen. So ist das auch mit einem Hype. Dafür braucht man eine Situation, einen entscheidenden Moment, einen Exklusivbericht, ein verrücktes Werbegeschenk – irgendetwas, das die Masse zum Raunen bringt. Unglücklicherweise war YaYa für eine solche Strategie zu jung und zu arm.

Eine andere Möglichkeit besteht darin, die Macht der Medien dafür sorgen zu lassen, dass die eigene Marke brummt, indem man beeindruckende Nachrichten liefert. Ein perfektes Beispiel dafür ist der Wahlkampf von Jesse Ventura, der für das Amt des Gouverneurs von Minnesota kandidierte. Da zwei seiner Mitbewerber erheblich mehr Mittel zur Verfügung hatten als er, verschaffte sich Ventura wertvolle Medienpräsenz, indem er die Medien dazu brachte, dass sie über seinen kreativen Einsatz von Werbung und über eine Actionfigur im Stil von G.I. Joe berichteten. Auf ähnliche Weise suche ich nach interessanten Storys, die in den Nachrichtenmedien für Begeisterung sorgen.

Hier kommen nun die „Einflusspersonen", die „Influencer" ins Spiel. Die Werbeleute bezeichnen Menschen als „Influencer", die einen Hype entzünden können. Das ist das kleine Segment der Bevölkerung, das frühzeitig ein cooles Produkt anwendet und alle anderen mit dem Virus ansteckt. Influencer sind auch die Prominenten und Experten, deren Wort das Evangelium ist. Es ist unabdingbar, dass Sie diese Menschen ermitteln und ihnen Ihre Marke vor Augen führen.

Die Agentur KPE habe ich ja vorhin schon erwähnt. Sie war genau das, was ich suchte. KPE war als Beratungsagentur für interaktives Marketing und interaktive Technologie auf der Höhe der Zeit und die Firma hatte sich schon frühzeitig für das Marktsegment interessiert, das wir gerade schufen. KPE war unter den Fortune-1000-Unternehmen, die dafür bekannt sind, dass sie die neuesten Trends erkennen, ein anerkannter Name. Glücklicherweise war der Direktor der strategischen Abteilung Matt Ringel, den ich dank unserer gemeinsamen Beteiligung an einem Non-Profit-Projekt namens „Save America's Treasures" kannte; diese Organisation hat sich dem Schutz von Stätten und Objekten von geschichtlicher Bedeutung verschrieben.

Ich trat an Matt heran und schlug vor, dass er die Erstellung eines Artikels veranlassen solle, der diesen Bereich am Markt einführen würde. Ich wusste, dass ein „White Paper" (ein Research-Dokument, das Consultingfirmen über tagesaktuelle Themen erstellen), das uns und unsere Technologie aus unvoreingenommener Perspektive vorstellte, weitaus effektiver sein und mehr Glaubwürdigkeit erzeugen würde als irgendetwas, das wir selbst tun könnten. Mit Matt und seiner rechten Hand Jane Chen arbeitete ich wochenlang an der Schrift; ich führte Beispiele der Arbeit von YaYa an, ich brachte Kunden dazu, mit ihnen zu sprechen und ich erklärte ihnen die Methoden und die Erkenntnisse, die wir aus unseren Erfahrungen gewonnen hatten. Schon vorher hatte ich mich an Analysten gewandt, die sich für diesen Bereich interessierten und die jetzt ebenso bereit waren, mit Matt darüber zu sprechen, was wir machten.

Ich gab KPE damit die Chance, an vorderster Front zu stehen und in diesem Bereich eine führende Position einzunehmen und war sicher, dass vermöge des Zugangs, den ich KPE damit bot, YaYa das Hauptbeispiel der Fallstudie sein würde. Dieser Artikel zeitigte große Wirkungen, er prägte unter anderem den neuen Namen für dieses Marktsegment, das wir (dank der Kreativität von Jane Chen) „Advergaming" tauften. Alleine der Name eignete sich hervorragend für einen Hype.

Eines lernten wir aus dieser Erfahrung auf jeden Fall, dass nämlich Ihre PR-Kampagne realistisch sein muss. In den meisten Fällen sollten Sie lieber klein anfangen. Sie werden gezwungen sein, sich auf Ihre Lokalzeitung, auf Schul- und Universitätszeitschriften beziehungsweise Branchenfachblätter zu konzentrieren. Vielleicht auch einfach nur auf ein White Paper, das auf die Website einer Consultingfirma gestellt wird. Hauptsache, man entzündet das Feuer.

Als das White Paper fertig war, bekam es dank der PR-Maschinerie von KPE (die sie sich im Gegensatz zu uns leisten konnten) eine erstaunliche Publicity und tatsächlich standen wir sofort als führendes Unternehmen in diesem Bereich da. Nebenbei möchte ich bemerken, dass ich später Matt und Jane zu YaYa abwarb (ich wollte die Begründer des Advergaming in meiner Firma haben).

Es dauerte kein Jahr, da erschienen wir auf dem Titel von *Brand Week*, in der Marktrubrik des *Wall Street Journals*, im Technologieteil der *New York Times*, in einem *Forbes*-Feature … und so weiter. Konsequent saß ich bei jeder Podiumsdiskussion mit der Konkurrenz zusammen (ich wurde meistens eingeladen, während „die Boys" für diese Möglichkeit bezahlen mussten). Geld kann zwar sicherlich als Ersatz für gute PR dienen, aber man kann wohl kaum so viel Geld haben, dass es die Glaubwürdigkeit ersetzt, die einem ein einziger Artikel in *Forbes* oder in der *New York Times* verleiht.

Die Konkurrenz hingegen bekam wenig Presse und scheiterte, wenn es darum ging, eine einprägsame Botschaft rüberzubringen. Alles geht auf Ihren Content zurück. Wenn Sie erst einmal einen haben, können Sie anfangen, ihn so zu formen, dass er Aufmerksamkeit erregt. Sie müssen ein Gefühl der Dringlichkeit vermitteln und die Botschaft auf den Zeitpunkt abstimmen. Reporter fragen ständig: „Aber warum ist das *jetzt* so wichtig?" Wenn Sie diese Frage nicht ausreichend beantworten können, wird Ihr Artikel wohl warten müssen.

Im Fall von YaYa wies ich darauf hin, dass die Spielebranche das am schnellsten wachsende Segment der Unterhaltungsindustrie war und sich überraschenderweise noch niemand überlegt hatte, wie man dieses Wachstum für etwas anderes als puren Spaß an der Freude ausnutzen könnte. Das reicht aber nicht immer. Ich hatte zum Beispiel einen Beitrag für eine wöchentliche Kolumne des *Wall Street Journals* geschrieben, die den Titel „Manager's Journal" trägt. Dem Herausgeber gefiel mein Beitrag durchaus, aber er stellte ihn immer wieder zurück, damit er andere, tagesaktuellere Beiträge veröffentlichen konnte. Also schrieb ich jede Woche eine neue Einleitung für meinen Beitrag und bezog mich dabei auf etwas, das zu dieser Zeit gerade in den Nachrichten war. Und es dauerte nicht lange, da erblickte der Artikel endlich das Licht der Öffentlichkeit.

Wenn Sie erst einmal ein Feuer entzündet und den Hype in Gang gesetzt haben, wollen Sie Ihre Story natürlich den Journalisten vortragen. Es ist allerdings eine falsche Vorstellung, dass man die Presse „bearbeiten" müsste. Aber übereifrige PR-Profis, die nicht wissen, was das Wort „Nein" bedeutet, bearbeiten Reporter im Stundentakt. Journalisten haben von Menschen, die sich wie Schwachköpfe benehmen und inhaltslose Artikel anpreisen, schnell die Nase voll. Die Medien sind nicht anders als andere Unternehmen. Sie müssen ihre Arbeit machen. Wenn Sie ihnen helfen können, ihre Arbeit besser oder leichter zu erledigen, dann werden sie Sie lieben.

Sie müssen sofort Beziehungen zu den Medien aufbauen, noch bevor Sie eine Story haben, die Sie gern gedruckt sehen wollen. Schicken Sie ihnen Informationen. Treffen Sie sich zu einem Kaffee. Rufen Sie regelmäßig an, um den Kontakt zu halten. Schenken Sie ihnen exklusive Einblicke in Ihre Branche. Etablieren Sie sich als bereitwillige und zugängliche Informationsquelle und bieten Sie sich für Interviews in Printmedien, Rundfunk und Fernsehen an. Sagen Sie niemals „kein Kommentar".

Ein Beispiel: Ich erinnere mich noch daran, wie ich als frischgebackener Projektleiter für die Umstrukturierungsanstrengungen von Deloitte zum ersten Mal mit einem Topjournalisten von *Fortune* namens Tom Stewart zusammensaß. Meine PR-Firma machte Tom und mich miteinander bekannt und ich hatte mich darauf vorbereitet, Eindruck auf ihn zu machen. Ich hatte alles gelesen, was er in den letzten fünf Jahren geschrieben hatte. Mit freundlichem Spott spielte ich auf obskure Voraussagen an, die er vor Jahren in anderen Artikeln getroffen hatte, und ich konnte aufmerksam mit ihm über seine neueste Kolumne diskutieren. Ich wollte so nützlich wie möglich sein, wollte ihm Zugang zu Trends, Ideen und allen mir zur Verfügung stehenden Kontakten bieten. Das Gleiche machte ich mit anderen Journalisten von anderen großen Zeitungen und Zeitschriften.

Zwischen Tom und mir stimmte die Chemie. Toms Energie und seine intellektuelle Neugier waren ansteckend. Ich gehe davon aus, dass ich ihm auch etwas zu bieten hatte, denn er nahm meine nächste Einladung zum Essen und die nächste danach bereitwillig an.

Das war mehr als nur gegenseitige Bewunderung. Ich hatte mich vorbereitet, ich handelte, klang und fühlte mich wie ein Fachmann. Und wenn ich etwas nicht wusste, verwies ich ihn auf jeden Fall an die Person, die Bescheid wusste. Wenn man sich immer entschuldigt und sagt: „Na ja, ich bin kein Experte", dann glauben Ihnen die Menschen und fragen sich, warum Sie ihre Zeit verschwendet haben.

Ich habe Tom nie um etwas Bestimmtes gebeten. Wir trafen uns ein paarmal im Jahr und ich versuchte, so hilfreich wie möglich zu sein. Aber natürlich erinnere ich mich noch daran, wie ich ein paar Monate nach unserer Besprechung eine meiner Ideen in seiner Kolumne las, aber – man höre und staune – nicht Deloitte, sondern ein Konkurrent zitiert wurde. Ich ging an die Decke. Instinktiv wollte ich ihn sofort anrufen und ihm meine Unzufriedenheit mitteilen. Aber stattdessen hielt ich mich zurück und lud ihn einfach noch einmal zum Essen ein.

Ist so etwas nicht zu zeitraubend? Nicht, wenn man davon überzeugt ist, dass es zu den Pflichten des Unternehmens gehört und einem die Interaktion Spaß macht. Wenn ich in meiner Zeit bei Deloitte im Fernsehen auftrat, *war* ich Deloitte. Wenn ich im *Forbes*-Magazin stand, dann erntete das Unternehmen den geschäftlichen Nutzen.

Mit der Zeit zahlen sich die Stunden aus, die man in die Entwicklung von Beziehungen zu Journalisten investiert, und so war es auch mit Tom und mir auf privater und professioneller Ebene. Nach und nach tauchte Deloitte auf den Seiten von *Fortune* häufiger auf, weil unsere Storys von jemandem gehört wurden, der sie weitererzählen konnte. Ich bat Tom nie um einen Artikel, aber es schadete bestimmt nichts, dass ich ihm bei unseren gemeinsamen Essen mit guten Ideen versorgte. Heute ist Tom Chefredakteur der *Harvard Business Review*.

Aber vergessen Sie nicht, dass man einem guten Journalisten weder seine Storys aufzwingen noch ihn unter Druck setzen kann. Jeglicher Versuch in dieser Richtung würde die geschäftliche Beziehung gewiss beenden. Die besten Journalisten sind fast immer auch die mit den höchsten moralischen Ansprüchen.

Seien Sie sich beim Navigieren der Medienlandschaft bewusst, dass es dort auch Landminen gibt. Was die Medien schreiben wollen und die Story, die Sie gern hätten, sind manchmal zwei völlig verschiedene Dinge.

Ich lernte das auf die harte Tour. Eines Tages rief der bekannte Journalist Hal Lancaster bei mir an, weil er für das *Wall Street Journal* eine Kolumne darüber schrieb, wie man seine Karriere selbst in die Hand nimmt. Die Story erschien am Dienstag, dem 19. November 1996. Ich weiß das genaue Datum deshalb noch, weil ich den Artikel habe rahmen lassen, damit ich die Lektion niemals vergesse, die ich damals lernte.

Als Lancaster anrief, war ich hellauf begeistert. Ein berühmter Reporter von einer renommierten Zeitung fragte mich, was ich machte. Ich war bei Deloitte im Verhältnis gesehen noch ein Kind. Das war zwar nicht unbedingt das Thema des Artikels, aber ich ließ mich von der Begeisterung hinreißen. Lancaster sagte, er schreibe etwas über den veränderten Charakter der Arbeitswelt. Er hatte die Hypothese, das Ende der Umstrukturierungsbewegung würde schwere Auswirkungen auf jene haben, die Umstrukturierungsprojekte geleitet hatten, und auf jene, die von den Projekten betroffen waren.

Anstatt genau hinzuhören, in welche Richtung er wollte, versuchte ich ihm aufzudrängen, was meiner Meinung nach die wahre Story war. Ein großer Fehler! Wenn ein Reporter Sie anruft, Ihnen seine Story und seine Sichtweise erklärt, dann können Sie davon ausgehen, dass er Sie benutzt, um seine Position zu untermauern. Es kommt selten vor, dass ein Journalist Ihnen bis zum Ende zuhört und sagt: „Oh mein Gott, Sie haben ja recht! Ich habe das ja ganz falsch angepackt." Selten – damit meine ich nie. Damals dachte ich, ich hätte Lancaster berichtigt. Aber am Ende berichtigte er mich.

Ich nahm mir viel Zeit, um Lancaster zu erklären, dass ich Deloittes Umstrukturierungsprojekte auf dem normalen Karriereweg zum Teilhaber betrieben hätte, aber dass ich jetzt am Ende des Trends zu einem aufregenden Sonderprojekt überging, das auch Marketing beinhaltete. „Ich habe vor, die Art zu verändern, wie sich traditionelle Consultingfirmen vermarkten."

Er überging meine Begeisterung: „Fühlen Sie sich in der Welt nach der Umstrukturierung fehl am Platz?", wollte er wissen. Sicher, so räumte ich ein, war das mit Veränderungen verbunden, aber gewiss nichts Traumatisches. Er wollte von mir hören, ich hätte kein Ziel mehr. Aber mein neuer Auftrag begeisterte mich. Ich betrachtete das als riesigen Schritt.

An dem Tag, an dem der Artikel erschien, eilte ich zum Kiosk, um die Zeitung zu kaufen. Und da stand, grell und für jedermann sichtbar die Schlagzeile: „Eine Degradierung muss nicht das Ende einer erfüllten Karriere bedeuten." Direkt über dem Falz stand in DICKEN

FETTEN Buchstaben mein Name: „Mr. Ferrazzi sagt, der Wechsel sei zwar schwierig gewesen, aber er wolle die Rückversetzung als Chance nutzen."

Er behauptete, ich sei degradiert worden!

Das haute mich um. Ach ja, dann kam noch die Abreibung von meinem Chef, Pat Loconto: „So, wie ich höre, wurdest du degradiert und hast keine Mitarbeiter mehr, die dir unterstellt sind. Das ist ja prima! Das spart uns bergeweise Personalkosten, angefangen bei deiner Gehaltserhöhung."

Seien Sie vorsichtig. Hören Sie dem Reporter zu, wenn er sagt: „Ich schreibe eine Story über versetzte Mitarbeiter …" Und diese Story wird er schreiben, egal was *Sie* sagen.

Und jetzt, wo Sie ein bisschen besser wissen, wie der Hase läuft, ist es an der Zeit, dass Sie sich ins Gespräch bringen. Hier ein Aktionsplan für die Entwicklung einer Strategie für die „Marke Sie":

Sie selbst sind Ihr bester PR-Mann

Managen müssen Sie die Medien selbst. PR-Agenturen sind allerdings hilfreich und verstärken die Wirkung. Ich lasse mich seit Jahren von einer Agentur vertreten. Im besten Fall sind PR-Firmen strategische Partner, aber am Ende will die Presse immer mit dem wichtigen Mann reden – mit Ihnen, und nicht mit einem PR-Vertreter. Ja, es stimmt schon, dass einem eine PR-Agentur entsprechende Kontakte verschaffen kann, aber am Anfang Ihrer Karriere brauchen Sie das nicht und können es sich wahrscheinlich auch nicht leisten.

Wer könnte besser als Sie Ihre Geschichte glaubwürdig und leidenschaftlich erzählen? Rufen Sie als Erstes die Reporter an, die über Ihre Branche berichten. Gehen Sie mit ihnen essen. Wenn im Zusammenhang mit Ihrem Content etwas Aktuelles passiert, schicken Sie eine Pressemitteilung. Pressemitteilungen haben nichts Geheimnisvolles. Sie sind nichts weiter als zwei oder drei Absätze, in denen steht, was Sie an Ihrer Story für wichtig halten. *So einfach ist das.*

Vergessen Sie nicht, dass Medienleute höchst amüsant sind. Sie sind meistens interessant und intelligent, und sie werden dafür bezahlt, über alles auf dem Laufenden zu sein, was in der Welt passiert. Und sie brauchen Sie genauso sehr wie Sie sie brauchen. Vielleicht brauchen sie nicht exakt Ihre Story zu exakt dem Zeitpunkt, den Sie wünschen, aber mit ein bisschen Geduld werden sie schon zurechtkommen.

Kennen Sie die Medienlandschaft

Wie ich immer wieder höre, lassen sich Reporter und Redakteure durch nichts mehr in Rage bringen, als wenn ihnen jemand etwas andrehen will, der eindeutig keine Ahnung hat, worum es in ihrer Publikation geht und welches Publikum sie anspricht. Vergessen Sie nicht, dass das Mediengeschäft ein Geschäft ist und Medienunternehmen Einschaltquoten oder hohe Auflagen anstreben. Und das können sie nur, wenn sie ihr Zielpublikum bedienen. „Hören Sie, ich bin ein treuer Leser Ihrer Zeitschrift", sage ich den Redakteuren immer und erwähne ein paar Artikel, die mir in letzter Zeit gut gefallen haben. „Ich habe da eine Story, und ich weiß, dass sie Ihre Leser interessieren wird, denn ich denke schon länger darüber nach." Und das ist nicht nur ein Lippenbekenntnis. Bevor ich einen Journalisten anrufe, nehme ich mir die Zeit, seine Artikel zu lesen; ich mache mir Gedanken über die Themen, die er behandelt, und darüber, welche Art Story die Publikation gern bringt.

Die richtige Perspektive

Es gibt keine neuen Geschichten, hat einmal jemand gesagt, sondern nur alte Geschichten, die neu erzählt werden. Wenn Ihr Angebot frisch und originell klingen soll, müssen Sie eine neue Perspektive finden. Und welche Perspektive ist das? Alles, was laut schreit: „Jetzt!" Nehmen wir einmal an, Sie eröffnen eine Zoohandlung. Einer Zeitschrift gegenüber, die an Unternehmer gerichtet ist, betonen Sie vielleicht, dass Ihr Laden ein aktuelles Beispiel für den Trend in der Unternehmerschaft ist, örtliche Einzelhandelsgeschäfte zu eröffnen. Bieten Sie Erklärungsansätze, wieso das geschieht und was die Leser des Magazins daraus lernen könnten. Die Story der Lokalzeitung zu verkaufen ist ganz einfach. Was hat Sie zu dem Berufswechsel veranlasst? Gibt es an Ihrer Situation etwas Besonderes, das mit Geschehnissen in Ihrer Gemeinde zu tun hat? Und vergessen Sie nicht die katalytischen Momente. Vielleicht verkaufen Sie eine seltene Tierart, die sonst niemand führt. Oder Sie haben vor, Hundewelpen an Waisenkinder zu verschenken. So etwas ist für eine Lokalzeitung oder eine Stadtzeitung durchaus berichtenswert. Teilen Sie sich mit!

Klein denken

Sind Sie Bill Gates? Nein. Haben Sie vielleicht ein Heilmittel für die gewöhnliche Erkältung erfunden? Auch nicht. Na ja, dann klopft wahrscheinlich auch nicht gleich die *New York Times* bei Ihnen an. Fangen Sie lokal an. Bauen Sie eine Datenbank der Zeitungen und Zeitschriften in Ihrer Region auf, die sich für Ihre Inhalte interessieren könnten. Probieren Sie es mit Unizeitungen, dem Gemeindeblatt oder mit dem kostenlosen Branchen-Newsletter, den Sie in Ihrem E-Mail-Posteingang finden. Damit entzünden Sie das Feuer und lernen nach und nach, wie man mit Reportern umgeht.

Machen Sie die Reporter glücklich

Reporter sind ein eiliger, ungeduldiger, stets gestresster Haufen von Überfliegern. Passen Sie sich ihrem Tempo an und stehen Sie immer bereit, wenn sie sich bei Ihnen melden. Lassen Sie *nie* ein Interview platzen und versuchen Sie bei der Herstellung von Kontakten behilflich zu sein, die sie für eine tolle Story brauchen.

Fassen Sie sich kurz!

Sagen Sie mir in weniger als zehn Sekunden, warum ich etwas über Sie schreiben sollte. Wenn Sie länger als zehn Sekunden brauchen, um Ihren Content an den Mann zu bringen, dann geht ein Fernsehproduzent davon aus, dass Sie den ungeduldigen Zuschauern Ihren Standpunkt nicht vermitteln können. Und ein Reporter versucht am Telefon, Sie schnell wieder loszuwerden.

Lernen Sie, sich kurzzufassen – sowohl schriftlich als auch am Telefon. Die Medien verehren die Kürze. Sehen Sie sich einmal die Evolution des modernen Soundbites an: Noch vor etwa 30 Jahren hatte ein Präsidentschaftskandidat eine durchschnittliche Redezeit von 42 Sekunden zur Verfügung. Heute liegt sie unter sieben Sekunden. Wenn der Präsident nur ein paar Sekunden bekommt, wie viel werden Sie dann wohl bekommen? Denken Sie in Stichpunkten. Nehmen Sie die drei wichtigsten Punkte Ihrer Story her und formulieren Sie sie knapp, farbig und griffig.

Nerven Sie nicht

Es gibt eine feine Trennlinie zwischen angemessener Selbstvermarktung und Belästigung. Wenn ein Angebot von mir abgelehnt wird, frage ich, wodurch es veröffentlichungsfähig werden könnte. Manchmal kann man es dem Herausgeber überhaupt nicht recht machen, aber manchmal braucht man nur ein paar zusätzliche Fragen zu beantworten, ein bisschen ausführlicher zu werden und die Story dann noch einmal anzubieten. Aggressiv vorgehen ist erlaubt, aber achten Sie auf die Signale und ziehen Sie sich zurück, wenn es an der Zeit ist.

Alles auf Band

Seien Sie vorsichtig: Alles was Sie sagen, kann gegen Sie verwendet werden; und selbst wenn Sie nicht wörtlich zitiert werden oder etwas sagen, das nicht ausdrücklich zum Interview zählt, wird der Reporter anhand Ihrer Worte dem Artikel eine bestimmte Richtung geben. Ich will damit nicht der Einsilbigkeit das Wort reden. Dafür werden Kommunikationschefs bezahlt und ich kenne niemand bei der Presse, der sie mag. Vergessen Sie einfach nicht: Nicht jede Presse ist gute Presse, auch wenn Ihr Name richtig geschrieben ist.

Preisen Sie die Botschaft an, nicht den Boten

Es gab eine Zeit, da war mir der Unterschied zwischen berühmt und berüchtigt sein weniger bewusst als heute. Aber das ist ein Riesenunterschied! Am Anfang meiner Karriere achtete ich viel zu sehr darauf, Aufmerksamkeit zu bekommen. Ich habe damit durchaus eine Marke aufgebaut, aber rückblickend muss ich sagen, dass das nicht die Marke war, die ich für mich haben wollte. All Ihre Bemühungen um Publicity, Werbung und Branding müssen Ihrer Mission dienlich sein; wenn Sie nur Ihrem Ego dienen, stehen Sie irgendwann mit einem Ruf da, den Sie gar nicht haben wollten und der Ihnen für den Rest Ihres Lebens wirklich hinderlich sein kann. Ich hatte Glück. Rückblickend kann ich sagen, dass ich lediglich viel Zeit vergeudet habe.

Behandeln Sie Journalisten genauso wie alle anderen Angehörigen Ihres Netzwerks oder Freundeskreises

Wie bei jedem anderen Gespräch ist das oberste Ziel bei der Begegnung mit der Presse, dass das Gegenüber Sie mag. Der Reporter ist ein Mensch (jedenfalls die meisten) und Ihr Einfühlungsvermögen für seine schwere Arbeit bringt sehr viel. Ich danke dem Verfasser für seine Arbeit selbst dann, wenn mir sein Artikel meiner Meinung nach nicht gerecht wird. Ich schicke unabhängig von der Größe der Publikation eine kurze Dankes-Mail. Journalisten sind beruflich bedingt von Natur aus Networker. Bedenken Sie dazu, dass die Mediengemeinde nicht allzu groß ist, dann begreifen Sie, weshalb Sie diese Leute auf Ihrer Seite haben sollten.

Betreiben Sie Namedropping

Wenn Sie Ihre Story mit einer bekannten Größe in Verbindung bringen – einem Politiker, einem Star oder einem berühmten Geschäftsmann – geben Sie de facto eine bestimmte Perspektive vor. Das Fazit: Die Medien wollen bekannte Gesichter haben. Wenn Ihre Story ihnen Zugang zu jemandem bietet, an den sie sonst nicht herangekommen wären, machen sie Zugeständnisse. Und manchmal können Sie einen Prominenten in die Story einfließen lassen, den Sie gar nicht persönlich kennen. Dann bleibt es zwar dem Journalisten überlassen, an den Star heranzukommen, aber Sie haben Ihre Arbeit getan, indem Sie ihm einen Grund gegeben haben, an die betreffende Person heranzutreten.

Vermarkten Sie das Marketing

Nachdem Sie so viel Arbeit investiert und einen guten Artikel gelandet haben, ist nicht die rechte Zeit für Bescheidenheit. Versenden Sie den Artikel. Teilen Sie ihn in den sozialen Netzwerken. Geben Sie ihn dem Ehemaligenmagazin. Aktualisieren Sie Ihren Lebenslauf. Benutzen Sie den Artikel, um noch mehr Presse zu bekommen. Ich hänge neue Artikel an eine E-Mail und schreibe in die Betreffzeile: „Hier ein weiterer von Ferrazzis schamlosen Eigenwerbungsversuchen." Die meisten Menschen finden das lustig und Sie bleiben damit auf deren Radar.

Es gibt unzählige Möglichkeiten, sich zu profilieren

Es gibt buchstäblich Tausende Möglichkeiten, Anerkennung für sein Expertentum zu bekommen. Versuchen Sie es mal mit einem Nebenjob. Vielleicht finden Sie die Zeit für freiberufliche Projekte, die Sie mit einer ganz neuen Gruppe von Menschen zusammenbringen. Oder übernehmen Sie innerhalb Ihres Unternehmens ein Extra-Projekt, das Ihre neuen Fähigkeiten ins Rampenlicht stellt. Bieten Sie außerhalb oder innerhalb Ihres Unternehmens Kurse an. Tragen Sie sich auf Konferenzen für Podiumsdiskussionen ein. Und vergessen Sie vor allen Dingen nicht, dass Ihre Freunde, Kollegen, Klienten und Kunden das mächtigste Medium sind, mit dem Sie verbreiten können, was Sie tun. Was diese über Sie sagen, entscheidet letztlich über den Wert Ihrer Marke.

In die Nähe
der Macht gelangen

„Wenn Sie schon denken wollen,
dann denken Sie groß."

– Donald Trump

Der berühmte republikanische Politiker und Washingtoner Störenfried Newt Gingrich ist bekannt dafür, dass er gern eine Geschichte von einem Löwen und einer Maus erzählt: Ein Löwe kann mit seinem großen Jagdgeschick mehr oder weniger problemlos jederzeit eine Feldmaus fangen, aber egal wie viele Mäuse er verschlingt, am Ende des Tages ist er trotzdem noch hungrig.

Die Moral der Geschichte: Trotz des Risikos und der Anstrengung lohnt es sich manchmal, Antilopen zu jagen.

Haben Sie nur Kontakt zu Feldmäusen? Falls dem so sein sollte, schwenken Sie um und wenden Sie Ihre Aufmerksamkeit wichtigen Menschen zu, die in Ihrem Leben und in dem Leben anderer etwas bewirken können. Eben die Art Menschen, die Sie und Ihr Netzwerk zum Funkeln bringen können.

Das bewusste Bemühen um mächtige und berühmte Menschen hat einen schlechten Ruf. Wir lernen, das als Ausdruck der Eitelkeit und der Oberflächlichkeit zu betrachten. Wir sehen das als billiges und einfaches Mittel, vorwärtszukommen. Aus diesem Grund geben wir unseren Impulsen nicht nach, sondern unterdrücken sie. Wir kaufen Zeitschriften über Prominente wie zum Beispiel *People*, *Us Weekly* oder, falls wir Geschäftsleute sind, *Fortune*, damit wir aus sicherer Entfernung in eine Welt spähen können, über die wir offensichtlich unbedingt mehr wissen wollen.

Ich bin im Gegensatz dazu der Meinung, dass absolut nichts Falsches daran ist, sich auf direkterem Wege an diese Welt heranzumachen. Den Einfluss mächtiger Menschen auf unser Leben anzustreben ist weder unhöflich noch irregeleitet; es kann enorm nützlich sein. Und auch hier gilt wieder, dass das niemand alleine macht, egal welches Ziel oder welche Mission man hat. Wir brauchen dafür die Hilfe vieler anderer Menschen.

Wie kommt es, dass uns das Leben von Menschen, die Großes geleistet haben, so gefangen nimmt? Wenn wir unsere Leistungen mit den Leistungen anderer vergleichen, kann man vernünftigerweise davon ausgehen, dass unser Ehrgeiz umso mehr wächst, je erfolgreicher die Menschen sind, mit denen wir uns umgeben.

Menschen, die in unsere konventionellen Begriffe von Prominenz und Ruhm passen, haben häufig Eigenschaften oder Fähigkeiten, die wir bewundern. Viele dieser Menschen haben dank Risiken, Leidenschaft, Konzentration, harter Arbeit oder einer positiven Einstellung Großes geleistet. Und viele von ihnen haben große Hindernisse überwunden.

Natürlich kann Berühmtheit für alle möglichen Menschen alles Mögliche bedeuten. Ich definiere sie als öffentliche Anerkennung seitens eines großen Anteils einer bestimmten Gruppe. Das heißt mit anderen Worten, dass Ruhm eine Frage des Kontextes ist. Am College wird Lehrstuhlinhabern und bekannten Dekanen öffentliche Anerkennung gezollt. In einer kleinen Stadt im Mittleren Westen sind vielleicht ein Politiker, ein erfolgreicher Unternehmer oder ein aktiver und seit Langem ortsansässiger Bürger Berühmtheiten. Diese Menschen haben auf die Gruppe, zu der sie gehören, einen unverhältnismäßig großen Einfluss. Deshalb ist es auch so beliebt, Prominente als Fürsprecher großer Marken heranzuziehen. Sie erhöhen den Bekanntheitsgrad, sie verleihen dem Unternehmen ein gewisses positives Image und sie tragen erheblich dazu bei, dass sich die Verbraucher von der Attraktivität eines Produkts überzeugen lassen. Lokale Berühmtheiten innerhalb Ihrer Gruppe können das Gleiche für Ihre Marke tun.

Manche Soziologen bezeichnen das als „Macht durch Verbindung": Macht, die daraus erwächst, dass man mit einflussreichen Menschen in Verbindung gebracht wird. Man erlebt die Auswirkungen dieses Phänomens überall. Macht, die auf internen Verbindungen beruht, kann zum Beispiel persönlichen Assistenten und Torwächtern zukommen, die in der Unternehmenshierarchie nicht weit oben auf der Leiter stehen; sie sind ganz einfach aufgrund ihrer Nähe und ihres Zugangs zum CEO so mächtig.

Äußere Verbindungen, zum Beispiel zu mächtigen Politikern, einflussreichen Nachrichtenjournalisten, Prominenten aus den Massenmedien und so weiter verbessern ebenfalls das Profil einer Person innerhalb und außerhalb einer Organisation. Aus diesem Grund streben schlaue Start-up-Unternehmen beispielsweise an, ihren Vorstand mit anerkannten Persönlichkeiten aus der Wirtschaft zu besetzen, die dem neuen Geschäft Glaubwürdigkeit verleihen. Wenn einem einflussreiche Stars oder Journalisten ihr Ohr leihen, kann das sicherlich bedeuten, dass über einen selbst beziehungsweise über das Unternehmen, dem man angehört, positiver berichtet wird; oder es kann bedeuten, dass über Spendenaktivitäten in gewaltigem Umfang berichtet wird.

Ruhm zeugt Ruhm. Tatsächlich wären all meine Anstrengungen, mit anderen Menschen Kontakt aufzunehmen, weitaus weniger effektiv, wenn nicht einige Menschen in meinem Rolodex bekannte Namen wären. Die harte Wahrheit ist, dass diejenigen, die vorankommen, normalerweise diejenigen sind, die wissen, wie man Menschen weiter oben in der Hierarchie dazu bringt, dass sie sich mit einem wohlfühlen. Und sie bringen noch ein bisschen Magie ins Spiel. Ob das nun stimmt oder nur Einbildung ist – diese Menschen haben ein gewisses geheimnisvolles Etwas, das dem Augenblick Bedeutung verleiht und eine prosaische Dinnerparty zu etwas Großartigem machen kann.

Das Problem ist nur: Wir sind vielleicht begeistert von der Idee, Prominente kennenzulernen, aber die sind häufig gar nicht so scharf darauf, uns kennenzulernen. Also wie kommen wir an sie heran?

Darauf gibt es keine einfache Antwort. Aber wenn man sich ernsthaft und mit guten Absichten um diese Menschen bemüht, hat das nichts mit Manipulation zu tun. Und wenn Ihnen eine Mission Kraft gibt, wenn Sie Zeit und große Mühe in den Aufbau eines Netzwerks von Menschen investiert haben, die sich auf Sie verlassen können, dann kommt irgendwann der Zeitpunkt, an dem Ihr wachsender Einfluss Sie mit jemandem zusammentreffen lässt, der Ihrer nächsten Dinnerparty zu Hause eine Menge Glanz verleihen kann. Sie kommen der Macht ganz einfach dadurch näher, dass Sie auf andere Menschen zugehen und die Ratschläge befolgen, die ich in diesem Buch gebe.

Und wenn Sie quasi unvermeidlich zu diesem Ergebnis kommen, sollten Sie ein paar Dinge beachten, die ich im Laufe der Jahre gelernt habe.

Ich bin mir des Einflusses durchaus bewusst, den eine anerkannte Persönlichkeit auf mein Netzwerk haben kann, und ich scheue mich gewiss nicht davor, an Orte zu gehen, wo man solchen Menschen begegnen kann, aber zu viel Aufhebens und zu viel Bewunderung machen die Bemühungen schon zunichte, bevor sie angefangen haben. Menschen sind eben Menschen.

Ich habe das vor ein paar Jahren erlebt, als ich nach einem Essen für das Pressecorps des Weißen Hauses auf der Party von *Vanity Fair* in der ehemaligen russischen Botschaft war. Als ich für einen Cocktail Schlange stand, kam mir der Mann neben mir irgendwie schrecklich bekannt vor. Zuerst dachte ich, er wäre ein Politiker. Dann kam mir sein Gesicht so vor, als wäre er jemand, der durchaus mit Politik zu tun hat, aber eher hinter den Kulissen, vielleicht einer der wichtigsten Berater des Präsidenten.

Damit hatte ich recht – jedenfalls gewissermaßen. Der Mann war Richard Schiff, der Schauspieler, der in *The West Wing: Im Zentrum der Macht* den Kommunikationsdirektor des von Martin Sheen dargestellten fiktionalen Präsidenten spielte. Aus dem Zusammenhang gerissen erkenne ich Fernsehstars furchtbar schlecht.

Ich stellte mich so locker und zufällig vor, als wäre er jemand, den ich überhaupt nicht kenne. Er machte eine kleine Pause – so wie es Stars gern tun, bevor sie sich mit jemandem einlassen, den sie nicht kennen – und sagte höflich Hallo, ohne sich selbst vorzustellen.

„Und Sie sind …?", fragte ich. Als ihm klar wurde, dass ich nicht sofort wusste, wer er war, öffnete er sich. Am Ende tauschten wir unsere E-Mail-Adressen und blieben in Kontakt.

Ich bin zu dem Schluss gekommen, dass Vertrauen beim Umgang mit mächtigen und berühmten Menschen ein wesentliches Element ist – das Vertrauen, dass Sie diskret sind; das Vertrauen, dass hinter Ihrem Annäherungsversuch keine weiteren Motive stecken; Vertrauen, dass Sie mit ihnen wie mit Menschen und nicht wie mit Stars umgehen; und grundsätzlich das Vertrauen, dass Sie sich als Gleichrangiger betrachten, der die Bekanntschaft verdient hat. Die ersten Augenblicke einer Begegnung mit einer solchen Person sind der Lackmustest, bei dem die Person abschätzt, ob sie Ihnen in den genannten Aspekten vertrauen kann.

Ironischerweise haben Stars häufig ein äußerst fragiles Selbstbewusstsein. Viele von ihnen verspürten irgendwann den Drang, berühmt zu werden. Aber stellen Sie sich einmal vor, Sie würden jeden
Tag von Tausenden von Menschen beobachtet werden! Sosehr sich die
Welt vor den Stars auch öffnen mag, ein Teil von ihr verschließt sich
ihnen auch. Sie verlieren Privatsphäre. Da sie in einer Welt der Schmei-
cheleien leben, kämpfen sie jeden Tag um einen Ausgleich zwischen
ihrer privaten und der öffentlichen Persönlichkeit. Oft ärgern sie sich,
weil die öffentliche Person ununterscheidbar von der Privatperson
wird. Sie fühlen sich missverstanden und für das, was sie wirklich sind,
zu wenig anerkannt.

Um Ihnen zu versichern, dass Sie sich eher für sie selbst als für das
interessieren, wofür die Öffentlichkeit sie hält, lassen Sie ihren Ruhm
außen vor und konzentrieren Sie sich stattdessen auf ihre Interessen.
Sie dürfen sie natürlich wissen lassen, dass Sie ihre Arbeit bewundern,
aber geraten Sie nicht ins Schwärmen. Führen Sie sie von dem weg,
womit sie normalerweise bombardiert werden.

Leider machen wir manchmal unpassende Ausnahmen, wenn wir
mit außergewöhnlichen Menschen sprechen. Sie müssen einfach genauso mit dem Herzen sehen und hören wie mit Augen und Ohren.
Finden Sie heraus, was ihre Leidenschaften sind.

Vor einigen Jahren hörte ich eine Rede von Howard Dean, der damals Gouverneur von Vermont war. Das war auf dem Renaissance
Weekend und die Menschen machten Witze über diesen unbekannten
Gouverneur eines kleinen Staates und über seinen verrückten Ehrgeiz,
Präsident zu werden. Die nächste Rede, die ich von ihm hörte, hielt er
auf einer Wohltätigkeitsveranstaltung für Menschenrechte in D.C. Inzwischen kandidierte er tatsächlich für das Präsidentenamt, auch wenn
ihn niemand ernst nahm.

Da ich von Dean und seiner Botschaft fasziniert war, sprach ich
jemanden aus seinem Wahlkampfteam an (das damals aus einem Berater und einem Polizisten bestand). Ich sagte dem Berater, dass ich
ebenfalls in Yale studiert hatte und politisch aktiv war, und ich den in
gewisser Hinsicht hoffnungsvollen Kandidaten gern kennenlernen

würde. Der Berater und ich hatten ein gutes Gespräch und ich unterhielt mich – wie so viele andere bei dieser Veranstaltung – auch kurz mit Dean.

Zwei Wochen später war Dean bei der Jahresversammlung der Gill Foundation in Kalifornien, wo er die gleiche Rede halten sollte, die ich ein paar Wochen vorher gehört hatte. Das würde also das dritte Mal sein, dass ich ihn im Grunde über das gleiche Thema sprechen hörte, und ich hatte ein paar Ideen, wie er die Rede diesmal noch kraftvoller gestalten könnte. Ich machte den Berater auf mich aufmerksam und fragte ihn, ob ich eine Sekunde mit dem Gouverneur sprechen könnte. Wir fanden ihn neben dem Podium, wo er kurz vor seinem Auftritt noch Notizen ordnete. Ich sagte ihm, dass ich seine Rede schon mehrmals gehört hatte, mit seinem Berater gesprochen hatte und ein paar Ideen hatte, wie er seine Rede noch wirkungsvoller gestalten könnte. Ich schlug vor, er solle hier ein paar Punkte hervorheben, da ein paar Punkte abschwächen und die Rede insgesamt kürzen. Ja schon, ich ging damit ein gewisses Risiko ein, aber was hatte ich denn zu verlieren? Und mir war es mit meinen Vorschlägen vollkommen ernst. Seine Botschaft über die Menschenrechte bedeutete mir etwas und ich wollte, dass er sie kraftvoll vermittelte.

Als ich dann im Publikum saß, hörte ich, dass er meine Empfehlungen eine nach der anderen umsetzte. Heiliger Bimbam! Der Gouverneur von Vermont und inzwischen eigenständige Präsidentschaftskandidat (wenn auch immer noch weit abgeschlagen), befolgte meinen Rat! Nach der Rede sagte ich ihm, wie beeindruckend die Rede gewesen war und ich ihn im restlichen Verlauf der Veranstaltung gern mit den treibenden Kräften (sprich den größten Spendern) der Gill Foundation bekannt machen würde. Als ich den Gouverneur Monate später bei einem Essen im Haus des Regisseurs Rob Reiner traf, war er kein obskurer Kandidat mehr, sondern ein populärer Außenseiter, der den Ton für die Nominierung der Demokraten angab. Jemand stellte uns vor: „Mr. Gouverneur, kennen Sie Keith Ferrazzi?" Gouverneur Dean antwortete: „Und ob ich Keith kenne! Er ist einer der Hauptverantwortlichen dafür, dass ich in der Anfangszeit den Schwung bekam, der so viel verändert hat." In diesem Moment hatte ich das Gefühl, dass ich wirklich etwas bewirkt hatte.

Denken Sie einfach daran, dass berühmte und mächtige Menschen in allererster Linie Menschen sind: Sie sind stolz, traurig, unsicher, hoffnungsvoll, und wenn Sie ihnen helfen, ihre Ziele zu erreichen – in welcher Funktion auch immer –, dann wissen sie das zu schätzen. Ja, es hilft natürlich, wenn man an den richtigen Orten verkehrt und zu den richtigen Veranstaltungen eingeladen wird. Aber die Wochenend-veranstaltungen und die Konferenzen für geladene Gäste sind nicht die einzigen Möglichkeiten, wichtige Leute kennenzulernen.

In Amerika gibt es für alles einen Verein oder Verband. Wenn man die Macher persönlich kennenlernen will, muss man Mitglied werden. Es ist erstaunlich, wie zugänglich die Menschen sind, wenn man ihnen bei Veranstaltungen begegnet, die ihre Interessen ansprechen.

Und hier noch ein paar Orte, die meiner Erfahrung nach besonders viel bringen, wenn man Menschen finden will, die gerade auf dem Weg nach oben oder bereits dort angekommen sind:

Young Presidents' Organization (YPO)

Das ist eine Organisation für leitende Manager unter 44 Jahren und sie hat überall in den Vereinigten Staaten Regionalgruppen. Wenn Sie ein Unternehmen leiten oder eines leiten wollen, gibt es zahlreiche Unternehmerorganisationen, die Sie mit den Unternehmenslenkern von morgen zusammenbringen – zusammen mit YPO sind das Young Entrepreneur Council (YEC) und die Entrepreneurs' Organization (EO) einige der besten. Ähnliche berufsständische Organisationen gibt es für das gesamte Spektrum der beruflichen Tätigkeiten. Die Grafiker, die Anwälte, die Programmierer, die Müllmänner haben – wie alle anderen Berufe auch – eine Gewerkschaft oder einen Verband, der ihre Interessen vertritt. Die Masse macht stark, und wenn Sie einer solchen Vereinigung beitreten und zu einer zentralen Figur ihrer Aktivitäten werden, dann wollen andere mächtige Menschen mit Ihnen zu tun haben.

Politische Fundraiser

Ich habe zwar einmal für die Republikaner kandidiert, aber ich spreche heute nicht mehr offen über meine politische Zugehörigkeit. Warum? Erstens, weil ich heute die Person und die Sachthemen wähle, nicht die Partei. Und weil ich so in beiden Parteien Zugang zu jenen habe, die etwas bewirken. Ich halte jedes Jahr in meinem Haus drei bis zehn Fundraisings ab und unterstütze regionale und nationale Politiker beider Flügel, von denen ich glaube, dass sie etwas Positives bewirken können. In der Politik fließen Geld, Leidenschaft und Macht zusammen. Der Unbekannte, dem Sie heute helfen, kann schon morgen das politische Schwergewicht sein, das Ihnen helfen kann. Nehmen Sie vor Ort an einem Wahlkampf teil. Werden Sie zu einem entschiedenen Verfechter einer bestimmten Sache; wenn Sie entflammt werden, dann entflammen Sie sicher auch andere: Finden Sie sie und arbeiten Sie zusammen!

Konferenzen

Wenn Sie etwas Einzigartiges zu sagen haben und Redner werden, dann werden Sie vorübergehend auch selbst berühmt. Nie ist Networking so leicht wie dann, wenn die Menschen auf Sie zukommen. Es gibt Tausende von Konferenzen, die alle denkbaren Interessen abdecken. Wenn Sie, wie ich Ihnen schon geraten habe, auf einem Gebiet außerhalb Ihres eigenen Berufs Expertise oder Leidenschaft entwickeln, dann können Sie herausfinden, welche bekannten Personen Ihr Interesse teilen, und Sie können zu Konferenzen gehen, die diese Menschen wahrscheinlich besuchen. Zwei meiner Leidenschaften sind spirituell geprägte Leadership und Menschenrechte; ich versuche mich einzubringen, indem ich in mehreren Organisationen Mitglied bin und jedes Jahr Reden auf mehreren Konferenzen halte. Auf diese Art und Weise habe ich unzählige prominente Personen kennengelernt.

Vorstände gemeinnütziger Vereine

Finden Sie zunächst vier oder fünf Themen, die Ihnen wichtig sind, und unterstützen Sie sie dann auf lokaler Ebene. Erfolgreiche Non-Profit-Organisationen versuchen, berühmte Menschen in ihren Vorstand zu bekommen, weil ihnen das Publicity bringt. Ihr Endziel ist es, selbst in den Vorstand zu kommen und neben diesen Menschen zu sitzen. Aber die Sache muss Ihnen auf jeden Fall wichtig sein und Sie müssen bereit sein, zu helfen.

Sport (besonders Golf)

Sport und Fitness sind hervorragend dafür geeignet, wichtige Menschen kennenzulernen. Auf dem Platz oder dem Court, im Gym oder auf der Bahn – die Chancen im Spiel sind hier gleich verteilt. Die Reputation zählt wenig. Was hingegen zählt, sind das Geschick, das man hat, und die Kameradschaft, die man aufbauen kann. Sportliche Betätigung hat etwas an sich, das die Menschen dazu bringt, ihre Deckung sinken zu lassen. Vielleicht sprechen derartige Wettkämpfe unsere Psyche in einer Weise an, die uns an unschuldigere Zeiten erinnert, als wir mit anderen Kindern auf der Straße Ball spielten. Oder es ist der Ort selbst – ein Squashfeld oder die grünen Hügel eines Golfplatzes weitab vom Büro.

Ach ja, Golf. Ich würde Ihnen etwas vorenthalten, wenn ich Ihnen nicht sagen würde, dass Golf vor allen anderen Sportarten nach wie vor die wahre Drehscheibe der amerikanischen Unternehmenselite ist. Ich habe hautnah erlebt, dass sich hochkarätige CEOs und sonstige Topmanager verzweifelt bemühen – oft jahrelang –, in einen privaten Golfklub aufgenommen zu werden. Warum nehmen diese mächtigen Männer und Frauen eine solche Demütigung auf sich, nur damit sie eine oder zwei Runden spielen dürfen? Das liegt natürlich an den Beziehungen, an dem Aufbau von Freundschaften, an der Kameradschaft, die sie mit Menschen bilden, von denen sie wissen, dass sie für ihr Unternehmen oder ihre Karriere sehr wichtig sein könnten.

Dabei gelten strenge Verhaltensregeln. Niemand sollte je den Eindruck gewinnen, dass Sie versuchen, aus Beziehungen oder aus der Klubmitgliedschaft Gewinn zu ziehen. In manchen Klubs widerspricht schon eine Anspielung auf künftige Geschäfte auf dem Platz der Etikette; in anderen kann man ziemlich offen darüber reden. Da muss man sich hineinfühlen. Aber die meisten leidenschaftlichen Golfer gestehen ein, dass ihnen das Spiel zahllose Chancen eröffnet hat. Irgendwann kommen sie eben doch miteinander ins Geschäft – und wenn es am 19. Loch ist oder an der Bar bei einem Drink. Außerdem sagen Golfspieler, dass die Erfahrung mit einem anderen Menschen auf dem Platz sehr aufschlussreich ist. Wieder einmal läuft alles auf Vertrauen hinaus. Als CEO kann man auf dem Golfplatz feststellen, ob ein künftiger Geschäftspartner diskret ist, ob er sich an die Regeln hält, ob er mit Stress zurechtkommt und ob es Spaß macht, mit ihm zusammen zu sein. Golf ist einerseits eine Chance, neue Menschen kennenzulernen, und andererseits zu sehen, ob und nach welchen Prinzipien sie sich verhalten.

Da sich dieses Spiel als so nützlich erwiesen hat, gibt es viele Möglichkeiten, seine außerdienstlichen Vorzüge auf allen Ebenen zu genießen. Fast alle Branchenverbände veranstalten regelmäßig Golfausflüge und Golfturniere. Wohltätigkeitsorganisationen, Konferenzveranstalter und andere Organisationen tun dies ebenfalls, weil sie hoffen, damit diese distinguierte Gruppe von Menschen anzulocken. An solchen Veranstaltungen kann man immer auch als Nichtmitglied teilnehmen.

Was mich angeht, so habe ich zwar jahrelang als Caddie gearbeitet, habe in der Highschool-Mannschaft gespielt und ein paar Turniere gewonnen, aber heute spiele ich nicht mehr Golf. In meinen Augen kostet das einfach zu viel Zeit. Vier Stunden oder mehr ist einfach übertrieben. Heutzutage spiele ich nur noch gelegentlich mit Freunden eine Runde, zum Beispiel bei einer Hochzeit oder einem anderen größeren Anlass. Wenn ich Sport treibe, gehe ich meistens in Barry's Boot Camp, spiele im Yale Club in New York Squash, oder laufe durch den

Central Park beziehungsweise durch die Hügel von Hollywood. Egal ob man Golf, Tennis oder Bowling spielt oder ins Fitnesscenter geht, Hauptsache man macht etwas Gemeinsames – wenn man einer Liga oder einem Verein angehört oder bei Veranstaltungen mitmacht, trifft man bestimmt neue, aufregende Menschen.

Online

Die heutigen Schwergewichte in Geschäftswelt und Politik sind nicht mehr so unnahbar, wie sie einst waren. Die meisten sind auf den sozialen Medien unterwegs, um eine direktere Verbindung mit den Fans, Kunden und Followern zu haben, und wenn Sie schlau sind, dann machen Sie sich das zunutze. Ich liebe die Tatsache, dass ich online gehen und sehen kann, was Richard Branson so treibt, indem ich einfach auf Twitter gehe.

Aber unsere Helden auf den sozialen Medien zu stalken, bringt uns nicht näher an eine persönliche Beziehung zu ihnen, als wenn wir ihnen bei einer überfüllten Konferenz von der anderen Seite des Raumes aus zurufen. Wieder gilt, dass Sie zumeist den Big Playern vorgestellt werden müssen, um wirklich ihre Aufmerksamkeit zu erregen. Aber bis dahin können Sie sich, indem Sie ihr Online-Geplauder lesen und daran teilnehmen, in ihrem Ruhm sonnen, sich Inspiration für Ihre eigenen Ziele holen und dabei noch etwas lernen. Und natürlich gehört es zu Ihrer anhaltenden Detektivarbeit, dass Sie ihren Newsfeed lesen – fügen Sie die Puzzleteile zusammen, bis Sie ein klares Bild davon haben, ob das, was Sie zu bieten haben, zu dem passt, was die anderen suchen.

Unterdessen, wer weiß, führt vielleicht eine clevere Bemerkung Ihrerseits zu einer Bemerkung mit einem vorangestellten @ an Ihre Adresse oder zu einer persönlichen Nachricht, vielleicht zu einem virtuellen „High five" und einem Austausch von Visitenkarten, wenn Sie bei einer Konferenz „zufällig" in denselben Aufzug eilen.

Es ist nichts Falsches daran, wenn man nach Möglichkeiten sucht, Zeit mit Menschen zu verbringen, die mehr erreicht haben als man selbst und die mehr wissen als man selbst. Wenn man sich in eine Position bringt, mit berühmten und mächtigen Menschen in Verbindung zu treten, darf man sich auf keinen Fall unwürdig oder wie ein Hochstapler fühlen. Sie sind auf Ihre Art auch ein Star, Sie haben etwas erreicht und Sie haben der Welt eine Menge zu bieten.

29

Erst aufbauen – die Leute kommen dann schon

„Nennen Sie es Clan, nennen Sie es Netzwerk, nennen Sie es Stamm, nennen Sie es Familie: Egal wie Sie es nennen, egal wer Sie sind, Sie brauchen es."

– Jane Howard

Als junger Mann hielt ich es wie Groucho Marx. Genauso wie der berühmte Komiker hatte ich kein Interesse, zu irgendeinem Klub zu gehören, der mich als Mitglied aufnehmen würde.

Das lag sicherlich nicht daran, dass ich fälschlicherweise glaubte, ich würde mir selbst genügen: Ich wusste schon damals, wie unschätzbar wertvoll und lohnenswert eine Versammlung von Menschen sein kann. Aus meinem Mund war nicht das ärgerliche Grummeln zu hören, ich hätte keine Zeit (diese Ausrede bringt mich um – was könnte wichtiger sein, als sich mit Gleichgesinnten zu treffen?). Und ganz gewiss hatte ich keine Scheu vor großen Menschenmengen.

Es war bloß so, dass alle Klubs, die erstrebenswert schienen, einem jungen Mann wie mir mit relativ wenigen Verbindungen nicht offenstanden.

Diese Klubs und Konferenzen mit ihrer selektiven Mitgliedschaft und mit der Aura der Macht existieren aus gutem Grund: Die Menschen sind immer begierig darauf, sich mit anderen Menschen mit ähnlichen Interessen zusammenzutun, um in ihrem Umfeld etwas zu bewirken und um ihre eigene Geschäftstätigkeit zu vereinfachen. Eine kurze Zeit lang gab es die Sorge, dass die sozialen Medien dem Geschäft mit Konferenzen den Todesstoß versetzen würden. „Wieso sollten sich die Leute die Mühe machen, wenn sie sich einfach online treffen können?“, fragten die Leute. Tatsächlich hat sich das Gegenteil als wahr erwiesen! Mehr denn je nutzen die Menschen Events wie Konferenzen oder Partys, bei denen sie tatsächlich in Persona erscheinen, um unsere Communitys zu definieren und herauszufinden, wer unter den Tausenden virtuellen Connections eigentlich wirklich als künftiger Freund, Geschäftspartner und Vertrauter taugt.

Den CEOs großer Unternehmen ist klar, dass sie große Vorhaben – egal ob politisch oder geschäftlich – nur zusammen mit anderen durchführen können. Je mehr Verbindungen diese anderen haben, je mächtiger sie sind und je mehr Ressourcen sie haben, umso mehr kann man erreichen.

Aus diesem Grund ist es so schwierig, zu den bedeutendsten politischen und wirtschaftlichen Versammlungen der Welt – zum Beispiel zum Weltwirtschaftsforum in Davos oder zum Renaissance Weekend – zugelassen zu werden. Wir haben es erlebt, dass unbekannte Politiker auf dem Renaissance Weekend Verbindung mit denjenigen aufgenommen haben, die sie zu landesweit bekannten Personen machen konnten. In Davos erleben wir, dass bei einer Tasse Schweizer Kaffee internationale Politik betrieben und Milliarden-Dollar-Verträge ausgeheckt werden. Natürlich können die meisten von uns nicht nach Davos eingeladen werden. Aber es gibt immer Versammlungen und Klubs, zu denen wir, zumindest am Anfang, nicht eingeladen werden.

Also kommen Sie eben nicht gleich morgen auf die Party mit all den hohen Tieren und VIPs. Das ist kein Beinbruch. Jeder von uns hat Unternehmergeist in sich – wenn man auf einen Berg nicht hinaufkommt, warum sollte man dann nicht seinen eigenen Berg errichten?

Mein Freund Richard Wurman ist gelernter Architekt und dachte sich vor 20 Jahren, dass eine Kombination von Technologie, Unterhaltung und Design die Wirtschaft aufrütteln könnte. „Ich flog sehr viel und ich stellte fest, dass die einzigen Menschen, mit denen man in Flugzeugen interessante Gespräche führen konnte, in diesen drei Branchen tätig waren", sagte er bei zahlreichen Gelegenheiten. „Und wenn jemand über ein Projekt sprach, an dem er leidenschaftlich arbeitete, waren immer die beiden anderen Bereiche beteiligt." Und um diese Menschen zusammenzubringen, gründete er im Jahre 1984 die TED-Konferenz – es kamen nur wenige Besucher, und seine Freunde traten als Gastredner auf.

TED fand jedes Jahr unter dem gleichen Motto statt: „Willkommen zu der Dinnerparty, zu der ich schon immer gehen wollte, aber nicht konnte." Und es wurde die perfekte Veranstaltung – eine Mischung aus ausgelassener Party und faszinierendem Graduiertenkolleg. Jahr für Jahr kamen mehr Menschen aus allen Berufen: Wissenschaftler, Schriftsteller, Schauspieler, CEOs, Professoren. Auf der TED-Konferenz war es nichts Ungewöhnliches, den Musiker und Produzenten Quincy Jones mit Rupert Murdoch, dem CEO von Newscorp, plaudern oder den Filmregisseur Oliver Stone mit Larry J. Ellison, dem Gründer und CEO von Oracle, diskutieren zu sehen.

Die anfänglich verlustbringende Plauderveranstaltung TED brachte schließlich Einnahmen von über drei Millionen Dollar pro Jahr, die größtenteils Reingewinn waren. Richard bezahlte keine Rednerhonorare und organisierte die Veranstaltung mit nur wenigen Helfern. Im Jahre 2001 verkaufte er TED für 14 Millionen Dollar und arbeitet nun fleißig an neuen Event-Formaten, wie der „WWW Conference", die „Paarungen von unglaublich interessanten Menschen [hervorbringt], angeregt durch eine Frage, die eine Unterhaltung in Gang setzt".

Als ich als frischgebackener MBA nach Chicago umzog, weil ich die Stelle bei Deloitte angenommen hatte, versuchte ich etwas Ähnliches. Ich kannte in dieser Stadt kaum jemanden. Als Erstes bat ich Bekannte, mich mit ihren Chicagoer Freunden bekannt zu machen. Wenn ich mit den Menschen zusammentraf, die mir meine Freunde empfohlen hatten, erkundigte ich mich, welchen Gremien ich mich anschließen könnte, um mich mehr am Leben der Stadt zu beteiligen. Ich wusste, dass ich meinem neuen Arbeitgeber damit unweigerlich mehr Geschäftsabschlüsse bescheren würde.

Ich war noch so jung, dass mich niemand ernst nahm. Die traditionellen Möglichkeiten wie der Verwaltungsrat des Symphonieorchesters oder Country Clubs standen mir nicht offen. Ich bekam viele Angebote, in den Vorstand der Jugendabteilung einzutreten. Aber das waren eher gesellige Treffen. Ich wollte lieber als Aktivist tätig sein und in der Gemeinschaft etwas bewirken. Ich wollte nicht nur Weinverkostungen bei einer Twen-Party veranstalten.

In solchen Momenten muss man sich überlegen, welchen USP man zu bieten hat – für alle Nicht-MBAs: Das bedeutet „Unique Selling Proposition" – auf Deutsch: Alleinstellungsmerkmal. Welches Geheimrezept können Sie besteuern? Ihr Angebot kann Fachwissen sein, ein Hobby, aber auch Interesse oder Leidenschaft für eine bestimmte Sache, die als Grundlage für den Aufbau einer Organisation oder eines Klubs dienen kann.

Alle Klubs basieren auf gemeinsamen Interessen. Die Mitglieder eint eine Gemeinsamkeit – Arbeit, Lebensphilosophie, Hobby, Nachbarschaft oder einfach nur die gleiche Ethnie, Religion oder Generation.

Sie werden durch ein gemeinsames Thema zusammengehalten, das ihnen eigentümlich ist. Anders ausgedrückt: Sie haben einen Grund, zusammenzusitzen.

Man kann sein eigenes Thema hernehmen und den zusätzlichen Schritt machen, den die meisten Menschen nicht machen: Gründen Sie eine Organisation. Und laden Sie Menschen dazu ein, die Sie gern kennenlernen möchten. Mitglieder zu finden ist kein Problem. Wie die meisten anderen Klubs fangen Sie mit Ihren Freunden an, die dann wiederum unter ihren Freunden auswählen. Mit der Zeit bringen diese Menschen immer mehr neue und faszinierende Menschen mit.

Auch wenn Treffen im echten Leben die stärksten Verbindungen schaffen, kann es sein, dass Sie nicht in einer Stadt leben, in der es vor Menschen nur so wimmelt, die Ihre beruflichen Interessen teilen. In diesem Fall gehen Sie online. Starten Sie eine Gruppe auf LinkedIn oder Facebook mithilfe der Menschen in Ihrem bestehenden Netzwerk. Veranstalten Sie monatliche Google Hangouts. Befragen Sie Leute, wie die Gruppe ihnen helfen kann – durch das Teilen von Informationen, den Austausch von Referenzen, das gegenseitige Coaching für besondere Herausforderungen. Wenn Ihre Gruppe ins Rollen kommt, dann können Sie sie irgendwann auf die nächste Ebene bringen und ein jährliches Treffen in einer Stadt veranstalten, die sich gut dafür eignet. Reservieren Sie den Trakt eines Hotels, engagieren Sie einen Redner, lassen Sie sich die Haare schneiden und Sie sind bereit.

Das ist ein enorm erfolgreiches Modell, auf das auch florierende Unternehmen setzen. Denken Sie nur einmal an erfolgreiche Internetseiten, die Menschen zu einem gemeinsamen Thema zusammenbringen – eine bestimmte politische Ausrichtung, Gartenarbeit oder sogar, wie im Falle von iVillage, Frau sein –, und die dann auf dem Gefühl der Zugehörigkeit zu der entsprechenden Community profitable Unternehmen aufbauen. Denken Sie an Flugmeilen oder an den Rabatt, den Sie bei Ihrem Lebensmittelhändler bekommen, weil Sie dem Verein zur Unterstützung des Handels vor Ort angehören. Der Aufbau einer Gemeinschaft von Gleichgesinnten um eine gemeinsame Sache oder ein gemeinsames Interesse herum war schon immer und ist auch heute noch ein unwiderstehliches Konzept.

In jener Zeit basierte mein Angebot auf meinem persönlichen Interesse an dem damals populären Geschäftskonzept des Total Quality Management (TQM), das – wie ich schon erklärt habe – die Grundlage meines Contents bildete, mithilfe dessen ich mich in meiner ersten Stellung nach dem Studium in Yale und bei der zeitlich begrenzten Arbeit mit einem meiner Professoren von der Business School von den anderen abhob.

Die Regierung hatte auf nationaler Ebene eine landesweite Organisation namens Baldridge National Quality Program ins Leben gerufen, das Unternehmen mit exzellentem TQM belohnte. Ich dachte, ich könnte doch in Illinois eine ähnliche Non-Profit-Organisation für ortsansässige Unternehmen gründen. Da auf Bundesebene bereits ein entsprechendes Programm entstand, dachte ich mir, es dürfte wohl nicht zu schwierig sein, andere Menschen mit ähnlichen Interessen zu finden – Richter und Mitglieder der landesweiten Organisation mit Wohnsitz in Chicago, Unternehmensberater und Mitarbeiter großer Unternehmen, die mit TQM befasst waren.

Als Erstes musste ich dafür die Unterstützung einer Institution oder eines TQM-Experten gewinnen, um andere potenzielle Mitglieder anziehen zu können. Ich bat Aleta Belletete, die TQM-Chefin von First Chicago, als Mitgründerin aufzutreten. Sie brachte ihren Chef, einen der damals einflussreichsten CEOs von Chicago, Dick Thomas, mit, der uns seinen Segen gab und sich bereit erklärte, unsere Initiative persönlich zu unterstützen. Dank Dicks Rückendeckung schickte Gouverneur Jim Edgar gerne seinen Vizegouverneur in unseren Vorstand. Mit diesen drei Menschen im Rücken erhielt unsere frisch gegründete Organisation eine Menge Glaubwürdigkeit. Schon bald wollten Scharen von Menschen Teil des Unternehmens sein, unter anderem die TQM-Chefs von Amoco und des Rush Presbyterian Hospital, die beide auch ihre CEOs mit an Bord brachten. Und das Highlight: Da ich die Organisation ins Leben gerufen hatte, war ich ihr Präsident! Natürlich mussten wir die Unternehmung jetzt auch noch schaffen, betreiben und finanzieren, aber der schwierigste Teil war schon erledigt. Wir waren eine glaubwürdige Institution; jetzt krempelten wir alle die Ärmel hoch und machten uns an die Grundlagenarbeit, die genauso entscheidend ist.

Auf diese Weise entstand The Lincoln Award for Business Excellence (ABE). Die Organisation existiert heute noch als erfolgreiche gemeinnützige Stiftung, die Unternehmen in Illinois beim Aufbau einer soliden Geschäftstätigkeit unterstützt. Sie umfasst Hunderte ehrenamtliche Mitarbeiter, einen großen Vorstand und Vollzeitpersonal. Zwei Jahre nachdem ich die Organisation gegründet hatte, war ich mit allen wichtigen CEOs Chicagos per Du.

Das Fazit? Selbst ein MBA-Titel aus Harvard und eine Einladung nach Davos können die persönliche Initiative nicht ersetzen. Wenn Sie keinen Verein finden, der Ihnen erlaubt, etwas zu bewirken, dann müssen Sie erkennen, was Sie selbst zu bieten haben – Ihre speziellen Fachkenntnisse, Kontakte, Interessen oder Erfahrungen. Scharen Sie darum Menschen und bewirken Sie selbst etwas.

Die Zeiten, als Klubs nur etwas für wohlhabende Weiße waren, die mit ihresgleichen klüngeln wollten, sind vorbei. Es ist egal, ob es sich um eine Gruppe von Teppichhändlern handelt, die sich jede Woche treffen, um über die Mühen und Plagen ihrer Arbeit zu diskutieren; einen Runden Tisch von Republikanerinnen, die mit dem politischen Standpunkt ihrer Partei unzufrieden sind; oder um eine Gruppe von Menschen mit einer gemeinsamen Leidenschaft für edle Weine, die einmal im Monat eine Weinprobe veranstalten, Winzern zuhören, die gerade in der Gegend sind, und einmal im Jahr gemeinsam nach Napa reisen wollen. Es ist egal, worum es geht und wer Sie sind.

Solange es sich um eine Vereinigung von Menschen mit gemeinsamen Interessen handelt, die sich an einem bestimmten Ort treffen (auch wenn dieser Ort virtuell ist), werden Sie davon profitieren, zu etwas zu gehören, das über Sie hinausreicht. Sie und Ihre Mitgliederkollegen werden durch eine kollektive Identität gestärkt. Und im Gegensatz zum Geschäftsleben, wo die Grenzen der meisten Beziehungen klar definiert sind und wo meistens die Beziehung endet, wenn ein

Projekt oder ein Geschäft abgeschlossen ist, mündet die Mitgliedschaft in einem Klub (vorzugsweise in einem, den Sie gegründet haben) in Freundschaften, die jahrelang halten.

Benjamin Franklin (1706-1790)

„Sie kommen in keinen Klub? Gründen Sie Ihren eigenen."

Der Business-Begriff *Networking* wurde, nebenbei bemerkt, im Jahre 1966 in den Wortschatz der englischen Sprache aufgenommen. Aber schon mehr als 200 Jahre davor benutzte ein junger Mann namens Benjamin Franklin in Philadelphia diese ausgefeilte soziale Wissenschaft, um einer der einflussreichsten Männer unserer noch nicht wirklich existierenden Nation zu werden. Bevor er zum verehrten Patrioten, Staatsmann und Erfinder wurde, war er einer der erfolgreichsten Geschäftsleute Amerikas; er war vom Tagelöhner zum Druck-Magnaten aufgestiegen.

Blättern Sie einmal in Ihrem Kalender zurück in das Jahr 1723, als der 17-jährige Benjamin Franklin weder reich noch erfolgreich war. Er war angehender Druckunternehmer – nachdem ihm sein Bruder James das Druckhandwerk beigebracht hatte –, und er war neu in Philadelphia; nachdem er in New York keine Arbeit gefunden hatte, war er dorthin umgezogen. Da er in der neuen Stadt niemanden kannte, aber unbedingt seine eigene Druckerei gründen wollte, ließ Franklin seine Kontaktmuskeln spielen.

Nach sieben Monaten machte Franklin – der eine Stelle in einer etablierten Druckerei gefunden hatte – Bekanntschaft mit William Keith, dem Gouverneur von Pennsylvania. Der Gouverneur ermunterte den jungen Franklin, er solle nach London reisen und dort jegliche

Ausrüstung kaufen, die er für den Aufbau seiner eigenen Druckerei brauche. Er versprach ihm sogar Empfehlungsbriefe und Kredit – beides würde Franklin für den Kauf einer Druckerpresse und eines Typensatzes brauchen.

Aber als Franklin nach London kam, stellte er fest, dass Keith diese Briefe nicht geliefert hatte. Die nächsten zwei Jahre verbrachte Franklin damit, genug Geld für die Rückfahrt nach Amerika zu verdienen. Auf der Rückreise bewies er wieder seine virtuosen Networking-Fähigkeiten: Zurück in Philadelphia arbeitete er zuerst als Verkäufer im Geschäft von Thomas Denham, den er auf der Atlantik-Überfahrt als Passagier kennengelernt hatte.

Es dauerte nicht lange, da war Franklin wieder im Druckgewerbe tätig, und zwar in der gleichen alteingesessenen Druckerei wie vorher. Zur geistigen Anregung und Förderung seiner Karriere versammelte Franklin ein Dutzend seiner Freunde zu regelmäßigen geselligen Treffen am Freitagabend, die er als „Junto" bezeichnete und in seiner Autobiografie folgendermaßen beschrieb:

„Ich stellte die Regel auf, dass sich abwechselnd jedes Mitglied eine oder mehrere Fragen zu den Themen Moral, Politik oder Naturphilosophie [Physik] überlegen sollte, die dann gemeinschaftlich diskutiert wurden; und dass jeder alle drei Monate einen Essay zu einem beliebigen Thema verfassen und vortragen sollte."

Die Mitglieder des Junto waren junge Männer, die noch nicht respektiert oder etabliert genug waren, um in die Klubs der Geschäftselite von Philadelphia einzutreten. Sie waren genauso wie Franklin Handwerker und Händler, eben gewöhnliche Menschen. Kein Zweifel – der Mann liebte Klubs. Tatsächlich steht in Franklins Autobiografie außer seinen Lektionen über Sparsamkeit, Fleiß und Klugheit, dass jeder Mensch einer geselligen Gruppe angehören sollte, wenn nicht gar drei. Er glaubte, eine Gruppe gleich gesinnter und ehrgeiziger Menschen könne den Erfolg jedes Einzelnen mit dramatischer Wirkung als Hebel einsetzen, um Dinge zu tun, die sonst undenkbar wären.

Und jetzt blättern Sie in Ihrem Kalender bitte vor in das Jahr 1731. Als Franklin genug Geld für die Gründung seiner eigenen Druckerei verdient hatte, investierte er in eine kleine Zeitung namens *Pennsylvania Gazette*, die kurz vor dem Bankrott stand. Mit griffigen Inhalten und Illustrationen (größtenteils von Franklin selbst geschrieben und gezeichnet) sowie dank waghalsiger Vertriebsmethoden verwandelte Franklin die *Gazette* in ein profitables Medium mit der größten Auflage in den Kolonien. Die florierende Zeitung machte Franklin zu einem Medienmagnaten des 18. Jahrhunderts. Er erwarb sich genug Anerkennung – und Geld –, dass er selbst öffentliche Projekte in Angriff nehmen konnte; das erste war der Aufbau der Library Company of Philadelphia, der ersten Leihbücherei Nordamerikas (die immer noch existiert).

Die Bibliothekskampagne – das erste in einer Reihe öffentlicher Projekte für Philadelphia, die Franklin ins Leben rief – schenkte Franklin eine tiefe Einsicht in eine der Königstugenden des Networking. Der Widerstand, auf den er traf,

„machte mir schon bald klar, wie unangemessen es ist, sich selbst als Initiator eines nützlichen Vorhabens zu präsentieren – das eigentlich die eigene Reputation im geringen Grad über die des Nächsten heben sollte –, wenn man deren Hilfe für die Verwirklichung des Vorhabens benötigt. Ich rückte mich deshalb so gut ich konnte aus dem Blickfeld und stellte es als Plan einer Anzahl Freunde vor, die mich gebeten hatten, hinzugehen und es allen anzubieten, die sie für Lesefreunde hielten. Auf diese Art lief die Angelegenheit reibungsloser ab und seither hielt ich es bei allen solchen Gelegenheiten so."

Und „Gelegenheiten" gab es viele! Nach der Bücherei im Jahre 1731 – wobei der Junto Franklin half, die ersten 50 Leihkunden zu finden, kam die Stadtwache von Philadelphia (1735); die erste Feuerwehr (1736); das erste College, aus dem nach zwei Jahren die University of Pennsylvania wurde (1749); mithilfe öffentlicher und privater Mittel das erste Krankenhaus der Stadt – und der Kolonien (1751); und die erste Feuerversicherung (1751). Außerdem organisierte Franklin Pennsylvanias erste Bürgerwehr aus Freiwilligen (1747) und führte ein Programm ein, die Straßen Philadelphias zu pflastern, zu beleuchten und zu reinigen (1756). Jedes Projekt war auf die Unterstützung von Franklins Netzwerk aus privaten und beruflichen Kontakten angewiesen, und mit jedem Projekt wuchs sein Netzwerk wie auch sein Ruf als Wohltäter.

Franklin starb im April 1790, etwa zum Ende des ersten Jahres der Amtszeit von George Washington. Zu seiner Beisetzung kamen mehr als 20.000 Amerikaner.

Wie in so vielen anderen Dingen folgen wir beim Networking einem
Pfad, den Franklin geebnet hat. Von ihm können wir auch den Wert
der Bescheidenheit und die Macht des Teamworks lernen – er fing mit
einer Gruppe junger Handwerker an, die er im Junto vereinigte, und
er endete mit den mächtigen Männern, die die Unabhängigkeitserklä-
rung und die Verfassung der Vereinigten Staaten von Amerika schmie-
deten.

30

Nicht überheblich werden

In meiner gelehrten Abhandlung über Connecting habe ich versucht, ein paar Lektionen weiterzugeben, die ich als jemand gelernt habe, der als Meister der Kontaktaufnahme mit anderen Menschen bekannt ist. Ich würde allerdings meine Pflicht vernachlässigen, wenn ich nicht eine kurze, peinliche Geschichte erzählen würde, die mich schon frühzeitig die vielleicht wichtigste von allen Lektionen lehrte.

Es ist eine warnende Geschichte darüber, was man nicht tun und wie man nicht handeln sollte.

Dass man ein mächtiges Netzwerk aus Freunden anstrebt, ist ja an und für sich nichts Schlechtes. Aber je näher man an mächtige Menschen herankommt, desto mächtiger fühlt man sich selbst. Ab einem gewissen Punkt entwickelt die Kontaktaufnahme zu anderen Menschen eine Eigendynamik; ein mächtiger Kontakt führt zum nächsten und wieder zum nächsten und so weiter. Diese Fahrt kann großen Spaß machen und einen sehr motivieren.

Lassen Sie nicht die geringste Eitelkeit in Ihre Handlungen sickern, wecken Sie keine zu großen Erwartungen und lassen Sie kein tief sitzendes Anspruchsdenken aufkommen. Sie dürfen nicht Ihren Doktor in Connecting machen und dann aus irgendeinem Grund alle Seminare und Werte vergessen, die eigentlich die Grundlage bildeten.

Jeder scheitert irgendwann in seinem Leben. Was tun Sie, wenn Sie auf Anrufe, die früher sofort beantwortet wurden, keinen Rückruf mehr bekommen?

Als ich in meinem zweiten Studienjahr gegen einen Kommilitonen als Kandidat für den Stadtrat von New Haven antrat, war die Nachricht, dass sich ein so junger Mann für eine Kommunalverwaltung bewarb, eine Sondermeldung wert. Es dauerte nicht lange, da erschien ein Reporter von der *New York Times*, der einen Artikel darüber schreiben wollte. Da hatte ich noch keine Ahnung, dass mir dieser *Times*-Artikel eine der schmerzhaftesten und nützlichsten Lehren meines Lebens vermitteln würde. Denn ich sollte damit William F. Buckley Jr. verärgern, den berühmten Yale-Absolventen, der als Gründer der konservativen Zeitschrift *National Review* und als Autor Dutzender Bücher bekannt ist.

Ich kandidierte für die Republikanische Partei. Die Republikaner brauchten einen Kandidaten, und in Yale waren sie im Verhältnis zu den vielen Liberalen der Oberschicht, die dem Stahlarbeitersohn aus Pittsburgh unaufrichtig und gedankenlos erschienen, in der Minderheit. Jedenfalls war ich noch sehr jung und musste erst politisches Taktgefühl entwickeln. Wahrscheinlich fühlte ich mich auch zu dem Traditionalismus der mäßig konservativen Partei hingezogen, die auf dem Campus als „Tories" auftrat; ich liebte ihre Partys, das Engagement ihrer Führung und der Ehemaligen.

Aber diese Geschichte handelt nicht von Politik, sondern von Stolz und Egoismus.

Ich hatte damals noch nicht begriffen, dass meine Erziehung statt einer Schwäche eine Quelle der Stärke sein konnte. Die Unsicherheit verleitete mich zu Handlungen, von denen ich wünschte, ich hätte sie unterlassen. So war zum Beispiel mein Führungsstil alles andere als integrativ. Ich raffte Leistungen und Erfolge zusammen, aber mein schierer Wille und mein Ehrgeiz entfremdeten mich von vielen Menschen. Ich posaunte meine Auszeichnungen hinaus und vergaß diejenigen zu würdigen, die mir diese ermöglicht hatten. Zu viel Hochmut und zu wenig Demut, würde mein Vater sagen, allerdings mit weniger Worten.

Ich wollte all den Kids, für die ich früher im Klub als Caddie gearbeitet hatte, zeigen, dass ich genauso gut war wie sie.

Wie Sie wissen, verlor ich die Wahl, aber ziemlich viele Menschen hatten den Artikel in der *New York Times* gelesen, darunter auch ein paar, die fanden, dass es gut wäre, einen Republikaner in Yale zu haben. Ein paar Wochen nach der Wahl fand ich in meinem Briefkasten eine kurze Mitteilung.

„Sehe mit Freuden, dass es in Yale wenigstens einen Republikaner gibt. Besuchen Sie mich doch mal. WFB."

William F. Buckley Jr. hatte sich die Zeit genommen, *mir* zu schreiben! Ich war überwältigt. Sofort war ich in unserem kleinen Kreis bekannt.

Der Mann hatte mir eine Einladung geschickt und ich wollte ihn beim Wort nehmen. Sofort machte ich mich daran, Kontakt mit Mr.

Buckley aufzunehmen und einen Termin auszumachen. Er lud mich herzlich zu sich nach Hause ein und schlug sogar vor, ich solle noch ein paar Freunde mitbringen.

Ein paar Monate später kam ich mit drei Kommilitonen an einem Bahnhof in Connecticut an, wo uns niemand anderes als Mr. Buckley persönlich in alten Kakihosen und einem knittrigen Button-down-Hemd begrüßte. Er fuhr uns zu sich nach Hause und dort lernten wir seine Frau kennen, die gerade im Garten arbeitete. Es war ein herrlicher Tag. Wir tranken ein paar Gläser Wein, sprachen über Politik, Mr. Buckley spielte Cembalo und dann setzten wir uns zu einem ausgiebigen Mittagessen nieder. Danach wurden wir eingeladen, in den schönen Swimmingpool der Buckleys zu hüpfen, dessen Mosaikfliesen an ein römisches Bad erinnerten.

Ich konnte mir die Gelegenheit einfach nicht entgehen lassen. Mr. Buckley war nicht der einzige Yale-Absolvent, der mit dem politischen Klima an seiner Alma Mater unzufrieden war. Auch andere konservative Ehemalige beklagten sich. Viele spendeten Yale ganz einfach kein Geld mehr. Ich dachte, ich hätte eine Lösung, die eine echte Win-win-Situation für den Campus und die Ehemaligen gewesen wäre.

Wie wäre es denn, so schlug ich vor, wenn wir eine Stiftung gründen würden, die es den entmachteten konservativen Ehemaligen ermöglichen würde, Geldmittel direkt an diejenigen Studentenorganisationen zu spenden, die die von ihnen verfochtenen traditionellen Werte verkörperten? Das wäre für Yale ein Gewinn, denn es würde Geld bekommen, das es ansonsten nicht bekäme. Die konservativen Ehemaligen würden gewinnen, denn sie könnten sich mit ihrer Schule und ihren Spenden wieder wohlfühlen. Die Studenten würden gewinnen, weil die Vielfalt größer und mehr Geld für Campus-Klubs da wäre. Was könnte es Besseres geben?

Nun, ich trug den Vorschlag vor und dachte, Mr. Buckley würde die Idee gefallen. Er sagte mir, er habe ein paar Jahre zuvor die Gründung einer Stiftung für die Finanzierung einer Studentenzeitung in Angriff genommen, sei damit aber nie recht vom Fleck gekommen. Die Stiftung habe immer noch Geldmittel und er wäre froh, wenn er sie in meine Idee investieren könnte. Das ist jedenfalls das, was ich hörte. In meiner Begeisterung überhörte ich die feinen Details, weil ich mir die schöne Sache nicht kaputt machen lassen wollte. „Verkaufe nie mehr als ausgemacht", heißt es, und ich dachte, ich hätte etwas ausgemacht.

Aber *warum* heißt es verflixt noch mal nicht auch, dass beide Seiten sicher sein müssen, was ausgemacht wurde, und beide sich hinterher daran erinnern müssen?

Als ich zum Campus zurückkehrte, konnte ich meine Begeisterung nicht verbergen. Ich ließ alle Welt wissen, dass ich der neue Präsident einer funkelnagelneuen Organisation war. War ich nicht supercool? Ich begann mit der Suche nach anderen Ehemaligen, die daran interessiert sein könnten, für unsere Sache zu spenden. Ich telefonierte herum und an den Wochenenden fuhr ich nach New York, um weitere Ehemalige für die neue Stiftung zu gewinnen, die William F. Buckley und ich gründeten.

„Bill Buckley hat ein bisschen was investiert. Möchten Sie uns vielleicht auch helfen?", fragte ich diese Leute. Und sie halfen. Jedes Mal, wenn ich aus New York zurückkam, war es mir noch mehr zu Kopf gestiegen, und ich schwärmte von den berühmten, mächtigen Menschen, die mir (man beachte: „mir", nicht „uns") Geld gaben.

Meine armen Kommilitonen mussten sich die tolle Geschichte meiner jüngsten Eskapaden in New York anhören. Aber dann kam mein kurzer Flirt mit dem Ruhm mit quietschenden Reifen zum Stillstand.

Wie es der Zufall so wollte, fuhr Mr. Buckley eines Tages mit einem der anderen berühmten Ehemaligen, die Geld gespendet hatten, im gleichen Aufzug. „Bill", sagte der Mann. „Ich habe für diese neue Yale-Stiftung genauso viel gespendet wie du." Worauf Bill antwortete: „Welche Stiftung?"

Es stellte sich heraus, dass sich Mr. Buckley an unser Gespräch nicht erinnern konnte. Oder vielleicht hatte er etwas gesagt und ich hatte es ganz anders gehört. Vielleicht dachte er auch, ich wollte einfach seine Zeitschrift wieder aufleben lassen. Aber das war zu diesem Zeitpunkt irrelevant. Mr. Buckley konnte sich nur noch an seine eingeschlafene

Zeitschrift und an die vage Andeutung erinnern, dass er sie in Yale wieder auflegen wollte. Er sagte dem anderen Spender, dass er nicht der Mitbegründer einer neuen konservativen Stiftung in Yale sei, und ich bin sicher, er sah das auch so. Und ab diesem Punkt löste sich die ganze Angelegenheit auf.

Die Zusagen, die ich bekommen hatte, konnten nicht eingelöst werden, da die Mittel jetzt nicht mehr verwahrt werden konnten. Mr. Buckley reagierte auf meine Anrufe nicht. Aber was mich am allermeisten schockierte, war die Tatsache, dass meine Freunde, die mich an jenem Tag bei Mr. Buckley begleitet hatten und genauso begeistert gewesen waren wie ich, mir nicht helfen wollten, als ich sie bat zu erklären, dass sie exakt das Gleiche gehört hatten wie ich. Mein Ruf bei mehreren wichtigen Leuten war beschädigt. Vor meinen Freunden war ich bloßgestellt, nachdem ich mich vorher so hämisch gefreut hatte. Und um noch Salz in die Wunde zu streuen, bekam jemand von der College-Zeitung Wind davon, was passiert war, und zeichnete eine Karikatur, auf der ich zu sehen war, wie ich von großen, berühmten Namen verwundet wurde, die vom Himmel fielen. Das tat weh und ich hatte es auch noch verdient.

Heute kann ich rückblickend sagen, dass das eine gute Erfahrung war. Ich lernte daraus wertvolle Dinge. Erstens musste ich mich auf den Weg machen und meinen Führungsstil ändern. Es reichte nicht, dass ich Dinge anpackte. Man musste Dinge anpacken und den Menschen um einen herum das Gefühl geben, daran beteiligt zu sein, und zwar nicht nur als Teil des Prozesses, sondern in führender Rolle. Ich wusste, dass Verpflichtungen so lange keine Verpflichtungen waren, bis alle Beteiligten mit absoluter Klarheit wussten, was Sache war. Ich lernte, wie klein die Welt in Wirklichkeit ist, vor allem die Welt der Reichen und Mächtigen.

Vor allem lernte ich, dass Arroganz eine Krankheit ist, die einen dazu verführen kann, dass man seine wahren Freunde, und warum sie so wichtig sind, vergisst. Selbst mit den besten Absichten schürt zu große Überheblichkeit den Zorn anderer Menschen und deren Wunsch, einen in seine Schranken zu verweisen. Denken Sie also daran, bei Ihrer Wanderung auf den Berg demütig zu sein. Helfen Sie anderen, mit Ihnen und vor Ihnen den Berg zu erklimmen. Lassen Sie sich von der Aussicht auf einen mächtigeren, berühmteren Bekannten nie den Blick auf die Tatsache verstellen, dass Ihre wertvollsten Verbindungen diejenigen sind, die Sie auf allen Ebenen bereits haben. Ich greife regelmäßig auf die Vergangenheit zurück und melde mich bei den Menschen, die mir seit meiner Kindheit viel bedeuten. Ich bemühe mich, meinen Mentoren zu sagen, was sie mir bedeutet haben und wie sehr sie für meinen heutigen Erfolg verantwortlich sind.

Finden Sie Mentoren, finden Sie Schützlinge – und noch einmal von vorn

„Lehren heißt neu lernen."

– H. J. Brown

Große Musiker wissen es. Profisportler und Weltklasse-Redner auch. Erfolgreiche Menschen aus fast allen Bereichen wissen, dass sie nicht ihr Bestes geben können, wenn sie keinen guten Coach an ihrer Seite haben. Und inzwischen weiß es auch die Geschäftswelt: In einem schnelllebigen, fließenden und dynamischen Umfeld, in dem Unternehmen mit crossfunktionalen Teams rasch auf Veränderungen reagieren müssen, ist Mentoring eine der wirksamsten Strategien, das Beste aus jedem einzelnen Individuum herauszuholen.

Viele Unternehmen haben formelle Mentoring-Programme eingerichtet, weil es in ihren Augen einfach zu einem klugen Management gehört, dass man Wissen weitergibt und lernt, was andere einem beibringen können. Bei Ferrazzi Greenlight haben wir mit vielen Unternehmen daran gearbeitet, solche Programme ins Leben zu rufen, weil wir meinen, dass die Unterstützung von Mitarbeitern beim Aufbau von karrierefördernden Beziehungen die Fluktuation verringert und letztlich auch durch stärkere externe Beziehungen dem Umsatzwachstum dient. Eines der erfolgreichsten derartigen Programme wurde im Jahre 1997 in einer von Intels größten Chipfabriken in New Mexico eingeführt.

Die Menschen, die für die Entwicklung dieses Programms verantwortlich waren, wollten über die traditionelle Betrachtung des Mentorings als einseitigen Prozess, der erfahrene Führungskräfte mit Senkrechtstartern zusammenbringt, hinausgehen. Für die Verantwortlichen bei Intel bedeutete firmenweites Mentoring, ein umfassendes Lern-Netzwerk zu schaffen, das die Menschen nicht aufgrund ihrer Jobbeschreibung oder ihres Ranges zusammenführt, sondern aufgrund bestimmter Fähigkeiten, für die Bedarf besteht. Das Unternehmen durchbricht mithilfe einer Intranetseite und E-Mails die Schranken zwischen den Abteilungen und bildet Partnerschaften zwischen zwei Menschen, weil sie einander verschiedene Dinge beibringen können, die sie zu besseren Mitarbeitern machen. Dieses System versetzt Intel in die Lage, Best Practices schnell über das gesamte Unternehmen zu verbreiten und die besten, viel versprechendsten Mitarbeiter der Branche auszubilden.

Es ist zwar wunderbar, dass endlich auch die Unternehmenswelt aufholt, aber für all jene, die gern Menschen mit anderen Menschen zusammenbringen, ist Mentoring – ein lebenslanger Prozess des Gebens und Nehmens zwischen Meister und Lehrling – schon immer der Heilige Gral.

Kein Verfahren hat je im Laufe der Geschichte mehr dafür getan, den Austausch von Informationen, Fertigkeiten, Wissen und Kontakten zu fördern als das Mentoring. Junge Männer und Frauen lernten ihr Gewerbe als Lehrlinge von Handwerkern. Junge Künstler entwickelten ihren ureigenen Stil erst, nachdem sie jahrelang unter älteren Meistern gearbeitet hatten. Neue Priester gingen ein Jahrzehnt oder länger bei älteren Priestern in die Lehre, bevor sie selbst weise Männer des Glaubens wurden. Wenn diese Männer und Frauen dann schließlich ihren eigenen Weg beschritten, hatten sie das Wissen und die Verbindungen, die sie für den Erfolg auf dem von ihnen gewählten Gebiet brauchten.

Die Beschäftigung mit dem Leben von Menschen, die mehr wissen als wir, erweitert unseren Horizont. Als ich ein Kind war, wusste ich, dass mir viele der Chancen, die andere Kinder hatten und die sie mit neuen Dingen und Menschen konfrontierten – zum Beispiel Sommerlager und Nachhilfestunden – nicht zugänglich waren. Ich lernte schnell, dass Erfolg im Leben Entschlossenheit, Ausprobieren, Eigenständigkeit und einen starken Willen erfordert. Außerdem lernte ich, mich auf andere Menschen zu verlassen, zu denen ich Zugang hatte: auf meinen Vater und einige der beruflich erfolgreicheren Menschen aus der Nachbarschaft.

Meine Mutter und mein Vater sagten mir, ich solle beobachten, wie die erfolgreichsten Menschen, die wir kannten, arbeiteten, sprachen und lebten. Meine Eltern sagten mir, ich könnte lernen, mein Leben zu leben, indem ich beobachtete, wie andere ihr Leben lebten. Natürlich gab sich mein Vater die größte Mühe, mir alles beizubringen, was er wusste. Aber ich sollte noch mehr wissen als das; wie die meisten Väter wollte er, dass aus mir mehr werden würde als aus ihm. Er gab mir das Selbstvertrauen, das ich brauchte, um ohne falschen Stolz und ohne Unsicherheit in die Welt hinauszugehen und Beziehungen zu den Männern und Frauen aus seiner Bekanntschaft aufzubauen, die er achtete.

Vielleicht lag es an Damon Runyon, einem seiner Lieblingsschriftsteller, dass mein Vater Mentoren so großen Wert beimaß. Ein harter Bursche, der in der sechsten Klasse die Schule abbrach und sich den Erfolg aus eigener Kraft erarbeitete – Runyons Geschichten über harte Schicksale brachten in meinem Vater eine emotionale Saite zum Schwingen. Sein Lieblingszitat von Runyon lautete: „Gehe immer auf Tuchfühlung mit dem Geld, denn wenn du dich lange genug am Geld reibst, bleibt vielleicht irgendwann etwas an dir hängen." Daher überrascht es nicht, dass mein Vater wollte, dass ich mit Menschen engen Kontakt pflegte, die mehr Geld, Wissen und Fähigkeiten hatten als er.

Ich weiß noch, dass ich nicht einmal zehn Jahre alt war, als er mich aufforderte, mit dem Fahrrad unsere staubige Einfahrt hinunterzufahren und mich mit den Nachbarn anzufreunden. Als ich in die Schule kam, hatte ich schon mit dem Anwalt George Love Kontakt aufgenommen, dem Vater eines Freundes von mir. Dad nahm mich so oft wie möglich zu Besuchen bei dem Börsenmakler Walt Saling mit. Ich saß da und löcherte Walt mit Fragen über seinen Job und die Menschen, mit denen er arbeitete. Wenn ich von der Vorschule nach Hause kam, machten Dad und ich zusammen unsere „Runde". Wir besuchten Menschen, von denen ich nach Dads Meinung etwas lernen konnte: Toad und Julie Repasky, die Besitzer des örtlichen Zementwerks, für die Dad früher arbeitete; oder die Fontanella-Schwestern, die mir Nachhilfe in Latein und Mathematik gaben, als ich älter wurde. Für unsere Arbeiterklasse-Familie waren diese Frauen und Männer die Prominenten unserer Stadt. Sie waren gebildete Menschen und das bedeutete, dass sie einem etwas beibringen konnten.

Tatsache ist, dass aus Sicht meines Vaters jedermann etwas zu bieten hatte. Wenn er sich einmal in der Woche mit seinen Freunden in einem Restaurant traf, nahm er mich mit. Er wollte, dass ich mich mit älteren, erfahreneren Menschen wohlfühlte und niemals Angst davor haben sollte, sie um Hilfe zu bitten oder ihnen Fragen zu stellen. Wenn mein Vater am Freitagabend mit mir im Schlepptau auftauchte, sagten seine Kumpels: „Hier kommen Pete und Re-Pete [das war mein Spitzname bei seinen Freunden]."

Ich blicke auf diese Zeit sehr dankbar und mit viel Rührung zurück. Bis zum heutigen Tage versuche ich, mit Pionieren, Firmenchefs und Menschen in Verbindung zu treten, die ein anderes Leben als ich hinter sich haben.

Mein Vater und Runyon hatten vielleicht etwas Grundlegenderes erfasst, als sie gedacht hatten. Inzwischen bestätigen wissenschaftliche Forschungen ihren Glauben, dass die Menschen, mit denen man sich umgibt, wesentlich mitbestimmen, was aus einem wird. Dr. David Mc-Clelland von der Harvard University hat die Eigenschaften und Besonderheiten von Menschen untersucht, die es in unserer Gesellschaft extrem weit gebracht haben. Er fand dabei heraus, dass die Entscheidung für eine „Bezugsgruppe" – die Menschen, mit denen man zu tun hat – als wesentlicher Faktor bestimmte, ob man später Erfolg hat oder scheitert. Das heißt, wenn man mit Menschen zu tun hat, die Verbindungen haben, hat man auch selbst Verbindungen. Wenn man sich mit erfolgreichen Menschen umgibt, wächst die Wahrscheinlichkeit, dass man selbst Erfolg hat.

Ich möchte anhand eines Erlebnisses im Laufe meiner Karriere erklären, wie wichtig das Mentoring für mich wurde. Es war gegen Ende des Sommers in meinem zweiten Jahr auf der Business School. Deloitte and Touche, die Buchhaltungs- und Consultingfirma, bei der ich in jenem Sommer ein Praktikum gemacht hatte, veranstaltete seine alljährliche Cocktailparty für die Praktikanten aus dem ganzen Land.

Aus dem Augenwinkel sah ich durch das Gewirr der anstoßenden Gläser und der höflichen Plaudereien, dass sich mehrere Partner und leitende Angestellte um einen breiten, rauen, weißhaarigen Mann geschart hatten, der sozusagen Hof hielt. Die anderen Praktikanten blieben gemütlich bei ihrer Clique und hielten sich von den Bossen fern, aber ich ging direkt auf die hohen Tiere zu. Das war wirklich nichts anderes, als die Straße entlangzuradeln und die Nachbarn zu besuchen.

Ich ging direkt auf den Mann zu, der im Zentrum des Geschehens stand, stellte mich vor und fragte ihn geradewegs: „Wer sind Sie?"

„Ich bin der CEO dieser Firma", sagte er mit einer Schroffheit, die signalisierte, dass ich das hätte wissen sollen; die Partner um ihn herum grinsten und kicherten hämisch.

Er war etwa 1,90 Meter groß, breit gebaut und sehr, sehr direkt. Er war der Typ Mensch, der alleine mit seiner Gegenwart einen Raum füllt.

„Nun, das hätte ich ja wohl wissen müssen", antwortete ich.

„Ja, das hätten Sie wohl", sagte er. Er scherzte, und wie es so oft bei Menschen in Machtpositionen ist, gefielen ihm meine Offenheit und meine Chuzpe. Er stellte sich als Pat Loconto vor.

„Loconto", sagte ich, „ein guter jüdischer Name, oder?"

Er lachte und ich sprach mit ihm das bisschen Italienisch, das er und ich konnten. Nach kürzester Zeit waren wir voll im Gespräch, wir unterhielten uns über unsere Familien und über unsere ähnliche Kindheit. Sein Vater war ebenfalls Italo-Amerikaner der ersten Generation und hatte ihm weitgehend die gleichen Werte nahegebracht, die mich mein Vater gelehrt hatte. Eigentlich kannte ich Pat ja schon, wenn auch nur seinen Ruf. Ich hatte gehört, mit ihm sei nicht zu spaßen – er sei hart und unermüdlich, aber auch warmherzig. Ich entschied auf der Stelle, dass es keine schlechte Idee wäre, ihn näher kennenzulernen.

Dass ich Pat auf der Cocktailparty ansprach und entdeckte, dass wir aus ähnlichem Holz geschnitzt waren, vergrößerte meinen Respekt für diesen Mann und seinen Respekt für mich. Später erfuhr ich, dass er bald nach unserer Unterhaltung nachgehakt und alle Informationen über mich und mein Sommerpraktikum in der Firma eingeholt hatte. Diese Nacht verbrachte ich bis in die frühen Morgenstunden mit Pat und den Seniorpartnern. Ich versuchte nicht, jemand zu sein, der ich nicht war. Ich übertrieb es nicht und ich gab nicht vor, mehr zu wissen als ich wirklich wusste. Viele Menschen meinen ja, genau das müsste man tun, wenn man mit Höhergestellten spricht, aber in Wahrheit macht man sich damit nur selbst zum Narren.

Ich erinnerte mich an den Rat meines Vaters und meiner Mutter, in solchen Situationen wenig zu sagen; je weniger man sagt, umso mehr hört man zu. Sie warnten mich, weil ich schon in jungen Jahren dazu neigte, das Gespräch zu beherrschen. Auf diese Weise lernt man etwas von anderen, sagte Dad, und man erkennt die feinen Nuancen, die einem später beim Aufbau einer tieferen Beziehung helfen. Außerdem gibt es keine bessere Möglichkeit, zu signalisieren, dass man daran interessiert ist, von einem Mentor als Schützling angenommen zu werden. Die Menschen nehmen stillschweigend von Ihrem Respekt Notiz und fühlen sich von der Aufmerksamkeit geschmeichelt. Nachdem ich dies vorausgeschickt habe, muss ich sagen, dass für mich still eigentlich nicht ganz still ist. Ich stellte haufenweise Fragen, schlug Verschiedenes vor, das mir während des Sommers aufgefallen war, und machte mich zum Verbündeten dieser Führungspersonen in Bezug auf das, was ihnen wichtig war – die Firma zum Erfolg zu führen.

Das Mentoring ist eine sehr heikle Aktivität; dafür muss man sein Ego an der Tür abgeben, man darf sich nicht über den Erfolg anderer Menschen ärgern und man muss sich bewusst bemühen, nutzbringende Beziehungen aufzubauen, wann immer sich die Gelegenheit dazu bietet. Andere Praktikanten beobachteten Pat und die anderen Seniorpartner eher scheu und gelangweilt (was habe ich denn mit denen gemeinsam?) und hielten deshalb Abstand. Sie verglichen ihren Rang mit dem der dicken Fische und fühlten sich ausgeschlossen – und damit waren sie es auch.

Als ich schließlich meinen Abschluss gemacht hatte, bewarb ich mich als typischer MBA bei mehreren Unternehmen. Letztlich lief es auf die Entscheidung zwischen Deloitte Consulting und dem Konkurrenten McKinsey hinaus. McKinsey galt damals unter den Beratungsfirmen als Goldstandard. Den meisten meiner Kollegen wäre die Entscheidung überaus leichtgefallen.

Aber eines Nachmittags, einen Tag vor meinem letzten Vorstellungsgespräch bei McKinsey, klingelte das Telefon. Als ich den Hörer abnahm, hörte ich eine vertraute, barsche Stimme: „Nehmen Sie unser Angebot jetzt an, dann können Sie heute Abend in New York mit mir und einigen meiner Partner essen." Bevor ich die Chance hatte, zu antworten, sagte sie: „Hier ist Pat Loconto. Ich will wissen, ob Sie zu Deloitte kommen oder nicht."

Ich sagte Pat mit einem gewissen Unwohlsein, dass ich noch nicht entschieden hätte, wo ich hingehen wollte. Aber ich hatte eine Idee, mit der ich vielleicht durchkommen würde. „Hören Sie, ich hänge immer noch in der Luft", sagte ich. „Aber es würde mir helfen, wenn ich mit Ihnen und ein paar Partnern essen gehen könnte, damit ich ein besseres Gefühl dafür bekomme, was ich bei Ihnen tun würde und in welche Richtung das Unternehmen steuert."

„Ich esse mit Ihnen nur zu Abend, wenn Sie mein Angebot annehmen", sagte er. Pat scherzte schon wieder und ich mochte ihn wegen seiner unorthodoxen Anwerbungsmethoden noch mehr. Dann entließ er mich mit dem Satz: „Okay, bewegen Sie Ihren Hintern nach New York, und machen Sie sich keine Sorgen, wir bringen Sie morgen früh rechtzeitig zu Ihrem Bewerbungsgespräch nach Chicago." Woher wusste er bloß von meinem Bewerbungsgespräch?

Also saß ich mit Pat und ein paar Partnern an einem Tisch im Grifone, ihrem Lieblingsitaliener in Manhattan. Die Scherze waren derb und grob, und die Trinkerei auch. Wir tranken mehrere Flaschen guten Wein und zudem noch ein paar Cognacs. Gegen Ende des Essens ließ Pat die Katze aus dem Sack, und zwar auf eine ziemlich schockierende Art und Weise.

„Für wen zum Teufel halten Sie sich eigentlich? Meinen Sie, McKinsey gibt einen Furz auf Keith Ferrazzi?" Er machte weiter, bevor ich antworten konnte. „Meinen Sie, der CEO von McKinsey weiß, wer Sie sind? Meinen Sie, irgendeiner der Seniorpartner würde an einem Sonntagabend mit Ihnen essen gehen? Dort sind Sie nichts weiter als noch so ein MBA-Buchhalter, der in der Menge gar nicht auffällt. Wir kümmern uns um Sie. Wir wollen, dass Sie bei uns erfolgreich sind. Und was noch wichtiger ist, wir glauben, dass Sie in unserer Firma etwas bewirken können."

Ob ich dabei war, wollte Pat wissen.

Wow, das war ein verlockendes Angebot, und in diesem Moment sagte mir mein Instinkt, dass er recht hatte. Ich wusste, er hatte recht. Aber ich wollte von diesem Essen nicht heimgehen, ohne mich noch mal selbst ins Spiel gebracht zu haben.

„Sehen Sie mal, ich schlage Ihnen einen Deal vor", sagte ich. „Wenn ich Ihr Angebot annehme, verlange ich nur, dass Sie mich dreimal im Jahr in dieses Restaurant zum Essen einladen, so lange ich bei Deloitte arbeite. Ich bin dabei, wenn Sie dabei sind."

Er sah mir in die Augen und sagte mir dann mit dem breitesten Lächeln: „Großartig. Willkommen bei Deloitte."

Übrigens fragte ich ihn bei dieser Gelegenheit auch nach mehr Geld. Er schüttelte nur den Kopf und lachte. Na ja, fragen kostet nichts. Er konnte schlimmstenfalls nein sagen. Also brachte mich dieser Mann nach drei Stunden in einem Restaurant dazu, eine lebensverändernde Karriereentscheidung zu treffen, ohne dass ein Wort über Titel, Gehalt oder genauer darüber gesprochen wurde, wie ich seiner Meinung nach noch etwas bewirken könnte.

Ehrlich gesagt hatte ich anfangs immer noch Zweifel, ob ich die richtige Entscheidung getroffen hatte. Deloitte war damals im Consultinggeschäft eher ein kleiner Fisch und sein Prestige konnte sich mit dem von McKinsey nicht messen.

Und wie richtig diese Entscheidung war! Tatsächlich war es die beste meines Lebens. Erstens bekam ich bei Deloitte Consulting in den nächsten acht Jahren mehr Verantwortungsbereiche und lernte mehr über Consulting als die meisten anderen Menschen in 20 Jahren. Zweitens merkte ich, dass ich dank meines Zugangs zu den Seniorpartnern wirklich etwas bewirken konnte. Der dritte und wichtigste Punkt: Mir wurde klar, dass es viel wichtiger ist, einen fähigen, erfahrenen Mentor zu finden, der bereit ist, Zeit und Mühe zu investieren, um die persönliche und berufliche Entwicklung zu fördern, als eine Karriereentscheidung nur aufgrund von Gehalt und Prestige zu treffen.

Außerdem war Geld damals gar nicht so wichtig. In den Zwanzigern lernt man – wie man so schön sagt – und in den Dreißigern erntet man. Jedes Jahr aßen Pat und ich mindestens dreimal im Grifone, also in dem gleichen italienischen Restaurant. Während meiner ganzen Zeit bei Deloitte fand ich bei dem CEO immer ein offenes Ohr und er erkundigte sich bei seinen Partnern immer wieder nach mir. Er passte die ganze Zeit auf mich auf.

Am Ende arbeitete ich natürlich eng mit Pat und den anderen fantastischen Mitarbeitern von Deloitte zusammen und ich lernte dabei, wie wichtig es ist, sich großartigen Menschen und großartigen Lehrern anzuschließen. Nicht, dass die Zusammenarbeit mit Pat und seiner rechten Hand Bob Kirk leicht gewesen wäre. Sie lehrten mich auf die harte Tour, wie man konzentriert bleibt; dass gewagte Ideen nichts bringen, wenn man sie nicht umsetzen kann; dass die konkreten Einzelheiten genauso wesentlich sind wie die Theorie; dass immer die Menschen an erster Stelle stehen müssen, und zwar *alle* Menschen, nicht nur diejenigen, die über einem stehen. Wahrscheinlich hätte mich Pat mehrere Male eigentlich entlassen müssen. Aber stattdessen investierte er Zeit und Energie, damit ich zu der Art von Manager – und vor allem zu der Art von Führungskraft – wurde, die er zum Wohle seiner Firma und zum Wohle seiner Rolle als Mentor haben wollte.

Es gab damals zwei entscheidende Komponenten, die mein Mentoring durch Pat – und natürlich jedes Mentoring – erfolgreich machen. Er bot mir seine Anleitung, weil ich eine Gegenleistung versprach. Ich bemühte mich unaufhörlich, das Wissen, welches er mir vermittelte, zu nutzen, um ihn und sein Unternehmen noch erfolgreicher zu machen. Und zweitens ging es über eine reine Zweckbeziehung hinaus. Pat mochte mich und war emotional an meinem Fortkommen interessiert. Er kümmerte sich um mich. Das ist der Schlüssel zu erfolgreichem Mentoring. Eine gelungene Mentorenbeziehung muss zu gleichen Teilen aus Nutzen und Emotion bestehen. Man kann nicht einfach von jemandem verlangen, dass er sich persönlich für einen engagiert. Eine gewisse Gegenseitigkeit muss im Spiel sein – egal ob die Gegenleistung in harter Arbeit oder in Loyalität besteht –, denn nur dadurch bringt man jemanden dazu, dass er in einen investiert. Und wenn der Prozess einmal begonnen hat, muss man seinen Mentor in einen Coach verwandeln, also in jemanden, für den der Erfolg des Schützlings im Kleinen oder im Großen sein eigener Erfolg ist. Ich schulde Pat so viel. Wenn er nicht gewesen wäre, wäre ich nicht der geworden, der ich heute bin. Und das gilt auch für viele andere, angefangen bei meiner Mutter und meinem Vater und Jack Pidgeon von der

Kiski School, meinem „Onkel" Bob Wilson; und es gibt noch so viele andere, die ich in diesem Buch erwähnt habe, und so viele, die unerwähnt bleiben, aber denen ich mich sehr nahe fühle.

Was gegenseitigen Nutzen angeht, sollte man am besten zuerst Hilfe bieten und nicht darum bitten. Wenn es jemanden gibt, dessen Wissen Sie brauchen, finden Sie eine Möglichkeit, wie Sie dieser Person von Nutzen sein können. Überlegen Sie, welche Bedürfnisse sie hat und wie Sie ihr helfen können. Wenn Sie sie nicht konkret unterstützen können, dann können Sie vielleicht für ihre gemeinnützige Organisation spenden, für ihr Unternehmen oder ihre Gemeinde. Sie müssen bereit sein, Ihren Mentoren etwas zurückzugeben, und sie müssen das von Anfang an wissen. Bevor es für Pat infrage kam, dreimal im Jahr mit mir essen zu gehen, musste er wissen, dass ich mich für seine Firma engagieren würde. Deshalb hatten wir so schnell ein vertrauensvolles Verhältnis, das sich später in Freundschaft verwandelte.

Wenn es aber keine unmittelbaren Möglichkeiten zur Hilfe gibt, dann müssen Sie vorsichtig sein und sich bewusst sein, dass Sie der betreffenden Person etwas zumuten. Fast jeden Tag schickt mir irgendein junger Mann oder eine junge Frau eine E-Mail, in der es allzu direkt heißt: „Ich brauche einen Job." Oder: „Ich glaube, Sie können mir helfen. Werden Sie mein Mentor." Es schüttelt mich, wenn ich daran denke, wie sehr diese jungen Leute diesen Prozess missverstehen. Wenn sie schon meine Hilfe haben wollen, ohne dass sie mir ihre Hilfe als Gegenleistung anbieten, dann sollten sie wenigstens versuchen, sich bei mir beliebt zu machen. Sagen Sie mir, warum Sie etwas Besonderes sind. Sagen Sie mir, was wir gemeinsam haben. Drücken Sie Dankbarkeit, Begeisterung und Leidenschaft aus.

Das Problem ist häufig, dass diese Menschen vorher noch nie einen Mentor hatten und daher keine genaue Vorstellung haben, wie das genau funktioniert. Manche Menschen meinen, es gäbe einen bestimmten Menschen, der nur darauf wartet, alles für sie zu sein. Aber wie mich mein Vater gelehrt hat, ist man überall von Mentoren umgeben. Das muss nicht unbedingt der Chef oder überhaupt jemand aus Ihrem Unternehmen sein. Mentoring ist eine nicht-hierarchische Aktivität, die sich quer durch die Laufbahnen und Organisationsebenen erstreckt.

Ein CEO kann von einem Manager etwas lernen und umgekehrt. Einige schlaue Unternehmen, denen das klar geworden ist, haben schon Programme aufgebaut, die neue Mitarbeiter als Mentoren für das Unternehmen nutzen. Einen Monat nach ihrer Einstellung werden die Neueinsteiger aufgefordert, alle ihre Eindrücke niederzuschreiben; dahinter steht der Gedanke, dass ein neuer Mitarbeiter eine frische Sicht auf alte Probleme hat und innovative Vorschläge machen kann, die anderen nicht einfallen.

Tatsächlich lerne ich sehr viel von meinen eigenen jungen Schützlingen. Sie helfen mir, meine Fähigkeiten immer wieder auf den neuesten Stand zu bringen und die Welt mit neuen Augen zu sehen.

Wenn Sie sich nach oben strecken, um Kontakt aufzunehmen, müssen Sie sich auf jeden Fall genauso nach unten strecken und anderen helfen. Ich nehme mir schon immer die Zeit, jungen Menschen eine helfende Hand zu reichen. Die meisten arbeiten tatsächlich irgendwann für mich, als Praktikanten oder als Angestellte. Zu diesen Menschen zählen unter anderem Paul Lussow, Chad Hodge, Hani Abisaid, Andi Bohn, Brinda Chugani, Anna Mongayt, John Lux, Jason Annis – und die Liste ließe sich noch verlängern.

Dann gibt es noch diejenigen, die es am Anfang nicht begreifen. Einfältig fragen sie: „Wie kann mich je für alles revanchieren, was Sie für mich tun?" Ich sage ihnen dann, dass sie sich schon jetzt revanchieren. Ich erwarte nichts weiter als aufrichtige Dankbarkeit und dass ich sehe, wie sie alles anwenden, was sie lernen.

Zu sehen wie Brinda bei Deloitte aufsteigt, wie Hani Teilhaber eines meiner Unternehmen wird und dann in ein Unternehmen aufsteigt, bei dessen Gründung ich die Hand im Spiel hatte, wie Chad einer der erfolgreichsten jungen Drehbuchautoren Hollywoods wird, wie Andy in Hollywood zum Player wird oder wie Paul an der Wharton School studiert – das begeistert mich total. Und das gilt noch mehr, wenn sie in ihrer Laufbahn den Punkt erreichen, an dem sie selbst zu Mentoren werden.

Ich kann gar nicht genug betonen, wie effektiv dieser Prozess ist und wie wichtig es ist, dass Sie ihm Respekt zollen und Zeit widmen. Im Gegenzug werden Sie mit Tatkraft, Begeisterung, Vertrauen und Empathie mehr als entschädigt – alles Dinge, die letztlich weit mehr wert sind als alle Ratschläge, die Sie gegeben haben.

Wenn Sie Mentoring ernst nehmen und ihm die Zeit und die Energie widmen, die es verdient, dann befinden Sie sich schon bald in einem Lernnetzwerk, das dem von Intel nicht unähnlich ist. Sie werden mehr Informationen und guten Willen empfangen, als Sie sich je hätten vorstellen können, da Sie die Rolle des Meisters und Lehrlings in einer wirkmächtigen Konstellation von Menschen spielen, die alle gleichzeitig lehren und lernen.

Eleanor Roosevelt (1884-1962)

„Connecting sollte Ihre Prinzipien fördern und nicht kompromittieren."

Wenn man Connecting grob als Verquicken von Freundschaft und Mission beschreiben kann, dann war die First Lady Eleanor Roosevelt eine der hervorragendsten Connectors des 20. Jahrhunderts. In ihrer Autobiografie schrieb sie: „Durch die Arbeit zusammengeschweißt zu sein [...] ist [...] eine der befriedigendsten Arten, Freunde zu gewinnen und zu behalten". Mithilfe von Gruppen wie dem International Congress of Working Women und der Women's International League of Peace and Freedom (WILPF) schuf sich Roosevelt einen großen Kreis von Freunden – und einigen wenigen Feinden – und brachte im Zuge dessen einige der großen gesellschaftlichen Fragen unserer Zeit voran.

Die First Lady scheute sich nicht, ihr persönliches Netzwerk zu nutzen, um heikle soziale Themen anzugehen. Sie kämpfte beispielsweise für die Rechte der Frauen am Arbeitsplatz – für ihre Aufnahme in Gewerkschaften und ihr Recht auf einen Lohn, mit dem sie den Lebensunterhalt bestreiten konnten. Heutzutage sind das keine kontroversen Themen mehr, aber Ende der 1920er- und Anfang der 1930er-Jahre *beschuldigten* viele Amerikaner die arbeitenden Frauen, sie würden mitten in der Weltwirtschaftskrise vielen männlichen „Ernährern" den Arbeitsplatz wegnehmen.

Roosevelt glaubte, es gehöre zu den schönen und verpflichtenden Aspekten der Demokratie, dass man sich für das einsetzt, woran man glaubt. Und sie bewies, dass man das Vertrauen und die Bewunderung der Mitmenschen gewinnen kann, wenn man das tut. Sie bewies außerdem, dass man sich manchmal gerade *gegen* diese Mitmenschen stellen muss.

Es war weitgehend der First Lady zu verdanken, dass die Opernsängerin Marian Anderson im Jahre 1936 die erste Schwarze war, die im Weißen Haus auftrat. Dass Anderson in die Pennsylvania Avenue 1600 durfte, war durchaus ungewöhnlich. Obwohl sie damals der drittgrößte Kassenmagnet des Landes war, konnte sie den rassistischen Vorurteilen der damaligen Zeit nicht entgehen. Auf Reisen durfte sie ausschließlich Wartesäle, Hotels und Eisenbahnwagons „für Farbige" benutzen. In den Südstaaten wurde sie in den Zeitungen nur selten als „Miss Anderson" bezeichnet; viel öfter hieß es dort geschlechtsneutral *„Artist Anderson"* oder *„Singer Anderson"*.

Im Jahre 1939 versuchten Andersons Manager und die Howard University, einen Auftritt in der Constitution Hall in Washington zu organisieren. Die Daughters of the American Revolution (D.A.R.), die Organisation, der die Halle gehörte, lehnte das jedoch ab. Aus Protest legte Roosevelt sofort – und öffentlich – ihre Mitgliedschaft in der D.A.R. nieder. In einem offenen Brief an die D.A.R. schrieb sie: *„Ich muss der Haltung entschieden widersprechen, die dazu geführt hat, dass einer großen Künstlerin die Constitution Hall verweigert wird. [...] Sie hatten die Chance, als Aufklärer voranzugehen, aber mir scheint, Ihre Organisation hat versagt."*

Die First Lady arrangierte für Anderson einen Auftritt auf den Stufen des Lincoln Memorials. Am 9. April (Ostersonntag) 1939 wohnten 75.000 Menschen diesem Konzert bei.

Ja, Loyalität ist wichtig. Aber nicht, wenn man dafür seine Prinzipien opfern müsste.

Eleanor Roosevelts Auffassungen von den Bürgerrechten erscheinen heute wohl kaum radikal, aber damals war sie ihrer Zeit weit voraus: All das geschah *Jahrzehnte*, bevor der Supreme Court im Jahre 1954 in dem Urteil zum Fall *Brown vs. Board of Education* die Doktrin „separate but equal" („getrennt, aber gleich") abwies.

Jedes Mal, wenn die First Lady für eine soziale Angelegenheit eintrat, wenn sie in einer schwarzen Kirche oder in einer Synagoge Toleranz predigte, sogar als sie Delegierte für die neu gegründeten Vereinten Nationen war, die die umstrittene allgemeine Menschenrechtserklärung verabschiedeten – jedes Mal verlor sie Freunde und wurde heftig kritisiert, weil sie gegen den Strom schwamm.

Aber trotzdem vergrößerte diese erstaunliche Frau hartnäckig ihren Einfluss, den sie für ihre progressiven Vorhaben geltend machte. Wir alle sind ihr für das Vermächtnis, das sie hinterlassen hat, zu Dank verpflichtet. Was können wir von Eleanor Roosevelt lernen? Es reicht nicht, auf andere zuzugehen; vielmehr müssen wir alle wachsam darauf achten, dass unsere Bemühungen, Menschen zusammenzubringen, mit unseren Bemühungen im Einklang stehen, die Welt ein Stückchen zu verbessern.

Wenn man von Prinzipien geleitet ist, muss man natürlich immer auch Opfer bringen. Aber die Entschlossenheit, sich mit anderen Menschen zu verbinden, sollte nie auf Kosten Ihrer Werte gehen. Wenn Sie Ihr Netzwerk aus Kollegen und Freunden klug auswählen, hilft es Ihnen sogar bei dem Kampf für das, woran Sie glauben.

32

Balance
ist Bullshit

Ausgewogenheit ist ein Mythos.

Man kann meinen Zeitplan nach üblichen Maßstäben auf keinen Fall als „ausgewogen" bezeichnen. Sehen wir uns einmal einen typischen Tag an. Montag: Ich stehe um vier Uhr morgens in Los Angeles auf und telefoniere mit meinem Team in New York. Dann verbringe ich noch ein paar Stunden am Telefon, weil ich eine Veranstaltung zugunsten eines Freundes von mir organisieren will, der für ein politisches Amt kandidiert. Um sieben Uhr bin ich am Flughafen, um nach Portland/Oregon zu fliegen, wo ich mich mit einem neuen Klienten treffe (dabei klingeln ständig meine beiden Handys und ich hantiere mit dem Blackberry, mit dem ich kurze E-Mails verschicke, während mein Notebook mit den Tabellenkalkulationen immer in Reichweite steht). Nach der Besprechung in Portland sitze ich im Auto auf dem Weg nach Seattle und hänge wieder am Telefon, um Termine für den Abend, morgen und die nächste Woche auszumachen. Ich stehe ständig mit meiner Assistenzkraft in Kontakt und versuche, Einladungen für ein großes Essen zu versenden, das ich in einem Monat veranstalten will. In Seattle ist ein Essen mit den Leuten geplant, die in diesem Jahr die CEO-Konferenz von Bill Gates organisieren; danach gehe ich mit ein paar engeren Freunden einen trinken. Morgen kommt wieder um vier Uhr ein Weckruf und das Ganze geht von vorn los.

Willkommen in der von meinen Freunden scherzhaft so genannten „Ferrazzi-Zeit", einem Einsatzgebiet, in der die Telefonzentrale immer geöffnet ist und ständig hektische Betriebsamkeit herrscht.

Beim Anblick eines solchen Zeitplans stellen sich ein paar sehr wichtige Fragen: Ist das ein Leben? Wenn man so arbeitet, gibt es dann eine Balance zwischen Arbeit und Leben? Und müssen Sie – Gott bewahre! – ebenfalls in der Ferrazzi-Zeit agieren, wenn Sie erfolgreich sein wollen?

Die Antworten: Ja, das ist ein Leben, aber eben meines; ja, man kann eine Balance finden, aber nur seine eigene; und nein, Gott sei Dank müssen Sie es nicht so machen wie ich.

Das Beste an einer auf Beziehungen basierenden Karriere ist meines Erachtens die Tatsache, dass das überhaupt keine Karriere ist. Es ist ein

Lebensstil. Vor ein paar Jahren wurde mir nach und nach klar, dass Connecting eigentlich eine Weltsicht ist. So wie ich dachte und mich verhielt, erschien die Trennung zwischen der beruflichen und der privaten Sphäre nicht mehr sinnvoll. Mir wurde klar, dass der Erfolg in beiden Welten auf anderen Menschen und auf der Art beruht, in welcher Beziehung man zu ihnen steht. Egal ob diese Menschen Familie, Kollegen oder Freunde sind – echtes Connecting verlangt, dass man in alle Beziehungen die gleichen Werte einbringt. Daraus ergab sich, dass ich zwischen meinem Glück im Beruf und meinem privaten Glück nicht mehr zu unterscheiden brauchte – beides war ein Teil von mir. Mein Leben.

Als mir klar wurde, dass der Schlüssel zu meinem Leben die Beziehungen sind, sah ich keine Notwendigkeit mehr, die Arbeit von der Familie und von den Freunden abzuschotten. Ich konnte, wie ich es kürzlich getan habe, meinen Geburtstag auf einer Unternehmenskonferenz verbringen und dabei von warmherzigen, wunderbaren Freunden umgeben sein; und ich konnte zu Hause in Los Angeles und in New York mit gleichermaßen engen Freunden feiern.

Die falsche Vorstellung einer Balance, die wie eine Gleichung funktioniert – dass man soundso viele Stunden von der einen Seite seines Lebens nimmt und sie auf die andere Seite schiebt –, löste sich in Luft auf. Und damit fiel auch der ganze Stress weg, der mit dem Versuch verbunden ist, den perfekten Gleichgewichtszustand zu erreichen, von dem wir so viel hören und lesen.

Balance kann man nicht kaufen oder verkaufen. Man braucht sie nicht „umzusetzen". Ausgewogenheit ist eine geistige Haltung, so individuell und einzigartig wie Ihr genetischer Code. Wo man Freude findet, dort findet man auch Balance. Mein irrer Zeitplan funktioniert für mich und vielleicht nur für mich. Die Vermischung von Berufs- und Privatleben ist nicht nach jedermanns Geschmack. Wichtig ist dabei, dass man die Verbindung mit anderen Menschen nicht als manipulatives Werkzeug betrachtet, mit dem man gewisse Ziele erreicht, sondern eher als Lebensauffassung. Wenn man aus dem Gleichgewicht gerät, merkt man das daran, dass man hektisch, wütend und unzufrieden wird. Wenn man ausgeglichen ist, ist man fröhlich, enthusiastisch und voller Dankbarkeit.

Machen Sie sich über die Entwicklung Ihrer eigenen Version der Ferrazzi-Zeit keine Sorgen. Man geht auf andere Menschen genauso zu wie man einen 20-Zentner-Gorilla isst: einen Bissen nach dem anderen.

Letztlich leben wir alle nur ein Leben. Und dieses Leben dreht sich um die Menschen, mit denen wir leben.

Mehr Menschen, mehr Balance

Wenn man, so wie ich früher, an den Mythos von der Balance glaubt (wonach das Leben eine Gleichung ist), muss man Fragen wie: „Wenn ich so ‚perfekt‘ bin, warum habe ich dann nicht mehr Spaß?" oder: „Wenn ich so ‚organisiert‘ bin, warum habe ich dann das Gefühl, dass ich keine Kontrolle habe?", beantworten, indem man sein Leben „vereinfacht", „aufteilt" oder auf die wichtigsten Komponenten „reduziert".

Also versuchen wir Zeit zu sparen, indem wir das Mittagessen am Schreibtisch zu uns nehmen. Wir unterhalten uns seltener nur zum Spaß am Wasserspender mit Kollegen, Unbekannten und anderen „nebensächlichen" Menschen. Wir straffen unseren Zeitplan so, dass er nur noch die wichtigsten Arbeitsabläufe enthält.

Man sagt uns: „Wenn du dich einfach besser organisierst, wenn du ein Gleichgewicht zwischen Arbeit und Zuhause schaffst und dich auf die *wichtigen* Menschen in deinem Leben beschränkst, dann geht es dir besser." Das ist einfach völlig daneben. Es sollte lieber heißen: „Ich muss ein Leben voller Menschen finden, die ich liebe." So wie ich die Sache sehe, liegt das Problem nicht darin, was man arbeitet, sondern mit wem man arbeitet.

Man kann sein Leben nicht lieben, wenn man seine Arbeit hasst; und in der Mehrzahl der Fälle mögen Menschen ihre Arbeit deshalb nicht, weil sie mit Menschen zusammenarbeiten, die sie nicht mögen.

Wenn man Verbindungen aufbaut, verdoppelt und verdreifacht man die Gelegenheiten, Menschen kennenzulernen, die einen in einen neuen, begeisternden Job führen.

Ich glaube das Problem in der heutigen Welt ist nicht, dass wir zu viele Menschen in unserem Leben haben, sondern zu wenige. Dr. Will Miller und Glenn Sparks argumentieren in ihrem Buch *Refrigerator Rights: Creating Connections and Restoring Relationships*, dass wir dank der erhöhten Mobilität, der Bedeutung, die Amerikaner dem Individualismus beimessen, und der überwältigenden Zerstreuung, die uns online geboten wird, ein relativ isoliertes Leben führen.

Wie viele Menschen gibt es, die einfach zu uns nach Hause kommen, den Kühlschrank aufmachen und sich selbst bedienen können? Nicht viele. Die Menschen brauchen Beziehungen mit „Kühlschrank-Berechtigung", also Beziehungen, die so angenehm, formlos und intim sind, dass wir einfach in die Küche des anderen gehen und ohne zu fragen im Kühlschrank wühlen können. Diese Art von Beziehung ist es, die dafür sorgt, dass wir richtig ausgeglichen sind, glücklich und erfolgreich.

Die Betonung des Individualismus in Amerika erschwert das Zugehen auf andere Menschen. Vergleichende Studien über Stress am Arbeitsplatz und über die Unzufriedenheit von Arbeitnehmern zeigen, dass die Menschen in individualistischen Kulturen mehr über Stress klagen als Menschen, die in gemeinschaftsorientierten Kulturen arbeiten. Trotz unseres hohen Lebensstandards erzeugen Wohlstand und Privilegien kein emotionales Wohlbefinden. Aus den erwähnten Studien geht hervor, dass vielmehr das Gefühl der Zugehörigkeit glücklich macht.

Wenn uns unser einsames Leben einholt, greifen wir zu Selbsthilfe-Büchern, aber ich halte dagegen, dass wir keine *Selbst*-Hilfe brauchen, sondern Hilfe von anderen. Wenn Ihnen das einleuchtet – und das hoffe ich –, dann ist das, was ich in diesem Buch lehre, das perfekte Gegenmittel gegen das ganze Gerede von der Unausgeglichenheit. Connecting ist die seltene Möglichkeit, den Spatzen in der Hand *und* die Taube auf dem Dach zu bekommen. Am Ende handeln wir im

Interesse sowohl unserer Arbeit als auch unseres Lebens, in unserem Interesse und im Interesse Anderer.

Oscar Wilde hat einmal behauptet, wenn ein Mensch das tut, was er liebt, dann kommt es ihm vor, als hätte er in seinem Leben noch keinen Tag gearbeitet. Wenn Ihr Leben mit Menschen ausgefüllt ist, um die Sie sich kümmern und die sich um Sie kümmern, warum sollten Sie sich da Gedanken machen, irgendetwas „auszubalancieren"?

33

Willkommen im vernetzten Zeitalter

„Wir Menschen sind soziale Wesen. Wir kommen aufgrund der Handlungen anderer auf die Welt. Wir überleben hier in Abhängigkeit von anderen. Ob uns das gefällt oder nicht, es gibt kaum einen Augenblick in unserem Leben, in dem wir nicht von den Aktivitäten anderer profitieren. Daher ist es kaum überraschend, dass der größte Teil unseres Glücks durch die Beziehungen zu anderen Menschen entsteht."

– Der Dalai-Lama

Noch nie gab es einen besseren Zeitpunkt als heute, auf Menschen zuzugehen und Verbindungen zu schaffen. Die Dynamik unserer Gesellschaft und insbesondere unserer Wirtschaft wird immer mehr von gegenseitigen Abhängigkeiten und Verbindungen bestimmt. Das bedeutet, je mehr alles mit allem und allen anderen verbunden ist, umso mehr hängen wir davon ab, mit wem und womit wir verbunden sind.

Während eines Großteils des 19. und 20. Jahrhunderts regierte ein krasser Individualismus, aber im 21. Jahrhundert werden Gemeinschaft und Allianzen regieren. Im digitalen Zeitalter, in dem das Internet die geografischen Grenzen niedergerissen hat und Hunderte Millionen Menschen und Computer auf der ganzen Welt miteinander verbindet, gibt es keinen Grund, isoliert zu leben und zu arbeiten. Wir begreifen jetzt wieder, dass Erfolg nicht von tollen Technologien oder von Risikokapital abhängt; er hängt davon ab, wen man kennt und wie man mit diesen Menschen arbeitet. Wir entdecken wieder, dass der wahre Schlüssel zum Gewinn die gute Zusammenarbeit mit anderen Menschen ist.

Diese Wahrheit wird auf nachdrückliche Weise durch eine Studie aus dem Jahr 1986 illustriert, die vom damaligen Präsidenten von Harvard, Derek Bok, in Auftrag gegeben wurde. Bok wollte wissen, ob man auf irgendeine Weise vorhersagen konnte, ob ein junger Mensch auf dem College erfolgreich wäre oder nicht. Was war anders an den jungen Leuten, die im Grundstudium die Überflieger waren? Man führte eine groß angelegte Studie über mehrere Jahre durch.

Eine Entdeckung überraschte alle besonders: Der einzig entscheidende Faktor, wenn es darum ging, den Erfolg auf dem College vorherzusagen, hatte nichts mit irgendeiner Maßzahl zu tun, die wir normalerweise mit dem Studienerfolg assoziieren, egal ob damals oder heute. Es war nicht der GPA oder der SAT-Score oder irgendeine andere Zahl. Es war stattdessen die Fähigkeit eines Studierenden, eine Studiengruppe zu gründen oder sich ihr anzuschließen.

Junge Menschen, die in Gruppen lernten, selbst, wenn es nur einmal die Woche war, engagierten sich mehr im Studium, waren besser auf die Kurse vorbereitet und lernten bedeutend mehr als die Studenten, die alleine arbeiteten. Sie hatten auch mehr Spaß. Nichts anderes kam dem Einfluss dieser einen Variable auch nur nahe, wenn es darum ging, den Studienerfolg vorherzusagen.

Der Schlüssel zum Erfolg im Studium ist heute auch der Schlüssel für Erfolg im Beruf und das in fast allen Bereichen. Lernen lässt sich am besten durch Beziehungen – die richtige Unterhaltung mit der richtigen Person im richtigen Kontext – und durch Zusammenarbeit.

Nichts ist heute wichtiger als eine von Menschenhand betriebene Infrastruktur, die durch Technologie von den Beschränkungen durch Zeit und Raum befreit ist, um einem eine Fülle von Möglichkeiten und lebenslangem Lernen zu bieten.

Revolutionen beginnen an ungewöhnlichen Orten

Im Leben geht es um Arbeit, bei der Arbeit geht es um das Leben und bei beidem geht es um Menschen. „Der aufregendste Durchbruch des 21. Jahrhunderts wird nicht aufgrund einer Technologie erfolgen, sondern aufgrund der Erweiterung des Konzepts, was Menschsein bedeutet", so der Zukunftsforscher John Naisbitt.

Wir befinden uns in der Entstehungsphase einer neuen Ära von Konnektivität und Gemeinschaft. Sie haben nun die Fähigkeiten und das Wissen, um in dieser Umgebung zu gedeihen. Aber zu welchem Zweck? *Wie* werden Sie gedeihen? Was bedeutet es, ein wirklich vernetztes Leben zu führen?

Sicher messen manche von uns Erfolg anhand von Gehalt und Beförderungen. Andere berufen sich vielleicht auf ihren frisch erworbenen Ruhm oder auf das Fachwissen, das sie angehäuft haben. Für wieder andere sind es die fabelhaften Dinnerpartys, die sie veranstalten, oder die ehrgeizigen Kontaktziele, mit denen sie sich angefreundet haben.

Aber wird sich dieser Erfolg leer anfühlen? Werden Sie statt von einer liebevollen Familie und einem vertrauten Freundeskreis nur noch von Kollegen und Kunden umgeben sein?

Früher oder später stellen wir uns alle diese Fragen auf die eine oder andere Weise. Außerdem werden wir irgendwann auf unser Leben zurückblicken und uns fragen: Was ist mein Vermächtnis? Was habe ich Bedeutendes getan?

Wie viele von Ihnen können sich an die Namen der letzten drei CEOs von General Motors, IBM oder Walmart erinnern? Fällt es Ihnen schwer, sich an die Namen zu erinnern? Dann versuchen Sie es einmal mit drei bedeutenden Figuren der Bürgerrechtsbewegung. Tja, hier können die Befragten meistens sechs oder noch mehr nennen.

Sich als Connector zu profilieren heißt letztlich, einen Beitrag zu leisten – für Ihre Freunde, Ihre Familie, Ihr Unternehmen, Ihre Gemeinde und vor allem für die Welt – indem Sie von Ihren Kontakten und Talenten den bestmöglichen Gebrauch machen.

Es ist schon seltsam, welche Ereignisse im Leben einen auf die Frage bringen, wohin man geht und was einem am meisten wert ist. Ich erinnere mich zum Beispiel, dass ich als junger Mann von einem Button-down-Hemd von Brooks Brothers träumte. In meiner Kindheit und Jugend trug ich immer abgetragene Kleidung – sie stammte von den Kindern der Leute, bei denen meine Mutter putzte – oder ich kaufte in Secondhandläden. Ich dachte, wenn ich eines Tages in ein Geschäft wie Brooks Brothers gehen und mir ein *neues* Hemd (zum normalen Preis!) kaufen könnte, hätte ich es endlich geschafft.

Dieser Tag kam. Ich war Mitte 20 und kaufte stolz das feinste und teuerste Button-down-Hemd, das es bei Brooks Brothers gab. Am nächsten Tag trug ich das Hemd in der Arbeit, als wäre es eine seltene, smaragdbesetzte Robe aus der viktorianischen Epoche. Dann wusch ich es. Ich erinnere mich noch, dass ich mein Hemd aus der Waschmaschine zog und – oh Schreck! – zwei Knöpfe waren abgefallen. Ohne Witz. Da fragte ich mich: Und darauf habe ich jetzt mein Leben lang gewartet?

Der bekannte Autor und Redner Rabbi Harold Kushner hat einmal die weisen Worte geschrieben: „Unsere Seelen hungern nicht nach Ruhm, Bequemlichkeit, Wohlstand oder Macht. Diese Belohnungen schaffen nämlich fast genauso viele Probleme, wie sie lösen. Unsere Seelen hungern nach Bedeutung, nach dem Gefühl, dass wir herausgefunden haben, wie wir leben müssen, damit unser Leben etwas zählt, sodass die Welt nach unserer Durchreise wenigstens ein kleines bisschen anders aussieht."

Ich musste allerdings noch ein paar Knöpfe mehr verlieren, bevor ich mich wirklich zu fragen begann, nach welcher Bedeutung genau meine Seele eigentlich hungerte.

Es kam schließlich der Zeitpunkt, zu dem ich meine persönliche Mini-Revolution erlebte. Manchmal fangen Revolutionen an den unwahrscheinlichsten Orten und mit den unwahrscheinlichsten Helden an. Wer hätte gedacht, dass ein kleiner Inder mit sehr starkem Akzent infrage stellen konnte, was ich vom Leben wollte und wie ich es erreichen konnte? Oder dass nichts zu tun und zehn Tage lang zu schweigen – statt zu versuchen, alles auf einmal zu tun –, den Kurs meines Lebens verändern konnte?

Der erste Schuss meiner Revolution fiel, als ich ausgerechnet auf dem Weltwirtschaftsforum in der Schweiz einen überfüllten Vortrag mit dem einfachen Titel „Happiness" hörte. Der Raum war mit den Reichen und Mächtigen der Welt vollgestopft – ein klares Zeichen, dass es um mich herum noch ein paar Menschen gab, die Knöpfe verloren hatten.

Wir hatten uns also versammelt, um einem kleinen, untersetzten, durch und durch glücklich aussehenden Mann namens S. N. Goenka zuzuhören, der uns erzählte, wie er vom Geschäftsmann zum Guru geworden war und mithilfe einer alten Meditationstradition namens Vipassana Gesundheit und Glück gefunden hatte.

Goenka schlurfte langsam auf das Podium und begann einen Vortrag, dem die gesamte Zuhörerschaft eine Stunde lang entzückt lauschte. Seine Worte versetzten uns in unsere eigenen Köpfe hinein und zwangen uns, uns dem Gefühl der Unzulänglichkeit, des Stresses und der Unausgeglichenheit zu stellen, das unser scheinbar erfolgreiches Leben immer noch begleitete.

Es wurde kein Wort über Berufliches an sich gesprochen. Es war weder von Bilanzen noch von einflussreichen Kontakten die Rede. Glück, so sagte uns Goenka, hat nichts damit zu tun, wie viel Geld wir verdienen oder wie wir es verdienen.

Es gibt nur einen Ort, an dem man wahren Frieden und wahre Harmonie findet. Dieser Ort befindet sich in unserem Inneren, so Goenka. Und es sei klar, dass wir zwar die Herren unserer Geschäfte wären, nicht aber Herren unseres Geistes und unserer Seele.

Er sagte, es gebe eine Möglichkeit, die richtigen Fragen zu stellen und Herren unseres Geistes zu werden. Vipassana, so hörten wir, sei eine Erkenntnis-Meditation und man würde darin „die Dinge sehen, wie sie wirklich sind". Es sei eine Methode, um inneren Frieden zu erlangen, die die Angst aus dem Herzen vertreiben und uns den Mut geben würde, zu sein, wer wir wirklich sind. Goenka erzählte uns von einem zermürbenden zehntägigen Kurs, bei dem die Übenden stundenlang in absoluter Stille dasitzen, ohne Augenkontakt, ohne zu schreiben oder auf andere Weise zu kommunizieren – abgesehen von dem Gespräch mit den Lehrern am Ende jedes Tages.

Es lag an uns. Nein, es lag in uns, ein glückliches und bedeutungsvolles Leben zu führen. Wir mussten nur die richtigen Fragen stellen und die Zeit damit verbringen, zu schauen und zu lauschen.

Ich weiß zwar nicht, wie viele meiner Managerkollegen die Absicht hatten, Vipassana zu lernen, aber es war klar, dass uns Goenka berührt hatte ... tief berührt. Er ließ uns spüren – zumindest in diesem Moment –, dass wir die Macht hatten, unserer Arbeit und unserem Leben Bedeutung zu verleihen; dass es wichtig sein und etwas verändern könnte und wir lernen könnten, glücklich zu sein, wenn wir uns die Zeit nähmen, auf das zu lauschen, was uns unsere Seelen sagten.

Ich fühlte mich erfrischt und angeregt, aber ich war sicher, dass ich nie Vipassana lernen würde. Zehn Tage ohne Telefonkonferenzen, ohne Arbeitsessen, ohne Gespräche ... zehn *Tage*! Unmöglich, dazu würde ich nie die Zeit finden.

Doch ganz plötzlich hatte ich alle Zeit der Welt. Nach meinem Weggang von Starwood war mir ein Knopf zu viel verloren gegangen und ich brauchte Klarheit – und Glück.

Bis zu diesem Zeitpunkt hatte ich gedacht, ich hätte für zehn Tage Selbstbeobachtung nicht genug Zeit oder Mut. Aber schließlich machte ich den Vipassana-Kurs doch und lernte – anscheinend zum ersten Mal in meinem Leben – einen Gang herunterzuschalten und wirklich zu-zuhören. In diesem Prozess warf ich viele – wenn auch nicht alle – Vor-stellungen über Bord, was ich tun „sollte" oder „müsste".

Wenn man sich aufmacht, seine Leidenschaft zu finden, diese blaue Flamme, ist es interessant, zu sehen, wie dieses Engagement mit Ant-worten belohnt wird. Die Antworten, die mir nach der Meditation ka-men, halfen mir, mein Streben nach Prestige und Geld neu zu bewerten und mich wieder auf das zu konzentrieren, von dem ich eigentlich schon immer gewusst hatte, dass es am wichtigsten ist: Beziehungen.

Vipassana ist gewiss nicht der einzige Weg, um Klarheit zu gelangen, aber viel zu wenige von uns geben sich selbst die notwendige Zeit und den notwendigen Raum, um besser zu verstehen, wer wir sind und was wir wirklich wollen. Wie hatte ich es – genauso wie viele andere absolut fähige und intelligente Menschen in meinem Bekanntenkreis – nur zulassen können, dass mein Leben so sehr aus dem Tritt geraten war? Dadurch, dass ich die allerwichtigsten Fragen nicht gestellt hatte: Was ist deine Leidenschaft? Was macht dir wirklich Freude? Wie kannst du etwas bewirken?

Als ich nach der Meditation wieder in die Routine des Lebens zu-rückkehrte, fühlte ich mich wie ein Kind im Süßwarenladen. Da gab es so viele Menschen, die ich kennenlernen wollte! So viele Menschen, denen ich helfen wollte! Ich begriff, dass das Streben nach Erfolg un-heimlich Spaß machen und unheimlich anregend sein kann, wenn man weiß, was wirklich erstrebenswert ist.

Wir haben gelernt, das Leben als Suche aufzufassen, als Reise, die hoffentlich mit Bedeutung, Liebe und einer Altersversorgung endet, die unsere goldenen Jahre wirklich vergoldet. Aber es gibt gar kein Ende, kein endgültiges Ankommen; die Suche hört nie wirklich auf. Es gibt keinen beruflichen Titel, kein Hemd von Brooks Brothers und keinen Dollarbetrag, der die ultimative Ziellinie darstellt. Deshalb kann es genauso enttäuschend sein, gewisse Ziele zu erreichen, wie zu scheitern.

Wenn man ein vernetztes Leben führt, bekommt man einen anderen Blickwinkel. Das Leben ist weniger eine Suche als vielmehr ein Quilt.

Wir finden Bedeutung, Liebe und Wohlstand, indem wir unsere kühnen Versuche, anderen beim Finden ihres eigenen Lebenswegs zu helfen, Stich um Stich miteinander verbinden. Die Beziehungen, die wir weben, ergeben ein erlesenes und endloses Muster.

In einem schönen Film mit dem Titel *Ein amerikanischer Quilt* kommt eine Zeile vor, die diese Philosophie gut zusammenfasst: „Junge Liebende suchen Perfektion. Alte Liebende nähen Fetzen zusammen und sehen Schönheit in der Vielzahl der Flicken."

Was bleibt von unserem Quilt als Vermächtnis? Wie wird man sich an Sie erinnern? Diese Fragen sind starke Messlatten für jeden, der etwas bewirken und nicht nur dahinleben will. Es ist nichts dagegen einzuwenden, dass man der Beste der Welt sein will – wenn man daran denkt, dass man auch der Beste *für* die Welt sein will.

Vergessen Sie nicht, Liebe, Gegenseitigkeit und Wissen werden im Gegensatz zu dem Guthaben auf einem Bankkonto nicht weniger, wenn man sie benutzt. Kreativität schafft mehr Kreativität, Geld schafft mehr Geld, Wissen schafft mehr Wissen, mehr Freunde schaffen noch mehr Freunde, Erfolg schafft noch mehr Erfolg. Und was am wichtigsten ist: Geben schafft Geben. Diese Regel des Überflusses war noch nie sichtbarer als in unserem vernetzten Zeitalter, in dem die Welt immer mehr im Einklang mit den Prinzipien des Networkings funktioniert.

Wo immer Sie gerade im Leben stehen und was immer Sie wissen, ist das Ergebnis der Ideen, Erfahrungen und Menschen, mit denen Sie in Ihrem Leben zu tun hatten, egal ob persönlich, durch Bücher und Musik, E-Mail oder Kultur. Da Überfluss zu noch mehr Überfluss führt, braucht man nichts aufzurechnen. Beschließen Sie deshalb, ab dem heutigen Tag die Kontakte zu knüpfen sowie das Wissen, die Erfahrungen und die Menschen zu sammeln, die Ihnen helfen, Ihre Ziele zu erreichen.

Aber zuerst müssen Sie ehrlich zu sich selbst sein. Wie viel Zeit wollen Sie dafür aufwenden, Kontakt aufzunehmen und als Erster etwas zu geben, bevor Sie etwas erhalten? Wie viele Mentoren haben Sie? Wie viele Personen haben Sie betreut? Was tun Sie sehr gern? Wie wollen Sie leben? Wer soll Teil Ihres Quilts sein?

Ich kann Ihnen aus meiner eigenen Erfahrung sagen, dass die Antworten überraschend ausfallen werden. Am wichtigsten ist wahrscheinlich nicht der Job, das Unternehmen oder irgendeine coole neue Technologie – sondern es sind die Menschen. Es ist an uns, gemeinsam mit den Menschen, die wir mögen, die Welt zu einem lebenswerten Ort zu machen. Wie die Anthropologin Margaret Mead einmal gesagt hat: „Zweifeln Sie nie daran, dass eine kleine Gruppe denkender, engagierter Bürger die Welt verändern kann. Tatsächlich ist das nämlich das Einzige, was je die Welt verändert hat."

Ich hoffe, Sie haben die Werkzeuge, dies in die Realität umzusetzen. Aber das können Sie nicht alleine. Wir stecken alle gemeinsam mit drin. Sorgen Sie dafür, dass Ihr Quilt etwas bewirkt.

400 Seiten,
gebunden mit SU,
24,90 [D] / 25,60 [A]
ISBN: 978-3-86470-671-4

Rachel Botsman: Wem kannst du trauen?

Das Vertrauen in die Regierung, die Unternehmen, die Medien ist auf einem historischen Tiefststand. Andererseits handeln wir mit digitalen Währungen, vertrauen Bots, unterhalten uns mit Smart Speakern. Die Vertrauensforscherin Rachel Botsman erklärt diesen technologisch getriebenen Paradigmenwechsel und beschreibt, wie sich die Welt in einem Zeitalter des „verteilten Vertrauens" neu ordnet. Worauf es jetzt ankommt? Untereinander, Kunden und Firmenpartnern Vertrauensbrücken zu bauen, um die entstandenen Vertrauenslücken zu überwinden.

PLASSEN
VERLAG